DIN-Normen in der Verfahrenstechnik

Ein Leitfaden der technischen Regeln und Vorschriften

Herausgegeben vom
DIN Deutsches Institut für Normung e.V.

Bearbeitet von
Jochem Graßmuck
Karl-Werner Houben
Rudolf M. Zollinger

2., neubearbeitete Auflage
Mit 251 Bildern und 180 Tabellen

1994

Springer Fachmedien Wiesbaden GmbH

Die Bearbeiter

Dipl.-Ing. Jochem Graßmuck
Stellvertretender Geschäftsführer Verband der Technischen Überwachungs-
Vereine e.V. (VdTÜV) und Leiter des Bereiches Dienstleistungen, Essen

Dipl.-Ing. Karl-Werner Houben
Leiter der Normenabteilung der BAYER AG, Leverkusen

Dipl.-Ing. Rudolf M. Zollinger (vormals)
Stellvertretendes Mitglied der Geschäftsleitung des DIN
Leiter der DIN-Zweigstelle Köln
Geschäftsführer Normenausschuß Armaturen im DIN
 Normenausschuß Dampferzeuger und Druckbehälter im DIN
 Normenausschuß Vakuumtechnik im DIN, Köln

Die Deutsche Bibliothek – CIP-Einheitsaufnahme

Grassmuck, Jochem:
DIN-Normen in der Verfahrenstechnik : ein Leitfaden der
technischen Regeln und Vorschriften / bearb. von Jochem Grassmuck ;
Karl-Werner Houben ; Rudolf M. Zollinger. Hrsg. vom DIN,
Dt. Inst. für Normung e.V. 2., neubearb. Aufl. – Stuttgart ; Leipzig : Teubner ;
Berlin ; Wien ; Zürich : Beuth, 1994
ISBN 978-3-322-90353-2   ISBN 978-3-322-90352-5 (ebook)
DOI 10.1007/978-3-322-90352-5

NE: Houben, Karl-Werner:; Zollinger, Rudolf M.:; Deutsches Institut
 für Normung; HST

Das Werk einschließlich aller seiner Teile ist urheberrechtlich geschützt. Jede
Verwertung außerhalb der engen Grenzen des Urheberrechtsgesetzes ist ohne
Zustimmung des Verlages unzulässig und strafbar. Das gilt besonders für Ver-
vielfältigungen, Übersetzungen, Mikroverfilmungen und die Einspeicherung
und Verarbeitung in elektronischen Systemen.

© 1994 Springer Fachmedien Wiesbaden
Ursprünglich erschienen bei B.G. Teubner Stuttgart und Leipzig
Softcover reprint of the hardcover 2nd edition 1994

Vorwort

Rationalisierung – die vernünftige Lösung technischer Aufgaben – ist nach wie vor das wichtigste Ziel, das durch Normung angestrebt wird. Dieser Begriff muß allerdings aus seiner betriebswirtschaftlichen Einengung befreit werden, so daß man unter ihm die Optimierung verschiedener Zielwerte wie Materialeinsatz, Arbeitseinsatz, Energieeinsatz, Sicherheit, Gesundheit und natürliche Umwelt versteht. Dieser Rationalisierungsbegriff beinhaltet auch das Ziel der Wirtschaftlichkeit.

Die technische Normung ist in der Bundesrepublik Deutschland eine Aufgabe der Selbstverwaltung der an der Normung interessierten Kreise.

Das DIN Deutsches Institut für Normung e. V. bildet den runden Tisch, an dem sich Hersteller, Handel, Verbraucher, Handwerk, Dienstleistungsunternehmen, Wissenschaft, Technische Überwachung, Staat, d. h. alle, die ein Interesse an der Normung haben, zusammensetzen, um den Stand der Technik zu ermitteln und unter Berücksichtigung der neuesten Erkenntnisse aus Technik und Wissenschaft in Deutschen Normen (kurz DIN-Normen) niederzuschreiben.

Das DIN orientiert seine Arbeiten an zehn Grundsätzen:

- Freiwilligkeit
- Öffentlichkeit
- Beteiligung aller interessierten Kreise
- Konsens
- Einheitlichkeit und Widerspruchsfreiheit
- Sachbezogenheit
- Ausrichtung am Stand der Technik
- Ausrichtung an den wirtschaftlichen Gegebenheiten
- Ausrichtung am allgemeinen Nutzen
- Internationalität.

Die Beachtung dieser Grundsätze hat den DIN-Normen eine allgemeine Anerkennung gebracht. DIN-Normen bilden heute einen Maßstab für ein einwandfreies technisches Verhalten, was im Rahmen der Rechtsordnung von Bedeutung ist. Für den Bereich der Verfahrenstechnik ist zu beachten, daß die DIN-Normen eingebunden sind in ein netzwerkartiges System technischer Regeln, bei dem die weiteren Regelwerke vom Gesetzgeber und von anderen öffentlichen und privaten Institutionen stammen.

Von besonderer Bedeutung ist die Normung auch für den sich immer enger verflechtenden Weltmarkt und für den im Rahmen der Europäischen Union (EU) mehr und mehr ausgestalteten Europäischen Binnenmarkt. Der weltweite Warenaustausch verlangt international harmonisierte Normen. In diesem Sinne haben sich die Unterzeichner des allgemeinen Zoll- und Handelsabkommen (GATT) verpflichtet, Internationale Normen wo immer möglich anzuwenden und damit zum Abbau technischer Handelshemmnisse beizutragen.

Die von der gemeinsamen europäischen Normungsinstitution CEN/CENELEC, ein Zusammenschluß der nationalen Normungsorganisationen der einzelnen Mitgliedsländer der Europäischen Union, und dem Europäischen Institut für Telekommunikationsnormen, ETSI, betriebene europäische Normung orientiert sich weitgehend an der internationalen Normung der internationalen Normungsinstitution ISO/IEC.

Mit den Vereinbarungen zwischen ISO/IEC und CEN/CENELEC wurden die notwendigen Grundlagen für eine enge, abgestimmte Zusammenarbeit mit wechselseitigen Bezügen geschaffen.

Von herausragender Bedeutung für den Europäischen Binnenmarkt ist die Entschließung des Europäischen Rates über die technische Harmonisierung und Normung, wonach sich EG-Richtlinien auf die Festlegung grundlegender Sicherheitsanforderungen beschränken.

Die technischen Spezifikationen und notwendigen Konkretisierungen sollen den Europäischen Normen von CEN/CENELEC und ETSI vorbehalten sein.

Diese Arbeitsteilung zwischen Staat und privatrechtlicher Normung, in Deutschland eine seit langem auf vielen Gebieten sich bewährende Praxis, hat in vielen Sektoren der Verfahrenstechnik, nunmehr unter europäischem Vorzeichen, Einzug gehalten. Einblick in den derzeitigen Stand dieser Regelungsaktivitäten zu geben, ist Aufgabe dieses Buches. Hierbei soll es insbesondere auch das Kennen- und Verstehenlernen der Normung auf dem Gebiet der Verfahrens- und Anlagentechnik schon während der Berufsausbildung erleichtern.

Als ein Leitfaden und Nachschlagewerk bietet das Buch einen Einstieg in die einschlägigen DIN-Normen, DIN-EN- und DIN-ISO-Normen, sonstigen Regeln der Technik sowie in die gesetzlichen Rahmenbedingungen und Vorschriften auf dem Gebiet der Verfahrenstechnik. Es soll Studenten, dem betrieblichen Nachwuchs und auch dem in der Praxis stehenden Fachmann ein Hilfsmittel an die Hand geben, um bei Planung, Bau und Betrieb einer verfahrenstechnischen Anlage oder von Anlageteilen die jeweils benötigten technischen Regeln erkennen und anwenden zu können. Der Leitfaden soll allen in der Verfahrenstechnik beschäftigten Personen als Lehr- und Arbeitsbuch dienen.

Berlin, im Frühjahr 1994   DIN Deutsches Institut für Normung e.V.
                             Prof. Dr.-Ing. Sc. D. Helmut Reihlen

Grundsätze der Gestaltung des Buches

Die staatliche sowie privatrechtliche Regelsetzung, also auch die Normung im DIN, unterliegen einer ständigen Dynamik, die es unmöglich macht, den Inhalt dieses Leitfadens auf einen bestimmten Wissensstand zu fixieren.

In diesem Buch ist in den Kommentaren und Darlegungen der DIN-Normen in Einzelfällen bereits der Inhalt von Norm-Entwürfen berücksichtigt worden, wenn bei Redaktionsschluß anzunehmen war, daß dieser sich nicht oder nicht mehr wesentlich ändert. Somit wird auf Zukunftsaspekte aufmerksam gemacht bzw. es wurde, sofern es möglich war, der Stand der Technik und der Stand der nationalen sowie europäischen Gesetzgebung dargestellt, der für den Zeitpunkt der Auslieferung dieses Werkes abzusehen war.

Bei einigen Normen fällt der Termin für die Folgeausgabe in die Laufzeit der vorliegenden Ausgabe. Aus diesem Grunde wurde bei diesen Normen schon der zu erwartende Stand der Technik berücksichtigt. Es ist also möglich, daß beim Nachschlagen in einer Original-Norm, die in dem vorliegenden Leitfaden mit Ausgabedatum zitiert ist, noch die nicht geänderten Festlegungen enthalten sind.

Grundsätzlich ist dieses Buch ein Nachschlagewerk, das einen umfassenden Einblick in die DIN-Normen bzw. einen Überblick über die Zusammenhänge der Regeln der Technik auf dem Gebiet von verfahrenstechnischen Anlagen gibt. Da nicht alle DIN-Normen, Rechtsvorschriften und sonstigen Regeln der Technik für dieses Gebiet in diesem Buch detailliert behandelt werden können, wurden zahlreiche Hinweise auf weiterführende, den Stoff vertiefende Normen aufgenommen. Im Gegensatz zu den Querverweisen auf im Buch behandelte Normen, wurden diese Hinweise mit der Anmerkung „s. Norm" versehen.

Die Gliederung des Buches wurde nach dem funktionalen Ablauf bei Planung, Bau und Betrieb von verfahrenstechnischen Anlagen durchgeführt. Dementsprechend wurden die technischen Regeln unter den Kapiteln

– Entwurfsplanung

– Genehmigungsplanung

– Ausführungsplanung

– Beschaffen, Herstellen, Prüfen, Betreiben

behandelt.

Als Orientierungshilfe bei der täglichen Arbeit soll dieses Buch während des Studiums, der Ausbildung und in der Praxis der Verbreiterung des Wissens über die zutreffenden DIN-Normen, Rechtsvorschriften und sonstigen Regeln der Technik dienen. Es soll insbesondere der Kontakt mit den DIN-Normen ermöglicht werden, da sie eine umfassende Zusammenstellung des Wissens und der Erfahrungen der Fachwelt sind. Sie enthalten Handlungsanweisungen für technisch sachgerechtes Verhalten und stellen einen wesentlichen Ordnungsfaktor bei der Beherrschung der Technik, deren Fortentwicklung und Nutzbarmachung zum Wohle der Menschen und einen Schutz vor deren unerwünschten Nebenwirkungen dar. DIN-Normen stehen jedoch nicht jeweils für sich allein und sind auch nicht unabhängig voneinander anzuwenden. Sie sind, unter Berücksichtigung technisch-wissenschaftlicher und wirtschaftlicher Gegebenheiten, als Teil eines Gesamtsystems mit wechselseitigen Auswirkungen und gegenseitigen Bezügen erarbeitet worden. Die Darstellung dieses Netzwerkes ist Teil dieses Buches.

Da kein Werk ohne das Echo der Anwender dynamisch weiterentwickelt werden kann, werden Anregungen zur Erweiterung und zur Gestaltung dieses Buches von den Bearbeitern gerne entgegengenommen.

> Hinweise auf technische Regeln in diesem Werk entsprechen dem Stand der Normung bei Abschluß des Manuskriptes. Maßgebend sind die jeweils neuesten Ausgaben der DIN-Normen, Rechtsvorschriften und sonstigen technischen Regeln, die beim Beuth Verlag GmbH, Berlin, zu beziehen sind.

Auskünfte über den Stand von Rechtsvorschriften, DIN-Normen und sonstigen technischen Regeln erteilt das Deutsche Informationszentrum für technische Regeln (DITR) im DIN, Berlin; s. Abschn. 1.6.4.

Inhalt

		Seite
1	**Entwurfsplanung**	9
1.1	Allgemeine Grundlagen	9
1.1.1	Leitsätze zum sicherheitsgerechten Gestalten technischer Erzeugnisse	9
1.1.2	Chemische Begriffe, Einheiten, Formelzeichen	11
1.2	Organisatorische Grundlagen	21
1.2.1	Projektwirtschaft	21
1.2.2	Qualitätsmanagement, Qualitätssicherung	28
1.3	Verfahrens- und Anlagentechnik	33
1.3.1	Grundlagen	33
1.3.2	Anlagenplanung	36
1.3.3	Rohrleitungsplanung	47
1.4	Prozeßleittechnik	55
1.4.1	Allgemeine Grundlagen	55
1.4.2	Planung	56
1.4.3	Regelungs- und Steuerungstechnik	68
1.4.4	Funktionspläne	70
1.4.5	Leittechnik	74
1.5	Sicherheitsanalysen	76
1.6	Angrenzende Fachgebiete	83
1.6.1	Kältetechnik	83
1.6.2	Heiz- und Raumlufttechnik	83
1.6.3	Vakuumtechnik	84
1.6.4	Deutsches Informationszentrum für technische Regeln (DITR) im DIN	84
1.6.5	PERINORM	84
2	**Genehmigungsplanung**	85
2.1	Rechtsvorschriften	85
2.2	Technische Regeln; Normen	87
2.3	Unfallverhütungsvorschriften und Arbeitsstättenverordnung	90
3	**Ausführungsplanung**	91
3.1	Rohrleitungen	91
3.1.1	Rohrleitungsteile (Komponenten)	91
	3.1.1.1 Rohre. 3.1.1.2 Formstücke. 3.1.1.3 Armaturen. 3.1.1.4 Antriebe für Armaturen (Anschlüsse).	
3.1.2	Werkstoffe	125
	3.1.2.1 Werkstoffe für Rohre und Formstücke. 3.1.2.2 Werkstoffe für Flansche. 3.1.2.3 Werkstoffe für Armaturen.	
3.1.3	Technische Lieferbedingungen	133
	3.1.3.1 Technische Lieferbedingungen für Rohre und Formstücke. 3.1.3.2 Technische Lieferbedingungen für Flansche. 3.1.3.3 Technische Lieferbedingungen für Armaturen.	
3.1.4	Berechnungen	142
	3.1.4.1 Berechnung von Rohren. 3.1.4.2 Berechnung von Flanschverbindungen. 3.1.4.3 Berechnung von Armaturengehäusen.	

			Seite
3.2		Apparate und Maschinen	154
	3.2.1	Nenndurchmesser, Nennvolumen	154
	3.2.2	Grundelemente	156
	3.2.3	Verbindungstechnik, Beschichtungen, Auskleidungen	168
	3.2.4	Tragelemente	180
	3.2.5	Deckel, Verschlüsse	190
	3.2.6	Schaugläser, Schauglasfassungen, Schauglasarmaturen	197
	3.2.7	Rührer, Rührbehälter	200
	3.2.8	Stehende und liegende Lagerbehälter	220
	3.2.9	Flachboden-Tankbauwerke	228
	3.2.10	Wärmeaustauscher	231
	3.2.11	Kolonnen	238
	3.2.12	Filterpressen	242
	3.2.13	Apparate aus Glas und Kunststoffen	245
	3.2.14	Chemieöfen	249
	3.2.15	Kesselwagen	249
	3.2.16	Pumpen	252
	3.2.17	Verdichter	263
	3.2.18	Zentrifugen	263

4 Beschaffen, Herstellen, Prüfen und Betreiben ... 267

4.1	Rohrleitung		267
	4.1.1	Beschaffungsunterlagen für den Bau von Rohrleitungen	267
	4.1.2	Herstellen von Rohrleitungen	267
		4.1.2.1 Flanschverbindungen. 4.1.2.2 Schweißverbindungen. 4.1.2.3 Gewindeverbindungen. 4.1.2.4 Lötverbindungen. 4.1.2.5 Innenauskleidungen von Rohren und Formstücken.	
	4.1.3	Prüfen von Rohrleitungen	277
		4.1.3.1 Prüfungen an Rohrleitungsteilen im Herstellerwerk. 4.1.3.2 Zertifizierung von Rohrleitungsteilen. 4.1.3.3 Prüfung vor Inbetriebnahme. 4.1.3.4 Wiederkehrende Prüfungen, Prüfungen in besonderen Fällen.	
	4.1.4	Betreiben von Rohrleitungen	282
		4.1.4.1 Voraussetzungen für den Betrieb. 4.1.4.2 Meldepflichten.	
4.2	Apparate und Maschinen		283
	4.2.1	Lieferbedingungen und Grenzabmaße (Toleranzen) für Apparate, Apparateteile und -auskleidungen/-beschichtungen	283
	4.2.2	Anforderungen, Abnahmeregeln und Prüfungen für Pumpen	294
	4.2.3	Anforderungen, Abnahmeregeln, Prüfungen für Vakuumpumpen, Verdichter und Ventilatoren	296
	4.2.4	Betriebsanleitungen für Zentrifugen	299
	4.2.5	Instandhaltung, Ersatzteillisten	300
	4.2.6	Prüfungen an Wärmeaustauschern	305

5 Nummernverzeichnis der behandelten DIN-Normen ... 307

6 Sachverzeichnis ... 311

1 Entwurfsplanung

1.1 Allgemeine Grundlagen

1.1.1 Leitsätze zum sicherheitsgerechten Gestalten technischer Erzeugnisse[1])

DIN 31 000/VDE 1000 Allgemeine Leitsätze für das sicherheitsgerechte Gestalten technischer Erzeugnisse (Mrz 1979)

Die Norm ist zum Teil durch DIN EN 292 T1 und T2 ersetzt worden. In den Europäischen Normen ist jedoch nicht der umfassende Abschnitt – Elektrische Energie – enthalten, auch umfaßt die dort allgemein gehaltene Definition des Maschinenbegriffes nicht alle technischen Erzeugnisse nach DIN 31 000/VDE 1000. Andererseits können die Europäischen Normen für andere technische Produkte verwendet werden, die ähnliche Gefährdungen aufweisen. Einzelheiten s. Normen.

Begriffe

Technische Erzeugnisse sind alle verwendungsfertigen technischen Gegenstände und Einrichtungen. Hierzu gehören unter anderem Einrichtungen der Energie-Erzeugung, -Verteilung, -Umwandlung und -Speicherung, Kraft- und Arbeitsmaschinen, Hebezeuge und Fördermittel, verfahrenstechnische Einrichtungen, Arbeitseinrichtungen, Werkzeuge, Einrichtungen zum Beheizen, Lüften, Kühlen und Beleuchten, Laboreinrichtungen.

Gefahren sind Gefahren aller Art für Leben oder Gesundheit, soweit ihre Wirkungen bei bestimmungsgemäßer Verwendung technischer Erzeugnisse ein nach dem jeweiligen Stand der Technik zumutbares Risiko überschreiten, einschließlich der Gefahren, die durch Lärm, Erschütterungen, Luft- oder Wasserverunreinigungen, Hitzeentwicklung und durch sonstige Belastungen verursacht werden.

Bestimmungsgemäße Verwendung ist diejenige Verwendung, für die das technische Erzeugnis nach Angaben des Herstellers einschließlich seiner Angaben zum Zwecke der Werbung geeignet ist. Im Zweifel ist es eine solche Verwendung, die sich aus der Bauart, Ausführung und Funktion des technischen Erzeugnisses als üblich ergibt. Zur bestimmungsgemäßen Verwendung gehört auch die Einhaltung der vorgesehenen Betriebs- und Instandhaltungsbedingungen sowie die Berücksichtigung von vorsehbarem Fehlverhalten.

Sicherheitstechnische Maßnahmen sind alle gestalterischen und beschreibenden Maßnahmen, die zur Vermeidung von Gefahren getroffen werden. Hierbei ist zwischen unmittelbarer, mittelbarer und hinweisender Sicherheitstechnik zu unterscheiden.

Besondere sicherheitstechnische Mittel sind alle Einrichtungen in oder an technischen Erzeugnissen, die ohne zusätzliche Funktion allein den Zweck haben, deren gefahrlose Verwendung zu fördern oder zu bewirken.

Als **Fachkraft (Fachmann)** gilt, wer aufgrund seiner fachlichen Ausbildung, Kenntnisse und Erfahrungen sowie Kenntnis der einschlägigen Bestimmungen die ihm übertragenen Arbeiten beurteilen und mögliche Gefahren erkennen kann.

Als **unterwiesene Person** gilt, wer über die ihr übertragenen Aufgaben und die möglichen Gefahren bei unsachgemäßem Verhalten unterrichtet und erforderlichenfalls angelernt sowie über die notwendigen Schutzeinrichtungen und Schutzmaßnahmen belehrt wurde.

Als **Laie** gilt, wer weder als Fachkraft noch als unterwiesene Person qualifiziert ist.

Grundlagen für das sicherheitsgerechte Gestalten

Drei-Stufen-Methode für das sicherheitsgerechte Gestalten im Rahmen der Gesamtlösung einer Konstruktionsaufgabe.

Technische Erzeugnisse müssen so hergestellt sein, daß sie bei ordnungsgemäßer Errichtung bzw. Aufstellung und einer bestimmungsgemäßen Verwendung keine Gefahren verursachen.

---

[1]) Seeger, O.W.: Sicherheitsgerechtes Gestalten technischer Erzeugnisse. Beuth-Kommentare. Berlin, Köln: Beuth Verlag GmbH, 1983

Können die in den **Leitsätzen** genannten notwendigen Maßnahmen (Schutzmaßnahmen) nicht verwirklicht werden, ohne die zur bestimmungsgemäßen Verwendung des technischen Erzeugnisses gehörenden Funktionen zu beeinträchtigen, so muß das technische Erzeugnis nach Möglichkeit an den Gefahrstellen entsprechend gekennzeichnet sein. Auf diese Angaben darf nur verzichtet werden, wenn mögliche Gefahren ohne weiteres erkennbar oder auch für den Laien offensichtlich voraussehbar sind.

Bei der sicherheitsgerechten Gestaltung ist derjenigen Lösung der Vorzug zu geben, durch die das Schutzziel technisch sinnvoll und wirtschaftlich am besten erreicht wird. Dabei haben im Zweifel die sicherheitstechnischen Erfordernisse den Vorrang vor wirtschaftlichen Überlegungen.

Diese **Ziele** der Sicherheitstechnik sollen in nachstehender Rangfolge (Stufen) verwirklicht werden:

a) **Unmittelbare Sicherheitstechnik.** Technische Erzeugnisse sollen so gestaltet werden, daß keine Gefahren vorhanden sind.

b) **Mittelbare Sicherheitstechnik.** Ist eine Lösung nach a) nicht oder nicht vollständig möglich, sollen besondere sicherheitstechnische Mittel Verwendung finden.

c) **Hinweisende Sicherheitstechnik.** Führen die Maßnahmen der unmittelbaren oder mittelbaren Sicherheitstechnik nicht oder nicht vollständig zum Ziel, muß angegeben werden, unter welchen Bedingungen eine gefahrlose Verwendung möglich ist.

Leitsätze

In Form von allgemeinen Leitsätzen werden Schutzmaßnahmen zu folgenden Themen in der Norm behandelt:

Beanspruchungen

Werkstoffe (schädigende Werkstoffe, alterungsbeständige Werksoffe, korrosionsgefährdete Teile, elektrische Isolierung)

Bewegte Teile

Oberflächen, Ecken und Kanten

Tritt- und Stehsicherheit, Gleithemmung

Standsicherheit

Transportgerechte Gestaltung

Beim Betrieb auftretende Gefahren (wegfliegende Teile, Lärm und Erschütterungen, Wärme und Kälte, betriebsmäßig auftretende Flüssigkeiten, Stäube, Dämpfe, Gase)

Elektrische Energie (Gefahren durch unmittelbare Wirkungen der elektrischen Energie – Schutz gegen direktes Berühren und bei indirektem Berühren –, Gefahren durch beabsichtigte Einwirkungen der elektrischen Energie auf Mensch und Tier, Gefahren durch mittelbare Wirkungen der elektrischen Energie, Gefahren durch äußere Einwirkungen auf elektrische Betriebsmittel – Einwirkungen aus der Umgebung, Überlastung –, Aufschriften und Kennzeichnung, Nennbetrieb, sonstige Anforderungen – elektrischer Anschluß und elektrische Verbindungen, Luftstrecken, Kriechstrecken und Abstände)

Pneumatische und hydraulische Ausrüstung

Gastechnische Ausrüstung für brennbare Gase

Ausrüstung für flüssige und feste Brennstoffe

Ausrüstung für Treibmittel-Energie

Einrichtungen zum Schalten, Steuern und Regeln (Steuerungen und Stellteile, Gefahrenschaltungen, besondere Sicherheitsschaltungen)

Anforderungen an die gefahrlose Funktion

Wirksamkeit besonderer sicherheitstechnischer Mittel

Elektrostatische Auflademg

Betriebsstoffe und Arbeitsstoffe

Menschengerechte (ergonomische) Gestaltung.

DIN VDE 31 000 T 2 Allgemeine Leitsätze für das sicherheitsgerechte Gestalten technischer Erzeugnisse; Begriffe der Sicherheitstechnik, Grundbegriffe (Dez 1987)

Wie in DIN 31 000/VDE 1000 wird auch hier der Begriff „Gefahr" auf das zumutbare Risiko abgestellt. Dabei werden Sicherheit und Gefahr als komplementäre Begriffe angesehen (s. Bild **1.1**). Gefahren sind demnach mit hohen Risiken verbunden. Geringe Risiken sind auch bei bestehender Sicherheit nicht auszuschließen. Sicherheit liegt folglich bereits vor, wenn das

Risiko vertretbar gering ist, also nicht über dem Grenzrisiko liegt. Eine absolute Sicherheit ohne jegliches Risiko gibt es weder in der Technik noch in der Natur.

Um dies zu veranschaulichen, zeigt die Norm grundsätzliche Zusammenhänge im Bereich der technischen Sicherheit einschließlich ihrer Wechselbeziehungen zum Recht der technischen Sicherheit auf und bestimmt wesentliche Grundbegriffe.

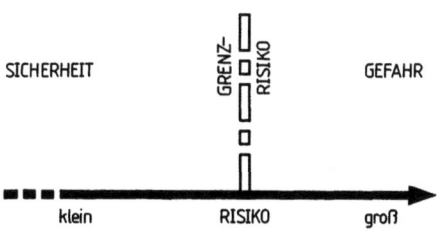

1.1 Zusammenhang der Begriffe Sicherheit – Risiko – Gefahr nach DIN VDE 31 000 T 2

Begriffe

Schaden ist ein Nachteil durch Verletzung von Rechtsgütern aufgrund eines bestimmten technischen Vorganges oder Zustandes.

Das **Risiko**, das mit einem bestimmten technischen Vorgang oder Zustand verbunden ist, wird zusammenfassend durch eine Wahrscheinlichkeitsaussage beschrieben, die
– die zu erwartende Häufigkeit des Eintritts eines zum Schaden führenden Ereignisses und
– das beim Ereigniseintritt zu erwartende Schadensausmaß
berücksichtigt.

Grenzrisiko ist das größte noch vertretbare Risiko eines bestimmten technischen Vorganges oder Zustandes. Im allgemeinen läßt sich das Grenzrisiko nicht quantitativ erfassen. Es wird in der Regel indirekt durch sicherheitstechnische Festlegungen beschrieben.

Gefahr ist eine Sachlage, bei der das Risiko größer als das Grenzrisiko ist.

Sicherheit ist eine Sachlage, bei der das Risiko nicht größer als das Grenzrisiko ist.

Sicherheitstechnische Festlegungen sind Angaben über technische Werte und Maßnahmen sowie Verhaltensanweisungen, deren Einhaltung im Rahmen des jeweiligen technischen Konzeptes sicherstellen soll, daß das Grenzrisiko nicht überschritten wird.

Sicherheitstechnische Festlegungen werden sowohl durch Gesetze, Rechtsverordnungen oder sonstige staatliche Maßnahmen erlassen als auch in Übereinstimmung mit der unter Fachleuten vorherrschenden Meinung getroffen, z. B. durch die technischen Regelwerke.

Schutz ist die Verringerung des Risikos durch Maßnahmen, die entweder die Eintrittshäufigkeit oder das Ausmaß des Schadens oder beide einschränken.

Oftmals läßt sich nur durch das Zusammenwirken mehrerer derartiger Maßnahmen Sicherheit erreichen.

1.1.2 Chemische Begriffe, Einheiten, Formelzeichen

DIN 5491 Stoffübertragung; Diffusion und Stoffübergang; Grundbegriffe, Größen, Formelzeichen, Kenngrößen (Sep 1970)

Grundbegriffe

Stoffübertragung ist der gemeinsame Name für Diffusion und Stoffübergang. Das System oder jede Phase (s. DIN 1310) des Systems kann fest, flüssig oder gasförmig sein.

Diffusion ist der Materietransport, der als Folge von Konzentrationsgefällen in einem System ohne Phasengrenzen auftritt und zu einem Konzentrationsausgleich führt.

Stoffübergang ist der Materietransport, der in einem System mit Phasengrenzen durch eine Grenzfläche stattfindet; die Grenzfläche trennt zwei Phasen voneinander, die insgesamt miteinander nicht im Gleichgewicht sind und relativ zueinander in Bewegung sein können.

Größen

Die für Diffusion und Stoffübergang wichtigsten Größen gehen aus Tab. **1.2** hervor.

Tabelle 1.2 Diffusion und Stoffübergang

Bedeutung	Formelzeichen
Weg, Ortskoordinate	s
Fläche	A
stoffmengenbezogene (molare) Masse des Stoffes i	M_i
Massenkonzentration (Partialdichte) des Stoffes i	ϱ_i
Stoffmengenkonzentration (Molarität) des Stoffes i	c_i
Massenstromdichte des Stoffes i	I_i
Massenstrom des Stoffes i	$\dot{m}_i$
Stoffmengenstromdichte des Stoffes i	J_i
Stoffmengenstrom des Stoffes i	$\dot{n}_i$
Diffusionskoeffizient	D
Stoffübergangskoeffizient	β

Kenngrößen

Die wichtigsten Kenngrößen der Stoffübertragung sind in Tab. 1.3 aufgeführt.

Tabelle 1.3 Kenngrößen der Stoffübertragung

Kenngröße	Formelzeichen	Definition
Fourier-Zahl der Stoffübertragung	Fo^*	$\dfrac{D \cdot t}{l^2}$
Grashof-Zahl der Stoffübertragung	Gr^*	$\dfrac{g \cdot l^3}{v^2}\left(\dfrac{\varrho\infty}{\varrho w} - 1\right)$
Nußelt-Zahl der Stoffübertragung (im amerikanischen Schrifttum Sherwood-Zahl genannt)	Nu^*	$\dfrac{\beta \cdot l}{D}$
Péclet-Zahl der Stoffübertragung (Bodenstein-Zahl)	Pe^*	$Re \cdot Sc = \dfrac{wl}{D}$
Stanton-Zahl der Stoffübertragung	St^*	$\dfrac{Nu^*}{Re \cdot Sc} = \dfrac{\beta}{w}$
Reynolds-Zahl	Re	$\dfrac{w \cdot l}{v}$
Lewis-Zahl	Le	$\dfrac{a}{D}$
Prandtl-Zahl	Pr	$\dfrac{v}{a}$
Schmidt-Zahl	Sc	$\dfrac{v}{D}$

Formelzeichen, die gleichzeitig auch für Kenngrößen der Wärmeübertragung angewendet werden, sind zur Unterscheidung mit einem hochgestellten Stern (*) gekennzeichnet.

Außer den bereits definierten Größen bedeuten:

- t eine charakteristische Zeit,
- l eine charakteristische Länge,
- w eine charakteristische Geschwindigkeit,
- g die örtliche Fallbeschleunigung,
- v die kinematische Viskosität und
- a die Temperaturleitfähigkeit.

DIN 1345 Thermodynamik; Formelzeichen, Einheiten (Sep 1975)

Betrachtet wird ein einzelner Bereich (eine Phase oder ein Volumenelement) eines isotropen Systems ohne Elektrisierung und Magnetisierung sowie ohne Berücksichtigung von Grenzflächenerscheinungen. Der Bereich kann beliebig viele Stoffe enthalten.
Formelzeichen und Einheiten nach Tab. 1.4.

1.1.2 Chemische Begriffe, Einheiten, Formelzeichen

Tabelle 1.4 Formelzeichen und Einheiten der Thermodynamik

Zeichen	Bedeutung	SI-Einheit[1])
T	Temperatur, thermodynamische Temperatur	K
t, ϑ	Celsius-Temperatur	°C
p	Druck	Pa
m_i	Masse des Stoffes i	kg
m	Masse (des Bereiches)	kg
n_i, ν_i	Stoffmenge des Stoffes i	mol
n, ν	Stoffmenge (des Bereiches)	mol
M_i	stoffmengenbezogene Masse des Stoffes i, molare Masse des Stoffes i	kg/mol
A_{ri}	relative Atommasse des Nuklids i oder des Elementes i	1
M_{ri}	relative Molekülmasse des Stoffes i	1
V	Volumen	m³
v	massenbezogenes Volumen, spezifisches Volumen	m³/kg
ϱ	Dichte	kg/m³
E	(Gesamt-)Energie	J
U	innere Energie	J
Q	Wärme, Wärmemenge	J
W	Arbeit	J
H	Enthalpie	J
S	Entropie	J/K
F	freie Energie, Helmholtz-Funktion	J
G	freie Enthalpie, Gibbs-Funktion	J
Z	beliebige extensive Größe	
z	massenbezogene Größe, spezifische Größe	
Z_m	stoffmengenbezogene Größe, molare Größe	
z_i	partielle massenbezogene Größe des Stoffes i, partielle spezifische Größe des Stoffes i	
Z_i	partielle stoffmengenbezogene Größe des Stoffes i, partielle molare Größe des Stoffes i	
α_v, γ	Volumenausdehnungskoeffizient	K⁻¹
α_p	Spannungskoeffizient	K⁻¹
χ, X	Kompressibilität	Pa⁻¹
C	Wärmekapazität	J/K
c_v	spezifische Wärmekapazität bei konstantem Volumen	J/(kg K)
C_{mv}	molare Wärmekapazität bei konstantem Volumen	J/(mol K)
c_p	spezifische Wärmekapazität bei konstantem Druck	J/(kg K)
C_{mp}	molare Wärmekapazität bei konstantem Druck	J/(mol K)
γ, χ	Isentropenexponent	1
μ_i	chemisches Potential des Stoffes i	J/mol
ν_i	stöchiometrische Zahl für den Stoff i in einer chemischen Reaktion	1
A	Affinität einer chemischen Reaktion	J/mol
R_i	individuelle (spezielle) Gaskonstante des Stoffes i	J/(kg K)
R, R_0	(universelle) Gaskonstante	J/(mol K)
N_A, L	Avogadro-Konstante	mol⁻¹
k	Boltzmann-Konstante	J/K

[1]) 1 steht für das Verhältnis zweier gleicher SI-Einheiten.

Temperatureinheiten. Die SI-Einheit der (thermodynamischen) Temperatur ist das Kelvin (Einheitenzeichen K), definiert durch die Gleichung (1.1).

$$1\,\text{K} = \frac{T_{tr}}{273{,}16} \tag{1.1}$$

wobei T_{tr} die (thermodynamische) Temperatur des Tripelpunktes von reinem Wasser ist.
Bei Angabe der Celsius-Temperatur

$$t = T - T_0 \quad \text{mit} \quad T_0 = 273{,}15\,\text{K} \tag{1.2}$$

wird der Einheitenname Grad Celsius (Einheitenzeichen °C) als besonderer Name für das Kelvin benutzt.

Tabelle 1.5 Umrechnung von Energie-Einheiten

	J	kW h
1 J =	1	$2{,}\overline{7} \cdot 10^{-7}$
1 kW h =	$3{,}6 \cdot 10^6$	1
1 kcal =	4186,8	$1{,}163 \cdot 10^{-3}$
1 kp m =	9,80665	$2{,}724\ldots \cdot 10^{-6}$

Energie-Einheiten. Die SI-Einheit der Energie ist das Joule (Einheitenzeichen J). Es gilt nach Definition

$$1\,\text{J} = 1\,\text{kg m}^2/\text{s}^2 = 1\,\text{Ws} = 1\,\text{Nm}$$

Zu anderen Energie-Einheiten bestehen Umrechnungsbeziehungen nach Tab. **1.5**.

DIN 13345 Thermodynamik und Kinetik chemischer Reaktionen; Formelzeichen, Einheiten (Aug 1978)

Betrachtet wird eine chemische Reaktion in einer einzelnen isotropen Mischphase ohne Elektrisierung und Magnetisierung. Die Phase kann gasförmig, flüssig oder fest sein. Die Formelzeichen und Einheiten nach Tab. **1.6** sind zu verwenden.

Tabelle 1.6 Thermodynamik und Kinetik chemischer Reaktionen

Formelzeichen	Bedeutung	SI-Einheit[1]
R	(universelle) Gaskonstante	J/(mol · K)
T	Temperatur, thermodynamische Temperatur	K
p	Druck	Pa
V	Volumen	m³
n_i	Stoffmenge der Stoffportion i	mol
c_i	Stoffmengenkonzentration des Stoffes i	mol/m³
v_i	stöchiometrische Zahl für den Stoff i in einer chemischen Reaktion	1
ξ	Umsatzvariable	mol
ω	Umsatzgeschwindigkeit, Umsatzrate	mol/s
r	Reaktionsgeschwindigkeit, Reaktionsrate	mol/(m³ · s)
μ_i	chemisches Potential des Stoffes i	J/mol
μ_i^p	Standardwert des chemischen Potentials des Stoffes i	1
y_i	Aktivitätskoeffizient des Stoffes i	1
A	Affinität der chemischen Reaktion	J/mol
$A^\square$	Standardwert der Affinität	J/mol

Fortsetzung und Fußnote s. nächste Seite

1.1.2 Chemische Begriffe, Einheiten, Formelzeichen

Tabelle **1.6**, Fortsetzung

Formelzeichen	Bedeutung	SI-Einheit[1])
K_c	Gleichgewichtskonstante	1
u_r	differentielle molare Reaktionsenergie	J/mol
h_r	differentielle molare Reaktionsenthalpie	J/mol
$h_r^\ominus$	Standardwert der differentiellen molaren Reaktionsenthalpie	J/mol
$\Delta_r H$	(integrale) Reaktionsenthalpie	J
v', v''	Ordnung der Hinreaktion (Reaktion von links nach rechts) bzw. Rückreaktion (Reaktion von rechts nach links)	1
k	Geschwindigkeitskonstante, Reaktionskoeffizient	mol/(m³ · s)
k', k''	Geschwindigkeitskonstante der Hinreaktion bzw. Rückreaktion	mol/(m³ · s)
E_a	molare Aktivierungsenergie	J/mol
E_a'	molare Aktivierungsenergie der Hinreaktion	J/mol
E_a''	molare Aktivierungsenergie der Rückreaktion	J/mol

[1]) 1 steht für das Verhältnis zweier gleicher SI-Einheiten sowie für eine Zahl.

DIN 32 629 Stoffportion; Begriff, Kennzeichnung (Nov 1988)

Die „Stoffportion" als Bezeichnung für abgegrenzte Teile von Stoffen und die „Stoffmenge" (s. DIN 32 625) sind inhaltlich voneinander zu unterscheiden.

Stoffportion. Unter einer Stoffportion wird ein sinnlich wahrnehmbarer Gegenstand unter Abstraktion von seiner Form verstanden. Der Begriff Stoffportion umfaßt alle stofflichen und die mit der Quantität verbundenen Eigenschaften eines Gegenstandes, jedoch alle diejenigen nicht, die von der zufälligen äußeren Gestalt abhängen. Eine Stoffportion kann aus einem homogenen Stoff (Element, Verbindung, Mischphase) oder aus mehreren Stoffen bestehen, also heterogen sein.

Kennzeichnung von Stoffportionen. Zur Kennzeichnung einer Stoffportion sind Angaben über ihre Qualität und über ihre Quantität notwendig. Die Kennzeichnung wird vorgenommen

– qualitativ durch die Bezeichnung des Stoffes mit Hilfe eines Namens oder eines Symbols.
– quantitativ durch eine geeignete extensive physikalische Größe, und zwar Masse m, Volumen V, Stoffmenge n oder Teilchenzahl N.

Wenn mehrere Stoffportionen unterschieden werden müssen, ist die Zuordnung der genannten Größen zu einer bestimmten Stoffportion, etwa durch einen Index am Größenzeichen zu kennzeichnen. Zu einer Stoffportion i gehören z. B. die Größen m_i, V_i.

Bei Angabe der Stoffmenge n oder der Teilchenzahl N ist stets zusätzlich die Bezeichnung der Teilchen, die diesen Größenangaben zugrunde gelegt worden sind, erforderlich[1]). Zur Stoffportion i z. B. gehören, wenn deren Teilchen X zugrunde gelegt werden, die Größen $n_i(X)$, $N_i(X)$.

Bei Mischphasen sind außerdem Zusammensetzungsgrößen anzugeben, z. B. die Stoffmengenkonzentration c, die Massenkonzentration β, der Stoffmengenanteil x, der Massenanteil w.

---

[1]) Die **Definition der Einheit Mol** der physikalischen Größe Stoffmenge nach dem Gesetz zur Änderung des Gesetzes über Einheiten im Meßwesen vom 6. Juli 1973 lautet: „Die Basiseinheit 1 Mol ist die Stoffmenge eines Systems, das aus ebensoviel Einzelteilchen besteht, wie Atome in $12/1000$ Kilogramm des Kohlenstoffnuklids ^{12}C enthalten sind. Bei Verwendung des Mol müssen die Einzelteilchen des Systems spezifiziert sein und können Atome, Moleküle, Ionen, Elektronen sowie andere Teilchen oder Gruppen solcher Teilchen genau angegebener Zusammensetzung sein."

DIN 32 625 Größen und Einheiten in der Chemie; Stoffmenge und davon abgeleitete Größen; Begriffe und Definitionen (Dez 1989)

Die Norm legt die Bezeichnung und Anwendung von einigen wichtigen Größen und Einheiten fest, die mit der Basisgröße Stoffmenge und deren SI-Basiseinheit Mol in Zusammenhang stehen.

Stoffmenge. Mit der Basisgröße **Stoffmenge** n wird die Quantität einer Stoffportion oder der Portion eines ihrer Bestandteile auf der Grundlage der Anzahl der darin enthaltenen Teilchen bestimmter Art angegeben. Die SI-Basiseinheit der Stoffmenge ist das **Mol**, Einheitenzeichen mol.

Stoffmengen werden für Berechnungen durch Größengleichungen angegeben. Dabei werden die Symbole der Teilchen (z. B. Atome, Moleküle, Ionen, Atomgruppen), die der Stoffmengenangabe zugrunde gelegt sind, nach IUPAC[1]) in Klammern hinter das Formelzeichen n gesetzt.

Für eine Stoffmengenangabe kann auch das Äquivalentteilchen als „Einzelteilchen" zugrunde gelegt werden, insbesondere wenn die Stoffmengenangabe sich auf Ionen oder auf Reaktionspartner von Neutralisations- oder Redoxreaktionen bezieht. Das Äquivalentteilchen (kurz: Äquivalent) ist der gedachte Bruchteil $\frac{1}{z^*}$ eines Teilchens X, wobei X ein Atom, Molekül, Ion oder eine Atomgruppe sein kann und z^* eine ganze Zahl ist, die sich aus der Ionenladung oder aufgrund einer definierten Reaktion (Äquivalentbeziehung) ergibt.

Für die symbolische Darstellung von Äquivalentteilchen wird der Bruch $\frac{1}{z^*}$ vor das Symbol des Teilchens X gesetzt. z^* ist die Anzahl der Äquivalente je Teilchen X (auch: Äquivalentzahl).

Die **Stoffmenge von Äquivalenten** $n\left(\frac{1}{z^*}X\right)$ (kurz: Äquivalent-Stoffmenge) wird für Berechnungen durch eine Größengleichung angegeben. Dabei wird das Symbol des Äquivalents, auf das sich die Angabe bezieht, in Klammern hinter das Formelzeichen n gesetzt.

Für die Beziehung $\frac{1}{z^*}X$ kann als allgemeine Kurzform eq gesetzt werden.

Zwischen der Stoffmenge $n(X)$ der Teilchen X in einem abgegrenzten System und der Stoffmenge $n\left(\frac{1}{z^*}X\right)$ seiner Äquivalentteilchen $\frac{1}{z^*}X$ besteht die Gleichung (1.3)

$$\boxed{n\left(\frac{1}{z^*}X\right) = z^* \cdot n(X)} \qquad (1.3)$$

Molare Masse. Die molare Masse M eines Stoffes oder eines Stoffbestandteiles, der aus den Teilchen X besteht, Formelzeichen $M(X)$, ist der Quotient aus der Masse m_i und der Stoffmenge $n_i(X)$ einer Portion i dieses Stoffes oder Stoffbestandteiles

$$\boxed{M(X) = \frac{m_i}{n_i(X)}} \quad \text{SI-Einheit: kg/mol} \quad \text{(übliche Einheit: g/mol)} \qquad (1.4)$$

Bei der Angabe der molaren Masse eines Stoffes oder Stoffbestandteiles wird das Symbol für deren Teilchen X in Klammern hinter das Formelzeichen M gesetzt.

---
[1]) IUPAC, International Union of Pure and Applied Chemistry

1.1.2 Chemische Begriffe, Einheiten, Formelzeichen

Zwischen der molaren Masse $M(X)$ und der molaren Masse $M\left(\frac{1}{z^*}X\right)$ besteht wegen Gleichung (1.3) die Beziehung

$$\boxed{M\left(\frac{1}{z^*}X\right) = \frac{1}{z^*} \cdot M(X)} \tag{1.5}$$

Stoffmengenkonzentration. Die Stoffmengenkonzentration c eines Bestandteiles einer Mischphase, der aus den Teilchen X besteht, Formelzeichen $c(X)$, ist der Quotient aus der Stoffmenge $n(X)$ einer Portion des Bestandteiles und dem zugehörigen Mischphasenvolumen V

$$\boxed{c(X) = \frac{n(X)}{V}} \quad \text{SI-Einheit: mol/m}^3 \quad \text{(übliche Einheit: mol/l(mol/dm}^3\text{))} \tag{1.6}$$

Bei Verwendung des Größenzeichens c für eine bestimmte Stoffmengenkonzentration wird das Symbol des dabei zugrunde gelegten Teilchens in Klammern hinter das Größenzeichen gesetzt.
Die Stoffmengenkonzentration, die den Äquivalentteilchen zugrunde gelegt ist, heißt Äquivalentkonzentration. Zwischen der Stoffmengenkonzentration $c(X)$ und der Äquivalentkonzentration $c\left(\frac{1}{z^*}X\right)$ besteht wegen der Gleichung (1.3) folgende Beziehung

$$\boxed{c\left(\frac{1}{z^*}X\right) = z^* \cdot c(X)} \tag{1.7}$$

Spezifische Partialstoffmenge. Die spezifische Partialstoffmenge q eines Bestandteils einer Mischphase, der aus den Teilchen X besteht, Formelzeichen $q(X)$, ist der Quotient aus der Stoffmenge $n(X)$ einer Portion des Bestandteils und der Masse Σm der zugehörigen Mischphasenportion.

$$\boxed{q(X) = \frac{n(X)}{\Sigma m}} \quad \text{SI-Einheit: mol/kg} \quad \text{(übliche Einheiten: mol/kg, μmol/kg)} \tag{1.8}$$

Molalität. Die Molalität b eines Bestandteiles einer Mischphase, der aus den Teilchen X besteht, Formelzeichen $b(X)$, ist der Quotient aus der Stoffmenge $n(X)$ einer Portion des Bestandteils und der Masse $m(L)$ der zugehörigen Lösemittelportion.

$$\boxed{b(X) = \frac{n(X)}{m(Lm)}} \quad \text{SI-Einheit und übliche Einheit: mol/kg} \tag{1.9}$$

Bei der Angabe der Molalität wird das Symbol für das Teilchen X in Klammern hinter das Größenzeichen b gesetzt, ferner, falls erforderlich, das Lösemittel.

Titer. Der Titer t ist im Anwendungsbereich der Chemie der Quotient aus der tatsächlich vorliegenden Stoffmengenkonzentration $c(X)$ einer Maßlösung (Ist-Wert) und der angestrebten Stoffmengenkonzentration $\bar{c}(X)$ derselben Lösung (Soll-Wert):

$$\boxed{t = \frac{c(X)}{\bar{c}(X)}} \tag{1.10}$$

DIN 4896   Einfache Elektrolytlösungen; Formelzeichen (Sep 1973)

Betrachtet wird der einfachste Fall einer Elektrolytlösung, nämlich ein flüssiges Zweistoffsystem, bestehend aus einem Nichtelektrolyten als Lösungsmittel (Komponente 1) und einem Elektrolyten (Komponente 2), bei dem neben undissoziierten Elektrolytmolekülen (Teilchenart u) nur eine Kationensorte (Teilchenart $+$) und eine Anionensorte Teilchenart $-$) enthalten ist.
Tab. 1.7 enthält die Formelzeichen und Einheiten von einfachen Elektrolytlösungen.

Tabelle 1.7   Formelzeichen und Einheiten für Elektrolytlösungen

Zeichen	Bedeutung	SI-Einheit[1])
T	thermodynamische Temperatur	K
R	molare oder universelle Gaskonstante	J/(mol K)
n_1	Stoffmenge des Lösungsmittels	mol
n_2	Stoffmenge des Elektrolyten	mol
$n_2^*, n_{eq,2}$	Äquivalentmenge des Elektrolyten	mol
M_1	stoffmengenbezogene (molare) Masse des Lösungsmittels	kg/mol
b	Molalität des Elektrolyten	mol/kg
c	(Stoffmengen-)Konzentration (Molarität) des Elektrolyten	mol/m^3
c^*, c_{eq}	Äquivalentkonzentration (Normalität) des Elektrolyten	mol/m^3
ν_i	Zerfallszahl der Ionenart i (i bedeutet: $+$, $-$)	1
z_i	Ladungszahl der Ionenart i (i bedeutet: $+$, $-$)	1
α	Dissoziationsgrad des Elektrolyten	1
b_j	Molalität der Teilchenart j (j bedeutet: u, $+$, $-$)	mol/kg
I	Ionenstärke der Lösung	mol/kg
μ_1	chemisches Potential des Lösungsmittels (in der Lösung)	J/mol
$\mu_1^\bullet$	chemisches Potential des reinen flüssigen Lösungsmittels	J/mol
μ_j	chemisches Potential der Teilchenart j (j bedeutet: u, $+$, $-$)	J/mol
$\mu_j^\ominus$	Standardwert des chemischen Potentials der Teilchenart j (j bedeutet: u, $+$, $-$) in der Molalitätsskale	J/mol
μ_2	chemisches Potential des Elektrolyten	J/mol
$\mu_2^\ominus$	Standardwert des chemischen Potentials des Elektrolyten in der Molalitätsskale	J/mol
φ	osmotischer Koeffizient	1
γ_j	Aktivitätskoeffizient der Teilchenart j (j bedeutet: u, $+$, $-$) in der Molalitätsskale	1
$\gamma_\pm$	mittlerer Ionenaktivitätskoeffizient in der Molalitätsskale	1
γ	konventioneller Aktivitätskoeffizient	1
K_m	Dissoziationskonstante des Elektrolyten in der Molalitätsskale	1
N_A, L	Avogadro-Konstante	mol^{-1}
e	Elementarladung	C
F, q_F	Faraday-Konstante	C/mol
ψ	inneres elektrisches Potential der Lösung	V

Fortsetzung und Fußnote s. nächste Seite

1.1.2 Chemische Begriffe, Einheiten, Formelzeichen

Tabelle 1.7, Fortsetzung

Zeichen	Bedeutung	SI-Einheit[1])
$\eta_i, \tilde{\mu}_i$	elektrochemisches Potential der Ionenart i (i bedeutet: $+, -$)	J/mol
u_i	Beweglichkeit der Ionenart i (i bedeutet: $+, -$)	m²/(V s)
λ_i	Ionenleitfähigkeit der Ionenart i (i bedeutet: $+, -$)	S m²/mol
χ, σ	Leitfähigkeit der Lösung	S/m
Λ	Äquivalentleitfähigkeit	S m²/mol
t_i	Überführungszahl der Ionenart i (i bedeutet: $+, -$)	1

[1]) 1 steht für das Verhältnis zweier gleicher SI-Einheiten sowie für Zahlen.

DIN 1310 Zusammensetzung von Mischphasen (Gasgemische, Lösungen, Mischkristalle); Begriffe, Formelzeichen (Feb 1984)

Phase ist eine homogene gasförmige oder flüssige oder feste Stoffportion. Eine aus mehreren Stoffen bestehende Phase wird **Mischphase** genannt. Gasförmige Mischphasen werden auch als Gasgemische, flüssige Mischphasen auch als Lösungen, feste Mischphasen auch als Mischkristalle oder feste Lösungen bezeichnet.

Zur Beschreibung der Zusammensetzung der Mischphase wird für die Stoffportion i jedes einzelnen Stoffes der insgesamt Z Stoffe eine der folgenden Größen verwendet:

Masse m_i
Volumen V_i
Stoffmenge n_i
Teilchenzahl N_i

Wortverbindungen mit -anteil. Wortverbindungen mit -anteil geben den Quotienten aus einer der Größen m_i, V_i, n_i oder N_i für eine Stoffportion i und der Summe m, V_0, n oder N der gleichdimensionalen Größen aller Z Stoffe der Mischphase an

Massenanteil	$\omega_i = m_i/m$	(1.11)
Volumenanteil	$\varphi_i = V_i/V_0$	(1.12)
Stoffmengenanteil	$\chi_i = n_i/n$	(1.13)
Teilchenzahlanteil	$X_i = N_i/N$	(1.14)

Hierbei ist $i = 1, 2, \ldots, Z$.

Jede der genannten Größen kann mit ungleichen Einheiten (z. B. cg/g) oder mit gleichen Einheiten (z. B. g/g) für die Zählergröße und für die Nennergröße angegeben werden. Die Größe kann auch als Bruchteil der Zahl 1, in % oder in ‰ angegeben werden.

Wortverbindungen mit -konzentration. Wortverbindungen mit -konzentration bezeichnen Quotienten aus einer der Größen m_i, V_i, n_i oder N_i für eine Stoffportion i und dem Volumen V der Mischphase

Massenkonzentration (auch Partialdichte)	$\beta_i = m_i/V$ in kg/m³	(1.15)
Volumenkonzentration	$\sigma_i = V_i/V$	(1.16)
Stoffmengenkonzentration	$c_i = n_i/V$ in mol/m³	(1.17)
Teilchenzahlkonzentration	$C_i = N_i/V$ in m⁻³	(1.18)

Die Volumenkonzentration σ_i ist nur dann dem Volumenanteil φ_i gleich, wenn $V_0 = V$ ist, d. h. wenn der Mischvorgang ohne Volumenänderung verläuft.

Wortverbindungen mit -verhältnis. Wortverbindungen mit -verhältnis geben Quotienten aus einer der Größen m_i, V_i, n_i oder N_i für eine Stoffportion i und der jeweils gleichdimensionalen Größe m_k, V_k, n_k oder N_k für eine andere Stoffportion k an

Massenverhältnis	$\xi_{ik} = m_i/m_k$	(1.19)
Volumenverhältnis	$\psi_{ik} = V_i/V_k$	(1.20)
Stoffmengenverhältnis	$r_{ik} = n_i/n_k$	(1.21)
Teilchenzahlverhältnis	$R_{ik} = N_i/N_k$	(1.22)

Molalität. Die Molalität b_i ist der Quotient aus der Stoffmenge n_i der gelösten Stoffportion n_i der gelösten Stoffportion i und der Masse m_k der Lösemittelportion k:

$$b_i = n_i/m_k \quad \text{in mol/kg} \tag{1.23}$$

Gehalt. Das Wort Gehalt wird als Oberbegriff bei der qualitativen Beschreibung der Zusammensetzung einer Mischphase angewendet, solange keine konkreten Größenwerte (als Zahlenwerte mal Einheiten) angegeben werden.
Bei quantitativen Angaben ist anstelle des Wortes Gehalt die jeweils benutzte Größe, z. B. der Massenanteil oder die Massenkonzentration mit Benennung und/oder Formelzeichen anzugeben.

Weitere Normen über physikalische Größen, Einheiten, Formelzeichen und Mechanik

DIN	1 313	Physikalische Größen und Gleichungen; Begriffe, Schreibweisen
DIN	1 301 T1	Einheiten; Einheitennamen, Einheitenzeichen
	T2	–; Allgemein angewendete Teile und Vielfache
	T3	–; Umrechnungen für nicht mehr anzuwendende Einheiten
DIN	1 304 T1	Formelzeichen; Allgemeine Formelzeichen
DIN	1 305	Masse, Wägewert, Kraft, Gewichtskraft, Gewicht, Last; Begriffe
DIN	1 306	Dichte; Begriffe, Angaben
DIN	1 314	Druck; Grundbegriffe, Einheiten
DIN	1 342 T1	Viskosität; Rheologische Begriffe
	T2	–; Newtonsche Flüssigkeiten
DIN	13 342	Nicht-newtonsche Flüssigkeiten; Begriffe, Stoffgesetze
DIN	5 485	Benennungsgrundsätze für physikalische Größen; Wortzusammensetzungen mit Eigenschafts- und Grundwörtern
DIN	32 640	Chemische Elemente und einfache organische Verbindungen; Namen und Symbole

Eine Zusammenfassung der meisten vorgenannten DIN-Normen enthält das Buch Klein, Einführung in die DIN-Normen. Stuttgart/Berlin: B. G. Teubner Verlag/Beuth Verlag GmbH, 11. Auflage 1993. Für Einheiten s. auch Sacklowski, A. und Draht, P.: Einheitenlexikon. Entstehung, Anwendung, Erläuterung von Gesetz und Normen. Berlin, Köln: Beuth Verlag GmbH, 1986.

1.2 Organisatorische Grundlagen

1.2.1 Projektwirtschaft

DIN 69901 Projektwirtschaft; Projektmanagement; Begriffe (Aug 1987)
Für das Sachgebiet des Projektmanagements werden die wichtigsten Begriffe festgelegt.
Projekt. Vorhaben, das im wesentlichen durch Einmaligkeit der Bedingungen in ihrer Gesamtheit gekennzeichnet ist, wie z. B.
- Zielvorgabe
- zeitliche, finanzielle, personelle oder andere Begrenzungen
- Abgrenzung gegenüber anderen Vorhaben
- projektspezifische Organisation.

Projektmanagement (PM). Gesamtheit von Führungsaufgaben, -organisation, -techniken und -mittel für die Abwicklung eines Projektes.
Projektwirtschaft. Gesamtheit aller Einrichtungen und Maßnahmen, die dazu dienen, das Projekt zu realisieren.
Mehrprojekttechnik. Technik der gemeinsamen Bearbeitung mehrerer Projekte.

Weitere Begriffe
Bei der **Projektgliederung** unterscheidet man die Begriffe Struktur, Projektstruktur, Netzplan-Aufbaustruktur, Netzplan-Ablaufstruktur, Grundstruktur, Wahlstruktur, Standardstruktur, Entscheidungsstruktur, Projektstrukturplan (PSP), Projektstrukturebene (PSE), Teilaufgabe (TA), Arbeitspaket (AP) und Projektphase.
Begriffe der **personalen Führungsorganisation** sind Projektorganisation (PO), Projektleitung und Projektleiter(in) (PL).
Im Rahmen der **Führungsinformation** existieren die Begriffe Projektziel (PZ), Projektdefinition, Spezifikation (SPEZ), Projektinformationssystem (PIS), Projektinformation, Projektbericht, Projektabschlußbericht, Projektdokumentation (PDO), Schranke, Sperrintervall, Sollintervall, Fertigstellungsgrad.

DIN 69900 T1 Projektwirtschaft; Netzplantechnik; Begriffe (Aug 1987)
Es werden Begriffe für die Netzplantechnik definiert, um für die Planung, Steuerung und Dokumentation von Projekten eine Begriffsvereinheitlichung zu erreichen.
Formen der Netzplantechnik s. Tab. 1.8, Netzplanarten s. Tab. 1.9.

Tabelle 1.8 Formen der Netzplantechnik

Benennung	Kurzz.	Definition
Netzplantechnik	NPT	Alle Verfahren zur Analyse, Beschreibung, Planung, Steuerung, Überwachung von Abläufen auf der Grundlage der Graphentheorie, wobei Zeit, Kosten, Einsatzmittel und weitere Einflußgrößen berücksichtigt werden können.
Standardnetzplantechnik	SNPT	Netzplantechnik, bei der eine Lösung standardisiert und zur wiederholten Anwendung bei verschiedenen Projekten bestimmt wird.
Modularnetzplantechnik	MNPT	Standardnetzplantechnik, bei der Lösungen aus Netzplanmodulen aufgebaut werden.
Mehrnetztechnik		Technik der gemeinsamen Verarbeitung mehrerer Netzpläne.
Teilnetztechnik		Technik unter Verwendung von Teilnetzplänen eines Projektes.
Entscheidungsnetzplantechnik	ENPT	Form der Netzplantechnik, die stochastische Ablaufstrukturen verwendet.

Tabelle 1.9   Netzplanarten

Benennung	Kurzzeichen	Definition
Netzplan	NP	Graphische oder tabellarische Darstellung von Abläufen und deren Abhängigkeiten.
Verfahren Netzplanverfahren		Grundsätzliche Form der Zuordnung von Ablaufelementen zu Darstellungselementen. Hinsichtlich des Verfahrens unterscheidet man Ereignisknoten- (EKN), Vorgangsknoten- (VKN) und Vorgangspfeil-Netzpläne (VPN).
Methoden Netzplan-Methode		Art und Weise des Vorgehens nach detaillierten Regeln der Darstellung, der Berechnung usw. von Netzplänen. Hinsichtlich der Methoden unterscheidet man den ereignisorientierten (EON), den vorgangsorientierten (VON) und den gemischt orientierten Netzplan.
Sonstige Netzplanarten Gesamtnetzplan		Netzplan, der das gesamte Projekt umfaßt.
Teilnetzplan	TNP	Netzplan, der nur einen Teil eines Projektes umfaßt und mit anderen Teilnetzplänen desselben Projektes strukturell in Verbindung steht.
Rahmennetzplan		Gesamtnetzplan, der als Grobnetzplan den Rahmen für die Ablaufstruktur- sowie für die Zeit-, Kosten- und/oder Einsatzmittelplanung des gesamten Projektes, gegebenenfalls für die einzelnen Phasen des Projektablaufes, beschreibt.
Meilenstein-Netzplan		Netzplan, in dem ausschließlich Meilensteine durch Anordnungsbeziehungen miteinander verknüpft sind.
Grobnetzplan		Netzplan mit einer Struktur, die nur einen groben Überblick über den Projektablauf zuläßt.
Feinnetzplan		Netzplan mit einer Struktur, die einen Einblick in viele Details des Projektablaufes zuläßt.
Standardnetzplan		Netzplan mit festgelegter Ablaufstruktur, der zur wiederholten Anwendung bestimmt ist. Die Festlegung kann auch weitere Einflußgrößen umfassen wie z. B. Zeitwerte und Einsatzmittel.

Darstellungselemente der Netzplantechnik sind beschriftete Pfeile und Knoten. Bei Knoten unterscheidet man nach Startknoten, Zielknoten, Sammelknoten, Verzweigungsknoten und Anschlußknoten. Die Anschlußverbindung (AVB) ist die Verbindung zweier Knoten verschiedener Netzpläne.

Ablaufelemente dienen zur Beschreibung von Sachverhalten (Zustände, Geschehen, Abhängigkeiten) eines Ablaufs. Ablaufelemente der Netzplantechnik sind Ereignisse (Vorereignis, Nachereignis, Startereignis, Zielereignis und Meilenstein bzw. Schlüsselereignis), Vorgänge (Vorgänger, Nachfolger, Startvorgang, Zielvorgang, Begleitvorgang, Ersatzvorgang und Schlüsselvorgang) und Anordnungsbeziehungen (AOB) (Normalfolge NF, Anfangsfolge AF, Endfolge EF, Sprungfolge SF, Scheinvorgang und Ersatzanordnungsbeziehung). Netzplan-Module (NM) sind in sich logisch abgeschlossene Teile eines Netzplanes, die als Standardelemente zur wiederholten Nutzung bestimmt sind.

Die **Strukturplanung** unterscheidet zwischen Struktur, Netzplan-Ablaufstruktur, Netzplan-Aufbaustruktur, Verflechtungszahl (V = Anzahl der Pfeile/(Anzahl der Knoten-1)), Rang eines Knotens, Weg, Bestimmender Weg, Kritischer Weg, Schleife, Netzplanverdichtung, Netzplanverfeinerung, Netzplanerlegung und Netzplanverknüpfung.

Die **Zeitplanung** kennt die Dauer (D), wobei zwischen optimistischer Dauer (OD), häufigster Dauer (HD), pessimistischer Dauer (PD), mittlerer Dauer (MD), minimaler Dauer (MIND) und maximaler Dauer

1.2.1 Projektwirtschaft

(MAXD) unterschieden wird. Beim Zeitabstand (Z) kennt man den minimalen Zeitabstand (MINZ) und maximalen Zeitabstand (MAXZ). Weitere Begriffe sind Zeitpunkt, Termin und Kalender (Betriebskalender, Projektkalender). Zu den Benennungen Lage und Pufferzeit s. Tab. 1.10.

Tabelle 1.10 Lage, Pufferzeit

Benennung	Kurz-zeichen	Definition
Lage		Ergebnis der Einordnung von Ereignissen bzw. Vorgängen in den Zeitablauf unter Beachtung aller gegebenen Bedingungen (für Zeit, Kosten, Einsatzmittel).
Pufferzeit		Zeitspanne, um die, unter bestimmten Bedingungen, die Lage eines Ereignisses bzw. Vorgangs verändert oder die Dauer eines Vorgangs verlängert werden kann.
Gesamte Pufferzeit	GP	Zeitspanne zwischen frühester und spätester Lage eines Ereignisses bzw. Vorgangs. Bei Ereignissen ist GP = SZ − FZ Bei Vorgängen ist GP = SAZ − FAZ = SEZ − FEZ
Freie Pufferzeit	FP	Zeitspanne, um die ein Ereignis bzw. Vorgang gegenüber seiner frühesten Lage verschoben werden kann, ohne die früheste Lage anderer Ereignisse bzw. Vorgänge zu beeinflussen.
Freie Rückwärts-Pufferzeit	FRP	Zeitspanne, um die ein Ereignis bzw. Vorgang gegenüber seiner spätesten Lage verschoben werden kann, ohne daß die späteste Lage anderer Ereignisse bzw. Vorgänge beeinflußt wird.
Unabhängige Pufferzeit	UP	Zeitspanne, um die ein Ereignis bzw. Vorgang verschoben werden kann, wenn sich seine Vorereignisse bzw. Vorgänger in spätester und seine Nachereignisse bzw. Nachfolger in frühester Lage befinden.

Zuordnung Ereignis bzw. Vorgang zu frühester bzw. spätester Lage

Lage	Ereignis		Vorgang			
			Anfang		Ende	
Früheste Lage			Frühester Anfang	FA	Frühestes Ende	FE
	Frühester Zeitpunkt	FZ	Frühester Anfangszeitpunkt	FAZ	Frühester Endzeitpunkt	FEZ
	Frühester Termin	FT	Frühester Anfangstermin	FAT	Frühester Endtermin	FET
Späteste Lage			Spätester Anfang	SA	Spätestes Ende	SE
	Spätester Zeitpunkt	SZ	Spätester Anfangszeitpunkt	SAZ	Spätester Endzeitpunkt	SEZ
	Spätester Termin	ST	Spätester Anfangstermin	SAT	Spätester Endtermin	SET

Die Benennungen und Kurzzeichen ergeben sich aus den Zuordnungen der Leitspalte zur Kopfzeile.

Zuordnung der Pufferzeiten zur Lage der Ereignisse bzw. Vorgänge

Pufferzeit	Vorereignis bzw. Vorgänger	Nachereignis bzw. Nachfolger
GP	in frühester Lage	in spätester Lage
FP	in frühester Lage	in frühester Lage
FRP	in spätester Lage	in spätester Lage
UP	in spätester Lage	in frühester Lage

Bei der **Entscheidungsnetzplantechnik** wird im Entscheidungsnetzplan (ENP) zwischen dem Entscheidungsknoten, dem Entscheidungsereignis und dem Entscheidungsvorgang differenziert.

DIN 69900 T2 Projektwirtschaft; Netzplantechnik; Darstellungstechnik (Aug 1987)

Mit dieser Norm wird eine Vereinheitlichung der Darstellungen in der Netzplantechnik erreicht.

Die Grundformen der Darstellungselemente und deren Anwendung sind in Tab. 1.11 und 1.12 enthalten.

Tabelle 1.11 Grundformen der Darstellungselemente

Darstellungselement	Grundform	Bemerkung
Knoten	▭ ▫ ○	Rechteck bevorzugen
Pfeil	⟶	

Tabelle 1.12 Anwendung der Grundformen zur Darstellung der Ablaufelemente bei den Verfahren der Netzplantechnik

Ablaufelemente \ Verfahren	EKN (Ereignisknoten-Netzplan)	VKN (Vorgangsknoten-Netzplan)	VPN (Vorgangspfeil-Netzplan)	Bemerkung
Ereignis	⊢▭⊣		⊢▭⊣	Meilensteine hervorheben
Vorgang		⊢▭⊣	▭⟶▭	Schlüsselvorgänge hervorheben
Anordnungsbeziehung	▭⟶▭	▭--*)--▭	▭--**)--▭	

*) Art der Anordnungsbeziehung angeben oder graphisch darstellen
**) Scheinvorgang. Die übrigen, nicht als Scheinvorgänge dargestellten Anordnungsbeziehungen eines Vorgangspfeil-Netzplans sind in den Knoten enthalten.

Bei der **Beschriftung** der Darstellungselemente können die nachfolgenden Informationen erforderlich sein, die auch in einer **tabellarischen Darstellung** enthalten sein müssen.

a) Ablaufinformationen (Elemente und Struktur)
 – Vorgang bzw. Ereignis (Text und/oder Nummer)
 – Vorgänger und/oder Nachfolger oder Nummer des Anfangs- und Endereignisses
 – Art der Anordnungsbeziehung

b) Zeitinformationen
 – Dauer
 – Zeitabstand
 – Errechnete Zeitpunkte und/oder Termine
 – Pufferzeit
 – Kennzeichnung der kritischen Vorgänge bzw. Ereignisse
 – Geplante Zeitpunkte und/oder Termine
 – Vorgegebene Zeitpunkte und/oder Termine

1.2.1 Projektwirtschaft

c) Informationen über Kosten und Finanzmittel
- Vorgangskosten
- Zahlungszeitpunkte
- Budgetausschöpfung

d) Information über Einsatzmittel

e) Schranken, Sperrintervalle, Sollintervalle

f) Sonstige Informationen.

Bei der **graphischen Darstellung** ist zu beachten, daß der Netzplan übersichtlich gestaltet ist. Das Format muß handlich sein. Ein Schriftfeld mit allgemeinen Informationen ist aufzunehmen. Die Hauptrichtung von Netzplänen verläuft vorzugsweise waagerecht von links nach rechts. Die Pfeilrichtung muß der Hauptrichtung entsprechen oder senkrecht zu ihr verlaufen. Graphische Vereinfachungen in Form von Sammellinien, Verzweigungslinien, mehrfachen Anordnungsbeziehungen, Pfeilunterbrechungen auf demselben Blatt und Zusammenfassen von Anschlußverbindungen in tabellarischer Form sind möglich. Meilensteine und Schlüsselvorgänge können zeichnerisch und/oder durch Beschriftung, Ablaufelemente auf dem kritischen Weg zeichnerisch hervorgehoben werden (z. B. durch Überstreichen, Farbe oder Strichdicke).
Zum Ausführungsstand sind die Darstellungen nach Tab. **1.13** möglich.

Tabelle **1.13** Ausführungsstand

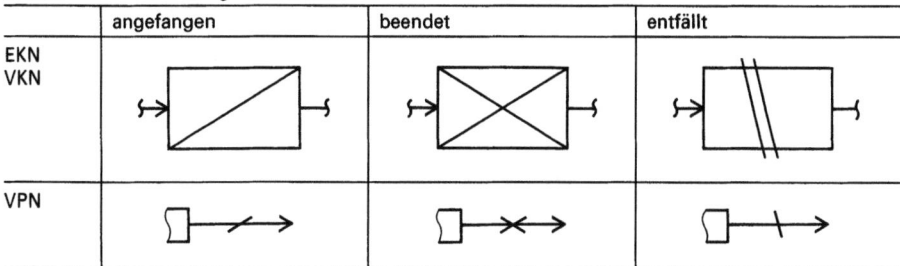

In Entscheidungsnetzplänen sind Ergänzungen von Knoten nach Tab. **1.14** möglich. Pfeile sind zusätzlich mit Angaben über die Realisierungswahrscheinlichkeit zu versehen.

Tabelle **1.14** Knoten

Kennung für Ablaufbedingungen		Erweiterung der Grundform des Knotens	
		Eingang	Ausgang
Logische Ablaufbedingung	UND	⊂▯ ¹⁾ ▯	▭⊃ ¹⁾ ▭
	ODER (einschließend)	◁▭	▭▷
	ODER (ausschließend)	◁▭	▭▷
Bei Verwendung beliebiger Kennungen		▯ ²⁾	²⁾ ▭

¹) Im VKN können UND-Symbole entfallen.
²) Bedingungen angeben, z. B. logische Bedingungen in der Schreibweise nach DIN 60000 (s. Norm).

DIN 69910 Wertanalyse (Aug 1987)

Diese Norm gilt für die Durchführung der Wertanalyse (WA) in Wirtschaft, Wissenschaft und Verwaltung.

Die **Wertanalyse (WA)** ist ein System zum Lösen komplexer Probleme, die nicht oder nicht vollständig algorithmierbar sind. Sie beinhaltet das Zusammenwirken der Systemelemente
- Methode
- Verhaltensweisen
- Management

bei deren gleichzeitiger gegenseitiger Beeinflussung mit dem Ziel einer Optimierung des Ergebnisses.

Der **Wertanalyse-Arbeitsplan (WA-Arbeitsplan)** ist die Beschreibung der Wertanalyse-Arbeitsschritte bei der Bearbeitung eines festgelegten Wertanalyse-Objektes und deren zweckmäßige gegenseitige Zuordnung.

Die **Wertverbesserung (WV)** ist die wertanalytische Behandlung eines bereits bestehenden Wertanalyse-Objektes.

Die **Wertgestaltung (WG)** ist die Anwendung der Wertanalyse beim Schaffen eines noch nicht bestehenden Wertanalyse-Objektes.

Das **Wertanalyse-Objekt (WA-Objekt)** ist ein entstehender oder bestehender Funktionenträger, der mit Wertanalyse behandelt werden soll.

Ein **Wertanalyse-Projekt (WA-Projekt)** ist das Anwenden der Wertanalyse auf ein Objekt.

Ein **Wertanalyse-Team (WA-Team)** entwickelt sich aus einer fach- und bereichsübergreifend zusammengesetzten Gruppe von in der Regel 5 bis 7 Personen, die in räumlicher Nähe durch unmittelbare Kommunikation mit dem gemeinsamen, von allen akzeptierten Ziel zusammenarbeiten, ein Wertanalyse-Projekt erfolgreich abzuwickeln. Die Teamentwicklung ist gekennzeichnet durch das Wirksamwerden gruppendynamischer Prozesse.

Der **Wertanalyse-Koordinator (WA-Koordinator)** ist eine Person, welche die Wertanalyse-Aktivitäten unter Einbindung der hierfür relevanten Führungsebenen in einer Institution (z.B. Unternehmen, Behörde) plant, organisiert und überwacht.

Der **Wertanalyse-Moderator (WA-Moderator)** ist die für die erfolgsorientierte Steuerung und Förderung der Arbeit (Methode und Verhaltensweisen) im Wertanalyse-Team beim einzelnen Wertanalyse-Projekt verantwortliche, qualifizierte Person.

Funktion im Sinne der Wertanalyse ist jede einzelne Wirkung des Wertanalyse-Objektes.

Funktionenarten dienen zur Zuordnung von Funktionen zu zwei besonderen Nutzungsbereichen (Gebrauchsfunktion, Geltungsfunktion) des Wertanalyse-Objektes.

Funktionenklassen dienen zum Aufstellen einer Rangordnung von Funktionen. Zur Klassifizierung nach Wichtigkeit für das Wertanalyse-Objekt dienen die Begriffe Haupt- und Nebenfunktion. Zusätzlich werden noch Gesamt- und Teilfunktionen unterschieden.

Unerwünschte Funktion ist eine
- vermeidbare (also nicht der gewollten Nutzung dienende) oder eine
- aus unumgänglichen Gründen unvermeidbare

nicht gewünschte Wirkung des Wertanalyse-Objektes.

Funktionengliederung ist die Zuordnung von Funktionen zu Funktionenarten und -klassen.

Funktionenstruktur ist eine Darstellung der im Sinne der Nutzung folgerichtigen Zusammenhänge von Funktionen miteinander.

Funktionenträger sind Elemente (z.B. Produkte und deren Teile, Leistungen, Tätigkeiten, Abläufe), durch die Funktionen verwirklicht werden.

Funktionskosten sind die einer Funktion zugeordneten Anteile der Kosten von Funktionenträgern.

Lösungsbedingende Vorgaben sind Anforderungen an das zukünftige Wertanalyse-Objekt, die in Soll-Funktionen und Soll-Funktionenstrukturen nicht beschrieben werden (quantifizierte Größen, Gesetze, Vorschriften, Pflichtenheftangaben, ...).

Wertanalyse-Ziel ist das erforderliche Ergebnis eines Wertanalyse-Projektes.

Bewertungskriterien sind objektspezifische sowie allgemeingültige Vorgaben, an denen beim Bewerten die verschiedenen Lösungsvorschläge gemessen werden.

Wertanalyse-Arbeitsplan. Der Wertanalyse-Arbeitsplan besteht aus den nachgenannten Grundschritten mit den zugeordneten Teilschritten

a) Projekt vorbereiten
- Moderator benennen
- Auftrag übernehmen, Grobziel mit Bedingungen festlegen
- Einzelziele setzen
- Untersuchungsrahmen abgrenzen
- Projektorganisation festlegen
- Projektablauf planen

b) Objektsituation analysieren
- Objekt- und Umfeld-Informationen beschaffen
- Kosteninformationen beschaffen
- Funktionen ermitteln
- Lösungsbedingende Vorgaben ermitteln
- Kosten den Funktionen zuordnen

c) Soll-Zustand beschreiben
- Informationen auswerten
- Soll-Funktionen festlegen
- Lösungsbedingende Vorgaben festlegen
- Kostenziele den Soll-Funktionen zuordnen

d) Lösungsideen entwickeln
- Vorhandene Ideen sammeln
- Neue Ideen entwickeln

e) Lösungen festlegen
- Bewertungskriterien festlegen
- Lösungsideen bewerten
- Ideen zu Lösungsansätzen verdichten und darstellen
- Lösungsansätze bewerten
- Lösungen ausarbeiten
- Lösungen bewerten
- Entscheidungsvorlage erstellen
- Entscheidungen herbeiführen

f) Lösungen verwirklichen
- Realisierung im Detail planen
- Realisierung einleiten
- Realisierung überwachen
- Projekt abschließen.

DIN 69902 Projektwirtschaft; Einsatzmittel; Begriffe (Aug 1987)

Die wichtigsten, im Zusammenhang mit den Einsatzmitteln in der Projektwirtschaft stehenden Begriffe werden aufgezeigt und erläutert.

Einsatzmittel (EM). Personal und Sachmittel, die zur Durchführung von Vorgängen, Arbeitspaketen oder Projekten benötigt werden. EM können wiederholt oder nur einmalig einsetzbar sein. Sie können in Wert- oder Mengeneinheiten beschrieben und für einen Zeitpunkt oder einen Zeitraum disponiert werden.

Einsatzmittelart (EMA). Gesamtheit von Einsatzmitteln, die nach bestimmten, allen gemeinsamen Merkmalen zusammengefaßt sind, wie z.B. stoffliche Merkmale, technische Merkmale, funktionale Merkmale, berufliche Qualifikation.

Einsatzmittel-Gruppe (EMG). Einheit, die mehrere, funktional oder ablauforganisatorisch voneinander unmittelbar abhängige, gleich- oder verschiedenartige Einsatzmittel umfaßt.

Einsatzmittel-Planung (EMP). Festlegen der Einsatzmittel, die für Vorgänge, Arbeitspakete und Projekte benötigt werden. Hierbei sind vorgegebene Ziele und Randbedingungen zu beachten und erforderliche Maßnahmen vorzusehen.

Die nachfolgenden Benennungen stehen entsprechend dem Ablauf der **Einsatzmittel-Disposition und -Nutzung** zur Verfügung:

Einsatzmittel-Disposition (EMD), Arbeitsergebnis (AE), Leistungsergebnis (LE), Einsatzmittel-Leistungsvermögen (EML), Einsatzmittel-Kapazität (EMK), Einsatzmittel-Aufwand (EMW), Stoffmenge (SM), Arbeitsmenge (AM), Einsatzmittel-Bedarf (EMB), Einsatzmittel-Einheit, Einsatzmittel-Einsatzdauer (ED), Einsatzmittel-Nutzungsdauer, Leistungsbedarf (LB), Einsatzmittel-Bestand, Einsatzmittel-Vorrat, Einsatzmittel-Zuteilung (EMZ), kritisches Einsatzmittel (KEM), Einsatzmittel-Auslastung, Einsatzmittel-Auslastungsgrad, Einsatzmittel-Abgleich, Bedarfsbegrenzung, Bedarfsglättung und Einsatzmittel-Bereitstellung.

Bei der **Einsatzmittel-Verwaltung** unterscheidet man die Begriffe:

Einsatzmittel-Übergabe, Einsatzmittel-Übernahme, Einsatzmittel-Freigabe, Einsatzmittel-Freistellung, Einsatzmittel-Dokumentation, Einsatzmittel-Instandhaltung, Einsatzmittel-Verwaltung, Zugang und Abgang.

DIN 69903 Projektwirtschaft; Kosten und Leistung, Finanzmittel; Begriffe (Aug 1987)

Diese Norm enthält eine Zusammenfassung projektbezogener Begriffe der Kosten- und Leistungsrechnung sowie des Finanzmitteleinsatzes in der Projektwirtschaft, da auch innerhalb eines Projektes Kosten, Leistungen und Finanzmittel eng miteinander verknüpft sind (Begriffe aus der Kostenrechnung enthält auch DIN 32990 T1, s. Norm).

Als Benennungen stehen zur Verfügung:

Beschleunigungskosten (BK), Fertigstellungswert (FW), Kostenabgleich, Kostenabrechnung, Kostenanfall, Kostenaufteilung, Kostenbegrenzung, Kostenbelastungsgrad, Kostendokumentation, Kostenglättung, Kostenplan, Kostenplanung (KP), Kostenrahmen, Kostenstruktur, Kostenstrukturplan, Kostenverwaltung, Kostenwert, kritische Kostenart, Projekt-Controlling, Projektkostenart, Projektkostenrechnung, Projektkostenstelle, Projektkostenträger, Projektkostenüberwachung, Projektleistungsart, Projektleistungsbewertung, Projektleistungserfassung, Projektleistungsrechnung, Budgetausschöpfung, Budgetausschöpfungsgrad, Finanzieller Aufwand, Finanzieller Bedarf, Finanzmittelabgleich, Finanzmittelbegrenzung, Finanzmittelbereitstellung, Finanzmittelbestand, Finanzmitteldisposition, Finanzmitteldokumentation, Finanzmitteleinsatz, Finanzmittelfreigabe, Finanzmittelfreistellung, Finanzmittelglättung, Finanzmittelüberwachung, Finanzmittelverfügbarkeit, Finanzmittelverwaltung, Finanzmittelzuteilung, Finanzplanung, kritisches Finanzmittel, Projektbudget, Projektfinanzierung und verfügbare Finanzmittel.

Die Benennungen können durch Attribute wie „vorgegeben", „geplant", „errechnet", „Soll-", „Ist-" und zusätzlich durch „anfänglich", „berichtigt", „abgerechnet", „nachgewiesen", „minimal" oder „maximal" ergänzt werden.

1.2.2 Qualitätsmanagement, Qualitätssicherung

DIN 55350 T11 Begriffe der Qualitätssicherung und Statistik; Grundbegriffe der Qualitätssicherung (Mai 1987)

In der Norm wurde die internationale Terminologie, hierbei insbesondere die Internationale Norm ISO 8402 berücksichtigt.

Qualität. Beschaffenheit einer Einheit bezüglich ihrer Eignung, festgelegte und vorausgesetzte Erfordernisse zu erfüllen.

1.2.2 Qualitätsmanagement, Qualitätssicherung

Einheit. Materieller oder immaterieller Gegenstand der Betrachtung.
Beschaffenheit. Gesamtheit der Merkmale und Merkmalswerte einer Einheit.
Zuverlässigkeit. Teil der Qualität im Hinblick auf das Verhalten der Einheit während oder nach vorgegebenen Zeitspannen bei vorgegebenen Anwendungsbedingungen.
Gebrauchstauglichkeit. Eignung eines Gutes für seinen bestimmungsgemäßen Verwendungszweck, die auf objektiv und nicht objektiv feststellbaren Gebrauchseigenschaften beruht und deren Beurteilung sich aus individuellen Bedürfnissen ableitet.

Qualitätsforderung. Die festgelegten und vorausgesetzten Erfordernisse.
- **Zuverlässigkeitsforderung.** Derjenige Teil der Qualitätsforderung, der das Verhalten der Einheit während oder nach vorgegebenen Zeitspannen bei vorgegebenen Anwendungsbedingungen betrifft.
- **Qualifikation.** Nachgewiesene Erfüllung der Qualitätsforderung.

Fehler. Nichterfüllung einer Forderung.

Qualitätskreis. Modell für das Ineinandergreifen der Beiträge zur Qualität eines materiellen oder immateriellen Produkts aufgrund der Ergebnisse von Tätigkeiten oder Prozessen in den Planungs-, Realisierungs- und Nutzungsphasen.

Ausführungsqualität. Beschaffenheit der Ergebnisse von Tätigkeiten und Prozessen für ein oder mehrere Qualitätselemente bezüglich ihrer Eignung, die für die Ergebnisse vorgegebenen Forderungen zu erfüllen.

Qualitätselement. Beitrag zur Qualität
a) eines materiellen oder immateriellen Produkts aufgrund des Ergebnisses einer Tätigkeit oder eines Prozesses in einer der Planungs-, Realisierungs- oder Nutzungsphasen bzw.
b) einer Tätigkeit oder eines Prozesses aufgrund eines Elements im Ablauf dieser Tätigkeit oder dieses Prozesses.

Qualitätspolitik. Die grundlegenden Absichten und Zielsetzungen einer Organisation zur Qualität, wie sie von ihrer Leitung formell erklärt werden.
- **Qualitätsmanagement.** Derjenige Aspekt der Gesamtführungsaufgabe, welcher die Qualitätspolitik festlegt und verwirklicht.

Qualitätssicherung (QS). Gesamtheit der Tätigkeiten des Qualitätsmanagements, der Qualitätsplanung, der Qualitätslenkung und der Qualitätsprüfungen.
- **Qualitätssicherungsplan.** Ein Dokument, welches die speziellen Elemente der Qualitätssicherung sowie die Zuständigkeiten, sachlichen Mittel und Tätigkeiten festlegt, die für ein materielles oder immaterielles Produkt, einen Vertrag oder ein Projekt vorgesehen sind.
- **Qualitätsplanung.** Auswählen, Klassifizieren und Gewichten der Qualitätsmerkmale sowie schrittweises Konkretisieren aller Einzelforderungen an die Beschaffenheit zu Realisierungsspezifikationen, und zwar im Hinblick auf die durch den Zweck der Einheit gegebenen Erfordernisse, auf das Anspruchsniveau und unter Berücksichtigung der Realisierungsmöglichkeiten.
- **Anspruchsniveau.** Rangindikator für unterschiedliche Qualitätsforderungen an Einheiten, die dem gleichen Zweck dienen.
- **Zuverlässigkeitsplanung.** Derjenige Teil der Qualitätsplanung, der das Verhalten der Einheit während oder nach vorgegebenen Zeitspannen bei vorgegebenen Anwendungsbedingungen betrifft.
- **Qualitätslenkung.** Die vorbeugenden, überwachenden und korrigierenden Tätigkeiten bei der Realisierung der Einheit mit dem Ziel, die Qualitätsforderung zu erfüllen.
- **Statistische Qualitätslenkung.** Derjenige Teil der Qualitätslenkung, bei dem statistische Verfahren eingesetzt werden.
- **Beherrschter Prozeß.** Prozeß, bei dem sich die Parameter der Verteilung der Merkmalswerte des Prozesses praktisch nicht oder nur in bekannter Weise oder in bekannten Grenzen ändern.
- **Qualitätsprüfung.** Feststellen, inwieweit eine Einheit die Qualitätsforderung erfüllt.
- **Prüfplanung.** Planung der Qualitätsprüfung(en).
- **Prüfplan.** Ergebnis der Prüfplanung.

- **Prüfspezifikation.** Festlegung der Prüfmerkmale für die Qualitätsprüfung und gegebenenfalls der vorgegebenen Merkmalswerte sowie erforderlichenfalls der Prüfverfahren.
- **Prüfanweisung.** Anweisung für die Durchführung einer Qualitätsprüfung.
- **Prüfablaufplan.** Festlegung der Abfolge der Qualitätsprüfungen.
- **Qualitätstechnik.** Anwendung wissenschaftlicher und technischer Kenntnisse sowie von Führungstechniken für die Qualitätssicherung.
- **Qualitätsüberwachung.** Fortlaufendes Prüfen und Bewerten des Standes der Qualitätssicherung und ihrer Ergebnisse sowie Auswerten von Aufzeichnungen bezüglich vorgegebener Festlegungen, und zwar zur Sicherstellung der Erfüllung von Qualitätsforderungen.

Qualitätssicherungssystem (QSS). Die festgelegte Ablauf- und Aufbauorganisation zur Durchführung der Qualitätssicherung sowie die hierfür erforderlichen Mittel.

Qualitätsfähigkeit. Eignung einer Organisation oder ihrer Elemente zur Realisierung einer Einheit, die Qualitätsforderung zu erfüllen.

- **Qualitätsförderung.** Verbessern der Qualitätsfähigkeit.
- **Lieferantenbeurteilung.** Beurteilung der Qualitätsfähigkeit eines Lieferers durch den Abnehmer.
- **Qualitätsaudit.** Beurteilung der Wirksamkeit des Qualitätssicherungssystems oder seiner Elemente durch eine unabhängige systematische Untersuchung.

QSS-Bewertung. Formelle Bewertung des Standes und der Angemessenheit des Qualitätssicherungssystems in bezug auf die Qualitätspolitik sowie auf neue Zielsetzungen aufgrund veränderter Umstände durch die Leitung der Organisation.

QS-Nachweisführung. Alle geplanten systematischen Tätigkeiten, die notwendig sind, um hinreichendes Vertrauen herzustellen, daß die Qualitätsforderungen erfüllt werden.

QS-Nachweisforderung. Forderung eines Nachweises über die Realisierung von Elementen eines QS-Systems gegenüber dem Auftraggeber bei vertraglicher Vereinbarung oder gegenüber einer zuständigen Stelle bei gesetzlicher Auflage.

- **QS-Nachweisstufe.** Rangstufe der genormten QS-Nachweisforderung.

Qualitätskosten. Kosten, die vorwiegend durch Qualitätsforderungen verursacht sind, das heißt: Kosten, die durch Tätigkeiten der Fehlerverhütung, durch planmäßige Qualitätsprüfungen sowie durch intern oder extern festgestellte Fehler verursacht sind.

Sonderfreigabe. Zustimmung zur Freigabe fehlerhafter Einheiten.

Weitere Begriffsnormen

DIN 55350	T12	Begriffe der Qualitätssicherung und Statistik; Merkmalsbezogene Begriffe
	T13	–; Begriffe zur Genauigkeit von Ermittlungsverfahren und -ergebnissen
	T14	–; Begriffe der Probenahme
	T15	–; Begriffe zu Mustern
	T17	–; Begriffe der Qualitätsprüfungsarten
	T18	–; Begriffe zu Bescheinigungen über die Ergebnisse von Qualitätsprüfungen; Qualitätsprüf-Zertifikate
	T21	–; Begriffe der Statistik; Zufallsgrößen und Wahrscheinlichkeitsverteilungen
	T22	–; Begriffe der Statistik; Spezielle Wahrscheinlichkeitsverteilungen
	T23	–; Begriffe der Statistik; Beschreibende Statistik
	T24	–; Begriffe der Statistik; Schließende Statistik
	T31	–; Begriffe der Annahmestichprobenprüfung
	T33	–; Begriffe der statistischen Prozeßlenkung (SPC)
	T34	–; Erkennungsgrenze, Erfassungsgrenze und Erfassungsvermögen

1.2.2 Qualitätsmanagement, Qualitätssicherung

DIN ISO 9000 Qualitätsmanagement- und Qualitätssicherungsnormen; Leitfaden zur Auswahl und Anwendung (Mai 1990)

Die Norm ist ein Leitfaden zur Auswahl und Anwendung der Normen DIN ISO 9001 bis DIN ISO 9004 und ist identisch mit ISO 9000 und gleichzeitig die deutsche Fassung der Europäischen Norm EN 29000.

Die Qualitätssicherung eines Unternehmens/einer Organisation wird geprägt durch zahlreiche interne und externe Einflüsse und Festlegungen, z. B. durch die individuellen Ziele, die jeweiligen Produkte, die spezifischen organisatorischen Abläufe und die Größe des Unternehmens/der Organisation. **Ein genormtes Qualitätssicherungssystem kann es daher nicht geben.** DIN ISO 9004 enthält Empfehlungen zum Aufbau eines Qualitätssicherungssystems. DIN ISO 9001, DIN ISO 9002 und DIN ISO 9003 enthalten drei Modelle zur Darlegung der Qualitätssicherung. Eine Darlegungsforderung kann aufgrund eines dieser genormten Modelle oder aufgrund eines individuell gestalteten Modells vom Auftraggeber nach vorausgegangenen Verhandlungen mit dem Auftragnehmer über den Umfang und die Tiefe der Darlegung der Qualitätssicherung oder aufgrund einer gesetzlichen Auflage in einen Vertrag aufgenommen werden, z. B. in Ergänzung zum Vertrag über die Lieferung eines Produktes/einer Leistung. Die Qualitätsforderung an das Produkt/Leistung selbst ist davon zu unterscheiden: Der Nachweis der Erfüllung einer Qualitätsforderung an das Produkt/die Leistung ist nicht Gegenstand dieser Normen (**Begriffe** s. DIN 55350 T 11).

Grundsätzliche Konzepte. Eine Organisation sollte danach streben, die folgenden drei Qualitätsziele zu erreichen:

a) Die Organisation sollte eine solche Qualität des erzeugten Produkts oder der erbrachten Dienstleistung erreichen und aufrechterhalten, daß die festgelegten oder vorausgesetzten Erfordernisse des Auftraggebers stets erfüllt werden.

b) Die Organisation sollte gegenüber der eigenen Leitung für Vertrauen sorgen, daß die beabsichtigte Qualität erreicht und aufrechterhalten wird.

c) Die Organisation sollte gegenüber dem Auftraggeber für Vertrauen sorgen, daß die beabsichtigte Qualität beim zu liefernden Produkt oder der zu erbringenden Dienstleistung erreicht ist oder erreicht werden wird. Wenn vertraglich verlangt, kann diese Schaffung von Vertrauen die vereinbarten Forderungen zur Darlegung der Qualitätssicherung umfassen.

Internationale Normen zu Qualitätssicherungssystemen

a) ISO 9004 gibt zusammen mit ISO 9000 allen Organisationen einen Leitfaden für Zwecke des **Qualitätsmanagements.**

Nachdem ISO 9000 zu Rate gezogen wurde, sollte unter Berücksichtigung von ISO 9004 ein QS-System entwickelt und eingerichtet werden, wobei auch der Umfang festgelegt werden sollte, in welchem jedes QS-Element angewendet werden kann.

ISO 9004 enthält einen Leitfaden zu den technischen, administrativen und menschlichen Faktoren, welche die Qualität von Produkten und Dienstleistungen beeinflussen, und zwar für alle Phasen des Qualitätskreises von der Ermittlung der Erfordernisse bis zur Zufriedenstellung des Kunden. In der Norm ISO 9004 liegt die Betonung auf der Zufriedenstellung der Kundenerfordernisse, der Festlegung der funktionalen Verantwortlichkeiten sowie der Bedeutung der Abschätzung – soweit wie möglich – der potentiellen Risiken und des möglichen Nutzens. Alle diese Aspekte sollten bei der Einrichtung und der Unterhaltung eines wirksamen QS-Systems in Betracht gezogen werden.

b) ISO 9001, ISO 9002, ISO 9003 sind zusammen mit ISO 9000 für Zwecke der externen **Darlegung der Qualitätssicherung** in vertraglichen Situationen bestimmt.

Nachdem ISO 9000 zu Rate gezogen wurde, sollten Auftraggeber und Lieferer in ISO 9001, ISO 9002 und ISO 9003 nachschlagen, um festzulegen, welche von diesen Normen für den Vertrag am sachdienlichsten ist und ob und gegebenenfalls welche speziellen Anpassungen vorzunehmen sind.

Gewisse Elemente eines QS-Systems sind für jede dieser drei verschiedenen QS-Modelle zusammengestellt worden, beruhend auf der „funktionellen und organisatorischen Leistungsfähigkeit", wie sie von einem Lieferanten für ein Produkt oder eine Dienstleistung verlangt wird:

ISO 9001: Anzuwenden, wenn durch den Lieferanten/Auftragnehmer die Erfüllung festgelegter Forderungen bezüglich mehrerer Phasen zu sichern ist, wobei in diesen Phasen Design/Entwicklung, Produktion, Montage und Kundendienst enthalten sein können.

ISO 9002: Anzuwenden, wenn durch den Lieferanten/Auftragnehmer die Erfüllung festgelegter Forderungen bezüglich Produktion und Montage zu sichern ist.

ISO 9003: Anzuwenden, wenn durch den Lieferanten/Auftragnehmer die Erfüllung festgelegter Forderungen nur bezüglich Endprüfung zu sichern ist.

Die Elemente des QS-Systems sollten dokumentiert und in einer Weise darlegbar sein, welche mit den Forderungen des ausgewählten Modells im Einklang steht. Die Dokumentation kann QS-Handbücher, Beschreibungen qualitätsbezogener Verfahren, Berichte über Qualitätsaudits sowie andere Qualitätsaufzeichnungen enthalten.

Zertifizierung. Eine Zertifizierung eines Qualitätssicherungssystems, d. h. eine Beurteilung und Bestätigung durch eine unabhängige, neutrale Organisation auf der Grundlage der vorgenannten Normen nehmen in Deutschland verschiedene Organisationen vor. Mit vielen Ländern ist eine gegenseitige Anerkennung der Zertifikate vereinbart bzw. geplant.[1]

Die vorgenannten ISO-Normen wurden als DIN-Normen (gleichzeitig als deutsche Fassung der entsprechenden Europäischen Normen EN 29001 bis EN 29004) in das Deutsche Normenwerk übernommen:

DIN ISO 9001 Qualitätssicherungssysteme; Modell zur Darlegung der Qualitätssicherung in Design/Entwicklung, Produktion, Montage und Kundendienst

DIN ISO 9002 Qualitätssicherungssysteme; Modell zur Darlegung der Qualitätssicherung in Produktion und Montage

DIN ISO 9003 Qualitätssicherungssysteme; Modell zur Darlegung der Qualitätssicherung bei der Endprüfung

DIN ISO 9004 Qualitätsmanagement und Elemente eines Qualitätssicherungssystems; Leitfaden

Tab. 1.15 enthält die Vergleichsmatrix der QS-Elemente in diesen Normen, die die Elemente eines QS-Systems darstellen.

Tabelle 1.15 Vergleichsmatrix der QS-Elemente

Abschnitts- (oder Unterabschnitts-) nummer in ISO 9004	Titel	Zugehörige Abschnitts- (oder Unterabschnitts-) nummer in der Norm		
		ISO 9001	ISO 9002	ISO 9003
4	Verantwortung der obersten Leitung	4.1 ●	4.1 ○	4.1 ×
5	Grundsätze zum Qualitätssicherungssystem	4.2 ●	4.2 ●	4.2 ○
5.4	Auditieren des Qualitätssicherungssystems (intern)	4.17 ●	4.16 ○	–
6	Wirtschaftlichkeits-Überlegungen zu qualitätsbezogenen Kosten	–	–	–
7	Qualität im Marketing (Vertragsprüfung)	4.3 ●	4.3 ●	
8	Qualität bei Auslegung und Design (Designlenkung)	4.4 ●	–	
9	Qualität bei der Beschaffung (Beschaffung)	4.6 ●	4.5 ●	
10	Qualität in der Produktion (Prozeßlenkung) (in Produktion und Montage)	4.9 ●	4.8 ●	–

Fortsetzung und Schlüssel s. nächste Seite

---

[1] Zum Thema Zertifizierung s. auch Klein, Einführung in die DIN-Normen. Stuttgart/Berlin: B. G. Teubner Verlag/Beuth Verlag GmbH, 11. Auflage 1993.

1.3.1 Grundlagen

Tabelle 1.15, Fortsetzung

Abschnitts-(oder Unter-abschnitts-)nummer in ISO 9004	Titel	Zugehörige Abschnitts-(oder Unterabschnitts-)nummer in der Norm		
		ISO 9001	ISO 9002	ISO 9003
11	Produktionslenkung	4.9 ●	4.8 ●	–
11.2	Lenkung und Rückverfolgbarkeit von Material (Identifikation und Rückverfolgbarkeit von Produkten)	4.8 ●	4.7 ●	4.4 ○
11.7	Überwachung des Verifizierungsstatus (Prüfstatus)	4.12 ●	4.11 ●	4.7 ○
12	Produktverifizierung (Prüfungen)	4.10 ●	4.9 ●	4.5 ○
13	Prüfmittelüberwachung (Prüfmittel)	4.11 ●	4.10 ●	4.6 ○
14	Fehler (Lenkung fehlerhafter Produkte)	4.13 ●	4.12 ●	4.8 ○
15	Korrekturmaßnahmen	4.14 ●	4.13 ●	–
16	Handhabung und Aufgaben nach der Produktion (Handhabung, Lagerung, Verpackung und Versand)	4.15 ●	4.14 ●	4.9 ○
16.2	Kundendienst	4.19 ●	–	–
17	Qualitätsdokumentation und Qualitätsaufzeichnungen (Lenkung der Dokumente)	4.5 ●	4.4 ●	4.3 ○
17.3	Qualitätsaufzeichnungen	4.16 ●	4.15 ●	4.10 ○
18	Personal (Schulung)	4.18 ●	4.17 ●	4.11 ×
19	Produktsicherheit und Produkthaftung	–	–	–
20	Gebrauch statistischer Methoden (Statistische Methoden)	4.20 ●	4.18 ●	4.12 ○
–	Vom Auftraggeber beigestellte Produkte	4.7 ●	4.6 ●	–

● Volle Forderung   ○ Weniger streng als ISO 9001   × Weniger streng als ISO 9002
– Element kommt nicht vor

1.3 Verfahrens- und Anlagentechnik

1.3.1 Grundlagen

DIN 2401 T1   Innen- und außendruckbeanspruchte Bauteile; Druck- und Temperaturangaben; Begriffe, Nenndruckstufen (Sep 1991)

Diese Norm gilt für die Definition der im Rohrleitungs- und Anlagenbau üblichen Druck- und Temperatur-Grundbegriffe. Sie gilt auch für die Stufung der Nenndrücke, die die Grundlage für den Aufbau von Normen über Apparate, Behälter, Rohrleitungen, Rohrleitungsteile und Armaturen ist.

Grundsätze. Bei innen- und außendruckbeanspruchten Bauteilen besteht eine gegenseitige Abhängigkeit von Druck und Temperatur, bedingt durch Werkstoff und Berechnungsgrundlagen; s. Bild 1.16.

Bei der Definition der Grundbegriffe wird zwischen zwei Bezugssystemen unterschieden

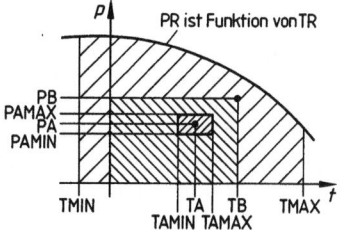

1.16   Druck – Temperatur – Zusammenhänge nach DIN 2401 T1

- Bezugssystem „innen- oder außendruckbeanspruchtes Bauteil"
  unter innen- oder außendruckbeanspruchtes Bauteil versteht man z. B. Rohrleitungen, Rohrleitungsteile, Armaturen, Apparate, Behälter, Maschinen
- Bezugssystem „Medium"
  unter Medium versteht man z. B. Durchflußstoffe, Fördergut, Lagerstoffe

Begriffe

Bezugssystem „innen- oder außenbeanspruchtes Bauteil"

Der zulässige Betriebsüberdruck (PB bzw. $p_{e,zul}$) ist der aus Sicherheitsgründen festgelegte Höchstwert des Betriebsüberdruckes.

Der Ratingdruck (PR bzw. p_{rat}) für ein Bauteil ist der höchste Innen- oder Außenüberdruck, der für dieses Bauteil aufgrund des Werkstoffes und Berechnungsgrundlagen bei der Ratingtemperatur möglich ist.

Der Nenndruck (PN) ist eine gebräuchliche, gerundete, auf den Druck bezogene Kennzahl (Definition nach ISO 7268).

Der Prüfdruck (PP bzw. p_{test}) ist derjenige Überdruck, dem Bauteile bzw. ein Bauteil zur Prüfung ausgesetzt sind.

Die zulässige Betriebstemperatur (TB bzw. t_{zul}) ist der aus Sicherheitsgründen festgelegte Höchstwert oder Tiefstwert der Wandtemperatur des Anlagenteils.

Die Ratingtemperatur (TR bzw. t_{rat}) für ein Bauteil ist die Temperatur, die aufgrund des Werkstoffes und der Berechnungsgrundlagen beim Ratingdruck möglich ist.

Die tiefste anwendbare Temperatur (TMIN bzw. t_{min}) ist die tiefste Temperatur, die für ein Bauteil aufgrund des Werkstoffes und der Berechnungsgrundlagen für eine Innen- oder Außendruckbeanspruchung noch anwendbar ist.

Die höchste anwendbare Temperatur (TMAX bzw. t_{max}) eines Bauteils ist die höchste Temperatur, die für ein Bauteil aufgrund des Werkstoffes und der Berechnungsgrundlagen für eine Innen- oder Außendruckbeanspruchung noch anwendbar ist.

Bezugssystem „Medium"

Der Arbeitsdruck (PA bzw. p_A) eines Mediums ist der für den Ablauf einer oder mehrerer Grundoperationen in einem Anlageteil vorgesehene Druck. Der Arbeitsdruck kann in der Praxis zwischen dem höchsten (PAMAX bzw. $p_{A\,max}$) und dem niedrigsten (PAMIN bzw. $p_{A\,min}$) Arbeitsdruck schwanken. Es ist anzugeben, ob es sich um den Überdruck $p_{e,A}$, den Absolutdruck $p_{abs,A}$ oder einen Differenzdruck Δp_A handelt.

Die Arbeitstemperatur (TA bzw. t_A) eines Mediums ist die für den Ablauf einer oder mehrerer Grundoperationen in einem Anlageteil vorgesehene Temperatur. Die Arbeitstemperatur wird in der Praxis zwischen der höchsten (TAMAX bzw. $t_{A\,max}$) und der tiefsten (TAMIN bzw. $t_{A\,min}$) Arbeitstemperatur schwanken.

Allgemein

Der Berechnungsdruck (PC bzw. p_{calc}) ist der in eine Berechnung eingehende Druck. Der Berechnungsdruck kann einer der vorgenannten, definierten Drücke entsprechend den Berechnungsgrundlagen sein. Es ist anzugeben, ob es sich um den Überdruck $p_{e,calc}$, den Absolutdruck $p_{abs,calc}$ oder einen Differenzdruck Δp_{calc} handelt.

Die Berechnungstemperatur (TR bzw. t_{calc}) ist die in eine Berechnung eingehende Temperatur. Die Berechnungstemperatur kann eine der vorgenannten, definierten Temperaturen entsprechend den Berechnungsgrundlagen sein.

Nenndruckstufen. Die Nenndrücke sind nach Normzahlen[1] gestuft (s. Tab. **1.17**). Bauteile desselben Nenndruckes haben bei gleicher Nennweite (s. DIN 2402, nachstehend) gleiche Anschlußmaße. Der zulässige Betriebsüberdruck ist aus entsprechenden Druck-/Temperatur-Zuordnungstabellen zu ersehen.

---
[1] nach DIN 323 T1 und T2, s. Normen

1.3.1 Grundlagen

Tabelle 1.17 Nenndruckstufen für innen- oder außendruckbeanspruchte Bauteile nach DIN 2401 T1

PN			PN			PN			PN			PN		
DIN	Ursprung in ISO[1])		DIN	Ursprung in ISO[1])		DIN	Ursprung in ISO[1])		DIN	Ursprung in ISO[1])		DIN	Ursprung in ISO[1])	
	Reihe 1	Reihe 2		Reihe 1	Reihe 2		Reihe 1	Reihe 2		Reihe 1	Reihe 2		Reihe 1	Reihe 2
–	–	–	1	–	–	10	10	–	100	100	–	1000	–	–
–	–	–	–	–	–	12,5	–	–	125	–	–	1250	–	–
–	–	–	–	–	–	–	–	–	–	150	–	–	–	–
–	–	–	1,6	–	–	16	16	–	160	–	–	1600	–	–
–	–	–	2	–	–	20	20	–	200	–	–	2000	–	–
–	–	–	2,5	–	2,5	25	–	25	250	250	–	2500	–	–
–	–	–	3,2	–	–	32	–	–	315	–	–	–	–	–
–	–	–	4	–	–	40	–	40	400	–	–	4000	–	–
–	–	–	–	–	–	–	–	–	–	420	–	–	–	–
0,5	–	–	5	–	–	50	50	–	500	–	–	–	–	–
–	–	–	6	–	6	63	–	–	630	–	–	6300	–	–
–	–	–	–	–	–	–	–	–	700	–	–	–	–	–
–	–	–	8	–	–	80	–	–	800	–	–	–	–	–

[1]) ISO 7268

DIN 2402 Rohrleitungen; Nennweiten; Begriff, Stufung (Feb 1976)

Die Nennweite (Kurzzeichen DN) ist eine Kenngröße, die bei Rohrleitungssystemen als kennzeichnendes Merkmal zueinander passender Teile, z. B. Rohre, Rohrverbindungen, Formstücke und Armaturen benutzt wird. Die Nennweite hat keine Einheit und darf nicht als Maßeintragung benutzt werden. Die Zahlenwerte der Nennweiten entsprechen annähernd den lichten Durchmessern der Rohrleitungsteile in Millimeter.

Diese Definition ist sachlich identisch mit der entsprechenden Definition in der zugehörigen Internationalen Norm ISO 6708.

Die Stufung der Nennweiten erfolgt nach Tab. 1.18.

Die Nennweiten 12 und 16 werden angewandt, wenn eine engere Stufung notwendig ist, z. B. bei Rohrverschraubungen, Lötfittings. Die Nennweite 15 wird verwendet, wenn eine gröbere Stufung ausreicht, z. B. bei Flanschen, Gewindefittings. Die Nennweite 70 ist für drucklose Abflußrohre, die Nennweite 175 für den Schiffbau.

Für Nennweiten über 4000 sollen Stufensprünge von 200 gewählt werden.

Tabelle 1.18 Nennweitenstufung nach DIN 2402

10	100	1000
12	125	1200
		1400
15	150	
16		1600
	(175)	1800
20	200	2000
		2200
		2400
25	250	
		2600
		2800
3	32	300	3000
			3200
		350	3400
			3600
			3800
4	40	400	4000
		450	
5	50	500	
6	65	600	
	(70)	700	
8	80	800	
		900	

1.3.2 Anlagenplanung

DIN 28004 T1 Fließbilder verfahrenstechnischer Anlagen; Begriffe, Fließbildarten, Informationsinhalt (Mai 1988)

Diese Norm ist anzuwenden für Fließbilder verfahrenstechnischer Anlagen; sie gilt nicht für elektrische Schaltpläne und spezielle Pläne der Meß-, Steuer- und Regelungstechnik. Fließbilder verfahrenstechnischer Anlagen dienen der Verständigung der an der Entwicklung, Planung, Montage und dem Betreiben derartiger Anlagen beteiligten Stellen über die Anlage selbst oder über das darin durchgeführte Verfahren.

Begriffe

Ein **Fließbild verfahrenstechnischer Anlagen** ist eine – mit Hilfe von graphischen Symbolen und Schriftzeichen vereinfachte – zeichnerische Darstellung von Aufbau und Funktion verfahrenstechnischer Anlagen.

Ein **Verfahren** ist ein Ablauf von chemischen, physikalischen oder biologischen Vorgängen zur Gewinnung, Herstellung oder Beseitigung von Stoffen oder Produkten.

Ein **Verfahrensabschnitt** ist ein Teil eines Verfahrens, der in sich überwiegend geschlossen ist. Er umfaßt eine oder mehrere Grundoperationen.

Eine **Grundoperation** ist nach Lehre der Verfahrenstechnik der einfachste Vorgang bei der Durchführung eines Verfahrens.

Ein **Werk** ist eine örtliche Zusammenfassung aller Anlagenkomplex mit der dazugehörigen Infrastruktur.

Ein **Anlagenkomplex** besteht aus mehreren gleichrangig oder miteinander wirkenden verfahrenstechnischen Anlagen mit den dazugehörigen Nebenanlagen.

Eine **verfahrenstechnische Anlage** besteht aus der Gesamtheit aller notwendigen sowie in Reserve stehenden Einrichtungen und Bauten für die Durchführung eines Verfahrens.

Eine **Teilanlage** ist ein Teil einer verfahrenstechnischen Anlage, der zumindest zeitweise selbständig betrieben werden kann.

Ein **Anlageteil** ist ein technisches Ausrüstungsteil – wie Maschine, Apparat, Gerät – einer verfahrenstechnischen Anlage.

Fließbildarten

Nach Informationsinhalt und Darstellung sind drei Fließbildarten zu unterscheiden. Jeder Fließbildart sind Grundinformationen zugeordnet, die je nach Vereinbarung durch Zusatzinformationen ergänzt werden.

Das **Grundfließbild** ist die Darstellung eines Verfahrens oder einer verfahrenstechnischen Anlage in einfacher Form. Die Darstellung erfolgt mit Hilfe von Rechtecken (Bedeutung: z. B. Verfahrensabschnitte, Grundoperationen, Verfahrenstechnische Anlagen, Anlageteile), die durch Linien (Bedeutung: Fließlinie für z. B. Stoffe, Energien, Energieträger) verbunden werden. Beispiel s. Bild **1.19**.

Das **Verfahrensfließbild** ist die Darstellung eines Verfahrens mit Hilfe von graphischen Symbolen, die durch Linien verbunden sind. Die graphischen Symbole bedeuten Anlageteile, die Linien Fließlinien für Stoffe und Energien bzw. Energieträger. Beispiel s. Bild **1.21**.

Das **Rohrleitungs- und Instrumentenfließbild (RI-Fließbild)** ist die Darstellung der technischen Ausrüstung einer Anlage mit Hilfe von graphischen Symbolen, die durch Linien verbunden sind. Die graphischen Symbole bedeuten Anlageteile, die Linien Rohrleitungen bzw. andere Wege für Stoffe, Energien bzw. Energieträger und Signale. Beispiel s. Bild **1.20**.

DIN 28004 T2 Fließbilder verfahrenstechnischer Anlagen; Zeichnerische Ausführung (Mai 1988)

Als Blattgrößen sind genormte Formate mit Schriftfeldern zu verwenden.

Die **Linienbreite** für Hauptfließlinien ist 1,0 mm. Die graphischen Symbole für Armaturen und Rohrleitungsteile, die Zeichen für Messen, Steuern und Regeln (Darstellungen s.

1.3.2 Anlagenplanung

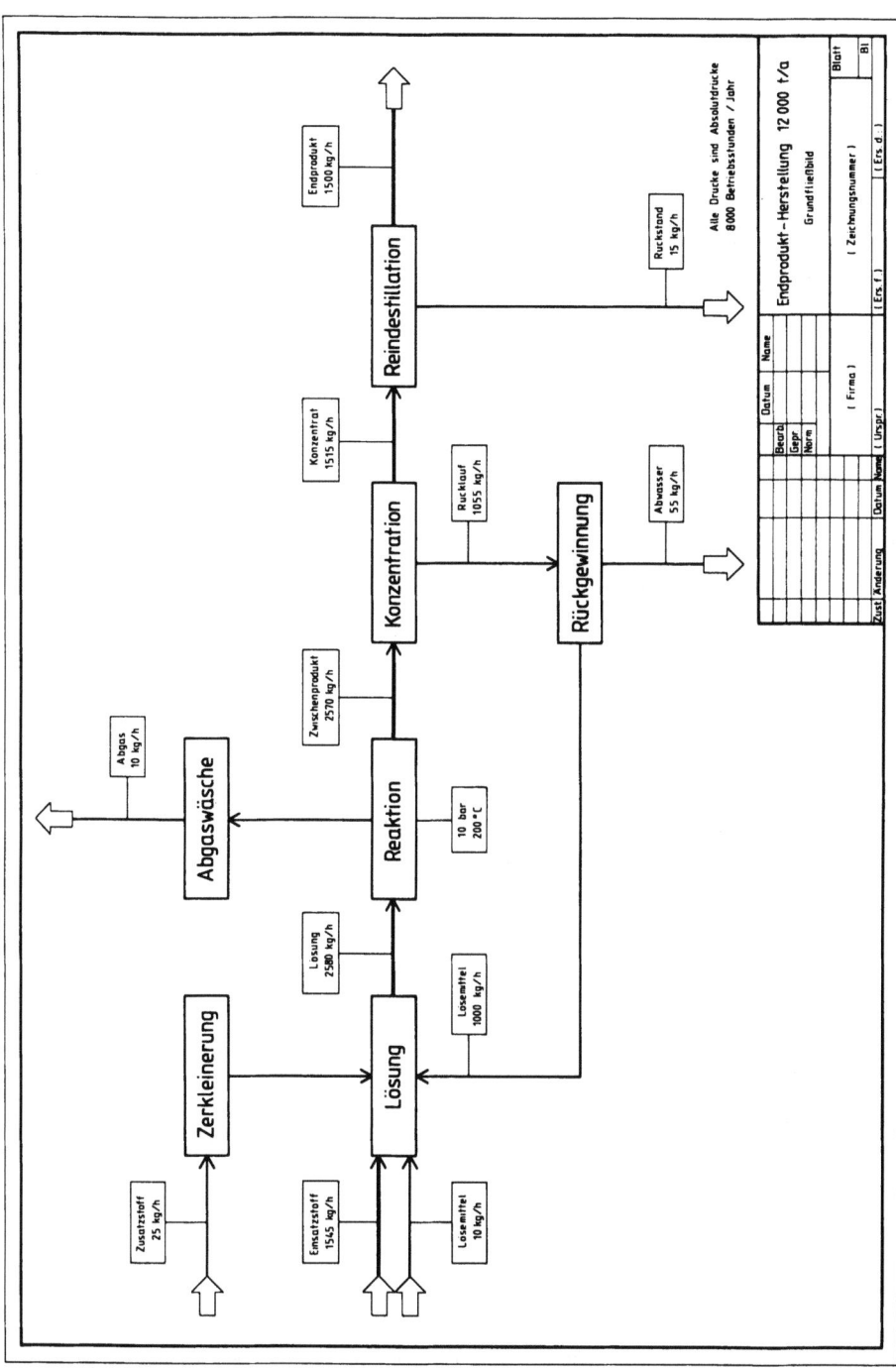

1.19 Grundfließbild mit Grund- und einigen Zusatzinformationen nach DIN 28004 T 1

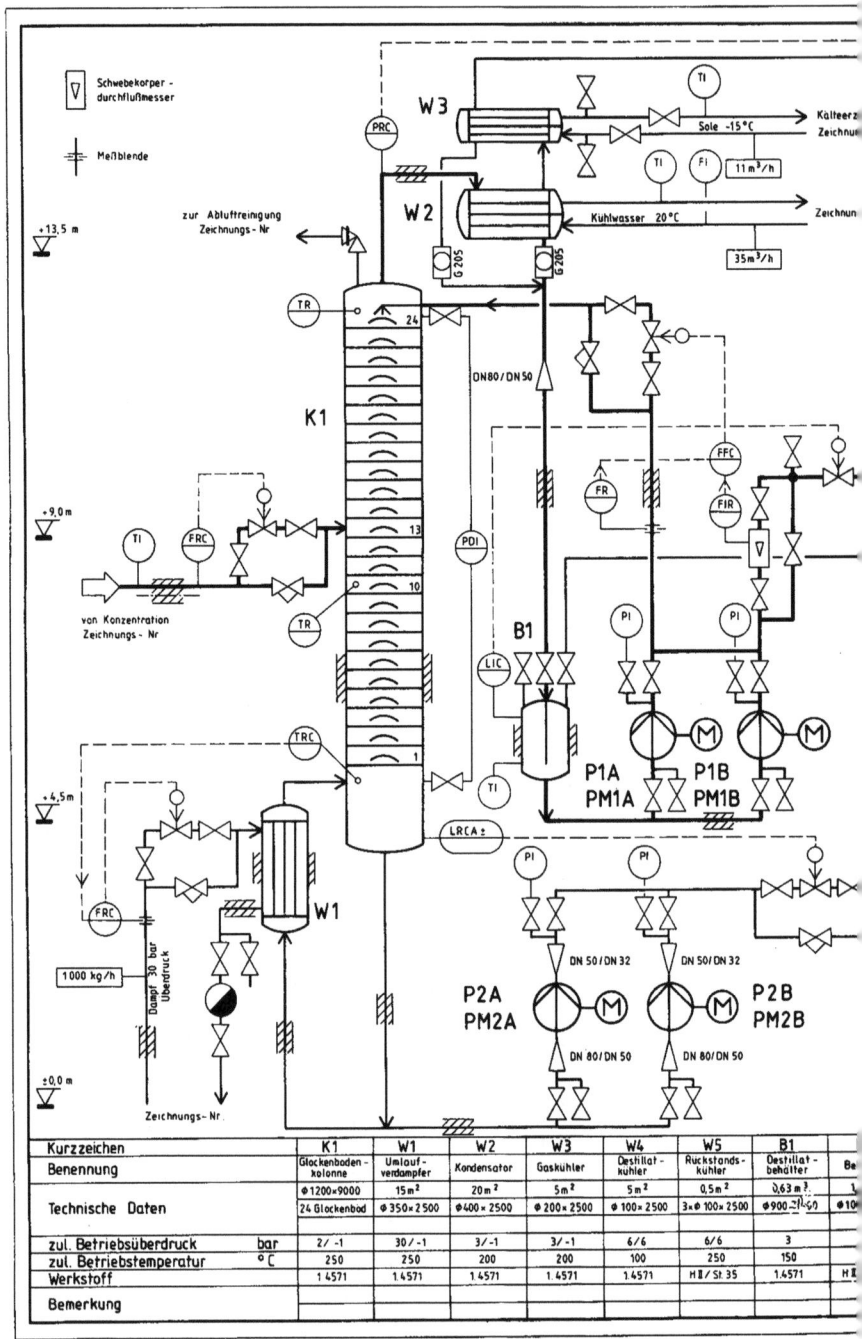

1.20 RI-Fließbild mit Grund- und einigen Zusatzinformationen nach DIN 28004 T1

1.3.2 Anlagenplanung

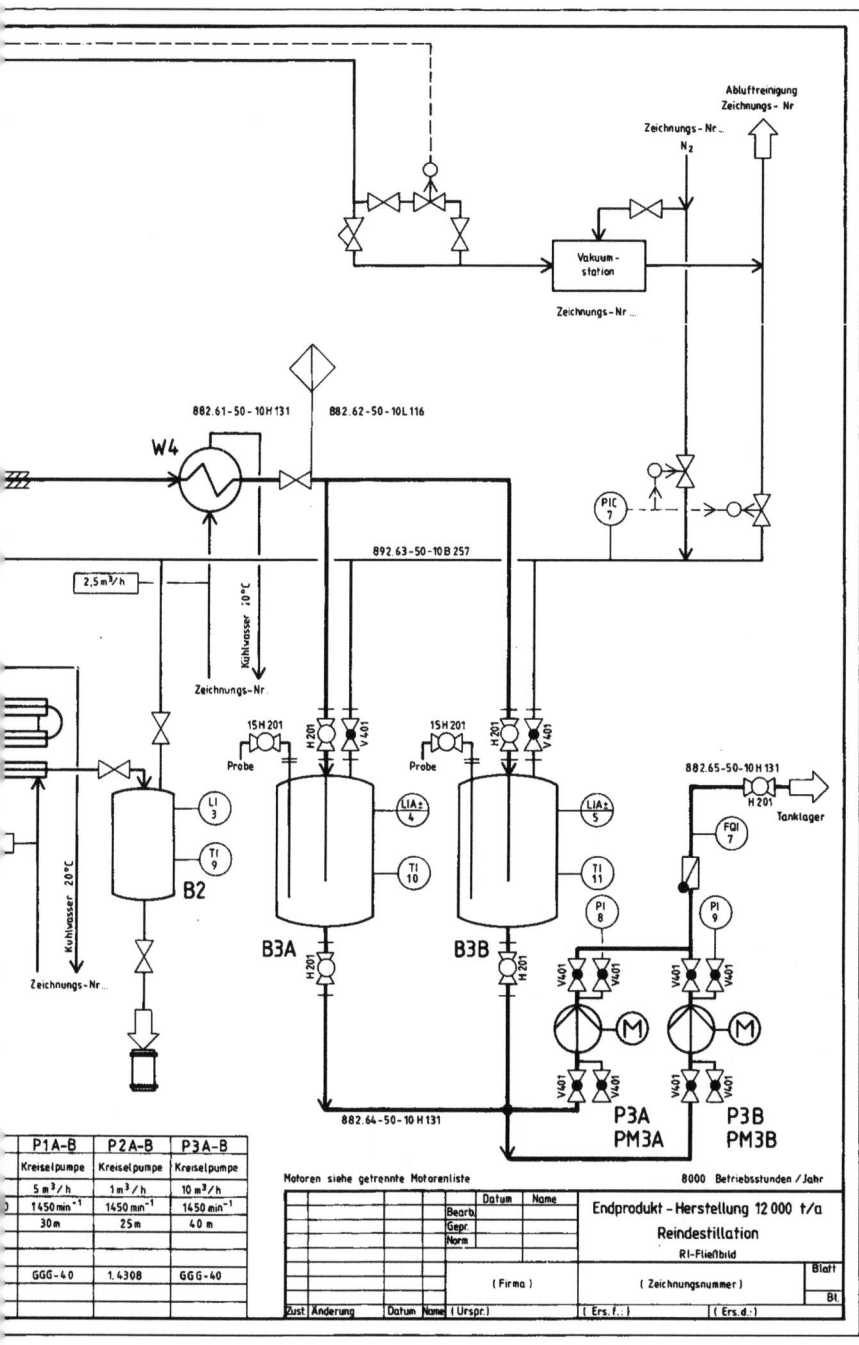

40 1.3 Verfahrens- und Anlagentechnik

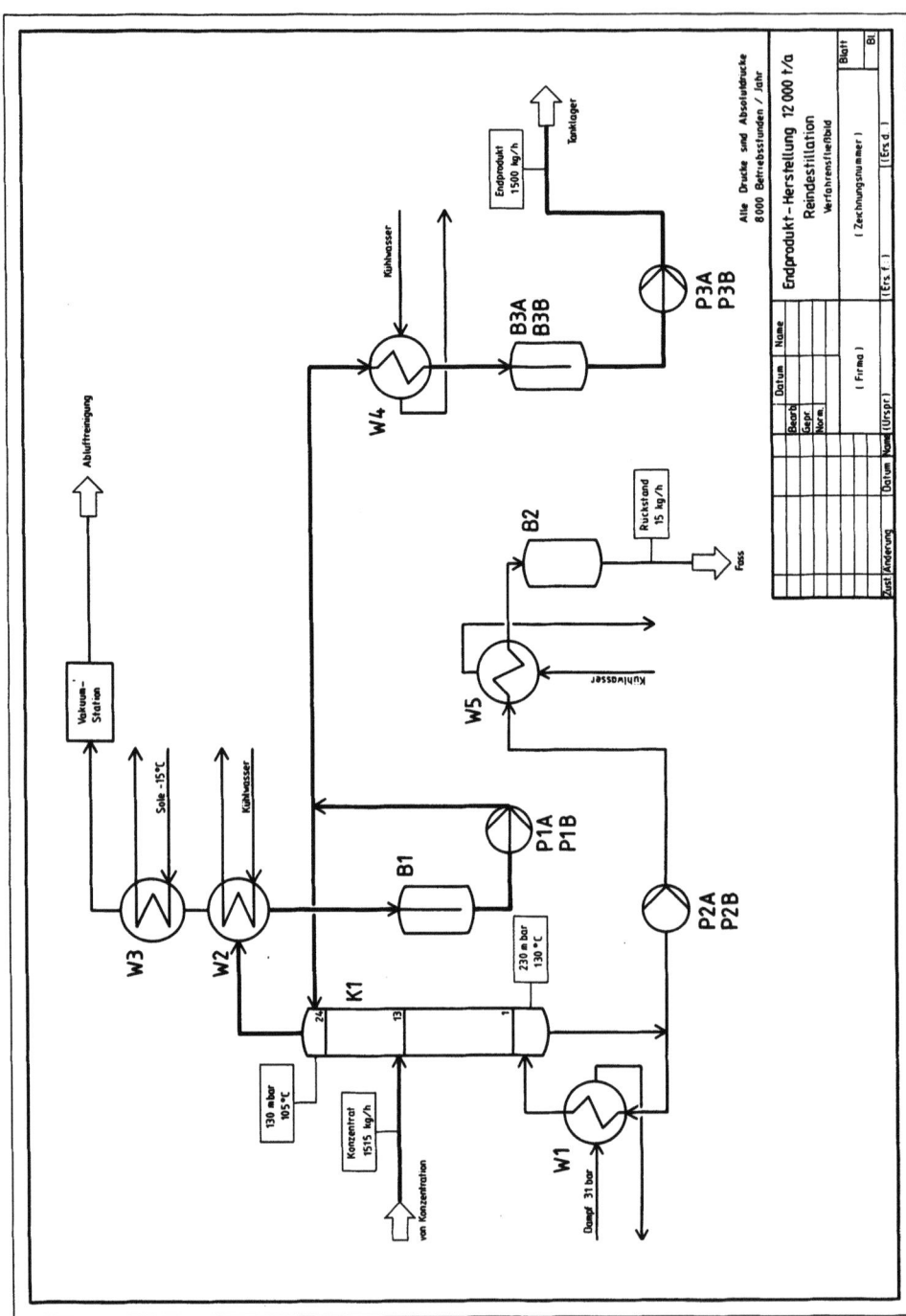

1.21 Verfahrensfließbild mit Grundinformationen nach DIN 28004 T1

1.3.2 Anlagenplanung

DIN 19227 T 1), Bezugslinien und sonstige Hilfsmittel sind mit 0,25 mm Linienbreite darzustellen. Alle anderen Darstellungen (s. DIN 28004 T 3) sind mit 0,5 mm Linien auszuführen.

Die Hauptfließrichtung verläuft im allgemeinen von links nach rechts und von oben nach unten. Zur Angabe der **Fließrichtung** von Stoffen innerhalb des Fließbildes werden Pfeile in die Linie gezeichnet. Die Pfeile sollen nur am Eintritt zu Apparaten und Maschinen (Ausnahme Pumpen) und vor Rohrleitungsabzweigungen gesetzt werden.

Fließlinien bzw. Rohrleitungen sind so darzustellen, daß sie sich möglichst nicht überschneiden. Überschneiden sich zwei Fließlinien ohne Verbindung im Schnittpunkt, so ist sowohl das Kreuzen der Linien als auch das Unterbrechen der untergeordneten Fließlinie zulässig. Eine **Verbindung** zwischen kreuzenden Fließlinien wird durch einen Punkt an der Kreuzungsstelle gekennzeichnet.

Es sind genormte **Schriften** zu verwenden, wobei die Kurzzeichen für Apparate und Maschinen (s. DIN 28004 T 4) 5 mm und die übrige Beschriftung 2,5 mm groß sein soll.

Bei rechnerunterstützt (CAD) erstellten Fließbildern sind geringfügige Abweichungen von den vorgenannten Regeln zulässig, wenn die Eindeutigkeit erhalten bleibt. Eine Beschriftung nur mit Großbuchstaben ist erlaubt.

DIN 28004 T 3 Fließbilder verfahrenstechnischer Anlagen; Graphische Symbole (Mai 1988)

Das den graphischen Symbolen unterlegte Raster ist Anhalt für die Proportionen des graphischen Symbols und dient zur Erleichterung der Wiedergabe. Die empfohlene Anwendungsgröße ist das Rastermaß 2,5 mm. Bevorzugte (verfahrenstechnische) Anschlüsse für Fließlinien sind durch eine Kennung -Ⓐ dargestellt.

Einige graphische Symbole dürfen z. B. gedreht werden, wenn sie nicht lageabhängig sind. Bei der Darstellung können sie an die tatsächlichen Maßrelationen in der verfahrenstechnischen Anlage angepaßt werden. Apparate und Maschinen, für die keine graphischen Symbole existieren, sind sinngemäß vereinfacht oder durch ein Rechteck mit eingeschriebener Benennung darzustellen. Dies gilt auch für gerätetechnische Darstellungen.

Die in den Bildern **1.22** bis **1.71** dargestellten graphischen Symbole bilden die Grundreihe, mit der die Anlageteile im Verfahrensfließbild und im RI-Fließbild bevorzugt darzustellen sind.

Graphische Symbole der Zusatzreihe s. Norm.

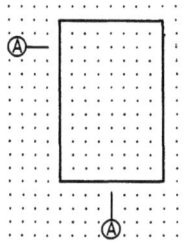

1.22 Behälter allgemein

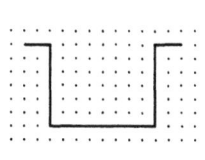

1.23 Becken allgemein

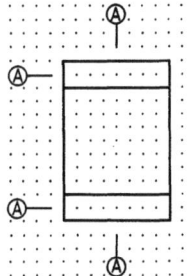

1.24 Kolonne allgemein, Behälter mit Einbauten allgemein

1.3 Verfahrens- und Anlagentechnik

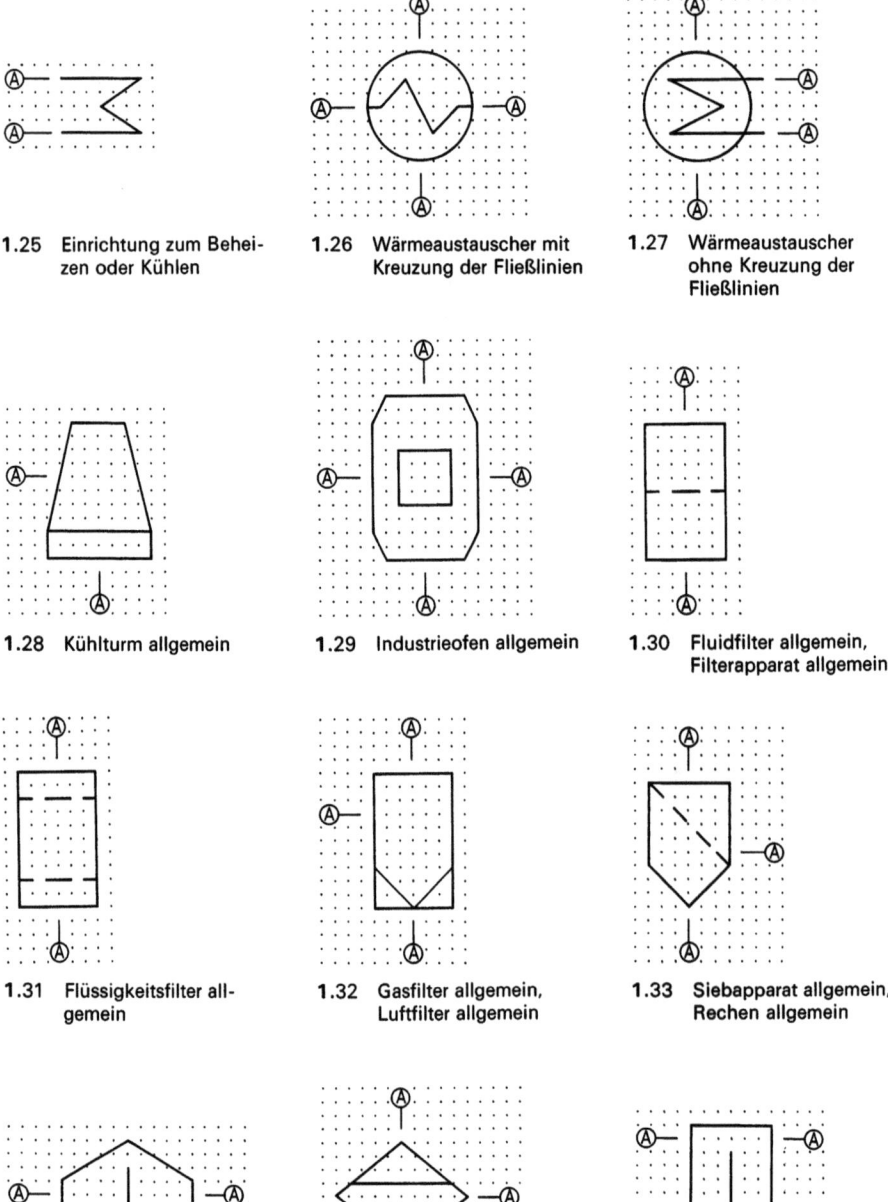

1.25 Einrichtung zum Beheizen oder Kühlen

1.26 Wärmeaustauscher mit Kreuzung der Fließlinien

1.27 Wärmeaustauscher ohne Kreuzung der Fließlinien

1.28 Kühlturm allgemein

1.29 Industrieofen allgemein

1.30 Fluidfilter allgemein, Filterapparat allgemein

1.31 Flüssigkeitsfilter allgemein

1.32 Gasfilter allgemein, Luftfilter allgemein

1.33 Siebapparat allgemein, Rechen allgemein

1.34 Sichter allgemein

1.35 Sortierapparat allgemein

1.36 Abscheider allgemein

1.3.2 Anlagenplanung

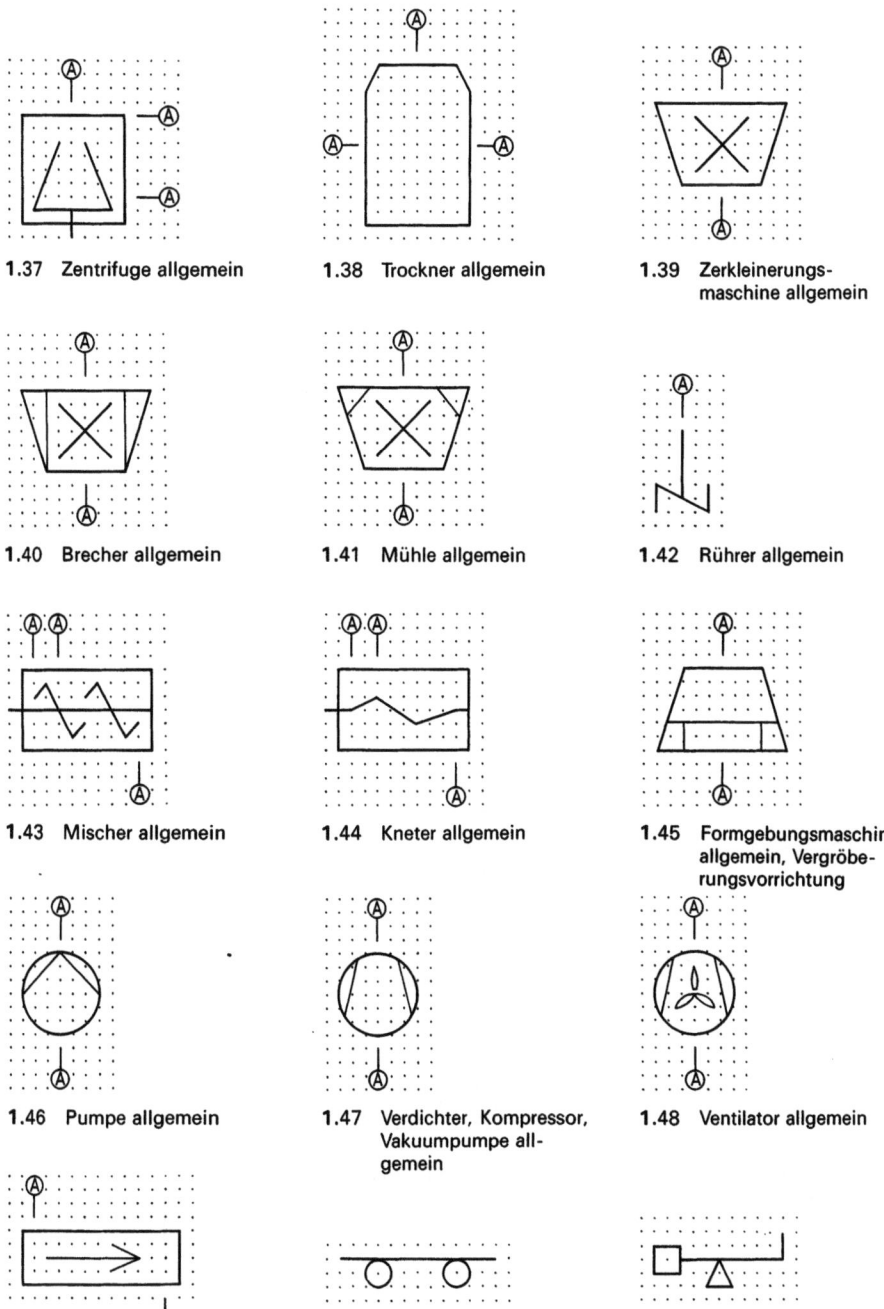

1.37 Zentrifuge allgemein
1.38 Trockner allgemein
1.39 Zerkleinerungsmaschine allgemein
1.40 Brecher allgemein
1.41 Mühle allgemein
1.42 Rührer allgemein
1.43 Mischer allgemein
1.44 Kneter allgemein
1.45 Formgebungsmaschine allgemein, Vergröberungsvorrichtung
1.46 Pumpe allgemein
1.47 Verdichter, Kompressor, Vakuumpumpe allgemein
1.48 Ventilator allgemein
1.49 Stetigförderer allgemein
1.50 Flurförderer allgemein
1.51 Waage allgemein

1.3 Verfahrens- und Anlagentechnik

1.52 Zuteiler für feste Stoffe allgemein

1.53 Zerteilerelement für Fluide, Spritzdüse

1.54 Antriebsmaschine allgemein

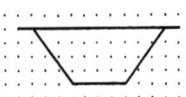

1.55 Unverpackte Lagerung

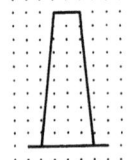

1.56 Schornstein, Kamin allgemein

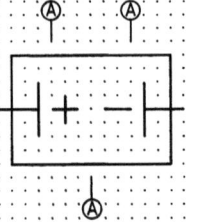

1.57 Elektrolysezelle allgemein

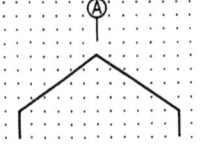

1.58 Abzugshaube allgemein

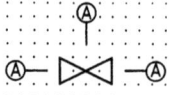

1.59 Absperrarmatur allgemein

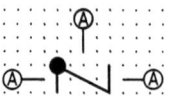

1.60 Rückschlagarmatur allgemein

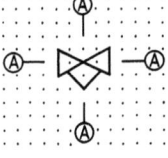

1.61 Armatur mit stetigem Stellverhalten

1.62 Armatur mit Sicherheitsfunktion

1.63 Be- und Entlüftungsarmatur, Überdruck- bzw. Unterdrucksicherung

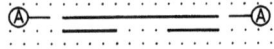

1.64 Rohr beheizt oder gekühlt

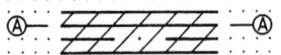

1.65 Rohr mit Mantelrohr oder mit Schutzrohr

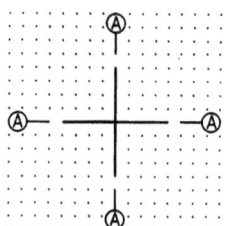

1.66 Rohr beheizt oder gekühlt und gedämmt

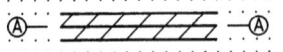

1.67 Rohr gedämmt

1.68 Überschneidung von Fließlinien ohne Verbindung

1.3.2 Anlagenplanung 45

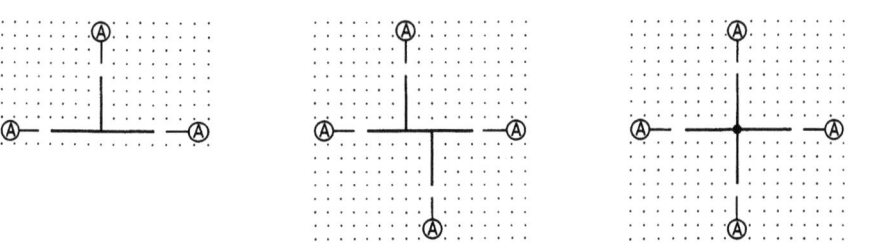

1.69 T-förmige Verbindung (Abzweigung)   1.70 Kreuzförmige Verbindung (Kreuzung), 1. Version   1.71 Kreuzförmige Verbindung (Kreuzung), 2. Version

DIN 28004 T 4   Fließbilder verfahrenstechnischer Anlagen; Kurzzeichen (Mai 1977)

Diese Norm enthält die Bezeichnung von Anlageteilen durch Kurzzeichen in Fließbildern verfahrenstechnischer Anlagen.

Kurzzeichen für **Apparate, Maschinen und Geräte** setzen sich zusammen aus:
a) einem oder zwei Kennbuchstaben nach Tab. 1.72
b) einer Zählnummer
c) wenn erforderlich, einem Anhängekennzeichen bestehend aus Buchstabe und/oder Zahl.

Tabelle 1.72   Kennbuchstaben für Apparate, Maschinen, Geräte

Kenn-buch-stabe	Benennung	Kenn-buch-stabe	Benennung
A	Apparat, Maschine, soweit nicht in eine der nachstehenden Gruppen einzuordnen	P	Pumpe
B	Behälter, Tank, Bunker, Silo	R	Rührwerk, Rührbehälter mit Rührer, Mischer, Kneter
C	Chemischer Reaktor	S	Schleudermaschine, Zentrifuge
D	Dampferzeuger, Gasgenerator, Ofen	T	Trockner
F	Filterapparat, Flüssigkeitsfilter, Gasfilter, Siebapparat, Siebmaschine, Abscheider	V	Verdichter, Vakuumpumpe, Ventilator
		W	Wärmeaustauscher
G	Getriebe	X	Zuteil-, Zerteileinrichtung, sonstige Geräte
H	Hebe-, Förder-, Transporteinrichtung		
K	Kolonne	Y	Antriebsmaschine außer Elektromotor
M	Elektromotor	Z	Zerkleinerungsmaschine

Kurzzeichen für **Rohrleitungen** s. DIN 2406.

Die Kurzzeichen für **Armaturen** setzen sich wie folgt zusammen:
a) Nennweite (wenn erforderlich)
b) Kennbuchstabe nach Tab. 1.73
c) Armaturenkennzahl (wenn erforderlich), vom Anwender festzulegen
d) Kennbuchstabe für Armaturenanschluß (wenn erforderlich)
e) Zählnummer (wenn erforderlich).

Tabelle 1.73 Kennbuchstaben für Armaturen

Kennbuchstabe	Benennung	Kennbuchstabe	Benennung
A	Ableiter (Kondensatableiter)	R	Rückschlagarmatur
F	Filter, Sieb, Schmutzfänger	S	Schieber
G	Schauglas	V	Ventil
H	Hahn	X	Sonstige Armatur
K	Klappe	Y	Armatur mit Sicherheitsfunktion

Kurzzeichen für **Messen, Steuern, Regeln** s. DIN 19227 T1.
Eine grundlegende Änderung der Kennzeichnungssystematik für technische Produkte und technische Produktdokumentation wird vorbereitet, Einzelheiten sind in der Vornorm DIN V 6779 T1 und dem Entwurf DIN 6779 T2 zu entnehmen (s. Normen).

DIN 40150 Begriffe zur Ordnung von Funktions- und Baueinheiten (Okt 1979)

Zweck dieser Norm ist es, für viele Bereiche der Technik Begriffe zum Ordnen von Funktions- und Baueinheiten als Betrachtungseinheiten festzulegen.

Grundbegriffe

Betrachtungseinheit: Nach Aufgabe und Umfang abgegrenzter Gegenstand einer Betrachtung.

Anmerkung Eine Betrachtungseinheit ist selbst nicht Gliederungsmerkmal eines Ordnungsschemas, sie dient aber dem Festlegen einer Betrachtungsebene, der ein Ordnungsschema zugeordnet werden kann.

Es wird geordnet nach Betrachtungskriterium und nach Betrachtungsebene.

a) **Betrachtungskriterium** wie Verwendungszweck oder Aufgabe:
- **Funktionseinheit:** Betrachtungseinheit, deren Abgrenzung nach Aufgabe oder Wirkung erfolgt.
- **Baueinheit:** Betrachtungseinheit, deren Abgrenzung nach Aufbau oder Zusammensetzung erfolgt.

Sinngemäß kann auch nach anderen Betrachtungskriterien unterschieden werden; daraus ergeben sich z. B. Betriebs-/Nutzungseinheit, Instandhaltungseinheit, Prüfeinheit, Austauscheinheit, Fertigungseinheit.

b) **Betrachtungsebene** innerhalb eines hierarchischen Aufbaus:
- **Element:** In Abhängigkeit von der Betrachtung die als unteilbar aufgefaßte Einheit der untersten Betrachtungsebene.
- **Gruppe:** Zusammenfassung von Elementen in einer höheren Betrachtungsebene zu einer noch nicht selbständig verwendbaren Betrachtungseinheit.
- **Einrichtung:** Zusammenfassung von Elementen und/oder Gruppen in einer nächsthöheren Betrachtungsebene zu einer selbständig verwendbaren Betrachtungseinheit.
- **System:** Gesamtheit der zur selbständigen Erfüllung eines Aufgabenkomplexes erforderlichen technischen und/oder organisatorischen und/oder anderen Mittel der obersten Betrachtungsebene.

Abgeleitete Begriffe. Dadurch, daß die Betrachtungseinheiten nach bestimmten Betrachtungskriterien den verschiedenen Betrachtungsebenen zugeordnet werden, lassen sich die Begriffe für Funktions- und für Baueinheiten und auch andere Begriffe entsprechend der Tab. 1.74 ableiten.

Tabelle 1.74 Betrachtungseinheiten nach Betrachtungskriterien und Betrachtungsebenen

Betrachtungs- ebenen \ Betrachtungs- kriterien	Funktionseinheit	Baueinheit	Betriebseinheit	Instandhaltungs- einheit
Element	Funktionselement	Bauelement	Betriebselement	Instandhaltungs- element
Gruppe	Funktionsgruppe	Baugruppe	...	...
Einrichtung	Funktionale Einrichtung	Bauliche Einrichtung (Gerät, Anlage)	...	...
System	Funktional abgegrenztes System	Baulich abgegrenztes System	...	...

1.3.3 Rohrleitungsplanung

DIN 2406 Rohrleitungen; Kurzzeichen, Rohrklassen (Apr 1968)

Diese Norm gilt für Kurzzeichen von Rohrleitungen und für Rohrklassen.

Das **Kurzzeichen einer Rohrleitung** setzt sich zusammen aus
a) der Leitungsnummer
b) der Nennweite (vorzugsweise nach DIN 2402)
c) der Rohrklasse.

Die **Leitungsnummer** ist eine Zählnummer und wird vom Anwender je nach Erfordernis festgelegt. Sie identifiziert die Leitung innerhalb einer Anlage, eines Leitungssystems oder innerhalb aller Leitungen eines Durchflußstoffes. Die **Nennweite** und Rohrklasse klassifizieren und beschreiben die Leitung.

Die **Rohrklasse** ist ein Begriff für eine festgelegte Zusammenstellung aller Rohrleitungsteile, die zu einer Rohrleitung gehören, z. B. Rohre, Formstücke, Rohrverbindungen, Schrauben, Dichtungen. Innerhalb einer Rohrklasse sind die einem Nenndruck und Rohrwerkstoff zugeordneten Rohrleitungsteile in jeweils einer Ausführung (Maße und Werkstoff) eindeutig festgelegt.

Die **Bezeichnung der Rohrklasse** setzt sich zusammen aus
a) dem Nenndruck (nach DIN 2401 T1)
b) dem Kennbuchstaben der Rohrwerkstoffgruppe nach Tab. **1.75**
c) der Rohrklassennummer (Zählnummer).

Tabelle 1.75 Rohrwerkstoffgruppen

Kennbuchstabe	Gruppe der Rohrwerkstoffe	Kennbuchstabe	Gruppe der Rohrwerkstoffe
A	Gußeisen	K	Nichteisenmetalle
B	Unlegierte Stähle	L	Kunststoffe
C	Warmfeste Stähle	M	Beton
D	Hitzebeständige Stähle	N	Stahlbeton
E	Druckwasserstoffbeständige Stähle	P	Spannbeton
F	Kaltzähe Stähle	Q	Asbestzement
G	Oberflächengeschützte Stähle	R	Steinzeug
H	Nichtrostende Stähle	Z	Sonstige Werkstoffe

Beispiel Die Leitungsnummerung kann vom Anwender je nach Erfordernissen oder Gepflogenheiten festgelegt werden. Für den Fall, daß alle Leitungen eines Betriebes fortlaufend numeriert werden, lautet das Kurzzeichen der 104. Leitung mit der Nennweite 25 der Rohrklasse 10 B 297:

104-25-10 B 297

DIN 2408 T1   Rohrleitungen verfahrenstechnischer Anlagen; Planungs- und Ausführungsunterlagen; Begriffe (Mai 1982)

Diese Norm – sie gilt für die Planung, Konstruktion und Ausführung von Rohrleitungen verfahrenstechnischer Anlagen – legt Begriffe für Unterlagen und Modelle der Rohrleitungstechnik fest und stellt Anforderungen an deren Informationsinhalt auf.

Allgemeine Begriffe

Anlagenord: Für die Anlage vereinbarte, markante Richtung im Bereich der geographischen Nordrichtung als Orientierungshilfe auf Zeichnungen und in der Anlage.
Rohrleitung: Rohrförmige Verbindung zwischen Anlageteilen zur Weiterleitung des Durchflußstoffes.
Rohrleitungsabschnitt: Zwischen zwei bezeichneten Punkten verlaufender Teil einer Rohrleitung.
Rohrleitungsausführung: Erstellung von Rohrleitungen, Rohrleitungsteilen, Armaturen und Rohrleitungshalterungen.
Rohrleitungshalterung: Vorrichtung zum Übertragen der Rohrleitungskräfte und -momente von den Rohrleitungsteilen auf die Tragkonstruktion.
Rohrleitungshalterungsbezeichnung: Zusammenfassung der Benennung der Rohrleitungshalterung und weiterer identifizierender Merkmale.
Rohrleitungshalterungsnummer: Identifizierungsnummer einer Rohrleitungshalterung.
Rohrleitungskonstruktion: Erstellungsgerechte Ausarbeitungen für Rohrleitungen auf der Basis der Rohrleitungsplanung.
Rohrleitungsnummer: S. „Leitungsnummer" in DIN 2406.
Rohrleitungsplanung: Grundsätzliche Festlegungen für Rohrleitungen bezüglich Werkstoff, Rohrleitungsteileauswahl, Verlauf, Maße, usw.
Rohrleitungssystem: Nach bestimmten Kriterien zusammengefaßte Rohrleitungen.
Rohrleitungsteil: Bestandteil einer Rohrleitung, z.B. Armatur, Rohr, Formstück, Rohrverbindung.
Rohrleitungsteilebenennung: Name eines Rohrleitungsteils, z.B. Armatur, Rohr, Flansch, Bogen.
Rohrleitungsteilebezeichnung: Zusammenfassung von Benennung des Rohrleitungsteils und weiteren identifizierenden Merkmalen.
Rohrleitungsteilenummer: Identifizierungsnummer eines Rohrleitungsteils.

1.3.3 Rohrleitungsplanung

Technische Spezifikation für Rohrleitungen: Festlegung der bei der Planung, Konstruktion und Ausführung von Rohrleitungen zu berücksichtigenden Anforderungen, z.B. bezüglich der Verfahrenstechnik, Berechnung, Rohrleitungsklassen, konstruktiven Ausführungen (u.a. Schweißdetails), Prüfungen.

Begriffe für Planungsunterlagen

Lageplan: Maßstäbliche Darstellung, die zeigt, wie Werke, Anlagenkomplexe, Anlagen oder Teilanlagen und Verkehrswege lagemäßig zusammengehören.

Der Lageplan beinhaltet u.a. vereinfacht dargestellte Verkehrswege, Maße, Koordinaten und Bezugshöhen.

Aufstellungsplan der Anlageteile: Maßstäbliche Darstellung in Grundrissen und kennzeichnenden Schnitten; die zeigt, wie Anlageteile, Gebäude und Stützkonstruktionen lagegemäß zusammengehören.

Der Aufstellungsplan beinhaltet u.a. vereinfacht dargestellte Umrisse der Anlageteile, Stützkonstruktionen usw., Kennzeichen der Anlageteile und Gebäude.

Rohrleitungsliste: Verzeichnis aller im RI-Fließbild benummerten Rohrleitungen.

Erfaßt werden Kurzzeichen der Rohrleitung, Anfangs- und Endpunkt, Durchflußstoff, Dämmung, Beheizung usw.

Rohrleitungsklasse: Definition s. DIN 2406.

Rohrleitungsteilebeschreibung: Festlegung der technischen Einzelheiten eines Rohrleitungsteils.

Rohrleitungshalterungsbeschreibung: Festlegung der technischen Einzelheiten einer Rohrleitungshalterung.

Armaturenbeschreibung: Festlegung der technischen Einzelheiten einer Armatur.

Die Beschreibungen beinhalten die Teilenummern und Bezeichnungen, Benennungen, technische Merkmale, Werkstoff, technische Lieferbedingungen, Korrosionsschutz usw.

Rohrleitungsstudie: Vereinfachter maßstäblicher Entwurf von Rohrleitungen oder Rohrleitungsabschnitten zur Untersuchung der genauen Verhältnisse an räumlich kritischen Stellen, im allgemeinen zur Festlegung der räumlichen Anordnung von Rohrleitungen unter Berücksichtigung von z.B. Tragkonstruktionen, Stutzen, Mannlöchern, Bühnen, Treppen und Leitern.

Rohrleitungsberechnungen: Berechnung der Rohrleitungsnennweite aufgrund der verfahrenstechnischen Angaben; Berechnung der durch Innen- oder Außendruck verursachten Spannungen in Rohrleitungsteilen zur Ermittlung der Maße, soweit diese nicht in den entsprechenden Normen festgelegt sind, und bei Vereinbarung Berechnung, soweit erforderlich, der durch behinderte Wärmedehnung, Eigengewicht, äußere Einwirkungen, Druckstöße usw. verursachten Spannungen in Rohrleitungsteilen und Ermittlung der daraus resultierenden Kraftwirkungen der Rohrleitung auf ihre Umgebung.

Rohrleitungshalterungsberechnung: Berechnung, soweit erforderlich, der durch eine oder mehrere definierte Beanspruchungen verursachten Spannungen in den Komponenten von Rohrleitungshalterungen zur Ermittlung der Maße, soweit diese nicht in den entsprechenden Normen festgelegt sind.

Konstruktionsunterlagen für Rohrleitungen

Isometrische Rohrleitungszeichnung: Nicht maßstäbliche Darstellung eines Rohrleitungssystems, einer Rohrleitung oder eines Rohrleitungsabschnitts mit bemaßtem Rohrleitungsverlauf in isometrischer Projektion.

Isometrische Rohrleitungsskizze: Nicht maßstäbliche Darstellung eines Rohrleitungssystems, einer Rohrleitung oder eines Rohrleitungsabschnitts mit ungefähr bemaßtem Rohrleitungsverlauf in isometrischer Projektion. Der genaue Verlauf und die Halterungen werden auf der Baustelle den örtlichen Gegebenheiten entsprechend festgelegt.

Rohrleitungsplan: Einlinien- oder Dreiliniendarstellung von Rohrleitungen in Grundrissen und kennzeichnenden Schnitten.

Belegungsplan für Rohrleitungsbrücken/Rohrleitungsschwellen: Einlinien- oder Dreiliniendarstellung aller in Längsrichtung der Rohrleitungsbrücke bzw. auf Rohrleitungsschwellen nebeneinander angeordneten Rohrleitungen einschließlich ihrer Ausdehnungsbogen, mit Hinweisen auf zu- und abgehende Rohrleitungen, in Grundrissen und kennzeichnenden Schnitten.

Rohrleitungshalterungsskizze: Nicht maßstäbliche Darstellung einer Rohrleitungshalterung.

Rohrleitungsstückliste: Verzeichnis aller Rohrleitungsteile, Armaturen und Rohrleitungshalterungen eines Rohrleitungssystems, einer Rohrleitung oder eines Rohrleitungsabschnittes.

Beschaffungsunterlagen für Rohrleitungsmaterial

Materialaufstellung für Rohrleitungen: Verzeichnis aller Rohrleitungsteile, Armaturen und Rohrleitungshalterungen einer Anlage oder Teilanlage, sortiert nach auswählbaren Gesichtspunkten.

Bedarfsanforderung für Rohrleitungsmaterial: Verzeichnis zur Anfrage bzw. Bestellung von Rohrleitungsteilen, Armaturen und Rohrleitungshalterungen, sortiert nach auswählbaren Gesichtspunkten.

Modelle verfahrenstechnischer Anlagen (s. auch DIN 2408 T 2)

Aufstellungsmodell für Anlagenteile: Annähernd maßstäbliche Darstellung der Anlage bzw. Teilanlage zur Festlegung der lagegemäßen Anordnung aller wichtigen Anlageteile, Gebäude, Stützkonstruktionen und Haupttrassen für Rohrleitungen, Kabel und Kanäle.

Die Anlageteile werden in Umrissen grob nachgebildet. Gebäude und Stützkonstruktionen sind vereinfacht dargestellt, ohne Berücksichtigung der erforderlichen Maße. Gegebenenfalls werden auch für die Aufstellung wichtige Rohrleitungen angedeutet.

Grundmodell: Maßstäbliche Darstellung einer verfahrenstechnischen Anlage oder Teilanlage ohne Rohrleitungen.

Rohrleitungsmodell: Maßstäbliche Darstellung des Verlaufs der Rohrleitungen im Grundmodell.

DIN 2408 T 2 Rohrleitungen verfahrenstechnischer Anlagen; Planungs- und Ausführungsunterlagen; Modelle für Rohrleitungen (Mai 1985)

Für die als Orientierungshilfe dienenden Modelle für Rohrleitungen verfahrenstechnischer Anlagen (Rohrleitungsmodelle) werden Festlegungen für deren Herstellung getroffen. U. a. werden Mindest-Informationsinhalte beschrieben.

Grundinformationen des Grundmodells

- Apparate einschließlich Apparateflansche (Mantelflansche), Kompensatoren, Mantelböden, Mannlöcher, Standzargen, Standzargenmannlöcher, Sättel, Füße und Bühnen mit Stützkonstruktionen
- Maschinen und Antriebe
- befeuerte Erhitzer
- Gebäude innerhalb der Verfahrensanlagen
- Stützkonstruktionen mit Hauptträgern und Auflageträgern für Anlageteile

1.3.3 Rohrleitungsplanung

- Gruben
- Tankdeiche und -tassen
- Kamine und Gaskanäle
- Fundamente über Oberkante Grundplatte
- Bühnen und Laufstege ohne Geländer
- Treppen ohne Geländer
- Leitern ohne Rückenschutz
- Anlage-Nordpfeil und Orientierung der Koordinatenachsen
- Koordinaten der Feldgrenzen
- Höhenangaben für Geschosse und Bühnen
- Kennzeichen der Anlageteile
- Kennzeichen der Grundplatten zum Zusammenbau des Modells.

Zusatzinformationen des Grundmodells, wie Rohrleitungsstutzen und Blindstutzen, Montageöffnungen, Umrisse von befestigten Flächen und Zufahrten usw. sind zu vereinbaren.

Ausführung des Grundmodells
- Zur Verfügung zu stellende Grundlagen sind Lageplan, Aufstellungsplan der Anlageteile, Aufteilungsplan des Modells mit Maßen der Grundplatten und Unterlagen mit den erforderlichen Maßen der darzustellenden Teile.
- Der Maßstab des Modells ist zu vereinbaren; üblich sind die Maßstäbe 1:15, 1:20, 1:25, 1:33⅓, 1:50.
- Modelltrennungen sind so zu legen, daß die Maße 780 mm × 1600 mm nicht überschritten werden.
- Abhängig vom Anlageteil erfolgt die Darstellung symbolisch, stark vereinfacht, äußere Umrisse ohne Einzelheiten, annähernd maßstäblich, Wände in Abbruchdarstellung, durchsichtig gerieffelt oder mit Rasterdruck, mittels handelsüblicher Fertigteile, durch aufklebbare rechteckige Schilder, aus Kunststoff, Hartschaumstoff, Klebefolie oder Farbmarkierung.
- Je nach Anlageteil sind unterschiedliche Farben zu wählen.
- Die Beschriftung erfolgt mit Großbuchstaben $\geq$ 4,5 mm Höhe.
- Die Anlageteile sind zu verschrauben oder zu verkleben.
- Prüfungen sind zu vereinbaren.

Grundinformationen des Rohrleitungsmodells
- Grundmodell
- Erklärungstafel für Symbole und Farben mit kennzeichnenden Angaben über die dargestellte Anlage
- Rohrleitungen $\geq$ DN 50 (bei mehrsträngigen gleichen oder symmetrischen Anlagen werden die Rohrleitungen eines Stranges dargestellt).
- Kennzeichen der Rohrleitungen
- Gefälle der Rohrleitungen
- Fließrichtungen des Durchflußstoffes
- im Verlauf der Rohrleitungen angeordnete Armaturen
- Schmutzfänger, Abscheider, Steckscheiben
- Kompensatoren
- lösbare Rohrleitungsverbindungen an den Anlageteilen
- Regelarmaturen
- Durchflußmeßgeräte, Durchflußanzeiger
- Standmeßgeräte
- Niveauregelgeräte
- Kennzeichen der MSR-Stellenkreise.

Zusatzinformationen des Rohrleitungsmodells

wie Rohrleitungen $\leq$ DN 40, Dämmung der Rohrleitungen, Bodeneinläufe für Entwässerungs- und Entleerungssysteme usw. sind zu vereinbaren.

Ausführung des Rohrleitungsmodells

- Zur Verfügung zu stellende Grundlagen sind Grundmodell, Konstruktionsrichtlinien für Rohrleitungen, Zeichnungen von Apparaten und Maschinen mit eingetragenen Stutzenstellungen, Rohrleitungsstudien oder Entwürfe von isometrischen Rohrleitungszeichnungen oder Rohrleitungsplänen oder Skizzen.
- Rohrleitungen sind maßstäblich darzustellen.
- Abhängig vom Rohrleitungsteil erfolgt die Darstellung symbolisch, stark vereinfacht, äußere Umrisse ohne Einzelheiten, annähernd maßstäblich, durch handelsübliche Fertigteile, durch aufklebbare runde Schilder, durch aufklebbare rechteckige Schilder aus Kunststoff oder aus Kunststoffklebefolie.
- Je nach Rohrleitungsteil sind unterschiedliche Farben zu wählen.
- Die Beschriftung ist mit Großbuchstaben durchzuführen. Schrifthöhen für Erklärungstafel für Symbole und Farben $\geq$ 4,5 mm, für alle übrigen Angaben $\geq$ 2,5 mm.
- Die Rohrleitungsteile sind sicher zu befestigen.
- Prüfungen sind zu vereinbaren.

Beiblatt 1 zu DIN 2408 T 2 Rohrleitungen verfahrenstechnischer Anlagen; Planungs- und Ausführungsunterlagen; Modelle für Rohrleitungen; Ausführungsbeispiele (Mai 1985)

Dieses Beiblatt enthält Ausführungsbeispiele für Rohrleitungsmodelle, s. Bilder **1.76** bis **1.88**. Weitere Beispiele s. Norm.

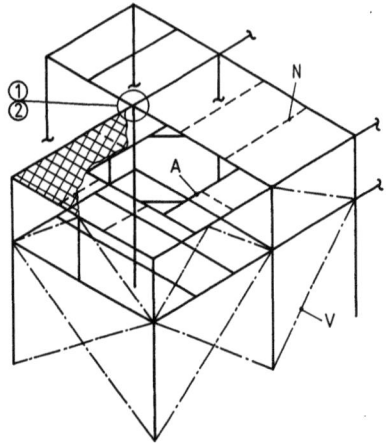
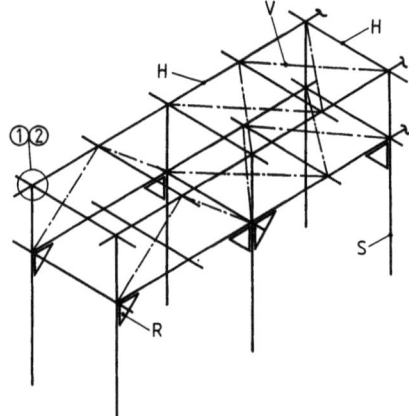

1.76 Ausführungsbeispiel für eine Stahlkonstruktion (A = Auflageträger, H = Hauptträger, N = Nebenträger, R = Rahmenecke, S = Stütze, V = Verband) (Grundmodell nach DIN 2408 T 2)

1.77 Ausführungsbeispiel für eine Rohrbrücke (Grundmodell nach DIN 2408 T 2)
Einzelheit 1 s. Bild **1.78**,
Einzelheit 2 s. Bild **1.79**

1.3.3 Rohrleitungsplanung

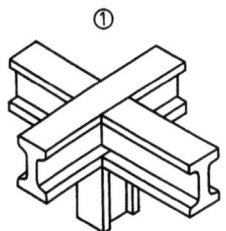

1.78 Einzelheit 1 zu Bild **1.76** und **1.77**

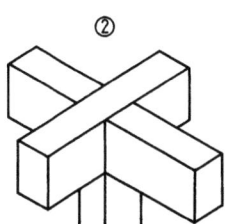

1.79 Einzelheit 2 zu Bild **1.76** und **1.77**

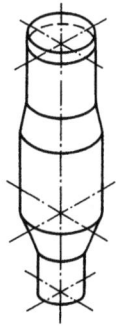

1.80 Ausführungsbeispiel für eine Kolonne (Grundmodell nach DIN 2408 T 2)

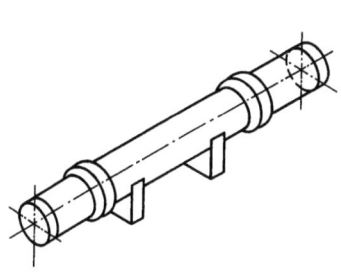

1.81 Ausführungsbeispiel für einen Wärmeaustauscher (Grundmodell nach DIN 2408 T 2)

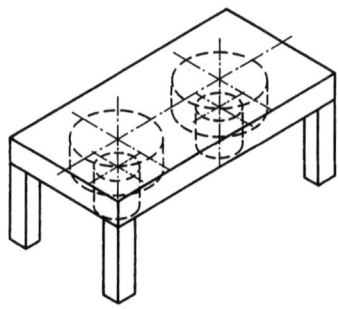

1.82 Ausführungsbeispiel für einen Luftkühler (Grundmodell nach DIN 2408 T 2)

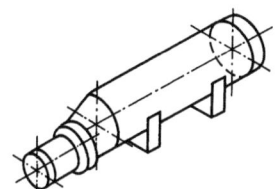

1.83 Ausführungsbeispiel für einen Dampferzeuger (Grundmodell nach DIN 2408 T 2)

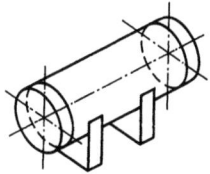

1.84 Ausführungsbeispiel für einen Behälter (Grundmodell nach DIN 2408 T 2)

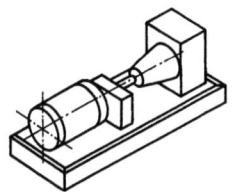

1.85 Ausführungsbeispiel für eine Kreiselpumpe (Grundmodell nach DIN 2408 T 2)

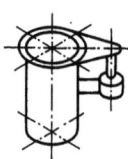

1.86 Ausführungsbeispiel für ein Rührwerk (Grundmodell nach DIN 2408 T 2)

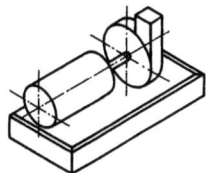

1.87 Ausführungsbeispiel für ein Gebläse (Grundmodell nach DIN 2408 T 2)

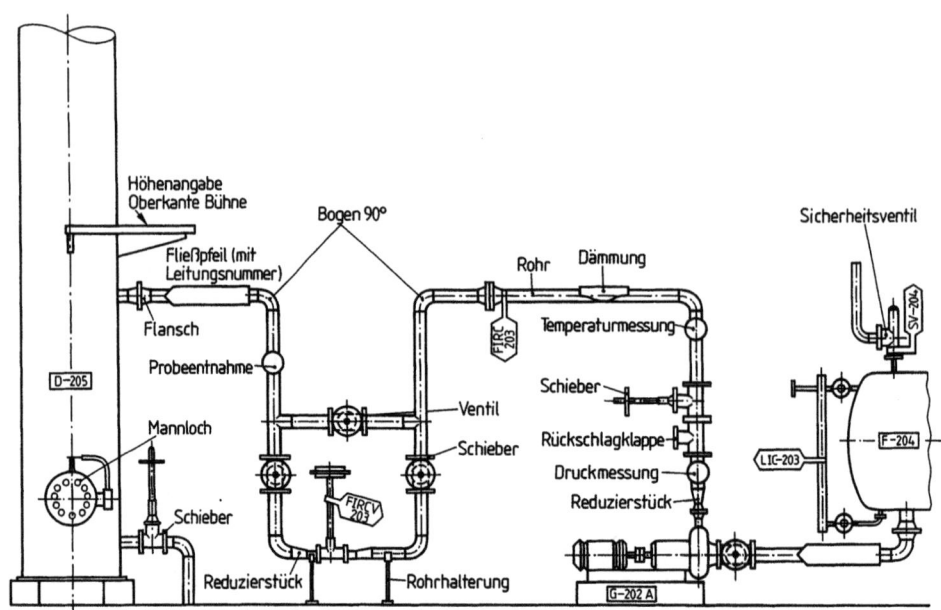

1.88 Rohrleitungsmodell nach DIN 2408 T 2

Für spezifische Einsatzzwecke in der Planung stehen z. B. folgende **weiterführende DIN-Normen** zur Verfügung:

DIN	2429 T1	Graphische Symbole für technische Zeichnungen; Rohrleitungen; Allgemeines
	T2	–; –; Funktionelle Darstellung
Bbl.1 zu DIN	2429 T2	–; –; –, Beispiele für die Darstellung von freiem oder gesperrtem Durchfluß
DIN	2481	Wärmekraftanlagen; Graphische Symbole
DIN	8972 T1	Fließbilder kältetechnischer Anlagen; Fließbildarten, Informationsinhalt
	T2	–; Zeichnerische Ausführung, graphische Symbole
DIN	23011 T1	Steinkohlenaufbereitung; Aufbereitungsanlagen; Planung
	T2	–; –; Fließbilder
	T3	–; –; Graphische Symbole für Fließbilder
	T4	–; –; Technische Vereinbarungen im Rahmen der Festlegung von Gewährleistungen
	T5	–; –; Verfahrenstechnische Überwachung
	T7	–; –; Maschinentechnische Überwachung
	T8	–; –; Verfahrenstechnische Anforderungen an Aufbereitungseinrichtungen
DIN	24347	Fluidtechnik – Hydraulik; Schaltpläne
DIN	28401	Vakuumtechnik; Bildzeichen; Übersicht
DIN	32649	Graphische Symbole für Arbeitsgänge im Laboratorium; Grundarbeitsgänge
DIN	32650	Analysen – Ablaufpläne; Zeichnerische Darstellung
DIN	43609	Elektrische Schaltanlagen; Graphische Symbole für Druckluftschaltpläne
DIN ISO	1219	Fluidtechnische Systeme und Geräte; Schaltzeichen.

1.4 Prozeßleittechnik

1.4.1 Allgemeine Grundlagen

DIN 19221 Leittechnik; Regelungs- und Steuerungstechnik; Formelzeichen (Mai 1993)

Die Norm legt Formelzeichen zur einheitlichen und widerspruchsfreien Bezeichnung typischer Größen und gleichermaßen der sie darstellenden Signale der Regelungs- und Steuerungstechnik fest. Die Signale und Größen können von beliebiger physikalischer Art sein, allein ihre Funktion im Sinne der Regelung und Steuerung charakterisiert sie.
Die Norm legt ferner die Schreibweise für mathematische Konzepte der Regelungs- und Steuerungstechnik fest.

Formelzeichen s. Tab. 1.89.

Tabelle 1.89 Formelzeichen der Regelungs- und Steuerungstechnik

Benennung	Formelzeichen Vorzugszeichen	Ausweichzeichen
Eingangsgröße[1]	u	
Führungsgröße[2]	w	
Störgröße	v	z
Regeldifferenz[3]	e	
Stellgröße	m	y
Regelgröße	y	x
Aufgabengröße	q	x_A
Rückführgröße	f	r
Zustandsgröße	x_j	

[1] Eingangsvektor $u = (u_1, u_2, \ldots u_p)$
[2] f. d. Regelungs- und Steuerungseinrichtung
[3] $e = w - x$

In den nachfolgend wiedergegebenen **Wirkungsplänen** werden einheitlich statt der Vorzugszeichen die im deutschen Sprachraum gebräuchlichen Ausweichzeichen (s. Tab. 1.89) verwendet.

Für die Ausgangsgröße ist kein Formelzeichen festgelegt. Um bei der Verwendung der Ausweichzeichen Widersprüche zu vermeiden, wird für Ausgangsgröße und Ausgangsvektor wie in DIN 19226 T2 das Formelzeichen „v" verwendet.
Schreibweise **mathematischer Darstellungen** s. Norm.

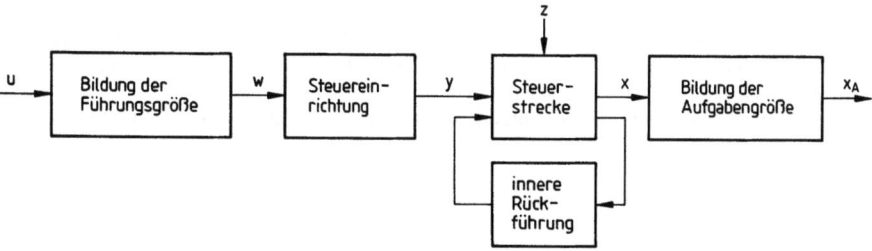

1.90 Steuerung, offener Wirkungsablauf, Steuerkette

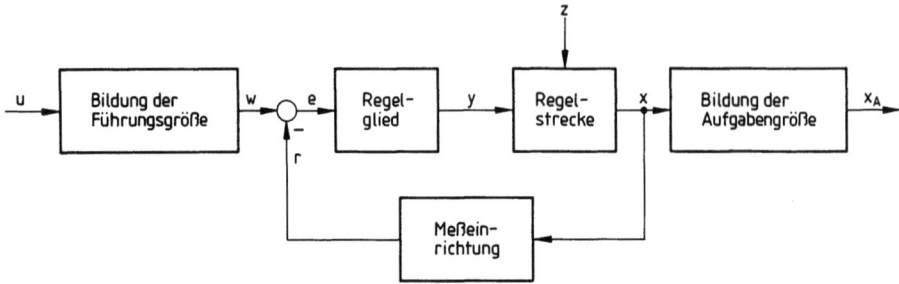

1.91 Regelung, geschlossener Wirkungsablauf, Regelkreis

1.92 Systemdarstellung in der Theorie der Zustandsgrößen

1.4.2 Planung

DIN V 19256 Messen – Steuern – Regeln; Meß-, Steuerungs- und Regelungssysteme für industrielle Anlagen; Leitfaden für Planung, Erstellung und Betrieb (Vornorm, Jan 1987)

Diese Norm gilt für MSR-Systeme[1]) von industriellen Anlagen der Energieerzeugung, der Verfahrenstechnik und der verarbeitenden Industrie. Sie ist ein Leitfaden, mit dessen Hilfe im Einzelfall zwischen den beteiligten Partnern die jeweiligen technischen Anforderungen und Maßnahmen möglichst vollständig und frühzeitig geklärt und vereinbart werden können. Dazu werden die Anforderungen aus der Anlage und den Umfeldbedingungen möglichst umfassend beschrieben und auf dieser Grundlage die MSR-Einrichtungen geplant.

Begriffe (s. auch DIN 28004 T1, DIN 55350 T11, DIN VDE 31 000 T2)

MSR-Einrichtung: Zusammenfassung von MSR-Elementen oder -Gruppen in einer nächsthöheren Betrachtungsebene zu einer selbständig verwendbaren Einheit.
MSR-System: Gesamtheit der zur selbständigen Erfüllung eines MSR-Aufgabenkomplexes erforderlichen technischen und/oder organisatorischen und/oder anderen Mittel.
Hersteller – Betreiber: Unter Hersteller und Betreiber werden die jeweiligen Partner verstanden, die Vereinbarungen treffen.
Hersteller soll derjenige Partner sein, der die Angaben über die MSR-Einrichtungen beiträgt.
Betreiber soll derjenige Partner sein, der die Angaben über das Verfahren und die Anlage beiträgt.
Bestimmungsgemäßer Betrieb: Betriebsvorgänge, für die die Anlage bei funktionsfähigem Zustand der Systeme (ungestörter Zustand) bestimmt und geeignet ist (Normalbetrieb).
Fail-Safe-Technik: Fähigkeit einer Einrichtung, bei Auftreten eines Fehlers in einem sicheren Zustand zu bleiben oder unmittelbar in einen anderen sicheren Zustand überzugehen.
Fehler: Nichterfüllung vorgegebener Forderungen durch einen Merkmalswert.
Einfachfehler: Ursprüngliche Fehler einschließlich der durch diesen Fehler evtl. entstandenen weiteren Fehler.

---
[1]) MSR ≙ Messen, Steuern, Regeln

Fehlzustand: Ein durch Fehler verursachter Systemzustand, der zu Systemversagen führen kann.

Störzustand: Abweichung vom bestimmungsgemäßen Ablauf des Verfahrens.

Störungsanalyse: Untersuchung des gestörten Ablaufs des Verfahrens, wobei mehrere Möglichkeiten des Ablaufs möglich sind.

Redundanz: Vorhandensein von mehr als für die Ausführung der vorgesehenen Aufgaben an sich notwendigen Mitteln.

Diversität: Ausführung der Redundanz mit verschiedenartigen technischen Mitteln.

Schutz: Verringerung des Risikos durch geeignete Maßnahmen, die entweder die Eintrittshäufigkeit oder das Ausmaß des Schadens oder beides einschränken.

Instandhaltung: Maßnahmen zur Bewahrung und Wiederherstellung des Sollzustandes sowie zur Feststellung und Beurteilung des Istzustandes von technischen Mitteln eines Systems.

Angaben für den bestimmungsgemäßen Betrieb eines MSR-Systems

a) Anforderungen an das MSR-System bei bestimmungsgemäßem Ablauf des Verfahrens unter spezifizierten Umgebungsbedingungen

- Umfang und Art des MSR-Systems werden durch die **Rahmenbedingungen** maßgeblich beeinflußt. Hierbei sollen das Verfahren

  (z. B. hinsichtlich Anlagenleistung und Produktqualität, kontinuierlichem oder diskontinuierlichem Verfahren, Entwicklungsstand des Verfahrens)

  und die Betriebsweise

  (z. B. hinsichtlich Verfügbarkeitsanforderungen, Reaktionszeiten, Betriebsweise, Ein- und Anbindung an vorhandene Anlagen)

  berücksichtigt werden.

- Nach dem Festlegen der Rahmenbedingungen werden Angaben zu den einzelnen **Aufgaben** des MSR-Systems und dem Zusammenwirken seiner Komponenten gemacht (verfahrenstechnische Aufgabenstellung,

  z. B. Anzahl und Art der notwendigen Messungen und Stellfunktionen, gewünschte Signalverarbeitung, Stellstrom- und Materialfluß-Aufgaben).

- Den grundlegenden Anforderungen aus dem Verfahren und der Betriebsweise der Anlage folgen die örtlichen Randbedingungen des vorgesehenen Aufstellungsortes, seiner Umgebung sowie seiner Produkt- und Energieanschlüsse. Bauliche Vorgaben, Umweltbedingungen, Immissionsanforderungen und Hilfsenergieversorgung beeinflussen maßgeblich die Ausführung der Gerätesysteme, der Prozeßleitwarte und der Signalübertragung.

  (Solche Randbedingungen sind z. B. die räumliche Anordnung der verschiedenen Anlageteile, Klima und Schadstoffe in Räumen, Arten der Hilfsenergie).

- gesetzliche Vorschriften sowie technische Regeln und Arbeitsschutz-/Unfallverhütungsvorschriften
- Schnittstellen zwischen den am Projekt beteiligten Partnern.

b) Anforderungen an das MSR-System bei nicht bestimmungsgemäßem Ablauf des Verfahrens unter spezifizierten Umgebungsbedingungen

- Wenn bei nicht bestimmungsgemäßem Ablauf des Verfahrens Anforderungen an das MSR-System gestellt werden, sind zusätzliche Informationen über den Zustand und das Verhalten des Verfahrens notwendig. Diese Angaben können aus einer **Störungsanalyse** (Auflistung, Ursachen und Bewertungskriterien von Störzuständen) gewonnen werden.
- Aus der Störungsanalyse wird über die Auswahl der zu beherrschenden Störzustände und die Maßnahmen zur Beherrschung der Störzustände entschieden.

c) Konzept für das MSR-System. Die Anforderungen aus a) und b) sind die Grundlage für die Einzelvereinbarungen zur gerätetechnischen Realisierung der MSR-Teilsysteme und des MSR-Gesamtsystems. Folgende Angaben bilden das MSR-System:
- Übergeordnete Angaben
  (z. B. Mensch-Maschine-Schnittstelle – Ergonomische Gestaltung von Warten, DIN 33414 T1, s. Norm – Automatisierungsgrad, Instandhaltungsstrategie)
- Konzept für ein MSR-Teilsystem
  (z. B. Aufgaben für die Messung, Regelung, Steuerung, Anzeige und Registrierung, Protokollierung, Überwachung und Meldung sowie den Schutz)
- Konzept für die Prozeßleitwarte
  (z. B. Festlegung und Anordnung der Bedienelemente, Zuordnung der Anzeige und Meldeeinrichtungen)
- Angaben zur Aufbau-, Kabel- und Anschlußtechnik
  (z. B. Geräte im Feld, Signalübertragung und Geräte im Wartenbereich).

d) Anforderungen der MSR-Technik an Anlagengestaltung und Verfahren. Zusätzlich zu den verfahrenstechnischen Vorgaben für das MSR-System sind auch dessen Anforderungen an die Verfahrenstechnik – insbesondere die Anlagengestaltung – zu berücksichtigen.
(Dazu zählen z. B. Mindestlängen für Einlauf- und Auslaufstrecken von Durchflußmessungen, Freiraum für Feldgeräte und Übertragungswege.)

Angaben zur Zuverlässigkeit der MSR-Einrichtungen[1])

a) Grundsätze
- Auswirkungen von Fehlern in den MSR-Einrichtungen werden betrachtet. Ziel ist, eine erhöhten Anforderungen genügende Zuverlässigkeit der MSR-Einrichtungen zu erreichen. Erhöhte Anforderungen liegen dann vor, wenn Fehler in den MSR-Einrichtungen zu nicht akzeptierbaren Schäden führen können. Dabei werden zwei Ziele unterschieden und bewertet:
  - – Aufrechterhalten der Betriebsfunktionen trotz eines Fehlers in der MSR-Einrichtung, wobei aber Fehlfunktionen von geringer Wahrscheinlichkeit akzeptiert werden können,
  - – Aufrechterhalten der Schutzfunktionen trotz möglicher Fehler in den MSR-Einrichtungen, wobei z. B. eine Abschaltung der Anlage zugunsten eines Schutzziels akzeptiert wird.

  Gemeinsam für beide Ziele ist die Analyse der Fehler und ihrer Auswirkungen.

- Es werden diejenigen Fehler in MSR-Einrichtungen aufgelistet (Fehlerliste), die Einfluß auf solche MSR-Funktionen haben, die kritisch für das Verfahren sind und deren Eintrittswahrscheinlichkeit nicht hinreichend klein ist. In der Liste werden: Art (systematisch, zufällig), Auftreten (spontan, allmählich), Verhalten (bleibend, intermittierend) und Wirkung (aktiv, passiv) der Fehler beschrieben und nach ihrer Wirkung auf das Verfahren in die zwei Kategorien (nicht akzeptierbar, akzeptierbar) eingeteilt.
- Abhängig von den jeweiligen Erfordernissen der Anlage bei bestimmungsgemäßem bzw. nicht bestimmungsgemäßem Ablauf des Verfahrens werden Anforderungen beim Auftreten von Einfachfehlern in MSR-Einrichtungen vereinbart. Die Abstufung der Erfordernisse reicht von der Betriebserhaltung über die Vermeidbarkeit von unvertretbaren Schäden bis zum Ausschluß einer möglichen Gefährdung.

b) Maßnahmen an MSR-Einrichtungen zur Erhaltung der Betriebsfunktionen. Ziel dieser Maßnahmen ist die Aufrechterhaltung der betrieblichen Funktion an MSR-Ein-

---
[1]) Grundlegende Sicherheitsbetrachtungen für MSR-Schutzeinrichtungen enthält DIN V 19250, s. Norm

1.4.2 Planung

richtungen, so daß bei Auftreten eines Fehlers in einer MSR-Einrichtung der Einfluß auf den Prozeß zulässig bleibt. Dazu gehört die Auswahl der Strukturen (einkanalig, mehrkanalig bzw. redundant) und die Auswahl der Gerätetechnik, damit die Anforderungen zur Fehlerbeherrschung erfüllt werden.

c) Maßnahmen an MSR-Einrichtungen zur Erhaltung der Schutzfunktionen. Ziel dieser Maßnahme ist der Ausschluß von Schäden oder Gefahren, die bei Fehlfunktion der MSR-Einrichtungen möglich wären. Vereinbart wird, welche Schutzeinrichtungen dafür innerhalb der MSR-Einrichtungen erforderlich sind. Dabei ist zu überlegen, ob Fail-Safe-Technik angewendet werden soll.

d) Unterstützende Maßnahmen für die Zuverlässigkeit der MSR-Einrichtungen. Möglichkeiten der Zuverlässigkeit bestehen in:
- gezielter Überdimensionierung,
- erhöhter Fertigungsqualität,
- Eignungsnachweis.

Erstellung und Betrieb des MSR-Systems. Zwischen Betreiber und Hersteller müssen zur Erstellung und dem Betrieb (einschließlich der Instandhaltung) des MSR-Systems Vereinbarungen über folgende Einzelthemen getroffen werden:

Dokumentation; Fertigungs- und Lieferungsüberwachung; Montage; Funktionsprüfung der MSR-Einrichtungen; Inbetriebnahme der verfahrenstechnischen Anlage; Instandhaltung; Wartung; Inspektion; Instandsetzung; Personal.

DIN 19227 T1   Leittechnik; Graphische Symbole und Kennbuchstaben für die Prozeßleittechnik; Darstellung von Aufgaben (Sep 1993)

Die Norm gilt für die **aufgabenbezogene** Darstellung der Prozeßleittechnik (PLT). Die PLT umfaßt nur die **prozeßbezogene** Elektro-, Meß-, Steuerungs- und Regelungstechnik (EMSR-Technik). Die Norm findet Anwendung für alle verfahrenstechnischen Anlagen sowie für entsprechende Anlagen in den verschiedensten Industriebereichen.

Die lösungsbezogene Darstellung der EMSR-Funktionen wird in DIN 19227 T2 beschrieben.

Tabelle 1.93   Graphische Symbole zur Darstellung der EMSR-Aufgaben

Benennung	Symbol	Bemerkung
EMSR-Aufgaben allgemein	≥0	Das Symbol wird mit einem Kreis dargestellt und kann je nach Länge des eingeschriebenen Textes zu einem Langrund werden.
EMSR-Aufgaben, die mit Prozeßleitsystemen (PLS) realisiert werden	≥0	Das Symbol wird mit einem Quadrat mit eingeschriebenem Kreis dargestellt und kann je nach Länge des eingeschriebenen Textes zu einem Langsymbol werden.
EMSR-Aufgaben, die mit einem Prozeßrechner (PR) realisiert werden	≥0	Das Symbol wird mit einem Sechseck dargestellt und kann je nach Länge des eingeschriebenen Textes zu einem Langsymbol werden.

Die Norm legt das System zur Kennzeichnung der PLT-Aufgaben durch Kennbuchstaben und durch graphische Symbole zum Darstellen der funktionellen Arbeitsweise in RI-Fließbildern (s. DIN 28 004 T1 bis T4) fest.

Die graphischen Symbole zur Darstellung der EMSR-Aufgaben sind in Tab. **1**.93 enthalten. Symbol ohne Querstrich bedeutet als Ausgabeort: vor Ort, ein Querstrich: in der Prozeßleitwarte und doppelter Querstrich: örtlicher Leitstand.

Darstellung. Aus der Kennzeichnung der Aufgabe soll hervorgehen:
Die Meßgröße oder eine andere Eingangsgröße, ihre Verarbeitung, die EMSR-Stellen-Kennzeichnung, die Ortsangaben und der Wirkungsweg.

a) Der **Meßort** kann – wenn er hervorgehoben werden soll – durch einen Kreis mit einem Durchmesser von vorzugsweise 2 mm dargestellt werden. Ansonsten ist er durch eine Linie von vorzugsweise 0,25 mm Breite mit dem EMSR-Stellen-Symbol zu verbinden (s. Bild **1**.94). Der Meßort soll verfahrensgerecht eingezeichnet werden; wenn notwendig, können genaue Angaben (z. B. bei einer Kolonne: 5. Boden) angeschrieben werden.

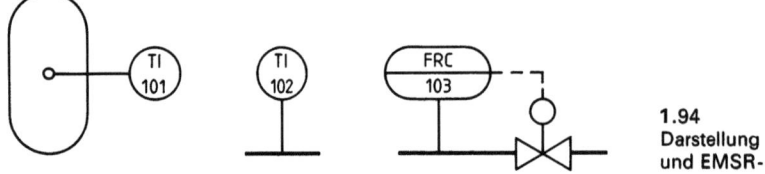

1.94
Darstellung von Meßort und EMSR-Stellen-Symbole

b) Die Funktionen einer EMSR-Stelle werden durch Kennbuchstaben im oberen Teil innerhalb der graphischen Symbole dargestellt, aus Gründen der Übersichtlichkeit ggf. in mehreren EMSR-Stellenkreisen. Zusätzlich wird im unteren Teil die EMSR-Stellen-Kennzeichnung angegeben.

– Wird eine **Meßgröße** durch getrennte Aufnehmer **mehrfach erfaßt** – z. B. aus Gründen der Verfügbarkeit –, dann werden EMSR-Stellen auch getrennt dargestellt.
– Wenn es nicht möglich ist, mehrere Ausgabe- und Bedienorte in einer EMSR-Stelle zu kennzeichnen, dann muß diese mehrfach dargestellt werden.
– Stellgeräte werden in Anlehnung an EMSR-Stellenkreise durch einen zusätzlichen Kreis dargestellt, wenn diese von mehreren Verarbeitungsfunktionen angesteuert werden und keine feste Zuordnung zu einem Meßkreis möglich ist. Gleichzeitig ist damit eine Identifizierung des Stellgerätes gegeben.
– Wenn am Meßort zum Erfassen einer Meßgröße nur ein Meßstutzen vorhanden ist, so wird der entsprechende Kennbuchstabe für die Meßgröße in den EMSR-Stellen-Kreis eingetragen. Ist zusätzlich ein nicht angeschlossener Aufnehmer vorhanden, so wird der entsprechende Kennbuchstabe und der Folgebuchstabe E im EMSR-Kreis eingetragen.

c) Meßgrößen oder andere Eingangsgrößen und ihre Verarbeitung werden durch die **Kennbuchstaben** nach Tab. **1**.95 angegeben. Die Kennbuchstaben werden in den oberen Teil des EMSR-Stellen-Kreises eingetragen. Die Reihenfolge ergibt sich aus Tab. **1**.95.

Beispiel für eine Eintragung:
Differenz-Druckmessung, Anzeige und Regelung in Meßwarte

```
              P         D        I        C
Erstbuchstabe ─────────┘
Ergänzungsbuchstabe ─────────┘
1. Folgebuchstabe ─────────────────┘
2. Folgebuchstabe ──────────────────────────┘
```

1.4.2 Planung

Tabelle 1.95 Kennbuchstaben für EMSR-Technik (ergänzende Angaben s. unten und nächste S.)

Kenn-buch-stabe	Gruppe 1: Meßgröße oder andere Eingangsgrößen, Stellglied		Gruppe 2: Verarbeitung
	als Erstbuchstabe	als Ergänzungsbuchstabe (1)	als Folgebuchstabe Reihenfolge: I, R, C (11)
A	——— (2)		Störungsmeldung
B	——— (2)		
C	——— (2)		selbsttätige Regelung
D	Dichte	Differenz	
E	elektrische Größen		Aufnehmerfunktion (12)
F	Durchfluß, Durchsatz	Verhältnis	
G	Abstand, Länge, Stellung, Dehnung, Amplitude		
H	Handeingabe, Handeingriff (13)		oberer Grenzwert (High) (9)
I	——— (2) (14)		Anzeige
J	——— (2)	Meßstellen-Abfrage	frei verfügbar (3)
K	Zeit		frei verfügbar (3)
L	Stand (auch von Trennschicht)		unterer Grenzwert (Low) (9)
M	Feuchte		frei verfügbar (3)
N	frei verfügbar (3)		
O	frei verfügbar (3) (14)		Sichtzeichen, Ja/Nein-Aussage, (nicht Störungsmeldung)
P	Druck		
Q	Stoffeigenschaft, Qualitätsgrößen, Analyse (außer D, M, V) (4)	Integral, Summe	
R	Strahlungsgrößen		Registrierung (7)
S	Geschwindigkeit, Drehzahl, Frequenz		Schaltung, Ablaufsteuerung, Verknüpfungssteuerung
T	Temperatur		Meßumformer-Funktion (6)
U	zusammengesetzte Größen (5) (8)		zusammengefaßte Antriebsfunktionen (10)
V	Viskosität		Stellgeräte-Funktion
W	Gewichtskraft, Masse		
X	sonstige Größen (3)		
Y	frei verfügbar (3)		Rechenfunktion
Z	——— (2)		Noteingriff, Schutz durch Auslösung, Schutzeinrichtung, sicherheitsrelevante Meldung (15)
+			oberer Grenzwert (9)
/			Zwischenwert (9)
–			unterer Grenzwert (9)

Ist zum Beschreiben einer Aufgabenstellung eine zusätzliche Kennzeichnung notwendig, dann gelten die Angaben nach Abschnitt 3.8 der Norm.

(1) Buchstaben, denen bereits eine Bedeutung als „Ergänzungsbuchstabe" zugeordnet ist, dürfen nicht als Folgebuchstaben angewendet werden.
(2) Die Buchstaben A, B, C, I, J und Z in Gruppe 1 bleiben einer späteren Normung vorbehalten. Der Buchstabe J soll international für die Leistung (mechanisch, thermisch, elektrisch) vorgeschlagen werden.
(3) Die Erstbuchstaben N, O, X, Y darf der Anwender frei verwenden. Der Buchstabe X wird einzelnen, nicht häufig wiederkehrenden, die Buchstaben N, O, Y werden häufig wiederkehrenden Meßgrößen in einer Anlage zugeordnet, falls diese Meßgrößen nicht in Tabelle 1 der Norm enthalten sind.

Die Buchstaben K und M darf der Anwender als Folgebuchstaben frei verwenden.
(4) Qualitätsgrößen sind z. B.: Konzentration, pH-Wert, Leitfähigkeit, Heizwert, Wobbe-Zahl, Flammpunkt, Farbzahl, Brechungsindex, Konsistenz.
(5) Aus mehreren Größen zusammengesetzte Eingangsgröße, soweit sie nicht durch andere Kennbuchstaben dargestellt werden können.
(6) Falls zur weiteren Unterscheidung der Meßumformerfunktion erforderlich, darf ein weiterer EMSR-Stellenkreis dargestellt werden. Dem T (Transmitting) als Folgebuchstabe folgt kein weiterer Kennbuchstabe.
(7) Registrierung ist der Sammelbegriff für Ausgabe mit Speicherfunktion. Die Art der Speicherung wird dabei nicht unterschieden.
(8) Die Kennzeichnung eines Stellgliedes mit Erstbuchstabe U kann erfolgen, wenn das Stellglied von mehreren Verarbeitungsfunktionen angesteuert wird.
(9) Oberer Grenzwert, Zwischenwert und unterer Grenzwert der Meßgröße werden durch Pluszeichen, Schrägstrich oder Minuszeichen gekennzeichnet, die den Folgebuchstaben A, O, S, Z einzeln oder auch gemeinsam nachgestellt sind. Weiter dürfen die Zeichen H (High) für oberen Grenzwert und L (Low) für unteren Grenzwert verwendet werden. Mit Ausnahme des Schrägstriches dürfen alle vorgenannten Zeichen auch zur Kennzeichnung der Endstellungen „offen" bzw. „geschlossen" oder der Schaltzustände „Ein" bzw. „Aus" verwendet werden.
(10) Für Prozeßanlagen werden in der Planungsphase die Standardfunktionen (Bedienung und Darstellung) für Antriebe festgelegt.
Bei solchen zusammengefaßten Antriebsfunktionen wird der Folgebuchstabe U z. B. in Verbindung mit dem Erstbuchstaben E verwendet.
Die detailliertere Beschreibung der Aufgabenstellung erfolgt in separaten Unterlagen (Datenblätter, Legende, Fußleiste im R + I-Fließbild).
(11) Im Anschluß an die Folgebuchstaben I, R, C ist die Reihenfolge der Folgebuchstaben frei wählbar.
(12) Zur Kennzeichnung der Aufnehmerfunktion ohne weitere Verarbeitung darf ein zusätzlicher EMSR-Stellen-Kreis mit dem Folgebuchstaben E dargestellt werden. Dem E (Sensing Element) als Folgebuchstabe folgt kein weiterer Folgebuchstabe.
(13) Hiermit sind alle Eingriffe und Eingaben durch den Menschen zu kennzeichnen.
(14) Wegen der Verwechslungsgefahr mit den Ziffern 1 und 0 möglichst zu vermeiden.
(15) In EMSR-Schutzeinrichtungen ohne Schaltfunktion nach VDI/VDE 2180 werden sicherheitsrelevante Meldungen und Aktoren durch ein der EMSR-Stellenkennzeichnung nachgestelltes Z in Klammern gekennzeichnet.

d) Der **Ausgabe- und Bedienungsort** (Kommunikationsstelle zwischen Mensch und EMSR-Einrichtung) wird nach Tab. **1.93** dargestellt.

e) Die EMSR-Stellen-Kennzeichnung ist in den unteren Teil des EMSR-Stellen-Kreises einzutragen. Die Art des Kennzeichnungssystems ist frei wählbar. Bei mehreren Meßstellen gleicher Meßgröße darf eine EMSR-Stellen-Kennzeichnung nur einmal vorkommen. Bei identifizierenden Kennzeichnungen kann es erforderlich werden, den unteren Teil des EMSR-Stellenkreises zweizeilig zu gestalten.

f) Soweit die in Tab. **1.95** genannten **Kennbuchstaben nicht ausreichen,** können zusätzliche Zeichen oder Angaben außerhalb des EMSR-Stellen-Kreises angebracht werden. Insbesondere ist eine solche zusätzliche Erläuterung bei den Erstbuchstaben E, Q, R und X erforderlich. Dabei sind möglichst genormte Formelzeichen anzuwenden. Funktionen nach VDI/VDE 2180 (s. Norm), nach der Störfallverordnung und nach anderen Auflagen sind zu kennzeichnen. Bei Sensoren in EMSR-Schutzeinrichtungen **ohne Schaltfunktion** sind sicherheitsrelevante Meldungen durch Z in Klammern zu kennzeichnen, z. B. QRA$^+$ (Z). Aktoren in EMSR-Schutzeinrichtungen sind ebenfalls durch Z in Klammern zu kennzeichnen, z. B. UV (Z).

g) Die **Einwirkung auf die Strecke** wird nach Tab. **1.96** dargestellt.
Der Stellort ist die Spitze eines gleichseitigen Dreieckes von 5 mm Seitenlänge (s. auch DIN 19228). Es ist gleichzeitig auch die einfachste Darstellung eines Stellgliedes. Ist in einem Fließbild bereits ein Stellgerät, z. B. ein Ventil, eingezeichnet, so ist hierdurch der Stellort gekennzeichnet.
Das Stellgerät wird als Stellglied verbunden durch eine 10 mm lange Linie mit einem Kreis von 5 mm Durchmesser. Das Verhalten des Stellgerätes bei Ausfall der Hilfsenergie wird durch zusätzliche Zeichen nach Tab. **1.96** gekennzeichnet.

1.4.2 Planung

h) Der **Wirkungsweg** vom EMSR-Stellen-Kreis zum Stellgerät wird vorzugsweise durch eine gestrichelte Linie dargestellt. Sind Kreuzungen nicht zu vermeiden, ist eine der beiden Linien zu unterbrechen. Bei vermaschten Wirkungswegen, z. B. Kaskadenregelung, Verhältnisregelung, dürfen die entsprechenden EMSR-Stellen-Kreise gemäß dem Wirkungszusammenhang miteinander verbunden und die Wirkungsrichtung darf durch einen Pfeil gekennzeichnet werden.

Um die Übersichtlichkeit des RI-Fließbildes sicherzustellen, dürfen die Wirkungslinien auch als Abbruchstellen mit eindeutigen Zielhinweisen versehen werden.

Ist eine eindeutige Zuordnung anderweitig realisiert worden, darf auf diese Zielhinweise verzichtet werden.

Tabelle 1.96 Einwirkung auf die Strecke

Symbol	Benennung	Symbol	Benennung
▽ [1]	Stellort, Stellglied Anmerkung: Ersatzdarstellung für allgemeine Einwirkung auf die Strecke	⎧	Stellgerät mit Stellort bzw. Stellglied (mit Hilfsenergie oder selbsttätig)
⎧	Stellantrieb, allgemein (mit Hilfsenergie oder selbsttätig)	⎧▽ [1]	
⎧↑	Stellantrieb, bei Ausfall der Hilfsenergie nimmt das Stellgerät die Stellung für maximalen Massenstrom oder Energiefluß ein	⎧↑▽ [1]	Stellgerät mit Stellort bzw. Stellglied, bei Ausfall der Hilfsenergie nimmt das Stellgerät die Stellung für den maximalen Massenstrom oder Energiefluß ein
⎧↓	Stellantrieb, bei Ausfall der Hilfsenergie nimmt das Stellgerät die Stellung für minimalen Massenstrom oder Energiefluß ein	⎧↓▽ [1]	Stellgerät mit Stellort bzw. Stellglied, bei Ausfall der Hilfsenergie nimmt das Stellgerät die Stellung für den minimalen Massenstrom oder Energiefluß ein
⎧≠	Stellantrieb, bei Ausfall der Hilfsenergie bleibt das Stellgerät in der zuletzt eingenommenen Stellung	⎧≠▽ [1]	Stellgerät mit Stellort bzw. Stellglied, Stellgerät bleibt bei Ausfall der Hilfsenergie in der zuletzt eingenommenen Stellung
⎧↑≠	Stellantrieb, bei Ausfall der Hilfsenergie bleibt das Stellgerät zunächst in der zuletzt eingenommenen Stellung, der Pfeil gibt die zulässige Driftrichtung an	⎧↑≠▽ [1]	Stellgerät mit Stellort bzw. Stellglied, Stellgerät bleibt bei Ausfall der Hilfsenergie zunächst in der zuletzt eingenommenen Stellung, der Pfeil gibt die zulässige Driftrichtung an
⎧≠↓	Stellantrieb, bei Ausfall der Hilfsenergie bleibt das Stellgerät zunächst in der zuletzt eingenommenen Stellung, der Pfeil gibt die zulässige Driftrichtung an	⎧≠↓▽ [1]	Stellgerät mit Stellort bzw. Stellglied, Stellgerät bleibt bei Ausfall der Hilfsenergie zunächst in der zuletzt eingenommenen Stellung, der Pfeil gibt die zulässige Driftrichtung an

[1] Diese Symbole dürfen nicht an Symbolen für Armaturen angebracht werden.

Beispiele s. Tab. 1.97, Bild 1.20 und Bild 1.98. Weitere Beispiele s. Norm.

Tabelle **1.97** Anwendungsbeispiele für EMSR-Einrichtungen

EMSR-Einrichtung	Darstellung	Bemerkungen
Ohne Ausgabe und Bedienung, Analog Druckregelung	PC 105 / PC 106	Wenn kein besonderer Druckstutzen benötigt wird, z. B. bei Reduzierstationen, darf die rechte Darstellung angewendet werden
Ausgabe und Bedienung vor Ort, Analog Druckmessung Anzeige örtlich Standmessung Anzeige örtlich	PI 201 / LI 202	
Ausgabe und Bedienung im örtlichen Leitstand, Binär Durchflußmessung, Abschaltung der Pumpe bei Erreichen des unteren Grenzwertes, Störungsmeldung im örtlichen Leitstand	FSAL 302	z. B. Durchflußwächter
Ausgabe und Bedienung in der Prozeßleitwarte a) Allgemeine Darstellung – Druckmessung, Anzeige, zusätzliche Störungsmeldung bei Erreichen des oberen Grenzwertes – Temperaturmessung Bei Erreichen des unteren und oberen Grenzwertes erfolgt Störungsmeldung mit gleichzeitiger Schaltung des Stellgerätes. Zusätzlich erfolgt Störungsmeldung bei Erreichen eines weiteren oberen Grenzwertes – Kaskadenregelung Temperatur-Durchfluß	PIAH 412 TISAHL 413 TAH 413 TRC 414 FRC 415	PIA$^+$ 412 Alternative TIA$^+$ SA$^\pm$ 413 Alternative Der Wert der Regelgröße Dampfdurchfluß wird vom Ausgang des Temperaturreglers (Meßort Boden 4) geführt
– Überwachung der Stellung an einem Stellgerät, Sichtzeichen für Auf- und Zu-Stellung in der Prozeßleitwarte	GOHL 433	GO$^\pm$ 433 Alternative

Fortsetzung s. nächste Seite

1.4.2 Planung

Tabelle **1.97**, Fortsetzung

EMSR-Einrichtung	Darstellung	Bemerkungen
b) Mit Prozeßleitsystem – Motorstandardfunktion im Prozeßleitsystem – Motor Not-Aus örtlich – Temperaturregelung mit externer Sollwertführung Registrierung und Bedienung im Prozeßleitsystem	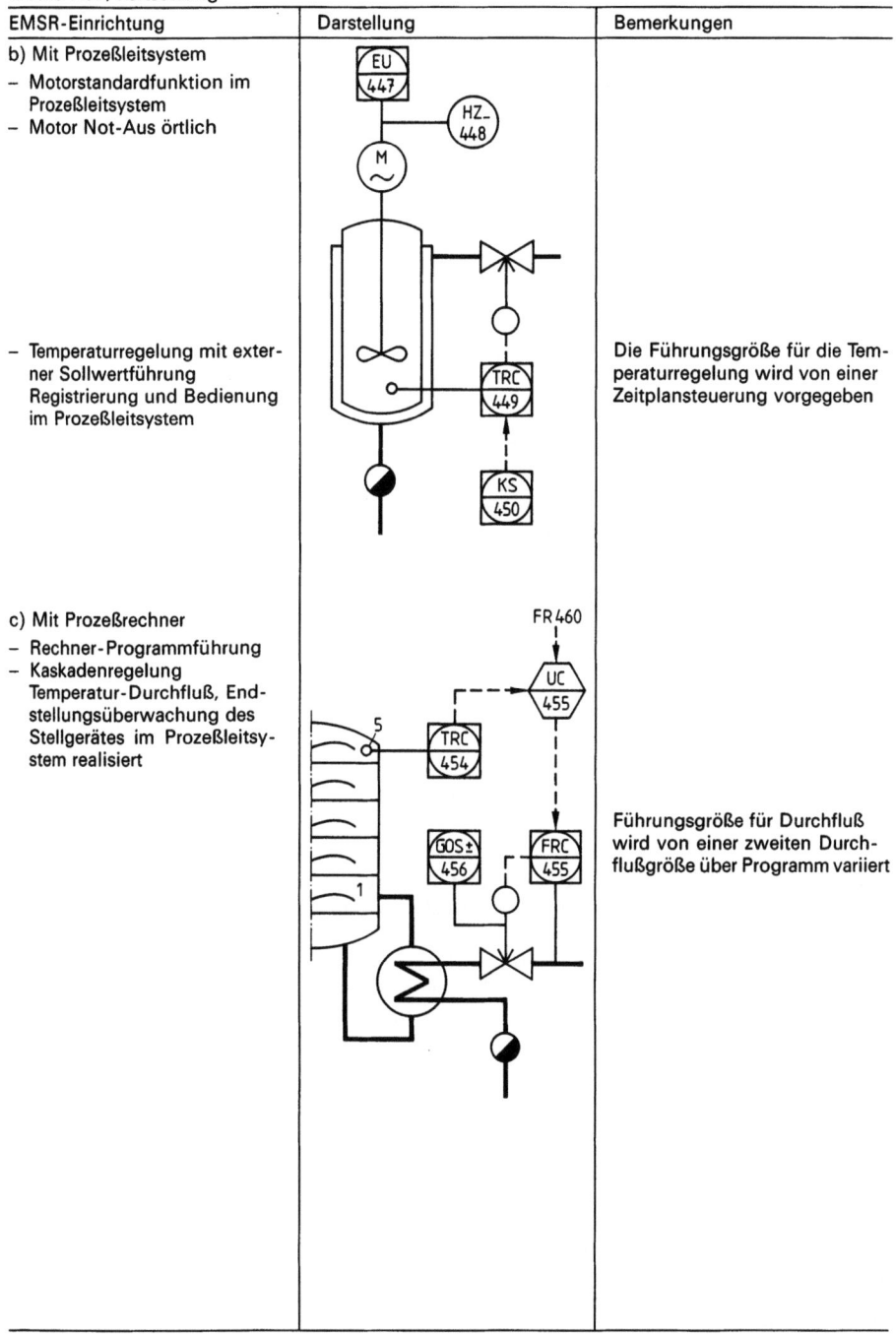	Die Führungsgröße für die Temperaturregelung wird von einer Zeitplansteuerung vorgegeben
c) Mit Prozeßrechner – Rechner-Programmführung – Kaskadenregelung Temperatur-Durchfluß, Endstellungsüberwachung des Stellgerätes im Prozeßleitsystem realisiert		Führungsgröße für Durchfluß wird von einer zweiten Durchflußgröße über Programm variiert

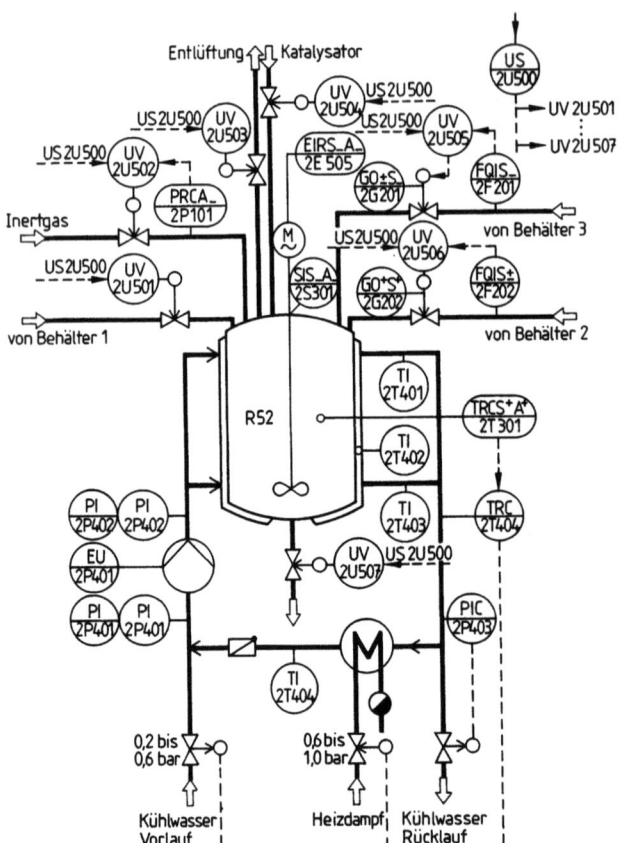

1.98
Anwendungsbeispiel für EMSR-Einrichtungen nach DIN 19227 T1 bei einem Rührbehälter

DIN 19227 T2 Leittechnik; Graphische Symbole und Kennbuchstaben für die Prozeßleittechnik; Darstellung von Einzelheiten (Feb 1991)

Die Norm gilt für die Ausführung von Planungsunterlagen für Einrichtungen der Prozeßleittechnik einschließlich der bisherigen Meß-, Steuer- und Regeleinrichtungen.

Diese Norm dient der detaillierten Darstellung der nach DIN 19227 T1 beschriebenen Aufgabenstellung. Dabei ist die Darstellung unabhängig vom Automatisierungsgrad und unabhängig davon, ob die Funktionen in Hard- und Software verwirklicht werden.

Aufbau. Die Grundformen zur Bildung der Symbole sind Rechteck und Quadrat mit Ausnahme der Stellgeräte. Die Grundform wird ergänzt durch Kennbuchstaben nach DIN 19227 T1 und/oder Symbolen aus anderen Normen sowie durch Anschlüsse und Text. Um darzustellen, daß ein Gerät oder eine Funktion sich aus mehreren Teilfunktionen zusammensetzt, dürfen die entsprechenden Symbole aneinandergefügt werden. Ist durch den Aufbau der Pläne eine eindeutige Unterscheidung zwischen Geräten und Softwarefunktionen gegeben, kann auf die Kennzeichnung der durch Software realisierten Funktionen verzichtet werden, andernfalls ist das Kennzeichen für Software vorzugsweise an die Oberkante des betreffenden Symbols anzubringen. Die Verbindungsleitungen zwischen den Geräten dürfen einpolig oder allpolig dargestellt werden. Das Eintragen der Anschlußbezeichnungen erfolgt außerhalb der Symbole.

Die Regeln erlauben es, eine Vielzahl von Symbolen entsprechend den in der Praxis vorhandenen MSR-Geräten zu bilden. In der Norm sind die wichtigsten Symbole – abgestimmt mit der Internationalen Norm ISO 3511/3 – festgelegt. Es werden folgende Geräte-Gruppen unterschieden:

- **Aufnehmer** (Grundform: Rechteck) für Durchfluß, Temperatur, Druck, Stand (Niveau), Qualitätsgröße (Stoffeigenschaft, Analyse) und sonstige Eigenschaften; Kennbuchstaben nach DIN 19227 T1 in der rechten unteren Ecke; Ausführungsart durch Symbole oder Beschriftung ergänzt.

- **Anpasser** (Grundform: Quadrat) für Umformer, Umsetzer, Signalverstärker, Rechengeräte und Signalspeicher; Eingangs- und Ausgangsgrößen dargestellt durch Kennbuchstaben für die Meßgrößen nach DIN 19227 T1, Kennzeichen für das Einheitssignal, Symbole aus anderen Normen, Beschriftung; Ausführungsart durch Symbole oder durch Beschriftung gekennzeichnet. Werden Funktionen der vorgenannten Anpasser in Software realisiert, so sind sie durch eine Fahne (flag) zu kennzeichnen. Die Fahne ist an der Oberkante des Anpasser-Symbols anzubringen.

- **Ausgeber** (Grundform: Rechteck); Ausführungsart dargestellt durch Eintragen des Folgebuchstabens für die Verarbeitung nach DIN 19227 T1, durch Symbole, durch Beschriftung oder durch gleichseitige Dreiecke innerhalb des Symbols. Bei Realisierung der Funktionen durch Software, Darstellung wie bei Anpassern.

- **Regler** (Grundform: Quadrat mit innerer Spitze zur Ausgangsseite), Ausführungsart dargestellt durch Beschriftung, Symbole, Kennzeichnung der Wirkungsrichtung, Kennzeichnung des Algorithmus (P, PI, PID usw.). Bei Realisierung der Funktionen durch Software, Darstellung wie bei Anpassern.

- **Steuergerät** (Grundform: Rechteck mit Linie von oberer linker Ecke nach schräg unten), Einzelheiten dargestellt durch Beschriftung, Symbole. Bei Realisierung der Funktionen durch Software, Darstellung wie bei Anpassern.

- **Stellgeräte** (Stellantrieb und -glied) **und Zubehör;** Stellgeräte-Symbol s. DIN 19227 T1, Zubehör-Symbole aus anderen Normen entnehmen.

- **Bediengeräte** (Grundform: Quadrat mit schrägliegendem Pfeil in oberer linker Ecke), Ausführungsart dargestellt durch Symbole, Beschriftung, Angabe der Einstellgröße. Bei Realisierung der Funktionen durch Software, Darstellung wie bei Anpassern.

- **Leitungen, Leitungsverbindungen, Anschlüsse, Signalkennzeichen** (Grundform: Vollinie), eine Unterscheidung der Signalarten durch Beschriftung ist erforderlichenfalls erlaubt.

Anwendungsbeispiele s. Tab. 1.99. Weitere Beispiele s. Norm.

Tabelle 1.99 Anwendungsbeispiele für Symbole der Prozeßleittechnik nach DIN 19227 T2

Symbol	Benennung	Symbol	Benennung
⊲▷ F	Venturirohr	∿∿ P	Membranaufnehmer für Druck
⊟ T	Widerstandsthermometer	⌀ L	Aufnehmer für Stand mit Schwimmer

Fortsetzung s. nächste Seite

Tabelle **1.99**, Fortsetzung

Symbol	Benennung	Symbol	Benennung
	Aufnehmer für pH-Wert		PI-Regler mit fallendem Ausgangssignal bei steigendem Eingangssignal
	Aufnehmer für Gewichtskraft, Masse, allgemein		Steuergerät
	Meßumformer für Temperatur mit elektrischem Einheitssignalausgang und galvanischer Trennung		Motor-Stellantrieb
	Umformer für elektrisches Einheitssignal in pneumatisches Einheitssignal		Magnet-Stellantrieb
	Verstärker		Feder-Stellantrieb
	Rechenglied für die Funktion $A = f(E)$		Signaleinsteller für elektrisches Einheitssignal mit Anzeiger
	Signalspeicher, allgemein		Einheitssignalleitung elektrisch
			Einheitssignalleitung pneumatisch
	Anzeiger, analog		hydraulische Leitung
			Kapillarleitung
	Schreiber, digital		Wirkungslinie

1.4.3 Regelungs- und Steuerungstechnik

DIN 19226 T1 Leittechnik; Regelungstechnik und Steuerungstechnik; Allgemeine Grundlagen (Feb 1994)

Ein **System** ist eine in einem betrachteten Zusammenhang gegebene Anordnung von Gebilden, die miteinander in Beziehung stehen. Diese Anordnung wird aufgrund bestimmter Vorgaben gegenüber ihrer Umgebung abgegrenzt.

- Die **Struktur** ist die Gesamtheit der Beziehungen zwischen den Teilen eines Ganzen.
- Die **Systemparameter** sind Größen, deren Werte das Verhalten des Systems bei gegebener Struktur kennzeichnen.

Eine **Größe** beschreibt die Eigenschaft eines Vorgangs oder Körpers, die einer qualitativen Identifizierung und einer quantitativen Bestimmung zugänglich ist.

1.4.3 Regelungs- und Steuerungstechnik

Der **Wert einer Größe** ist das Ergebnis ihrer quantitativen Bestimmung, das als Produkt aus Zahlenwert und Einheit angegeben wird.

Größen, die hinsichtlich der Beschreibung eines Systems gleichartig sind, lassen sich zu einem **Vektor** zusammenfassen, dessen Komponenten sie bilden.

- Die **Eingangsgröße** u ist eine Größe, die auf das betrachtete System einwirkt, ohne selbst von ihm beeinflußt zu werden; sämtliche Eingangsgrößen u_i, i = 1, 2, 3 ... p eines betrachteten Systems bilden den **Eingangsvektor** $u = (u_1, u_2, u_3 ... u_p)$.
- Die **Ausgangsgröße** v ist eine beeinflußte und erfaßbare Größe eines Systems; sämtliche Ausgangsgrößen v_k, k = 1, 2, 3 ... q eines betrachteten Systems bilden den **Ausgangsvektor** $v = (v_1, v_2, v_3 ... v_q)$.
- **Zustandsgrößen** x_j, j = 1, 2, 3 ... n sind diejenigen zeitveränderlichen Größen eines Systems, mit deren Kenntnis zu irgendeinem Zeitpunkt das weitere Verhalten des Systems bei gegebenen Eingangsgrößen eindeutig bestimmbar ist. Die Gesamtheit der Zustandsgrößen des betrachteten Systems bildet den **Zustandsvektor** $x = (x_1, x_2, x_3 ... x_n)$.

Wirkung ist die Beeinflussung einer Größe, der beeinflußten Größe, durch eine oder mehrere andere Größen, die verursachenden Größen.

Ein **Prozeß** ist eine Gesamtheit von aufeinander einwirkenden Vorgängen in einem System, durch die Materie, Energie oder auch Information umgeformt, transportiert oder auch gespeichert wird.

Ein **Modell** ist die Abbildung eines Systems oder Prozesses in ein anderes begriffliches oder gegenständliches System, das aufgrund der Anwendung bekannter Gesetzmäßigkeiten, einer Identifikation oder auch getroffener Annahmen gewonnen wird und das System oder den Prozeß bezüglich ausgewählter Fragestellungen hinreichend genau abbildet.

Ein **Algorithmus** ist eine vollständig festgelegte endliche Folge von Vorschriften, nach denen aus zulässigen Eingangsgrößen eines Systems gewünschte Ausgangsgrößen erzeugt werden.

Der **Wirkungsplan** ist die sinnbildliche Darstellung der Gesamtheit aller Wirkungen in einem betrachteten System.

- Die Richtung, in der die Wirkungen übertragen werden, heißt **Wirkungsrichtung**; sie geht stets von der verursachenden zur beeinflußten Größe und wird durch Pfeile dargestellt.
- Die **Wirkungslinie** stellt den Weg einer Größe im Wirkungsplan dar. Auf ihr wird die Wirkungsrichtung durch einen Pfeil angegeben.
- Der **Block** stellt ein System oder ein Gebilde mit einer oder mehreren verursachenden und einer beeinflußten Größe im Wirkungsplan dar. Er hat mit Ausnahme der Addition die Form eines Rechtecks. Innerhalb des Rechtecks soll die wirkungsmäßige Abhängigkeit angegeben werden.
- Die **Addition** bildet die algebraische Summe mehrerer wertkontinuierlicher Größen. Sie wird im Wirkungsplan durch einen Kreis dargestellt, der wesentlich kleiner als der Block ist. Die Polarität, mit der eine wertkontinuierliche Größe in eine Addition eingeht, wird durch ein Vorzeichen angegeben. Es steht in Pfeilrichtung gesehen rechts neben der Wirkungslinie. Positive Vorzeichen können weggelassen werden.
- Die **Verzweigung** ist eine Stelle im Wirkungsplan, von der aus ein und dieselbe Größe mehreren Blöcken oder Additionen zugeführt wird. Sie hat die Form eines Punktes.
- Der **Wirkungsweg** ist derjenige Weg, längs dessen Wirkungen das System durchlaufen. Den Wirkungsweg bilden die Elemente des Wirkungsplans.
- Grundstrukturen des Wirkungsplanes sind die Reihen-, Parallel- und Kreisstruktur:

    In einer **Reihenstruktur** sind innerhalb eines Systems alle Teilsysteme mit ihren Wirkungswegen aneinandergereiht, so daß innerhalb des Systems jede Ausgangsgröße* eines Teilsystems gleich der Eingangsgröße des folgenden Teilsystems ist.

    In einer **Parallelstruktur** sind innerhalb eines Systems die Ausgangsgrößen von Teilsystemen mit gemeinsamer Eingangsgröße über nebeneinander laufende Wirkungswege zusammengeführt.

In einer **Kreisstruktur** ist innerhalb eines Systems die Ausgangsgröße eines Teilsystems über einen weiteren Wirkungsweg als zusätzliche Eingangsgröße* einem davorliegenden Teilsystem zugeführt.
- Der Wirkungsweg zwischen verursachender und beeinflußter Größe heißt **offener Wirkungsweg**, wenn von der beeinflußten Größe kein Wirkungsweg zu einer verusachenden Größe zurückführt. Ist ein solcher vorhanden, so liegt ein **geschlossener Wirkungsweg** vor.
- Der **Wirkungsablauf** ist der Vorgang im Wirkungsweg, in dem die verursachende Größe die beeinflußte Größe ändert.
- In einem System ist ein **offener Wirkungsablauf** vorhanden, wenn ein offener Wirkungsweg vorliegt oder wenn bei geschlossenem Wirkungsweg die beeinflußten Größen nicht fortlaufend auf die sie beeinflussenden Größen wirken. Gibt es über einen zurückführenden Wirkungsweg fortlaufend eine Wirkung auf die beeinflußte Größe, so liegt ein **geschlossener Wirkungsablauf** vor, in dem diese sich selbst beeinflußt.

Das **Steuern**, die **Steuerung**, ist der Vorgang in einem System, bei dem eine oder mehrere Größen als Eingangsgrößen andere Größen als Ausgangsgrößen aufgrund der dem System eigentümlichen Gesetzmäßigkeiten beeinflussen. Kennzeichen für das Steuern ist der offene Wirkungsweg oder ein geschlossener Wirkungsweg, bei dem die durch die Eingangsgrößen beeinflußten Ausgangsgrößen nicht fortlaufend und nicht wieder über dieselben Eingangsgrößen auf sich selbst wirken.

Das **Regeln**, die **Regelung**, ist ein Vorgang, bei dem fortlaufend eine Größe, die zu regelnde Größe (Regelgröße), erfaßt, mit einer anderen Größe, der Führungsgröße, verglichen und im Sinne einer Angleichung an die Führungsgröße beeinflußt wird. Kennzeichen für das Regeln ist der geschlossene Wirkungsablauf, bei dem die Regelgröße im Wirkungsweg des Regelkreises fortlaufend sich selbst beeinflußt.

Weitere Normen. Das Gebiet der Regelungs- und Steuerungstechnik befindet sich z.Z. in Überarbeitung. Folgende weitere Gliederung der Norm DIN 19226 ist geplant:

DIN 19226 T 2   Leittechnik; Regelungstechnik und Steuerungstechnik; Begriffe, zum Verhalten dynamischer Systeme
          T 3   Begriffe zum Verhalten von Schaltsystemen
          T 4   Begriffe für Regelungs- und Steuerungssysteme
          T 5   Funktionelle Begriffe
               Begriffe zu Funktions- und Baueinheiten.

1.4.4 Funktionspläne

DIN 40 719 T 6   **Schaltungsunterlagen; Regeln für Funktionspläne; IEC 848 modifiziert (Feb 1992)**

Der Funktionsplan ist eine prozeßorientierte Darstellung einer Steuerungsaufgabe, unabhängig von deren Realisierung, z.B. der verwendeten Betriebsmittel, der Leitungsführung, dem Einbauort. Der Funktionsplan ersetzt oder ergänzt die verbale Beschreibung der Steuerungsaufgabe.

Der Funktionsplan stellt eine MSR-Funktion je nach Zweck mit ihren wesentlichen Eigenschaften (Grobstruktur) oder mit den für die jeweilige Anwendung erforderlichen Details (Feinstruktur) übersichtlich und eindeutig dar.

Graphische Symbole. Die MSR-Funktion wird mit Hilfe von graphischen Symbolen dargestellt, s. Tab. **1.**100 und DIN 19 227 T 2.

Darstellung. Die Richtung des Informationsflusses ist bevorzugt von links nach rechts oder von oben nach unten darzustellen. Wenn die Richtung des Informationsflusses nicht eindeutig zu erkennen ist, muß sie mit Pfeilen gekennzeichnet werden.

Die inneren Trennlinien der Schrittsymbole liegen senkrecht zu denen der Befehlssymbole.

1.4.4 Funktionspläne

Bei der **Anordung der Befehle** ist zu unterscheiden zwischen der Anordnung untereinander und der Anordnung nebeneinander, sowie der ausführlichen und der vereinfachten Darstellung (Zusammenzeichnen von Befehlssymbolen ohne Linien).

Die lückenlose Befehlsanordnung bei vereinfachter Darstellung bedingt, daß die Befehle gemeinsam gesteuert werden, d. h. daß sie einen unbezeichneten Eingang gemeinsam haben. Die übrigen Ein- und Ausgänge gelten jeweils nur für einen Befehl.

Tabelle 1.100 Wesentliche graphische Symbole für Funktionspläne

Graphisches Symbol	Beschreibung	Graphisches Symbol	Beschreibung
Symbolaufbau		**Abbruchstellen**	
(Symbol mit Kontur, Eingängen, Ausgängen, Kennzeichnung der Eingänge, Kennzeichnung der Ausgänge, bevorzugte Stelle für das Funktionskennzeichen oder Klartext, alternative Stelle für das Funktionskennzeichen oder Klartext)		──○	Abbruchstelle einer Wirkungslinie
		──( )	Abbruchstelle, wahlweise
			Die Abbruchstelle ist der Endpunkt einer Wirkungslinie, die sich an einer anderen Stelle fortsetzt. Die Zusammengehörigkeit von Abbruchstellen muß eindeutig erkennbar sein.
Wirkungslinien		**Eingänge und Ausgänge**	
──────	Wirkungslinie, allgemein	□ □←	Eingänge
──*──	Wirkungslinie mit Kennzeichen für die Art des Signals. Der Stern muß durch das Kennzeichen für die Art des Signals ersetzt werden, z. B. binär $\mathcal{J}$, digital #, analog $\cap$		Eingänge sind vorzugsweise oben oder an der linken Seite angeordnet. Sind die Eingänge unten oder an der rechten Seite, dann sind sie durch Pfeile als Eingänge gekennzeichnet.
── ── ──	Wirkungslinie, speziell z. B. Wirkung über den Prozeß	□ ←□	Ausgänge
(Zusammenfassung mehrerer Linien)	Zeichnerische Zusammenfassung von Wirkungslinien		Ausgänge sind vorzugsweise unten oder an der rechten Seite angeordnet. Sind die Ausgänge an der linken Seite oder oben angeordnet, dann sind sie durch Pfeile als Ausgänge gekennzeichnet.
		Umrahmungslinie	
Benennung von Wirkungslinien		⌐ ─ · ─ ┐ └ ─ · ─ ┘	Die Umrahmungslinie (strichpunktiert) dient zur Abgrenzung bzw. zum Zusammenfassen von Funktionen oder Teilen von Funktionen.
──────XXXX XXXX────── ────────YYYY ZZZZ────────	An der mit XXXX gekennzeichneten Stelle steht die Benennung der Wirkungslinie, z. B. Benennung der Variablen, die Kennung der Abbruchstellen.		

Fortsetzung s. nächste Seite

Tabelle 1.100, Fortsetzung

Graphisches Symbol	Beschreibung	Graphisches Symbol	Beschreibung
Steuern &	UND-Funktion	CTR ▷+1CT R EN	Zählfunktion
≥1	ODER-Funktion mit Negation	a → x, b → y, xy → u	Multiplikation
t_1 t_2	Zeitverzögerung	P>Q, P, Q	Vergleichsfunktion

Schritt, Befehl, Befehlsblock

∗	Schritt, allgemein Anmerkung 1: Das Seitenverhältnis des Rechtecks ist beliebig; ein Quadrat wird empfohlen. Anmerkung 2: Zur Identifizierung müssen Schritte gekennzeichnet werden, z. B. alphanumerisch. Der Stern oben in der Mitte des allgemeinen Symbols ist durch das dem Schritt zugeordnete Kennzeichen zu ersetzen.
∗ ▭	Allgemeiner Befehl (Aktion), Grundsymbol, einem Schritt zugeordnet. Anmerkung: Die ausgeschriebene oder symbolische Aussage innerhalb des Rechtecks gibt den vom steuernden System bei gesetztem Schritt ausgegebenen Befehl oder die vom gesteuerten System ausgeführte Aktion an.
a b c	Spezifizierter Befehl (Aktion), Grundsymbol, einem Schritt zugeordnet. Feld „a" enthält einen Kennbuchstaben oder eine Kombination von Kennbuchstaben zur Angabe, wie das binäre Signal vom Schritt verarbeitet wird: S (gespeichert) C (bedingt) D (verzögert) F freigabebedingt L (zeitbegrenzt) N nicht gespeichert, nicht bedingt P (pulsförmig) Feld „b" enthält eine symbolische oder textliche Aussage zur Beschreibung des Befehls (der Aktion). Feld „c" zeigt das Hinweiskennzeichen auf die zugehörige Rückmeldung; *Kennbuchstaben:* A: Befehl ausgegeben R: Befehlswirkung ist erreicht X: Störungsmeldung, Befehlswirkung nicht erreicht Anmerkung 1: Die Buchstaben „a", „b" und „c" gehören nicht zum Symbol, sondern dienen nur der Erklärung. Anmerkung 2: Feld „b" hat mindestens die doppelte Breite der Felder „a" oder „c". Anmerkung 3: Felder „a" und „c" nur darstellen, falls erforderlich.

Fortsetzung s. nächste Seite

1.4.4 Funktionspläne

Tabelle **1**.100, Fortsetzung

Graphisches Symbol	Beschreibung
1 — (Befehlsblock mit Feldern a, b, c, d, e) — 2, 3	**Befehlsblock**, allgemein (Zusammenfassung aller Befehle und Auswirkungen auf eine Befehlseinheit) Das Symbol ist gegliedert in 1. Kopfzeile 2. Befehlstabelle 3. Graphikteil Anmerkung: Die Zahlen und Buchstaben gehören nicht zum Symbol, sondern dienen nur zur Erläuterung. Zu 1. In der Kopfzeile wird die Benennung der Funktionseinheit eingetragen. Zu 2. In der Befehlstabelle werden alle der Funktionseinheit erteilbaren Befehle aufgeführt. Gleichlautende Befehle werden nur einmal aufgeführt, unabhängig davon, wie oft sie in zugehörigen Funktionsplänen angewendet werden. Die Anzahl der unterschiedlichen Befehle bestimmt die Länge der Befehlstabelle. Die Felder a, b und c in den Befehlssymbolen enthalten die Angaben entsprechend den Festlegungen zum spezifizierten Befehl. Die Befehle erhalten eine lfd. Nr innerhalb der Befehlstabelle. Diese Nr wird im Feld d links neben den Befehlssymbolen eingetragen. Im Feld e rechts von den Befehlssymbolen stehen Zielhinweise auf alle Schritte oder Funktionsgruppen, mit denen diese Befehle erteilt werden. Anmerkung: Die Felder d und e können für die Zuordnung der Eintragungen zu den Befehlssymbolen auch zeilenweise unterteilt werden. Der Charakter der aufgeführten Befehle als graphisches Symbol soll jedoch erkennbar bleiben. Zu 3. Im Graphikteil wird der Wirkungszusammenhang zwischen Befehlen, Prozeßsignalen und nachgeordneten Funktionsplänen dargestellt. Der Graphikteil zeigt den Zusammenhang sämtlicher mit der Funktionseinheit verbundenen Signale, die Einwirkung sämtlicher Befehle auf die durch den Befehlsblock repräsentierte Funktionseinheit und die Bildung der Rückmeldung aus der jeweiligen Befehlswirkung.

Die Anordnung untereinander ist zu bevorzugen, wenn den Befehlen und Bedingungen, Kommentare und Hinweise zugeordnet werden. Die Anordnung nebeneinander ist zu bevorzugen, wenn Freigabe oder Löscheingänge der Befehle benutzt werden.

Die Übersichtlichkeit eines Funktionsplanes kann durch **Abbruchstellen** verbessert werden, wenn die Anordnung der Befehle eine einfache Führung der Wirkungslinien nicht gestattet.

Beispiel s. Bild **1**.101, weitere Beispiele s. Norm.

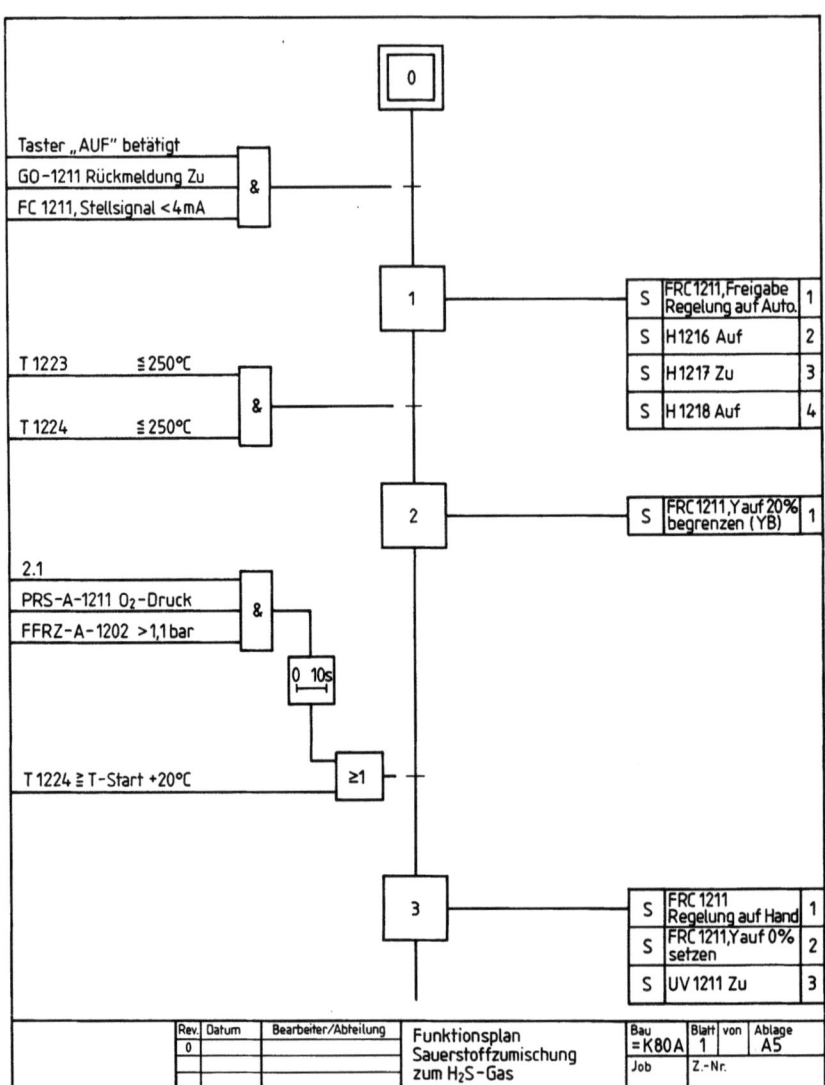

1.101 Beispiel für einen Funktionsplan einer Anlage der Verfahrenstechnik nach DIN 14719 T6

1.4.5 Leittechnik

DIN 19222 Messen, Steuern, Regeln; Leittechnik; Begriffe (Mrz 1985)

Den Begriffen der Leittechnik – des gezielten Einwirkens auf den Ablauf von Prozessen – liegt eine an der Aufgabe der gezielten Beeinflussung von Prozessen orientierte Betrachtungsweise zugrunde.

1.4.5 Leittechnik

Prozeß

Ein Prozeß ist eine Gesamtheit von aufeinander einwirkenden Vorgängen in einem System (s. DIN 19226 T1), durch die Materie, Energie oder auch Information umgeformt, transportiert oder auch gespeichert wird.

Leiten, Leiteinrichtung

Das Leiten ist die Gesamtheit aller Maßnahmen, die einen im Sinne festgelegter Ziele erwünschten Ablauf eines Prozesses bewirken. Die Maßnahmen werden vorwiegend unter Mitwirkung des Menschen aufgrund der aus dem Prozeß oder auch aus der Umgebung erhaltenen Daten mit Hilfe der Leiteinrichtung getroffen.

Die Leiteinrichtung umfaßt alle für die Aufgabe des Leitens verwendeten Geräte und Programme sowie im weiteren Sinne auch Anweisungen und Vorschriften.

Die **Aufgaben des Leitens** umfassen das Messen, Zählen, Steuern, Regeln, Optimieren, Überwachen, Schützen, Auswerten, Anzeigen, Melden, Aufzeichnen, Protokollieren, Eingreifen, Stellen, Datenerfassen, Dateneingeben, Datenverarbeiten, Datenübertragen und Datenausgeben; s. Bild **1.102**.

Priorität

Die Priorität ist ein Merkmal, das zum jeweiligen Entscheidungszeitpunkt bei gleichzeitig anstehenden Anforderungen die auszuführende Anforderung bestimmt. In Prozessen besteht häufig folgende Zuordnung der Prioritäten:

Art der Anforderung	Priorität
Schützen	1
Eingreifen	2
Steuern	3
Regeln	4
Optimieren	5

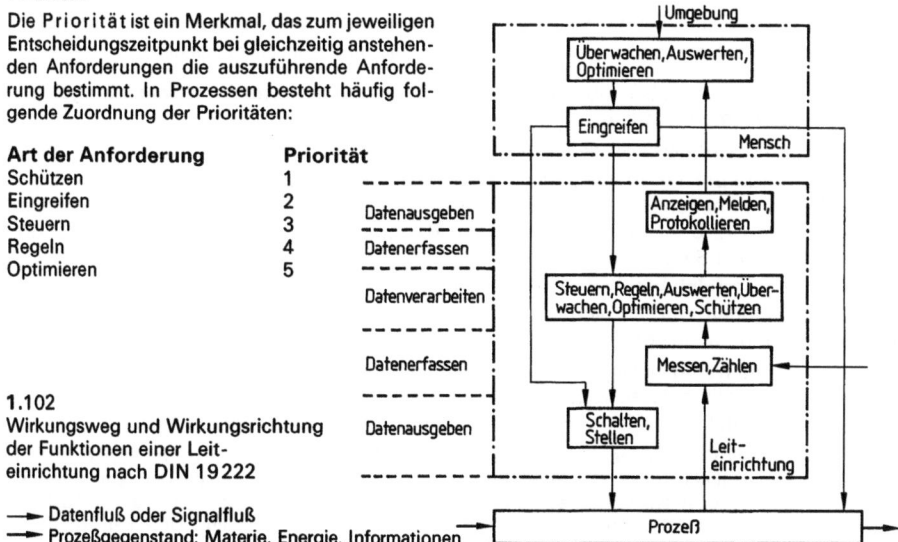

1.102
Wirkungsweg und Wirkungsrichtung der Funktionen einer Leiteinrichtung nach DIN 19222

→ Datenfluß oder Signalfluß
⇒ Prozeßgegenstand: Materie, Energie, Informationen

Strukturen der Leiteinrichtung. Die Struktur einer Leiteinrichtung heißt **zentral** wenn jede in ihr als Element enthaltene Teilleiteinrichtung mit Ausnahme einer einzigen Teilleiteinrichtung genau eine unmittelbar übergeordnete Teilleiteinrichtung besitzt; sonst heißt sie **dezentral**.

Die **Leitebene** in einer hierarchisch aufgebauten Leitstruktur ist die Gesamtheit aller Teilleiteinrichtungen gleichen Rangs.

- Die **Einzelleitebene** faßt alle Teile der Leiteinrichtung zusammen, die unmittelbar über die Stellglieder auf den Prozeß einwirken.
- Die **Gruppenleitebene** faßt alle Teile der Leiteinrichtung zusammen, die jeweils auf einen bestimmten Teilbereich der Einzelleitebene einwirken.
- Die **Prozeßleitebene** faßt alle Teile der Leiteinrichtung zusammen, die auf die Gruppenleitebene einwirken.

1.5 Sicherheitsanalysen

DIN 25448 Ausfalleffektanalyse (Fehler-Möglichkeit- und Einfluß-Analyse (Mai 1990)

Die Ausfalleffektanalyse ist ein Verfahren zur Untersuchung der Ausfallarten aller Baueinheiten eines Systems und deren Auswirkungen (Effekte) auf das System. Die Vorgehensweise bei der Analyse ist induktiv. Ziel ist die systematische Erfassung und Bewertung zuverlässigkeits-, sicherheits- und instandhaltungsrelevanter Informationen über das System.

Die Ausfalleffektanalyse geht von Ausfällen einzelner Komponenten und nicht von Ausfallkombinationen aus.

Ausfallkombinationen werden detailliert in der Fehlerbaumanalyse nach DIN 25424 T1 und T2 und der Ereignisablaufanalyse nach DIN 25419 untersucht.

Verfahren der Analyse. Für eine Ausfalleffektanalyse müssen Informationen zum Aufbau und zur Funktion des Systems vorliegen, die u. a. aus den nachfolgenden Unterlagen entnommen werden können:

- Systemspezifikationen,
- Funktionsbeschreibung, Funktionsblockdiagramm, Zeichnungen des zu analysierenden Systems,
- Beschreibung der Einsatzbedingungen (z. B. Einsatzprofil, Umgebungsbedingungen).

Es sind außerdem Angaben über wesentliche Schnittstellen und Wechselwirkungen mit anderen Systemen erforderlich.

Das Verfahren der Analyse ist weitgehend formalisiert.

Für die Durchführung der Analyse ist ein Systemzustand als Ausgangssituation festzulegen, wobei alle Baueinheiten als intakt vorausgesetzt werden. Das zu betrachtende System wird in Baueinheiten (z. B. Geräte, Komponenten, Baugruppen) unterteilt. In verfahrens- und elektrotechnischen Systemen ist eine Unterteilung, z. B. nach Pumpen, Ventilen, Schaltern, elektronischen Geräten und Leitungsabschnitten, sinnvoll.

Für jede Baueinheit wird ein Vordruck (in der Norm beispielhaft vorgegeben), bei Bedarf mit Folgeblättern, angelegt.

Die Auswirkungen sind im allgemeinen aus den vorliegenden Systeminformationen abzuleiten. Gegebenenfalls müssen Ergebnisse zusätzlicher Auswirkungsanalysen herangezogen werden (z. B. Funktionsprüfung, Rechnersimulation, dynamische Rechnung).

Beschreibung des Vordruckes. Im Kopf des Vordruckes werden Informationen zum System und der jeweiligen Baueinheit angegeben. Die Numerierung (Spalte 1 des Vordruckes) dient der Kennzeichnung der Baueinheiten und deren Ausfallarten. In Spalte 2 wird die Funktion, in Spalte 3 die Ausfallart eingetragen und in Spalte 4 durch die Angabe des Schadensbildes und möglicher Ursachen ergänzt. In Spalte 5 sind die Möglichkeiten der Ausfallerkennung, wie automatische Meldung, Inspektion und wiederkehrende Prüfungen, anzugeben. Es ist zwischen selbstmeldenden und nichtselbstmeldenden Ausfällen zu unterscheiden. Angaben über vorhandene Gegenmaßnahmen (Spalte 6) sollten alle Maßnahmen, die zur Begrenzung oder Vermeidung der Auswirkungen einer Ausfallart im System vorgesehen sind, enthalten. Dies sind z. B. Ersatzgeräte, redundante Auslegung, Umschaltmaßnahmen, Einrichtungen zur Begrenzung von Folgeschäden. In den angegebenen Ausfallauswirkungen (Spalte 7) sind die vorhandenen Gegenmaßnahmen (Spalte 6) als wirksam unterstellt. Zusätzlich können Randbedingungen, die die Auswirkung beeinflussen, angegeben werden. Die zur Ermittlung der Ausfallauswirkungen herangezogenen Unterlagen sind anzugeben. Spalte 8 enthält Angaben zur Auswirkung und Bemerkungen.

Bewertung. Die Bewertung der Auswirkungen des Baueinheitenausfalls kann nach verschiedenen Kriterien, insbesondere der Sicherheit oder der Zuverlässigkeit des Systems (z. B. Wartungsfall, Systemausfall, unzulässiger Systemzustand, Gefahrenzustand), vorgenommen werden. Aus der Bewertung können unter Umständen zusätzliche Schutzmaßnahmen oder Auslegungsänderungen abgeleitet werden. Zur Beurteilung der Notwendigkeit solcher Maßnahmen sollte die Häufigkeit der jeweiligen Ausfallart herangezogen werden.

1.5 Sicherheitsanalysen

Gefahrenanalyse. Eine spezielle Form der Ausfalleffektanalyse ist die Gefahrenanalyse. Zur Begrenzung des Aufwandes und zur Konzentration auf bestimmte Ausfallmechanismen werden in dieser Analyse nur diejenigen Komponenten eines Systems untersucht, denen Gefährdungspotentiale zugeordnet werden können, z. B. durch

- kinetische Energie (z. B. rotierende Maschinenteile)
- potentielle Energie (z. B. Druckbehälter)
- Quellen thermischer Energie (z. B. heiße Oberflächen)
- biologisch schädliche Stoffe
- chemisch reaktive Stoffe (z. B. Säuren, leicht entzündliche Stoffe, explosionsfähige Gemische).

DIN 25419 Ereignisablaufanalyse; Verfahren, graphische Symbole und Auswertung (Nov 1985)

In der Ereignisablaufanalyse werden Ereignisse ermittelt, die sich aus einem Anfangsereignis entwickeln können. Durch die beschriebenen Verfahren und graphischen Symbole zur Dar-

Tabelle 1.103 Graphische Symbole für Ereignisablaufdiagramme

Graphische Symbole	Bedeutung
□	Anfangsereignis (auslösendes Ereignis) Zwischenzustand Endzustand
|	Wirkungslinie
|- - -[Kommentartext]	Wirkungslinie mit Kommentar
Z_1 Z_2 Z_n [=1] A	„ODER" (ausschließendes oder exklusives ODER). Disjunktion der sich gegenseitig ausschließenden Zustände Z_1, Z_2, Z_n. $A = Z_1 \leftrightarrow Z_2 \leftrightarrow \ldots Z_n$ A ist vorhanden, wenn genau einer der Zustände Z_1, Z_2, ... Z_n eingetreten ist.
E [ja | nein] A_1 A_2	Einfache Verzweigung Anfangsereignis oder Zustand E führt zur Funktionsanforderung an eine Betrachtungseinheit mit 2 möglichen disjunkten Zuständen. Verzweigung von E durch Konjuktion mit dem Zustand Z_1 (ja) und dem Zustand Z_2 (nein) der Betrachtungseinheit. $A_1 = E \wedge Z_1$; $A_2 = E \wedge Z_2$ Die Verzweigung des Ereignisses oder Zustandes E kann auch durch Erfüllen oder Nichterfüllen eines im Feld beschriebenen physikalischen Kriteriums eintreten.
E [Z_1|Z_2|...|Z_i|...|Z_n] A_1 A_2 A_i A_n	Mehrfachverzweigung Anfangsereignis oder Zustand E führt zur Funktionsanforderung einer Betrachtungseinheit mit mehreren möglichen Zuständen. Verzweigung des Ereignisses oder des Zustandes E durch Konjuktion mit den disjunkten Zuständen Z_i; $A_i = E \wedge Z_i$
▽	Übertragungssymbol Das Ereignisablaufdiagramm wird mit diesem Symbol unterbrochen.
▽	Fortsetzungssymbol Das Ereignisablaufdiagramm wird an anderer Stelle fortgesetzt.

stellung von Ereignisabläufen und den Verfahren zu deren Wahrscheinlichkeitsbewertung können Störfälle in technischen Systemen untersucht werden.

Die Ereignisablaufanalyse ist zu unterscheiden von der Fehlerbaumanalyse nach DIN 25424 T1, bei der ein vorgegebenes unerwünschtes Ereignis auf Kombinationen von Primärereignissen zurückgeführt wird.

Ereignisablaufdiagramm. Ereignisabläufe mit ihren möglichen Verzweigungen lassen sich in Form eines Ereignisablaufdiagrammes darstellen und analysieren. Die dazu in Tab. 1.103 angegebenen graphischen Symbole dienen der Darstellung der logischen Zusammenhänge und liefern gleichzeitig ein Schema zur Berechnung der Wahrscheinlichkeit von Ereignisabläufen. Die Ereignisablaufanalyse ist eine induktive Analyse; d.h. ausgehend von einem Anfangsereignis werden die Folgeereignisse bis zu den möglichen Endzuständen der Betrachtungseinheit ermittelt.

Wahrscheinlichkeitsbewertung. Es treten nur zwei logische Symbole auf, denen eine Rechenvorschrift zuzuordnen ist:
- Verzweigungs-Symbol
- ausschließendes ODER-Symbol.

Die Auswertung des Ereignisablaufdiagrammes kann mit Häufigkeiten oder Wahrscheinlichkeiten erfolgen. Die Wahrscheinlichkeit des Anfangsereignisses $W(E_0)$ wird gleich eins gesetzt. Somit ergeben sich für die Ausgangsereignisse der Verzweigung A_i die bedingten Wahrscheinlichkeiten $W(A_i)$. Deren Häufigkeit wird durch Multiplikation der $W(A_i)$ mit der Häufigkeit des Anfangsereignisses $H(E_0)$ ermittelt:

$$H(A_i) = W(A_i) \cdot H(E_0) \tag{1.24}$$

a) **Verzweigungs-Symbol.** Für jedes Verzweigungs-Symbol gilt die Vollständigkeitsrelation:

$$\sum_{i=1}^{n} W(Z_i|E) = 1 \tag{1.25}$$

i der Index der disjunkten Zustände Z_i
n die Anzahl der disjunkten Zustände
$W(Z_i|E)$ die bedingte Wahrscheinlichkeit dafür, daß als Folge des Eingangsereignisses E der Zustand Z_i eintritt.

Da es sich um eine konjunkte Verknüpfung des Eingangsereignisses E und des Zustandes Z_i handelt, ist die Wahrscheinlichkeit des i-ten Ausgangsereignisses A_i

$$W(A_i) = W(A_i|E) \cdot W(E) \tag{1.26}$$

$W(E)$ Wahrscheinlichkeit des Eingangsereignisses.

b) **Ausschließendes ODER-Symbol.** Für die disjunkten Ereignisse gilt das ausschließende ODER mit folgender Wahrscheinlichkeitsrechenregel:

$$W(A) = \sum_{i=1}^{n} W(E_i) \tag{1.27}$$

$W(A)$ ist die Wahrscheinlichkeit des Ausgangsereignisses und $W(E_i)$ ist die Wahrscheinlichkeit des i-ten Eingangsereignisses.

DIN 25424 T1 Fehlerbaumanalyse; Methode und Bildzeichen (Sep 1981)

Die Fehlerbaumanalyse ist zu unterscheiden von der Störfallablaufanalyse (s. DIN 25419). Während bei der Störfallablaufanalyse die unerwünschten Ereignisse, die aus einer bestimmten Ursache resultieren, gesucht werden, wird bei der Fehlerbaumanalyse das unerwünschte Ereignis vorgegeben und nach allen Ursachen gesucht, die zu diesem Ereignis führen. Die Ergebnisse dieser Untersuchungen tragen zur Systembeurteilung im Hinblick auf Betrieb und Sicherheit bei. Ziele der Analyse sind im einzelnen:

1.5 Sicherheitsanalysen

- die systematische Identifizierung aller möglichen Ausfallkombinationen (Ursachen), die zu einem vorgegebenen unerwünschten Ereignis führen,
- die Ermittlung von Zuverlässigkeitskenngrößen, wie z. B. Eintrittshäufigkeiten der Ausfallkombinationen, Eintrittshäufigkeit des unerwünschten Ereignisses oder Nichtverfügbarkeit des Systems bei Anforderung.

Die Fehlerbaumanalyse liefert eine klare und nachvollziehbare Dokumentation der Untersuchung.

Begriffe

Eine **Betrachtungseinheit** ist hier ein Objekt einer Zuverlässigkeitsangabe.

Betrachtungseinheiten sind z. B. Systeme, Teilsysteme, Komponenten, Funktionselemente. Es ist zu unterscheiden zwischen technischen und funktionellen Betrachtungseinheiten.

Ein **System** ist hier eine Zusammenfassung von technisch-organisatorischen Mitteln zur autonomen Erfüllung eines Aufgabenkomplexes.

Es ist zu unterscheiden zwischen einem technischen System und Funktionssystem. Entsprechend den unterschiedlichen Funktionen eines technischen Systems sind diesem ein oder mehrere Funktionssysteme zugeordnet.

Ein technisches **Teilsystem** ist eine Kombination von Komponenten, um zusammenhängende Aufgaben innerhalb eines technischen Systems zu lösen. Ein Funktionsteilsystem ist eine Kombination von Funktionselementen, um zusammenhängende Aufgaben innerhalb eines Funktionssystems zu lösen.

Eine **Komponente** ist die unterste Betrachtungseinheit eines technischen Systems, für die eine Zuverlässigkeitsangabe gemacht werden kann. Jeder Komponente sind ein oder mehrere Funktionselemente zugeordnet.

Ein **Funktionselement** ist die unterste Betrachtungseinheit eines Funktionssystems. Sie darf nur eine elementare Funktion beschreiben, z. B. schalten, drehen, sperren, öffnen, mit Energie versorgen.

Eine **Verfahrensvorschrift (Prozedur)** ist eine Festlegung für das Bedienen bei Betrieb oder bei Notsituationen, für Instandhaltung, Instandsetzung, Handhabung, Transport, Informationsfluß usw.

Eine **Systemanalyse** im Sinne dieser Norm ist die Untersuchung eines technischen Systems und zwar:
a) der Systemfunktionen, insbesondere der Leistungsziele und der zulässigen Abweichungen von diesen Leistungszielen,
b) der vom System nicht beeinflußbaren Umgebungsbedingungen,
c) der Hilfsquellen des Systems (z. B. Energieversorgung),
d) der Komponenten des Systems und
e) der Organisation und des Verhaltens des Systems.

Ein **Ausfall (Versagen)** einer technischen Betrachtungseinheit entsteht, wenn die zulässige Abweichung von einem Leistungsziel dieser technischen Betrachtungseinheit überschritten wird. Im Funktionssystem stellt sich ein solcher Ausfall als Verlust von Funktionselementen dar, was in dieser Norm als Ausfall des Funktionselementes bezeichnet wird. Ausfälle können in folgende Kategorien eingeteilt werden:
a) Primärer Ausfall (Ausfall bei zulässigen Einsatzbedingungen einer Komponente).
b) Sekundärer Ausfall, Folgeausfall (Ausfall bei unzulässigen Einsatzbedingungen einer Komponente).
c) Kommandierter Ausfall (Ausfall trotz funktionsfähiger Komponente infolge einer falschen bzw. fehlenden Anregung oder des Ausfalls einer Hilfsquelle).

Die verschiedenen Möglichkeiten des Ausfalls einer Komponente werden als **Ausfallarten (Versagensarten)** bezeichnet.

Eingänge des Fehlerbaums sind Funktionselementausfälle.

Das **unerwünschte Ereignis** (Fehlerbaumausgang, TOP) ist der Ausfall des untersuchten Funktionssystems. Dies kann durch verschiedene Ausfallkombinationen verursacht werden.

Eine **Ausfallkombination** ist das gleichzeitige Vorliegen von Funktionselementausfällen, die zu dem unerwünschten Ereignis führen. Die kleinsten Ausfallkombinationen sind Kombinationen von Ausfällen, die genau so viele Ausfälle enthalten, wie zur Erzeugung des unerwünschten Ereignisses mindestens notwendig sind.

Der **Fehlerbaum** ist eine graphische Darstellung der logischen Zusammenhänge zwischen den Fehlerbaumeingängen, die zu einem vorgegebenen unerwünschten Ereignis führen.

Methode. Die Methode der Fehlerbaumanalyse ermöglicht es, ein betrachtetes System in einem Modell abzubilden, das qualitativ und quantitativ im Hinblick auf das Systemausfallverhalten auswertbar ist. Das Modell, der Fehlerbaum, besteht aus graphischen Symbolen für die Eingänge und Verknüpfungen (s. Tab. 1.104). Verknüpfungen stehen für die logischen Zusammenhänge innerhalb des Fehlerbaums. Sie bestimmen entsprechend charakteristischer Regeln aus ihren Eingängen E einen Ausgang A. Diese Eingänge bzw. Ausgänge werden binär beschrieben in der Einteilung

„0", „falsch" .... funktionsfähig   „1", „wahr" .... ausgefallen.

Tabelle 1.104 Graphische Symbole der Fehlerbaumanalyse

Graphische Symbole	Benennung	Graphische Symbole	Benennung
○	Standardeingang (Steht für einen Funktionselementausfall, wenn primäres Versagen möglich ist.)	▭	Kommentar
[1] mit A, E	NICHT-Verknüpfung Funktionstabelle $E \mid A$ $1 \mid 0$ $0 \mid 1$	△	Übertragungs-Eingang
		△	Übertragungs-Ausgang
[≥1] mit A, E_1, E_2	ODER-Verknüpfung Funktionstabelle für 2 Eingänge $E_1 \; E_2 \mid A$ $1 \; 1 \mid 1$ $1 \; 0 \mid 1$ $0 \; 1 \mid 1$ $0 \; 0 \mid 0$	◇	Sekundäreingang
		[A, E_1, E_2]	SEKUNDÄR-Verknüpfung
[&] mit A, E_1, E_2	UND-Verknüpfung Funktionstabelle für 2 Eingänge $E_1 \; E_2 \mid A$ $1 \; 1 \mid 1$ $1 \; 0 \mid 0$ $0 \; 1 \mid 0$ $0 \; 0 \mid 0$	[A, E_{21}, E_1, E_2, E_{12}]	RESERVE-Verknüpfung

Analysenschritte. Um ein technisches System in ein möglichst wirklichkeitsnahes Modell zu übersetzen und auszuwerten, haben sich folgende Schritte bewährt.

a) Detaillierte Untersuchung des Systems mit Hilfe einer Systemanalyse (Systemfunktionen, Umgebungsbedingungen, Hilfsquellen, Komponenten, Organisation und Verhalten),
b) Festlegung des unerwünschten Ereignisses und der Ausfallkriterien,
c) Festlegung der relevanten Zuverlässigkeitskenngröße und der zu betrachtenden Zeitintervalle,
d) Überlegungen zu den Ausfallarten der Komponenten,
e) Aufstellung des Fehlerbaums,

1.5 Sicherheitsanalysen

f) Zusammenstellung der Kenngrößen der Eingänge in den Fehlerbaum wie Ausfallraten, Ausfallzeiten und Nichtverfügbarkeiten,
g) Auswertung des Fehlerbaums,
h) Bewertung der Ergebnisse.

Wesentliche Ergebnisse der Fehlerbaumanalyse sind

- eine systematische Erfassung von Ausfallkombinationen, die zum unerwünschten Ereignis führen,
- die Eintrittshäufigkeiten für diese Ausfallkombinationen,
- die Eintrittshäufigkeit des unerwünschten Ereignisses und
- die kleinsten Ausfallkombinationen, die zum unerwünschten Ereignis führen. Auf die Wirkung gemeinsam verursachter Ausfälle wird hingewiesen.

Zur systematischen Auswertung eines Fehlerbaumes stehen sowohl analytische Methoden als auch Simulationsmethoden (Monte-Carlo-Methode) zur Verfügung.

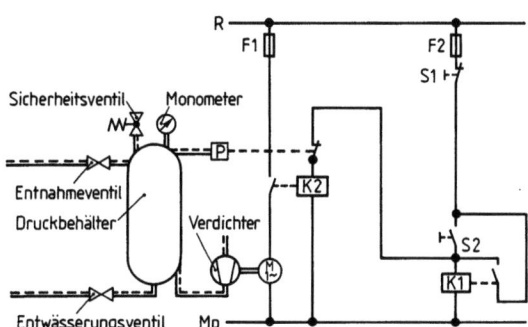

1.105
Druckluftsystem zur Fehlerbaumanalyse nach DIN 25424 T1 (s. auch Bild 1.106)

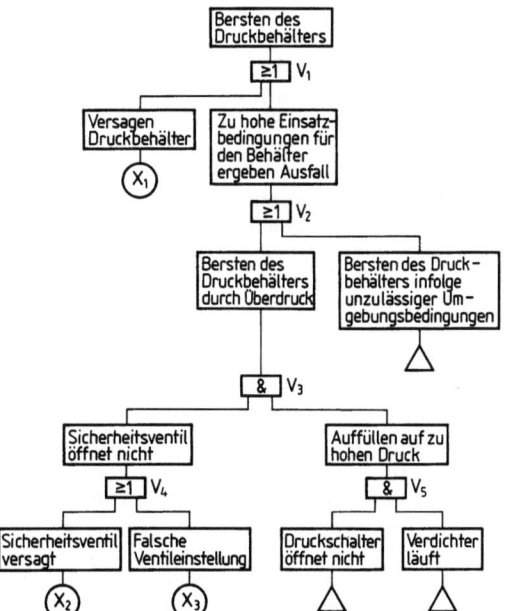

1.106
Fehlerbaumanalyse nach DIN 25424 T1 zum Druckluftsystem nach Bild 1.105

Beispiel Bild 1.105 zeigt ein Druckluftsystem, dessen Fehlerbaum in Bild 1.106 dargestellt wird.

Hinweis Zur Auswertung von Fehlerbäumen wird für kleine Fehlerbäume eine Auswertungsmöglichkeit mittels einfacher graphischer Verfahren und Formeln in DIN 25424 T2, Fehlerbaumanalyse; Handrechenverfahren zur Auswertung eines Fehlerbaumes, angegeben.

DIN 40041 Zuverlässigkeit; Begriffe (Dez 1990)

Über DIN 55350 T11 hinausgehende **Grundbegriffe** sind:

Zuverlässigkeit. Beschaffenheit einer Einheit bezüglich ihrer Eignung, während oder nach vorgegebenen Zeitspannen bei vorgegebenen Anwendungsbedingungen die Zuverlässigkeitsforderung zu erfüllen.

Zuverlässigkeitsmerkmal. Die Zuverlässigkeit mitbestimmendes Qualitätsmerkmal.

- **Zuverlässigkeitskenngröße.** Funktion der Beobachtungswerte, die eine Eigenschaft der Häufigkeitsverteilung eines Zuverlässigkeitsmerkmals charakterisiert.
- **Zuverlässigkeitsparameter.** Größe zur Kennzeichnung der Wahrscheinlichkeitsverteilung eines Zuverlässigkeitsmerkmals.
- **Zuverlässigkeitsforderung.** Gesamtheit der betrachteten Einzelforderungen an die Beschaffenheit einer Einheit, die das Verhalten der Einheit während oder nach vorgegebenen Zeitspannen bei vorgegebenen Anwendungsbedingungen betreffen, und zwar in der betrachteten Konkretisierungsstufe der Einzelforderungen.

Bei den **Begriffen für Zustände und Ereignisse** unterscheidet man
- **Zustandsbezogene Begriffe** (Zustand, Funktionsfähigkeit, Abweichung, Fehler, Fehlerkriterium, Störung)
- **Ereignisbezogene Begriffe** (Ereignis, Änderung, Versagen, Ausfall, Ausfallkriterium, Ausfallzeitpunkt)
- **Ausfallaspekte** (Aspekte des Beeinträchtigungsumfangs wie Voll- oder Teilausfall, Aspekte der Änderungsgeschwindigkeit wie Sprung- oder Driftausfall, Aspekte der Ausfallursache wie entwurfsbedingter Ausfall, fertigungsbedingter Ausfall, Abnutzungsausfall oder intermittierender Ausfall)
- **Betriebsphasen mit definiertem Ausfallverhalten** (Frühausfallphase, Phase konstanter Ausfallrate, Spätausfallphase)

Merkmale für Zuverlässigkeitsbetrachtungen werden gegliedert nach
- **Zeitpunkt, Zeitspannen** (Erfassungsbeginn, Anwendung, Anwendungsdauer, Anwendungsbeginn, Klardauer, Unklardauer, geforderte Anwendungsdauer, Betriebsdauer, Störungsdauer, Betriebspause, Lebensdauer, Brauchbarkeitsdauer, Zeitdauer bis zum ersten Ausfall, Ausfallabstand)
- **Bestand bei nichtinstandzusetzenden Einheiten** (Anfangsbestand, Bestand, relativer Bestand)
- **Zuverlässigkeitskenngrößen für nichtinstandzusetzende Einheiten** (Ausfallhäufigkeit, Ausfallhäufigkeitssumme, temporäre Ausfallhäufigkeit, temporäre Ausfallhäufigkeitsdichte)
- **Zuverlässigkeitsparameter für nichtinstandzusetzende Einheiten** (Ausfallrate, Lebensdauerverteilung, mittlere Lebensdauer, Ausfallwahrscheinlichkeit, Überlebenswahrscheinlichkeit, Ausfallwahrscheinlichkeitsdichte)
- **Zuverlässigkeitsparameter für instandzusetzende Einheiten** (mittlere Betriebsdauer bis zum ersten Ausfall, mittlerer Ausfallabstand, mittlere Betriebsdauer zwischen zwei Ausfällen, mittlere Klardauer, mittlere Unklardauer, mittlere Störungsdauer, momentane Verfügbarkeit, stationäre Verfügbarkeit, Instandhaltbarkeit).

Bestimmungs- und Einflußfaktoren auf Zuverlässigkeitskenngrößen sind
- **Beanspruchungen** (Beanspruchung mit Nennbeanspruchung und Istbeanspruchung, Beanspruchungsverhältnis)
- **Planungsbezogene Bestimmungsfaktoren** (Redundanz, funktionsbeteiligte Redundanz, nicht funktionsbeteiligte Redundanz, Operationspfad, vermaschte Redundanz, homogene Redundanz, diversitäre Redundanz)
- **Fertigungsbezogene Bestimmungsfaktoren** (Voraltern, Einlaufen, Einbrennen, Sortierprüfung)
- **Einsatzbezogene Bestimmungsfaktoren** (Dauerbetrieb, Aussetzbetrieb, Überlastbetrieb, Nennlastbetrieb, Unterlastbetrieb, Instandhaltung, Wartung, Instandsetzung, Inspektion)
- **Zuverlässigkeitswachstum** (Zuverlässigkeitsverbesserung, Zuverlässigkeitslernprozeß).

Aspekte zu Zuverlässigkeitsprüfungen sind
- **Zuverlässigkeitsqualifikation**
- **Beanspruchungsaspekte** (zeitraffende Zuverlässigkeitsprüfung, Raffungsfaktor, Beanspruchbarkeitsfeststellung, zerstörende Zuverlässigkeitsprüfung, Zuverlässigkeits-Dauerprüfung)
- **Anwendungsaspekte** (Anwendungssimulation, Anwendungserprobung).

1.6 Angrenzende Fachgebiete

Bei der Planung von verfahrenstechnischen Anlagen müssen je nach Aufgabenstellung noch viele weitere Fachgebiete berücksichtigt werden. Die Behandlung dieser Gebiete mit ihren zahlreichen fachspezifischen DIN-Normen würde den Rahmen dieses Buches sprengen. Die Hinweise auf die drei nachfolgenden Bereiche sind somit beispielhaft zu sehen. Auf die Informationsmöglichkeiten über diese Fachgebiete und über die jeweils geltenden technischen Regeln mit Hilfe des Deutschen Informationszentrums für technische Regeln (DITR) im DIN wird deshalb im Abschnitt 1.6.4 und auf die für PC geeignete CDROM Datenbank Perinorm im Abschnitt 1.6.5 besonders verwiesen.

1.6.1 Kältetechnik

DIN-Normen über Sicherheit und Umweltschutz bilden zusammen mit der Unfallverhütungsvorschrift „Kälteanlagen, Wärmepumpen und Kühleinrichtungen" (VBG 20) die zentrale Basis für alle Kälteanlagen. Daneben erschließen DIN-Normen die Bereiche Fließbilder, Terminologie, Armaturen, Kältemittelkreislaufteile, Rohrverschraubungen, Kältemaschinen, Kälte-Apparate, Kältemittel, Kältemaschinenöle, Trockenmittel, Kühlmöbel, Wärmepumpen, Raumklimageräte, Luftentfeuchter, Schaltschrankkühlgeräte und Drucklufttrockner[1]).

1.6.2 Heiz- und Raumlufttechnik

Im Fachbereich Heiztechnik werden DIN-Normen über Grundlagen und Einheiten, sicherheitstechnische Grundsätze, Wärmebedarfsberechnung, Schornsteinberechnung, Wärmedämmung von Rohrleitungen, Wassererwärmungsanlagen, Heizungsanlagen, Fernwärmeanlagen, Blockheizkraftwerke, Heizkessel, Brenner, Heizkörper und Heizkostenabrechnung erstellt. Der Fachbereich Raumlufttechnik gibt darüber hinaus DIN-Normen zu den Arbeits-

---
[1]) DIN-Taschenbuch 156: Kältetechnik; Begriffe, Prüfungen, Sicherheitstechnik, Normen, Gesetze, Verordnungen, technische Regeln, Berlin; Köln: Beuth Verlag GmbH, 1991

gebieten Terminologie, lüftungs- und gesundheitstechnische Anforderungen, Luftfilter, Lüftungskanäle und Raumlufttechnische Anlagen heraus. Weiterhin bestehen DIN-Normen für Armaturen, Regler, Steuergeräte, Schutz- und Sicherheitseinrichtungen in der Heiz- und Raumlufttechnik[1]).

1.6.3 Vakuumtechnik

Zu dem Gebiet Vakuumtechnik bestehen DIN-Normen, die sich mit den Sachgebieten Begriffe, Grundnormen, Flansche, Kalibrieren und Abnahmeregeln auseinandersetzen.

1.6.4 Deutsches Informationszentrum für technische Regeln (DITR) im DIN

Die wachsende Bedeutung der technischen Regeln, ihre ständige Anpassung an den Stand der Technik sowie ihre Verflechtung untereinander und mit Gesetzen und Verordnungen erfordern Informationsdienste, die zum Nutzen der Allgemeinheit schnell, genau und aktuell Auskunft geben.

Vom DIN Deutsches Institut für Normung e. V. wurde deshalb mit Unterstützung der Bundesregierung 1979 das Deutsche Informationszentrum für technische Regeln (DITR) gegründet. In der Datenbank des DITR sind u. a. Informationen über die in der Bundesrepublik Deutschland zu beachtenden technischen Regeln erfaßt. Dazu gehören auch technische Rechts- und Verwaltungsvorschriften des Bundes, der Länder und der Europäischen Union.[2])

1.6.5 PERINORM

PERINORM ist die umfassendste dreisprachig aufgebaute (dt./engl./franz.) für PC geeignete, monatlich aktualisierte europäische Referenz-Datenbank auf CD ROM.
PERINORM enthält die bibliographischen Daten:
- aller geltenden Normen und Norm-Entwürfe Deutschlands, Großbritanniens, Frankreich, Österreich, der Schweiz und der Niederlande

   (die Aufnahme weiterer Regelwerke ist in Vorbereitung)

- aller Europäischen und Internationalen Normen einschließlich der von ISO, IEC und CEN/CENELEC herausgegebenen Dokumente
- aller anderen technischen Regeln, Rechts- und Verwaltungsvorschriften mit technischem Bezug, die in Deutschland und Frankreich gelten, einschließlich der EG-Richtlinien.

Einzelheiten dazu sind vom Beuth Verlag GmbH, Berlin unter der Telefonnummer 030/2601-2682 zu erfahren.

---

[1]) DIN-Taschenbuch 23: Heiztechnik, Grundlagen; Normen, Gesetze und Verordnungen, Berlin; Köln: Beuth Verlag GmbH, 1990
DIN-Taschenbuch 217: Raumlufttechnik; Berechnung, Konstruktion, meteorologische Daten; Normen, Richtlinien, Berlin; Köln: Beuth Verlag GmbH, 1991
DIN-Taschenbuch 214: Feuerungstechnik, Berlin; Köln: Beuth Verlag GmbH, 1991
DIN-Taschenbuch 130: Heiztechnik, Sicherheitstechnik, Normen, Technische Regeln, Gesetze und Verordnungen, Berlin; Köln: Beuth Verlag GmbH; 1990

[2]) Nähere Informationen über die Informationsdienste sind unter nachstehender Anschrift zu erhalten: DITR im DIN, Burggrafenstraße 6, 10787 Berlin, Telefon 030/2601-2633

2 Genehmigungsplanung

Die nachstehenden Betrachtungen zum Aufbau der Rechtsordnung, in die die DIN-Normen zur Konkretisierung von in Rechtsnormen (Gesetze, Verordnungen) aufgestellten Zielen und Anforderungen eingebettet sind, stützt sich auf die Rechtsgrundlagen, die zum Zeitpunkt der Veröffentlichung dieses Buches in der Bundesrepublik Deutschland gelten.

Der Europäische Binnenmarkt erfordert, daß alle zu nichttarifären Handelshemmnissen führenden nationalen Gesetze und Verordnungen ebenso wie nationale technische Vorschriften und Normen europäisch harmonisiert werden. Folglich wird ein Wandel eintreten sowohl in den Inhalten der Rechtsinstrumente als auch in den Festlegungen einer Reihe von Normen. Bleiben wird indessen die Stellung der Normen in dem **Bezugssystem Gesetz–Verordnung–Norm:**

Die Kommission der Europäischen Gemeinschaften (KEG) legt in Richtlinien, die sie dem Rat der Europäischen Union zur Entscheidung vorlegt, Schutzziele und „Wesentliche Anforderungen" z. B. für bestimmte Fachgebiete, Produkte oder Produktgruppen fest, deren Ausfüllung z. B. hinsichtlich technischer Sachverhalte in Europäischen Normen konkretisiert ist. Die EG-Richtlinien, erarbeitet von der Kommission unter Beteiligung des Wirtschafts- und Sozialausschusses und nach Anhören des Europäischen Parlamentes, richten sich an die Mitgliedsstaaten der Europäischen Union und verpflichten diese, nach Annahme der EG-Richtlinie durch den Ministerrat den Inhalt der Richtlinie in nationales Recht (Gesetz, Verordnung) umzusetzen.

Die von den EG-Richtlinien zur Ausfüllung in Bezug genommenen Europäischen Normen werden in Technischen Komitees des Europäischen Komitees für Normung (CEN) bzw. des Europäischen Komitees für Elektrotechnische Normung (CENELEC) erarbeitet, im Telekommunikationsbereich im European Telecommunications Standards Institute (ETSI). In den CEN-/CENELEC-Komitees arbeiten Mitarbeiter aus den jeweiligen nationalen Normeninstituten (in der Bundesrepublik Deutschland des DIN) zusammen. Europäische Normen (EN), die mit qualifizierter Mehrheit angenommen wurden, müssen von allen Mitgliedsländern von CEN/CENELEC als nationale Normen (in der Bundesrepublik Deutschland DIN-EN-Normen) eingeführt werden. Entgegenstehende nationale Normen müssen zurückgezogen werden.

2.1 Rechtsvorschriften

Vor jeder Realisierung eines Projektes der Verfahrenstechnik steht das behördliche Genehmigungs- oder Erlaubnisverfahren.

Grundlage ist ein mehrstufiges Vorschriftensystem. Es umfaßt Bestimmungen mit Gesetzescharakter und solche mit Normencharakter.

Der Staat setzt die Rahmenbedingungen, die das von ihm für notwendig erachtete Sicherheitsniveau definieren. Solche Forderungen werden gesetzlich geregelt. Andere Bestimmungen sind bewährterweise besser in von nichtstaatlichen Regelsetzern herausgegebenen technischen Regeln, z. B. DIN-Normen, aufgehoben.

Der Vorteil eines solchen Systems liegt darin, daß diejenigen Festlegungen, die die gesellschaftspolitischen Rahmenbedingungen vorgeben und die langfristig gelten sollen, in Gesetzen oder Verordnungen verankert sind. Festlegungen hingegen, die aufgrund der Dynamik der technischen Entwicklung kurzfristig geschaffen oder den geänderten Bedingungen angepaßt werden müssen, sind in technischen Normen niedergeschrieben, die im Konsens von den interessierten Kreisen unter Einschluß des Staates erarbeitet werden.

In den nachfolgenden Beschreibungen der Elemente des auch künftig bleibenden Bezugssystems Gesetz – Verordnung – Technische Regel/Norm muß derzeit auf eine Spezifizierung der Rechtsinstrumente verzichtet werden, da zum Zeitpunkt der Überarbeitung des Buches noch nicht definitiv zu erkennen war, wie Gesetzgeber und Exekutive der Bundesrepublik Deutschland der Verpflichtung nachkommen, die vom Rat der Europäischen Union verabschiedeten Richtlinien in deutsches Recht umzusetzen.

Bekannt ist, daß die nachstehenden EG-Richtlinien, die für verfahrenstechnische Anlagen Bedeutung haben, umzusetzen sind:

- Richtlinie 87/404/EWG des Rates vom 25. Juni 1987 zur Angleichung der Rechtsvorschriften der Mitgliedstaaten für einfache Druckbehälter[1]).
- Richtlinie 89/106/EWG des Rates vom 21. Dezember 1988 zur Angleichung der Rechts- und Verwaltungsvorschriften über Bauprodukte[2]).
- Richtlinie 89/392/EWG des Rates vom 14. Juni 1989 zur Angleichung der Rechtsvorschriften für Maschinen[3]).

Noch in den Beratungen der Gremien der Kommission der Europäischen Gemeinschaften befindet sich der

Entwurf eines Vorschlages für eine Richtlinie des Rates zur Angleichung der Rechtsvorschriften der Mitgliedstaaten über Druckgeräte.

Hieraus ist erkennbar, daß zumindest die folgenden zum Zeitpunkt der Überarbeitung dieses Abschnittes für verfahrenstechnische Anlagen geltenden deutschen Rechtsinstrumente betroffen sein werden:

- Verordnung über Dampfkesselanlagen (**Dampfkesselverordnung** – DampfKV) vom 27. Februar 1980 (BGBl. I S. 173)
- Verordnung über Druckbehälter, Druckgasbehälter und Füllanlagen (**Druckbehälterverordnung** – DruckbehV) vom 27. Februar 1980 in der Fassung vom 21. April 1989 (BGBl. I S. 843)
- Verordnung über Anlagen zur Lagerung, Abfüllung und Beförderung brennbarer Flüssigkeiten zu Lande (**Verordnung über brennbare Flüssigkeiten** – VbF) vom 27. Februar 1980 (BGBl. I S. 229)

In der Annahme, daß das

Gesetz zum Schutz vor schädlichen Umwelteinwirkungen durch Luftverunreinigungen, Geräusche, Erschütterungen und ähnliche Vorgänge (Bundes-Immissionsschutzgesetz – BImSchG)
(BGBl. I, 1990, Nr 23, S. 881)

und das

Gesetz über technische Arbeitsmittel
(Gerätesicherheitsgesetz – GSG)
(BGBl. I, 1992, Nr 49, S. 1794)

in Verbindung mit zugehörigen Durchführungs-Verordnungen die Genehmigungsverfahren regeln, kann davon ausgegangen werden, daß auch in Zukunft gilt:

1. Wer eine verfahrenstechnische Anlage bauen, betreiben oder ändern will, braucht eine Genehmigung.
2. Im Gesetz oder Verordnung ist festgelegt, wie diese Genehmigung zu erlangen ist.

Das Genehmigungsverfahren ist durch das Bundes-Immissionsschutzgesetz einschließlich seiner Durchführungs-Verordnungen als umfassendes Prüfverfahren ausgestaltet, da es sich außer auf den Immissionsschutz unter anderem auch auf die Sicherheitstechnik und den Arbeitsschutz erstreckt. Diese Genehmigung schließt andere Entscheidungen ein, auch die selbständige Baugenehmigung.

Die Anlagen, die unter das Bundes-Immissionsschutzgesetz fallen, sind in dem umfangreichen Katalog der 4. Durchführungsverordnung aufgelistet. Dieser Katalog schließt verfahrenstechnische Anlagen ein.

Für Gesetzgeber und Exekutive, die die neuen, europainduzierten Rechtsinstrumente zu schaffen haben, gelten die Leitsätze, zu denen sich die EG-Richtlinien zusammenfassen lassen:

1. Es sind die gebotenen Maßnahmen zu treffen, daß Anlagen bzw. Anlagenteile nur in Verkehr gebracht oder in Betrieb genommen werden dürfen, wenn sie die Sicherheit und Gesundheit von Personen und Gütern bei bestimmungsgemäßer Benutzung und – soweit zutreffend – bei sachgemäßer Installation, Wartung und periodischer Nachprüfung nicht gefährden.
2. Anlagen und Anlagenteile müssen definierten grundlegenden Sicherheitsanforderungen genügen.

---

[1]) ABl. Nr L 220 vom 08.08.1987, S. 48
[2]) ABl. Nr L 40 vom 11.2.1989, S. 12
[3]) ABl. Nr L 183 vom 29.06.1989, S. 29

3. Es ist davon auszugehen, daß den grundlegenden Sicherheitsanforderungen genügt wird, wenn die Festlegungen derjenigen nationalen Normen erfüllt sind, in die die harmonisierten Europäischen Normen umgesetzt wurden.
4. Die Erfüllung der grundlegenden Sicherheitsanforderungen ist durch ein Konformitätszeichen auszuweisen (Näheres s. Abschn. 4).

Weitere Bestandteile der Rechtsordnung bilden ferner die zahlreichen Landes-Verordnungen und Erlasse zur Durchführung von Bundes- und Landesgesetzen, die allgemeinen Rechtsgrundsätze, das Gewohnheitsrecht sowie die Verwaltungspraxis der im Rahmen ihres Ermessensspielraums tätigen Behörde. Hinzu kommt auch noch die im Zusammenhang mit Genehmigungsverfahren ergangene vielfältige Rechtsprechung. Nur auf der Grundlage des Gesamtzusammenhanges aller Rechtsquellen lassen sich Einzelfälle beurteilen.

Wenn auch in diesem Abschnitt noch nicht die künftig anzuwendenden Gesetze und Verordnungen zuverlässig und vollständig bezeichnet werden können, wird doch die künftige Perspektive sichtbar:

Mit der Harmonisierung der Rechtsvorschriften und technischen Normen entfallen die vielen nichttarifären Handelshemmnisse, die der Planung, dem Bau und der Instandhaltung verfahrenstechnischer Anlagen entgegenstehen. Es entsteht ein Binnenmarkt ohne Grenzen, in dem Waren, Kapital und (Ingenieur-) Dienstleistungen frei verkehren können. Der Planer wird davon ausgehen könen, daß seine den heimischen Rechtsvorschriften entsprechende und die Europäischen Normen beachtende Planung grundsätzlich überall im Binnenmarkt realisiert werden kann. Komponenten, die nach den Festlegungen einer DIN-EN-Norm in der Stückliste ausgewiesen sind, können auf Baustellen überall im Binnenmarkt nach den dort geltenden, der DIN-EN-Norm voll entsprechenden harmonisierten nationalen Norm beschafft werden.[1]

2.2 Technische Regeln; Normen

Der Leitsatz aller z. Z. geltenden, aber auch der künftigen Verordnungen, daß Anlagen nach den Technischen Regeln zu bauen und zu betreiben sind, verpflichtet zur Kodifizierung dieser Regeln. Diese Kodifizierung hat den großen Vorteil, daß es für alle Beteiligten einen gemeinsamen Maßstab gibt, nach dem sich der Ersteller solcher Anlagen, der Hersteller der Komponenten, der Betreiber der Anlage und letztlich die Behörde, die die Genehmigung oder Erlaubnis zu erteilen hat, richten können. Besondere Bedeutung kommt den technischen Regeln dadurch zu, daß auch in Zukunft der Erlaubnisbehörde aufgegeben ist, die Erlaubnis zu erteilen, wenn die Übereinstimmung des Gebauten mit den Festlegungen der hierfür bezeichneten technischen Regeln von einem unabhängigen Sachverständigen bestätigt wird.

Gestützt auf die Bestimmungen der für die Genehmigung maßgebenden Gesetze sind **technische Ausschüsse** berufen worden, denen die Rechtsverordnungen auferlegen, das für den Vollzug des Gesetzes zuständige Bundesministerium in technischen Fragen zu beraten, ihm dem jeweiligen Stand von Wissenschaft und Technik entsprechende Vorschriften vorzuschlagen und die zu bezeichnenden Regeln zu ermitteln. Diese Ausschüsse setzen sich zusammen aus sachverständigen Mitgliedern aus den Bundesressorts, den Landesregierungen, den technischen Überwachungsorganisationen, den Trägern der gesetzlichen Unfallversicherung, den Komponentenherstellern einschließlich Werkstoffherstellern, den Betreibern, der Wissenschaft, des DIN und der Gewerkschaften. Die Mitgliedschaft ist ehrenamtlich. Das DIN ist in den Ausschüssen durch einen vom Direktor delegierten hauptamtlichen Mitarbeiter vertreten.

---

[1] Qualitätssicherung und Zertifizierung im Europäischen Binnenmarkt; Gesammelte Aufsätze, EG-Richtlinien, Informationen. Herausgeber: Petrick, K. und DIN Deutsches Institut für Normung e.V., 1993, ISBN 3-410-12867-7.

Im Rahmen der Arbeiten dieser Ausschüsse sind folgende Regelwerke entstanden:

Technische Regeln für Dampfkessel TRD
Technische Regeln für Druckbehälter TRB
Technische Regeln für Druckgase TRG
Technische Regeln für Gashochdruckleitungen TRGL
Technische Richtlinien Tanks TRT
Technische Regeln für Acetylenanlagen und Calciumcarbidlager TRAC
Technische Regeln für Aufzüge TRA
Technische Regeln für brennbare Flüssigkeiten TRbF.

Auch die von der Arbeitsgemeinschaft Druckbehälter (AD) aufgestellten AD-Merkblätter sind Regeln der Technik im Sinne der Druckbehälterverordnung, soweit sie vom berufsgenossenschaftlichen Fachausschuß Druckbehälter ermittelt wurden.

Beim Bau und Betrieb verfahrenstechnischer Anlagen ebenfalls zu beachten sind zwei weitere Regelwerke, die von ihren Trägern unter Beteiligung der interessierten Kreise erstellt werden:

1. Die von der Deutschen Elektrotechnischen Kommission im DIN und VDE (DKE) erarbeiteten DIN-VDE-Normen, die zugleich das Vorschriftenwerk des Verbandes Deutscher Elektrotechniker (VDE) e.V. bilden
   (anerkannte Regeln der Technik nach der zweiten Durchführungsverordnung zum Energiewirtschaftsgesetz).

2. Das Regelwerk des DVGW Deutscher Verein des Gas- und Wasserfaches e.V. veröffentlicht als DIN-Normen für materielle Gegenstände, als DVGW-Arbeitsblätter für immaterielle Gegenstände
   (anerkannte Regeln der Technik nach vierter Durchführungsverordnung zum Energiewirtschaftsgesetz).

Alle diese anlagenspezifisch aufgebauten Regeln der Technik stützen sich ihrerseits weitgehend auf DIN-Normen ab. Der Inhalt der Regelwerke kann so definiert werden, daß er aus den allgemein anerkannten Regeln der Technik anlagenorientiert diejenigen Auswahlen trifft und diejenigen Grenzen festlegt, innerhalb derer Festlegungen in DIN-Normen anzuwenden sind. Die Regelwerke enthalten darüber hinaus Festlegungen im immateriellen Bereich, beispielsweise Verhaltensanweisungen und Durchführungsanweisungen für Bau, Betrieb und Instandhaltung, soweit hier ein Regelungsbedarf über die Festlegungen in Unfallverhütungsvorschriften oder DIN-Normen hinaus besteht.

Aufbau und Inhalt dieser technischen Regeln lassen sich wie folgt charakterisieren:

Werkstoffe
- Auswahl und Aufzählung der zulässigen Werkstoffsorten aus bestehenden DIN-Normen
- Voraussetzungen für das Verarbeiten nichtgenormter Werkstoffsorten im Zuge der Werkstoff-Weiterentwicklung
- Vorschriften über Nachweise erforderlicher Werkstoffprüfungen z.B. auf der Grundlage von DIN 50049 (s. Norm) sowie weiteren einschlägigen Prüfnormen.
- Bezeichnung der Sachverständigen für die Zertifizierung der Werkstoffprüfungen
- Festlegen von für die Festigkeitsrechnung anzuwendenden Werkstoffkennwerten, wenn gegenüber den Festlegungen der DIN-Norm Einschränkungen angebracht sind.

Herstellung
- Anweisungen für Umformen und Fügen der Teile
- Festlegen der anzuwendenden Schweißverfahren
- Angaben über erforderliche Wärmebehandlungstechniken
- Festlegungen über Qualifikation der Schweißer und deren Überwachung auf der Grundlage bestehender DIN-Normen

2.2 Technische Regeln; Normen

- Prüfungen der Schweißarbeit, der Schweißer, Prüfaufsicht unter Bezug auf bestehende DIN-Normen
- Bezeichnung der Arbeitsproben und Arbeitsprüfungen an Schweißnähten, wobei u. a. auf einschlägige DIN-Normen der Materialprüfung hingewiesen wird.

Berechnung
- Verfahren der durchzuführenden Festigkeitsberechnung für die einzelnen Bauteile
- Festlegen der Sicherheitsbeiwerte
- Grundlagen der spannungstechnischen Beurteilung
- anzuwendende Festigkeitskennwerte u. a. auf der Grundlage bestehender DIN-Normen.

Ausrüstung und Aufstellung
- Festlegen der erforderlichen Sicherungseinrichtungen u. a. durch Bezug auf bestehende DIN-Normen
- Bezeichnung der erforderlichen Ausrüstungsteile
- Aufstellungsanweisungen
- Festlegungen über Freiräume für Bedienung und Wartung
- Verweis auf Vorschriften und technische Regeln über Laufbühnen, Berührungsschutz, Beleuchtung usw., z. B. auf DIN-VDE-Normen und andere bestehende DIN-Sicherheitsnormen.

Prüfung
- Angaben zur Vorprüfung der Unterlagen für das Erlaubnisverfahren
- Angaben für die Prüfung vor Inbetriebnahme
- Angaben und Fristen über wiederkehrende Prüfungen.

Betrieb
- Anweisungen über uneingeschränkte oder eingeschränkte Beaufsichtigung der Anlagen
- Festlegen der ausrüstungsmäßigen Voraussetzungen für Betrieb mit eingeschränkter oder ohne ständige Beaufsichtigung.

Alle Regelwerke enthalten außerdem zusätzliche Gruppen technischer Regeln entsprechend den Besonderheiten und des Betriebes der Anlagen.

Die Behörden des Bundes und der Länder sowie diejenigen Kreise der Wirtschaft, der Wissenschaft und der technischen Überwachungsorganisationen, die die aufgeführten technischen Regelwerke schaffen und unterhalten, sind sehr daran interessiert, daß die sachlichen Inhalte dieser technischen Regeln auch im Europäischen Binnenmarkt erhalten bleiben. Zu diesem Zweck haben das in Deutschland für die Sicherheit überwachungsbedürftiger Anlagen zuständige Bundesministerium für Arbeit und Sozialordnung (BMA) und das DIN Deutsches Institut für Normung e. V. vereinbart, die normativen Festlegungen der vorgenannten technischen Regeln als deutsche Beiträge in die laufenden europäischen Normungsarbeiten über Dampfkessel, Druckbehälter, Druckgasanlagen, Rohrleitungen und Rohrleitungsteile in CEN einzubringen.

Zur Realisierung dieser Vorhaben wurde der Normenausschuß Überwachungsbedürftige Anlagen (NÜA) im DIN gebildet. Seine Aufgabe ist es, in seinen Arbeitsgremien bestimmen zu lassen, welche seither in Deutschland zu beachtenden Festlegungen in die europäische Normung eingebracht werden sollen. Der NÜA hat die Aufgabe, entsprechende Vorlagen für Europäische Normen zu erstellen und sie in den Beratungen der CEN-Arbeitsgremien zu vertreten. Die NÜA-Arbeitsgremien rekrutieren sich vorzugsweise aus den Kreisen der ehrenamtlichen Mitarbeiter der beim Bundesministerium für Arbeit und Sozialordnung eingerichteten § 11 GSG (vorm. § 24 GewO) -Ausschüsse.

Umgekehrt fließen in die NÜA-Arbeitsgremien die Ergebnisse der CEN-Arbeiten ein, auf die sich nach erfolgreichem Abschluß der Arbeiten die Regelwerke der § 11 GSG-Ausschüsse stützen, z. B. auf die zu erwartenden DIN-EN-Werkstoffnormen, schweißtechnischen Normen, Prüfnormen.

Die „Konstruktion NÜA" mit operativen Arbeitsgremien und einem koordinierenden Lenkungsgremium (Beirat) schafft die organisatorischen Voraussetzungen dafür, daß alle für verfahrenstechnische Anlagen notwendigen normativen Festlegungen in DIN-EN-Normen Eingang finden.

2.3 Unfallverhütungsvorschriften und Arbeitsstättenverordnung

Unfallverhütungsvorschriften. Weitere Vorgaben für die Genehmigungsplanung können durch die Unfallverhütungsvorschriften und den dazu erlassenen Durchführungsanweisungen gegeben sein. Nach der Unfallverhütungsvorschrift VBG 1 – Allgemeine Vorschriften – hat der Betreiber einer Anlage zur Verhütung von Arbeitsunfällen Einrichtungen, Anordnungen und Maßnahmen zu treffen, die den Bestimmungen der im einzelnen anzuwendenden Unfallverhütungsvorschriften und den allgemein anerkannten sicherheitstechnischen und arbeitsmedizinischen Regeln entsprechen.

Es ist im Einzelfall zu prüfen, welche Unfallverhütungsvorschriften und Durchführungsanweisungen zu beachten sind.

Auskunft erteilt: Hauptverband der gewerblichen Berufsgenossenschaften e. V., Alte Heerstr. 111, 53757 St. Augustin

Arbeitsstättenverordnung. Die Verordnung über Arbeitsstätten (**Arbeitsstättenverordnung – ArbStättV**) vom 20. März 1975[1], geändert durch VO vom 1. August 1983, verlangt, daß eine Arbeitsstätte nach den allgemein anerkannten sicherheitstechnischen, arbeitsmedizinischen und hygienischen Regeln sowie den sonstigen gesicherten arbeitswissenschaftlichen Erkenntnissen einzurichten und zu betreiben ist und daß den in der Arbeitsstätte beschäftigten Arbeitnehmern die Räume und Einrichtungen zur Verfügung zu stellen sind, die in der Verordnung vorgeschrieben sind. Hierzu gehören Festlegungen z. B. über Lüftung, Raumtemperaturen, Beleuchtung, Schutz gegen Gase, Dämpfe, Nebelstäube und Schutz gegen Lärm.

---

[1] BGBl. I S. 729

3 Ausführungsplanung

3.1 Rohrleitungen

In diesem Abschnitt werden unter „Rohrleitungen" Systeme aus Rohrleitungsteilen verstanden, in denen flüssiges, gasförmiges oder (entsprechend aufbereitetes) festes Fördergut (Medium) unter (positivem oder negativem) innerem Überdruck oder drucklos transportiert wird. Nicht zu den Systemen in diesem Sinn gehören Behälter und Maschinen (z. B. Pumpen Rührer). Diese werden in Abschn. 3.2 behandelt. Rohrleitungsteile sind Rohre, Flansche, Formstücke und Armaturen.

In DIN-Normen sind für Rohrleitungsteile (Komponenten) festgelegt:
- Maße, die die Geometrie der Rohrleitungsteile beschreiben und die für den Einbau und die Austauschbarkeit maßgebend sind,
    wie Rohr-Außendurchmesser, Schenkellängen von Formstücken, Baulängen von Armaturen, Anschlußmaße der Verbindungen und Wanddicken (sofern diese für Festigkeitsrechnungen erforderlich sind)
- längenbezogene oder stückbezogene Massen
- Werkstoffe
- Technische Lieferbedingungen.

Die sachlichen Inhalte der nachstehend zusammengestellten DIN-Normen werden sich künftig in Europäischen Normen, die in Deutschland als DIN EN-Normen veröffentlicht werden, wiederfinden (s. auch Abschn. 2). Im Rahmen der Harmonisierung der in den Mitgliedstaaten der Europäischen Union vorhandenen, teilweise sehr weitgehend auf Internationale Normen der ISO abgestützten nationalen Normen für Rohrleitungsteile befassen sich zur Zeit europäische Normungsgremien mit den Themen Industriearmaturen, Flansche, Schweißen, Kunststoffrohre, Werkstoffe für Stahlrohre, gußeiserne Rohre, Formstücke und ihre Verbindungen sowie industrielle Rohrleitungen.

Die Systeme der **Kennzeichen bzw. Benennungen der Stähle,** Nichteisenmetalle und deren Legierungen werden aufgrund notwendiger internationaler, europäischer Harmonisierungen derzeit grundlegend überarbeitet. Von daher können zwischen den Normen z. T. noch sehr unterschiedliche Entwicklungsstände bestehen.

Bei den u. a. nach ihren mechanischen Eigenschaften bezeichneten Stählen wird nicht mehr grundsätzlich die Zugfestigkeit, sondern im Regelfall die Streckgrenze als Merkmal in der Bezeichnung verwendet (DIN EN 17 027 T1, s. Norm).

Für eine Übergangszeit sollten, so bei Anwendung der die Norm **DIN 17100** als **Ersatz** ablösenden **DIN EN 10 025,** Warmgewalzte Erzeugnisse aus unlegierten Baustählen, Technische Lieferbedingungen, entweder die früheren Bezeichnungen oder die angeführten Werkstoffnummern verwendet werden.

3.1.1 Rohrleitungsteile (Komponenten)

3.1.1.1 Rohre

Rohre aus Stahl

ISO 4200 Nahtlose und geschweißte Stahlrohre; Übersicht über Maße und längenbezogene Massen (Feb 1991)

Die Norm DIN ISO 4200 deckt nicht den vollen Bereich der Internationalen Norm ab.

Weltweit sind Außendurchmesser, Wanddicken und längenbezogene Massen für zwei Gruppen von Rohren genormt:
- Rohre für allgemeine Verwendung
- Präzisionsstahlrohre.

Tabelle 3.1 Rohr-Außendurchmesser nach ISO 4200

Rohr-Außendurchmesser in mm								
Reihe 1 bis 3								
1	2	3	1	2	3	1	2	3
10,2			60,3					559
	12; 12,7			63,5		610		
13,5				70	73			660
	16	14	76,1			711	762	
17,2		18	88,9		82,5	813		864
	19			101,6	108	914		
	20		114,3			1016		
21,3		22		127		1067		
	25			133	141,3	1118	1168	
26,9		25,4	139,7		152,4	1219	1321	
		30			159	1422	1524	
	31,8		168,3			1626		
	32	35			177,8		1727	
33,7					193,7	1829		
	38		219,1				1930	
	40		273		244,5	2032	2134	
42,4		44,5	323,9			2235	2337	
48,3			355,6				2438	
	51	54	406,4					
	57		457			2540		
			508					

Tabelle 3.2 Vorzugs-Wanddicken für Rohre mit Außendurchmesser der Reihe 1 nach ISO 4200

Rohr-Außen-durchmesser	Vorzugs-Wanddicken in mm Reihe A bis G						
Reihe 1	A	B	C	D	E	F	G
10,2	1,6	–	–	–	1,6	2,0	2,3
13,5	1,6	–	–	1,6	2,0	2,3	2,6
17,2	1,6	–	–	1,6	2,0	2,3	3,2
21,3	1,6	–	–	1,8	2,0	3,2	4,0
26,9	1,6	2,0	–	1,8	2,0	3,2	4,0
33,7	1,6	2,0	–	2,0	2,3	3,2	4,5
42,4	1,6	2,0	–	2,3	2,6	3,6	5,0
48,3	1,6	2,0	–	2,3	2,9	3,6	5,0
60,3	1,6	2,0	2,3	2,3	2,9	4,0	5,6
76,1	1,6	2,3	2,6	2,6	2,9	5,0	7,1
88,9	2,0	2,3	2,9	2,9	3,2	5,6	8,0
114,3	2,0	2,6	2,9	3,2	3,6	6,3	8,8
139,7	2,0	2,6	3,2	3,6	4,0	6,3	10
168,3	2,0	2,6	3,2	4,0	4,5	7,1	11
219,1	2,0	2,6	3,6	4,5	6,3	8,0	12,5
273	2,0	3,6	4,0	5,0	6,3	10	14,2
323,9	2,6	4,0	4,5	5,6	7,1	10	16
355,6	2,6	4,0	5,0	5,6	8,0	11	17,5
406,4	2,6	4,0	5,0	6,3	8,8	12,5	20
457	3,2	4,0	5,0	6,3	10	14,2	22,2
508	3,2	5,0	5,6	6,3	11	16	25
610	3,2	5,6	6,3	6,3	12,5	17,5	30
711	4,0	6,3	7,1	7,1	14,2	20	32
813	4,0	7,1	8,0	8,0	16	22,2	36
914	4,0	8,0	8,8	10	17,5	25	40
1016	4,0	8,8	10	10	20	28	45
1067	–	8,8	10	11	–	–	–
1118	–	8,8	10	11	–	–	–
1219	–	10	11	12,5	–	–	–
1422	–	12,5	14,2	14,2	–	–	–
1626	–	14,2	16	16	–	–	–
1829	–	16	16	17,5	–	–	–
2032	–	17,5	17,5	20	–	–	–
2235	–	20	20	22,2	–	–	–
2540	–	–	22,2	25	–	–	–

3.1.1 Rohrleitungsteile (Komponenten)

Die **Rohr-Außendurchmesser** der Gruppe 1 sind in drei Reihen geordnet:

Reihe 1: Für Rohre dieser Außendurchmesser sind **alle** für den Bau einer Leitung erforderlichen Rohrleitungsteile genormt.

Reihe 2: Für diese Rohr-Außendurchmesser sind nicht alle Rohrleitungsteile genormt.

Reihe 3: Solche Rohr-Außendurchmesser werden für besondere Anwendungsgebiete benötigt; genormtes Zubehör ist meist nicht vorhanden. Angestrebt wird, diese Rohr-Außendurchmesser periodisch auf ihre Normungswürdigkeit zu untersuchen.

Den Rohren der Reihe 1 sind sieben Reihen genormter Vorzugs-Wanddicken (Reihen A bis G) zugeordnet. Sie sind anwendbar für Rohre und Formstücke. Grundlage der Auswahl ist die aufsteigende Belastbarkeit der Reihen, wobei innerhalb einer Reihe gleichbleibende (isobare) Belastbarkeit vorausgesetzt wird. Die Reihen D und E stellen die handelsüblichen Rohre aus unlegierten Stählen dar. Die Reihen F und G sind vorgesehen für höhere Beanspruchungen. Die Reihen A, B und C sind vorzugsweise für Rohre aus nichtrostenden Stählen ausgewählt.

Tab. 3.1 zeigt die Vorzugsgrößen der Rohr-Außendurchmesser, Tab. 3.2 zeigt die den Rohr-Außendurchmessern zugeordneten Wanddicken.

DIN 2448 Nahtlose Stahlrohre; Maße, längenbezogene Massen (Feb 1981)

DIN 2458 Geschweißte Stahlrohre: Maße, längenbezogene Massen (Feb 1981)

Beide DIN-Normen sind reine Maßnormen. Sie legen die Rohr-Außendurchmesser und Wanddicken, die aus ISO 4200 ausgewählt wurden, als national genormte Maßlisten, getrennt nach nahtloser und geschweißter Ausführung fest. Mit der Trennung in zwei von den Herstellverfahren abhängigen Listen wird dargestellt, daß die Herstellmöglichkeiten nahtloser Rohre an Grenzen stoßen. Nahtlose Rohre können nicht unbegrenzt in großen Außendurchmessern gefertigt werden (Einzelheiten s. Normen). Diesen Normen zugeordnet sind werkstoffabhängig die in Abschn. 3.1.3.1 aufgeführten Technischen Lieferbedingungen.

Rohr-Produktnormen für Gewinderohre

DIN 2440 Stahlrohre; mittelschwere Gewinderohre (Jun 1978)

Die DIN-Normen für verlegefertige Gewinderohre aus Stahl enthalten außer den Maßen auch Festlegungen über Gewinde, Werkstoff, Ausführung, Lieferart, Oberflächenbehandlung und Kennzeichnung sowie Technische Lieferbedingungen. Maße und Gewinde in den Normen DIN 2440 (und DIN 2441) stimmen voll mit den entsprechenden Festlegungen der Internationalen Norm ISO 65 überein.

Gewinderohre aus Stahl werden vorzugsweise in der Gas- und Wasserinstallation verwendet. Sie sind geeignet für Wasserinstallationen mit Nenndruck 25 und Gasinstallationen mit Nenndruck 10. Rohrabmessungen s. Tab. 3.4 und Bild 3.3.

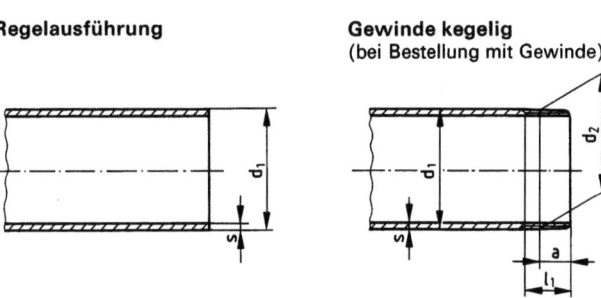

3.3 Gewinderohre aus Stahl nach DIN 2440

Tabelle 3.4 Gewinderohre aus Stahl nach DIN 2440, Maße

Nennweite	Anschlußnennweite der Fittings nach DIN 2950 und DIN 2980	Whitworth Rohrgewinde nach DIN 2999 T1	Außendurchmesser d_1	Wanddicke s	Gewicht des glatten Rohres	Gewicht des Rohres mit Muffe[1]	Theoretischer Gewindedurchmesser d_2	Gangzahl auf 25,4 mm	Nutzbare Gewindelänge l_1 min. bei a max.	Abstand des Gewindedurchmessers d_2 vom Rohrende a max.	a min.
DN					kg/m	kg/m					
6	⅛	R ⅛	10,2	2,0	0,407	0,410	9,728	28	7,4	4,9	3,1
8	¼	R ¼	13,5	2,35	0,650	0,654	13,157	19	11,0	7,3	4,7
10	⅜	R ⅜	17,2	2,35	0,852	0,858	16,662	19	11,4	7,7	5,1
15	½	R ½	21,3	2,65	1,22	1,23	20,955	14	15,0	8,1	6,4
20	¾	R ¾	26,9	2,65	1,58	1,59	26,441	14	16,3	10,4	7,7
25	1	R 1	33,7	3,25	2,44	2,46	33,249	11	19,1	10,4	8,1
32	1¼	R 1¼	42,4	3,25	3,14	3,17	41,910	11	21,4	15,0	10,4
40	1½	R 1½	48,3	3,25	3,61	3,65	47,803	11	21,4	15,0	10,4
50	2	R 2	60,3	3,65	5,10	5,17	59,614	11	25,7	18,2	13,6
65	2½	R 2½	76,1	3,65	6,51	6,63	75,184	11	30,2	21,0	14,0
80	3	R 3	88,9	4,05	8,47	8,64	87,884	11	33,3	24,1	17,1
100	4	R 4	114,3	4,5	12,1	12,4	113,030	11	39,3	28,9	21,9
125	5	R 5	139,7	4,85	16,2	16,7	138,430	11	43,6	32,1	25,1
150	6	R 6	165,1	4,85	19,8	19,8	163,830	11	43,6	32,1	25,1

[1]) Bezogen auf eine Durchschnittslänge von 6 m

Werkstoff: nach DIN EN 10025, Werkstoffnummer 1.0035 (St 33-2).[1])

Die Eignung zum Schmelzschweißen ist nach dieser Norm im allgemeinen vorhanden.
Durch den Gefügezustand oder einen fertigungsbedingt wechselnden Härteverlust über den Umfang darf das fachgerechte Gewindeschneiden nicht beeinträchtigt werden.

Ausführung (Herstellverfahren): Nahtlos oder geschweißt.

Lieferart: In Herstellängen ohne Gewinde und ohne Muffe. Wird eine andere Lieferart gewünscht, ist die Bezeichnung zu ergänzen:

für Lieferung mit kegeligem Gewinde an beiden Enden: mit Gewinde

für Lieferung mit kegeligem Gewinde an beiden Enden und mit einer aufgeschraubten Muffe: mit Muffe.

Beispiel für die **Bezeichnung** eines mittelschweren Gewinderohres mit Nennweite 40 (DN 40), nahtlos, verzinkt (B), mit kegeligem Gewinde an beiden Enden:

Gewinderohr DIN 2440 – DN 40 – nahtlos B mit Gewinde.

---

[1]) s. Vorbemerkungen zu Abschn. 3.1.

3.1.1 Rohrleitungsteile (Komponenten)

Oberflächenbehandlung: Die Rohre werden (je nach Bestellung) in den in Tab. 3.5 angeführten Ausführungen geliefert.

Die Arten der Oberflächenbehandlung können auch miteinander kombiniert werden, z. B. nichtmetallischer Schutzüberzug außen auf verzinktem Rohr (BC). Wird keine Angabe gemacht, werden die Rohre „schwarz" geliefert.

Tabelle 3.5 Oberflächen von Gewinderohren nach DIN 2440

Oberfläche	Kurzzeichen
schwarz	–
schwarz, geeignet zur Verzinkung	A
verzinkt nach DIN 2444	B
nichtmetallischer Schutzüberzug außen	C
nichtmetallischer Schutzüberzug innen (Die Beschaffenheit muß vereinbart werden)	D

Kennzeichnung: Geschweißte Gewinderohre der Nennweiten 10 bis 150 werden fortlaufend (mit etwa 1 m Abstand) dauerhaft und leicht erkennbar mit dem Herstellerzeichen versehen.

Weitere Normen für Gewinderohre
DIN 2441   Stahlrohre; schwere Gewinderohre
DIN 2442   Gewinderohre mit Gütevorschrift; Nenndruck 1 bis 100

Rohr-Produktnormen für Muffenrohre

DIN 2460   Stahlrohre für Wasserleitungen (Jan 1992)

Diese Norm enthält für einen eingeschränkten Nennweitenbereich von DN 80 bis DN 2000 Festlegungen für verlegefertige Stahlrohre in geschweißter und nahtloser Ausführung zum Bau von Wasserleitungen. Sie gilt nicht für Rohre für die Hausinstallation (hierzu s. DIN 2440, DIN 2441 und DIN 2442). Die Rohre sind abhängig von Stahlsorte und Prüfumfang bestimmten Nenndruckstufen zugeordnet (s. Norm).

Ausführungen und Lieferart s. Tab. 3.7.

Tabelle 3.6 Maße und längenbezogene Massen nahtloser Rohre aus Stahl St 35 für Wasserleitungen nach DIN 2460

Nennweite DN	Rohraußendurchmesser d_a	Wanddicke	Längenbezogene Masse in kg/m	Nenndruck PN der Rohrleitung
80	88,9	3,2	6,76	80
100	114,3	3,6	9,83	63
125	139,7	4	13,4	63
150	168,3	4,5	18,2	63
200	219,1	6,3	33,1	63
250	273	6,3	41,4	50
300	323,9	7,1	55,5	50
350	355,6	8	68,6	50
400	406,4	8,8	86,3	50
500	508	11	135	50

Die in Tab. 3.6 aufgeführten Massen (Gewichte) gelten für das Rohr ohne Berücksichtigung eventueller Beschichtungen und Auskleidungen. Die Nenndruckzuordnung berücksichtigt neben der Innendruckbeanspruchung auch äußere Krafteinwirkungen durch Erd- und Verkehrslasten.

Tabelle 3.7 Ausführung und Lieferart von Stahlrohren nach DIN 2460. Kurzzeichen für die Bezeichnung und Bestellangaben

Kurzzeichen	für	
DN ... bis DN ...	Nennweite nach Tab. 3.6	Nennweite
S	nahtlose Stahlrohre	Ausführung des Rohres
W	geschweißte Stahlrohre	
HL ... bis HL ...	Mindestdurchschnittslänge	
FL	Festlänge	Längen
GL	Genaulänge	
–	glatt	
V	mit Schweißfase	
M	Einsteckschweißmuffe	Ausführung der Rohrenden
SM	Steckmuffe	
X	andere	
ZM	Zementmörtel nach DIN 2614 (s. Norm)	
Bi I 3.5	Bitumen nach DIN 30673 (s. Norm)	Auskleidung
Y	andere	
EP PUR PUR-T	Epoxidharzpulver PUR } Duroplaste nach DIN 30671 (s. Norm) PUR-Teer	
PE-n Pe-v	Polyethylen normal } nach DIN 30670 (s. Norm) Polyethylen verstärkt	Umhüllung
Bi A 3.5 oder Bi A 5.5	Bitumen, Typ A 3.5 oder A 5.5 nach DIN 30673 (s. Norm)	
Z	andere	
2.2 3 B	Werkszeugnis 2.2 } nach DIN 50049 (s. Norm) Abnahmeprüfungszeugnis 3.1 B	Bescheinigungen über Materialprüfungen

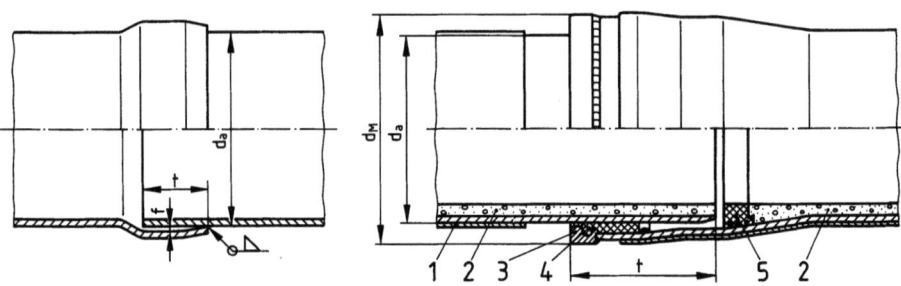

3.8 Einsteck-Schweißmuffenverbindung nach DIN 2460

3.9 Steckmuffen-Verbindung nach DIN 2460
1 Umhüllung
2 Zementmörtel-Auskleidung
3 Dichtungsstützring
4 Gummidichtung
5 Anschlagring

3.1.1 Rohrleitungsteile (Komponenten)

Tabelle 3.10 Einstecktiefen und Muffenspiele für Stahlrohre nach DIN 2460

Nennweite DN	Rohraußendurchmesser d_a	Einsteckschweißmuffe	
		Einstecktiefe $\approx t$	Muffenspiel $\approx f$
80	88,9	50	1
100	114,3	55	1,5
125	139,7	60	1,5
150	168,3	65	1,5
200	219,1	80	2
250	273	90	2
300	323,9	105	2
350	355,6	115	2,5
400	406,4	120	2,5
500	508	130	3
600	610	130	3
700	711	130	3
800	813	130	3
900	914	130	3
1000	1016	130	3

Tabelle 3.11 Einstecktiefen und Muffenaußendurchmesser

Nennweite DN	Rohraußendurchmesser d_a	Steckmuffe		
		Einstecktiefe $t \approx$		Muffenaußendurchmesser $d_M \approx$
100	117,5	110	85*)	151
125	144	110	85*)	178
150	168,3	131	101*)	203
200	219,1	133	103*)	258
250	273	143	113*)	312
300	323,9	150	120*)	366

*) Für Bergsenkungsgebiete

Beispiel für erforderliche Bestellangaben

3200 m Rohre nach DIN 2460 mit einer Nennweite von 250; in geschweißter Ausführung (W), mit glatten Rohrenden (ohne Kurzzeichen), in Mindestdurchschnittslängen von 8 m (HL 8) mit Zementmörtelauskleidung nach DIN 2614 (ZM) und Bitumenumhüllung nach DIN 30673 Type A 3.5 (Bi A 3.5), aus der Stahlsorte St 37.0 (ohne Kurzzeichen) mit Werkszeugnis, Bescheinigung DIN 50059 – 2.2 (2.2):

3200 m Rohr DIN 2460 – DN 250 – W – HL 8 – ZM – Bi A 3.5 – 2.2

Vergleichbare Festlegungen für Stahlrohre für Abwasserleitungen enthält

DIN 19530 T1 Rohre und Formstücke aus Stahl mit Steckmuffe für Abwasserleitungen; Maße (Einzelheiten s. Norm).

Rohre aus Gußeisen. Die Maßnormen für Rohre aus Gußeisen sind durchweg Produktnormen, in denen die Rohre nach Nennweiten und Nenndruckstufen geordnet mit ihren Außendurchmessern, Wanddicken und längenbezogenen Massen festgelegt sind. Abweichend von den Stahlrohrmaßnormen sind die Baulängen dieser Rohre gestuft festgelegt.

Bei den DIN-Normen über Rohre aus duktilem Gußeisen für Druckrohrleitungen sind die Wanddicken in Klassen geordnet, wobei eine Klassenangabe eine bestimmte Wanddicke beinhaltet, die außer der Innendruckbeanspruchung auch äußere Belastungen wie Überdeckungshöhe und die Verkehrslast für diese vorwiegend erdverlegten Rohre berücksichtigt.

DIN 28610 T1 Druckrohre aus duktilem Gußeisen mit Muffe; mit Zementmörtelauskleidung, für Gas- und Wasserleitungen; Maße, Massen und Anwendungsbereiche (Jan 1983)

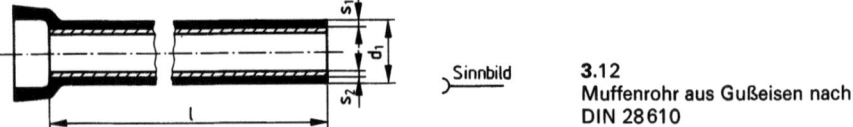

3.12 Muffenrohr aus Gußeisen nach DIN 28610

Tabelle 3.13 Rohre aus duktilem Gußeisen nach DIN 28610 T1, Maße und stückbezogene Massen

Nennweite DN	Außendurchmesser d_1	Wanddicke Guß s_1	Wanddicke Zementmörtelauskleidung s_2	Nenndruck PN Wasser	Nenndruck PN Gas	1 m Rohr ohne Muffe Guß	1 m Rohr ohne Muffe Zementmörtelauskleidung	Masse ohne Außenumhüllung Muffe	eines Rohres mit Muffe der Baulänge l einschließlich Zementmörtelauskleidung 5000	6000	7000	8000	1 m Rohr Muffenanteil Guß	1 m Rohr Muffenanteil Guß und Zementmörtelauskleidung
						kg ≈	kg ≈	kg ≈	kg ≈	kg ≈	kg ≈	kg ≈	kg ≈	kg ≈
80	98	6				12,2	1,7	3,4	73	87	–	–	12,8	14,5
100	118	6				14,9	2,1	4,3	89,5	106	–	–	15,6	17,7
125	144	6,2				18,9	2,7	5,7	114	135	–	–	19,9	22,5
150	170	6,5	3	40		23,5	3,2	7,1	141	167	–	–	24,5	28
200	222	7			4	33,3	4,2	10,3	198	235	–	–	35	39,5
250	274	7,5				44,3	5,2	14,2	262	311	–	–	46,5	52
300	326	8				56,3	6,3	18,6	332	394	–	–	59,5	66
400	429	9				83,7	14	29,3	518	616	–	–	89	103
500	532	10	5	32		115,6	17,5	42,8	708	841	–	–	123	141
600	635	11				152	20,9	59,3	924	1097	–	–	162	183
700	738	12				193	29,3	79,1	1191	1413	1635	–	206	236
800	842	13	6	25	–	238,7	33,4	102,6	1463	1735	2007	–	256	290
900	945	14				288,7	37,6	129,9	1761	2088	2414	–	311	348
1000	1048	15				343,2	41,7	161,3	2086	2471	2856	3241	371	412

Die ausgewiesene Masse wurde mit der Dichte 7,05 kg/dm³ für duktiles Gußeisen und 2,2 kg/dm³ für Zementmörtel-Auskleidung berechnet.

Die Wanddicken s_1 ergeben sich nach DIN 28600 nach der Formel

$$s_1 = k\,(0{,}5 + 0{,}001\ DN) \tag{3.1}$$

Für die Rohrklasse K 10 ergibt sich dann $s_1 = 5 + 0{,}01\ DN$ (jedoch mindestens 6 mm). Als äußere Belastung werden hierbei eine Überdeckungshöhe von 0,6 bis 10 m sowie eine Verkehrslast SLW 60 nach DIN 1072 (s. Norm) berücksichtigt.

Der nach DIN 28600 errechnete zulässige Betriebsüberdruck wurde auf die nächst niedrige Druckstufe gerundet und auf maximal PN 40 begrenzt. Bei Bedarf können die Rohre für den nach DIN 28600 berechneten zulässigen Betriebsdruck verwendet werden.

DIN 19522 T1 Gußeiserne Abflußrohre und Formstücke ohne Muffe (SML); Maße (Feb 1983)

Die Rohre und Formstücke aus Gußeisen mit Lamellengraphit werden in der Regel für Schmutz- und Regenwasserleitungen sowie für Lüftungsleitungen verwendet.

3.1.1 Rohrleitungsteile (Komponenten)

Neben den in Tab. **3.14** angeführten Maßen werden auch wesentliche Konstruktionsmaße für Formstücke (z. B. Bogen, Abzweige, Sprungrohre, Übergangsrohre), wie Länge der Dichtzonen, Abzweigwinkel, Sprunglängen usw. vorgegeben.

Maßangaben für Formstücke s. Norm.

Tabelle 3.14 Abwasserrohre aus Gußeisen nach DIN 19522 T1, Maße

Nennweite DN	Lichte Weite LW	Außendurchmesser		Wanddicke			
				Rohre		Formstücke	
		d_a	Grenzabmaße	s	Grenzabmaße	s	Grenzabmaße
50	50	58	+2,0 −1,0	3,5	−0,5	4,2	−0,7
70	70	78		3,5	−0,5	4,2	−0,7
100	100	110		3,5	−0,5	4,2	−0,7
125	125	135	+2,0 −2,0	4,0	−0,5	4,7	−1
150	150	160		4,0	−0,5	5,3	−1,3
200	200	210		5,0	−1	6,0	−1,5
250	250	274	+2,5 −2,5	5,5	−1	7,0	−1,5
300	300	326		6,0	−1	8,0	−1,5

Weitere Maßnormen für Rohre aus Gußeisen

DIN 28516	Gußeiserne Druckrohre mit TYTON-Muffen, Klasse LA, A und B
DIN 28610 T2	Druckrohre aus duktilem Gußeisen mit Muffe für Gasleitungen über 4 bar bis 16 bar; Maße, Massen und Anwendungsbereiche
DIN 28614	Druckrohre aus duktilem Gußeisen mit angegossenen Flanschen für Gas- und Wasserleitungen; FFG-Rohre, Anwendung, Maße, Massen
DIN 28615 T1	Druckrohre aus duktilem Gußeisen mit angegossenen Flanschen für Gas- und Wasserleitungen; FFS-Rohre, Flansche vorgeschweißt; Anwendung, Maße, Massen
DIN 28615 T2	Druckrohre aus duktilem Gußeisen, mit nicht angegossenen Flanschen, für Gas und Wasserleitungen; FFS-Rohre, Anwendung, Maße, Massen.

Technische Lieferbedingungen s. Abschn. 3.1.3.1.

Rohre aus Nichteisenmetallen. Für Rohre aus Kupfer und Kupfer-Knetlegierungen bestehen die nachstehend aufgezählten Maßnormen.

Diese Normen sind so aufgebaut, daß den Nennmaßen bzw. Nennmaßbereichen von Rohr-Außendurchmesser oder Wanddicke die Grenzabmaße zugeordnet sind. Bei den Grenzabmaßen für die Rohr-Außendurchmesser wird unterschieden zwischen den mittleren Abmaßen und den die Unrundheit einschließenden Abmaßen.

Bei den Grenzabmaßen der Wanddicken wird unterschieden zwischen den Abmaßen der mittleren Wanddicke und den Grenzen der zulässigen Ungleichwandigkeit in Prozent der Nennwanddicke (s. Tab. **3.15** nach DIN 1754 T1). Die Normen für die Rohre aus Kupfer-Knetlegierungen sind insofern umfangreicher, als die Grenzabmaße zusätzlich in Abhängigkeit von den Werkstoffgruppen festgelegt sind.

DIN	1754 T1	Rohre aus Kupfer, nahtlosgezogen; Maßbereiche und Toleranzzuordnungen
	T2	–, –; Vorzugsmaße für allgemeine Verwendung
	T3	–, –; Vorzugsmaße für Rohrleitungen
DIN	1755 T1	Rohre aus Kupfer-Knetlegierungen; nahtlosgezogen; Maßbereiche und Toleranzzuordnungen
	T2	–; –; Vorzugsmaße für allgemeine Verwendung
	T3	–; –; Vorzugsmaße für Rohrleitungen
DIN	1786	Installationsrohre aus Kupfer; nahtlosgezogen

Tabelle 3.15 Maßbereiche und Grenzabmaße des Durchmessers und der Wanddicke für Rohre aus Kupfer in gestreckten Längen (nach DIN 1754 T1)

Außendurchmesser d_1 und/oder Innendurchmesser d_2

Grenzabmaße (±)
Obere Zeile: des mittleren Durchmessers
Untere Zeile: des Durchmessers einschl. Unrundheit bei einem Verhältnis $d_1 : s$

Wanddicke s
Obere Zeile: Grenzabmaße (±) der mittleren Wanddicke in mm
Untere Zeile: Zulässige ± Ungleichwandigkeit in % der Nennwanddicke für den Maßbereich der Wanddicke

Maß- bereich		bis 30	über 30 bis 50	über 50[1])	von 0,3 bis 0,5	über 0,5 bis 0,8	über 0,8 bis 1,0	über 1,0 bis 1,2	über 1,2 bis 1,4	über 1,4 bis 1,6	über 1,6 bis 1,8	über 1,8 bis 2,0	über 2,0 bis 2,5	über 2,5 bis 3	über 3 bis 4	über 4 bis 5	über 5 bis 6	über 6 bis 8	über 8 bis 10
von	3	0,05	–	–	0,03	0,03	0,03	0,03	0,03	0,04	–	–	–	–	–	–	–	–	–
bis	6	0,07	–	–	10%	9%	9%	9%	9%	9%									
über	6	0,06	0,06	–	0,03	0,03	0,03	0,03	0,03	0,04	0,04	0,04	0,04	–	–	–	–	–	–
bis	10	0,09	0,12	–	10%	10%	10%	9%	9%	9%	9%	9%	9%						
über	10	0,08	0,08	–	0,03	0,03	0,03	0,03	0,03	0,04	0,05	0,05	0,05	0,06	0,08	–	–	–	–
bis	14	0,12	0,16	–	10%	10%	10%	10%	9%	9%	9%	9%	9%	8%	8%				
über	14	0,08	0,08	0,08	0,04	0,04	0,04	0,04	0,04	0,05	0,06	0,06	0,07	0,08	0,09	0,10	–	–	–
bis	18	0,12	0,16	n.V.	10%	10%	10%	10%	9%	9%	9%	9%	9%	8%	8%	8%			
über	18	0,12	0,12	0,12	0,04	0,05	0,05	0,05	0,05	0,06	0,07	0,08	0,08	0,10	0,10	0,12	0,12	0,13	0,15
bis	30	0,18	0,24	n.V.	10%	10%	10%	10%	10%	10%	10%	9%	9%	9%	9%	8%	8%	8%	8%
über	30	0,15	0,15	0,15	–	0,06	0,06	0,06	0,07	0,08	0,08	0,10	0,10	0,12	0,12	0,14	0,14	0,15	0,18
bis	50	0,24	0,30	n.V.		10%	10%	10%	10%	10%	10%	9%	9%	9%	9%	8%	8%	8%	8%
über	50	0,20	0,20	0,20	–	–	0,08	0,08	0,07	0,10	0,10	0,12	0,12	0,14	0,15	0,16	0,16	0,17	0,18
bis	80	0,30	0,40	n.V.			10%	10%	10%	10%	10%	10%	10%	9%	9%	9%	9%	9%	8%
über	80	0,25	0,25	0,25	–	–	–	0,09	0,10	0,12	0,12	0,14	0,15	0,16	0,17	0,18	0,18	0,20	0,22
bis	120	0,40	0,50	n.V.				10%	10%	10%	10%	10%	10%	9%	9%	9%	9%	9%	8%
über	120	0,50	0,50	0,50	–	–	–	–	–	0,14	0,15	0,16	0,18	0,20	0,22	0,24	0,24	0,26	0,26
bis	200	0,75	1,0	n.V.						10%	10%	10%	10%	10%	10%	9%	9%	9%	9%
über	200	0,75	0,75	0,75	–	–	–	–	–	–	–	–	0,22	0,24	0,26	0,28	0,30	0,32	0,35
bis	315	1,2	1,5	n.V.									12%	12%	12%	12%	12%	12%	12%
über	315	1,0	1,0	1,0	–	–	–	–	–	–	–	–	–	0,30	0,32	0,35	0,38	0,40	0,45
bis	450	1,5	2,0	n.V.										15%	15%	15%	15%	15%	15%

[1]) n.V. = nach Vereinbarung. Weitere Einzelheiten s. Norm

3.1.1 Rohrleitungsteile (Komponenten)

DIN 59750   Rohre aus Kupfer und Kupfer-Knetlegierungen; gepreßt; Maße
DIN 59753   Rohre aus Kupfer und Kupfer-Knetlegierungen für Kapillarlötverbindungen; nahtlosgezogen; Maße.

Im Aufbau gleich mit den DIN-Normen über Rohre aus Kupfer und Kupfer-Knetlegierungen sind die DIN-Normen über Rohre aus Aluminium und Aluminium-Knetlegierungen. Die Maße sind festgelegt in

DIN 1795   Rundrohre aus Aluminium und Aluminium-Knetlegierungen, nahtlosgezogen; Maße, Maß- und Formtoleranzen
Bbl. 1 zu DIN 1795   –, –; Toleranzzuordnungen
Bbl. 2 zu DIN 1795   –, –; Toleranzen der Vorzugsmaße
DIN 9107   –, gepreßt, nahtlos; Maße, Maß- und Formtoleranzen.

Rohre aus Kunststoffen

Kunststoffrohre sind als Druckrohre und als Abwasserrohre genormt. Für beide Rohrarten bestehen werkstoffabhängig Maßnormen und diesen zugeordnete DIN-Normen mit Technischen Lieferbedingungen. Für folgende Werkstoffe bzw. Formmassen bestehen entsprechende Rohrnormen:

Polyvinylchlorid (PVC-U, PVC-C)   Acrylnitril-Styrol-Acrylester (ASA)
Polyethylen (HDPE, LDPE, VPE)   Polybuten (PB)
Polypropylen (PP)   Glasfaserverstärktes Epoxidharz (EP-GF)
Acrylnitril-Butadien-Styrol (ABS)   Glasfaserverstärktes Polyesterharz (UP-GF)

Die Maßnormen enthalten die Rohr-Außendurchmesser und in Reihen geordnet den Durchmessern zugeordnete Wanddicken. Die Wanddicken sind nach Nenndruckstufen geordnet. Die Grenzabmaße sind in jeweils separaten Tabellen für Durchmesserbereiche und Wanddickenbereiche angegeben.

DIN 8062 Rohre aus weichmacherfreiem Polyvinylchlorid (PVC-U); Maße (Nov 1988)

Die in dieser Norm angegebenen Nenndruckzuordnungen sind anwendbar für Raumtemperatur unter der Annahme einer langen Betriebsdauer. Die anwendbaren zulässigen Betriebsüberdrücke sind in separaten Tabellen angegeben. Die zulässigen Betriebsüberdrücke werden angegeben für Wasser bei unterschiedlichen Temperaturbereichen in Abhängigkeit von der angenommenen Betriebsdauer (s. Tab. **3.17**). Eine Aussage für den Temperaturbereich bis 20 °C in Abhängigkeit von der Beständigkeit des Rohrwerkstoffes gegen Durchflußstoffe gibt Tab. **3.18**.

Fußnoten zu Tabelle 3.16

[1] Kennwert für Rohr-Reihe im internationalen Warenverkehr $S = \dfrac{\sigma}{p_{e,zul}} = \dfrac{1}{2}\left(\dfrac{d}{s} - 1\right)$

[2] Kennwert für Bemessung von Rohrleitungen $SDR = \dfrac{d}{s} = 2S + 1$

[3] Die Wanddicken s der Rohre wurden (in Übereinstimmung mit den Angaben in der ISO-Norm ISO 161/I nach der Gleichung $s = \dfrac{p_{e,zul} \cdot d}{2\sigma + p_{e,zul}}$ berechnet ($p_{e,zul}$ und σ sind in N/mm² einzusetzen) und auf 0,1 mm aufgerundet. Werte $< 0{,}005$ mm werden nicht aufgerundet.

[4] Berechnet mit einer mittleren Dichte von 1,4 g/cm³. Der Mindestwanddicke wurde dabei die halbe zulässige Wanddickenabweichung zugeschlagen; die Zahlenwerte wurden gerundet.

[5] Die Rohr-Reihe 1 wurde als Sonderreihe für den Bau von Lüftungsleitungen festgelegt.

[6] Die Rohr-Reihe 6 wurde als Sonderreihe für den Bau von Rohrleitungen und Apparaten in der chemischen Industrie festgelegt. Diese Rohre halten mindestens den Drücken der Reihe 5 stand und wurden einheitlich mit $\sigma = 10$ N/mm² berechnet; sie haben im Hinblick auf die Eignung zum Schweißen und zum plastischen Formgeben größere Wanddicken als die Rohre der Reihe 5.

Tabelle 3.16 Rohrreihen nach DIN 8062 (Fußnoten s. vorherg. S.)

	Reihe											
	1		2		3		4		5		6	
	Nenndruck											
	PN 1,6[5])		PN 4		PN 6		PN 10		PN 16		PN 25[6])	
	S^1)											
	63		25		16,7		10		6,3		4	
d	SDR[2])											
	127		51		33		21		13,5		9	
	s^3)	Gewicht[4]) kg/m ≈	s^3)	Gewicht[4]) kg/m ≈	s^3)	Gewicht[4]) kg/m ≈	s^3)	Gewicht[4]) kg/m ≈	s^3)	Gewicht[4]) kg/m ≈	s^3)	Gewicht[4]) kg/m ≈
5	–	–	–	–	–	–	–	–	–	–	1	0,019
6	–	–	–	–	–	–	–	–	–	–	1	0,025
8	–	–	–	–	–	–	–	–	–	–	1	0,035
10	–	–	–	–	–	–	–	–	1	0,045	1,2	0,053
12	–	–	–	–	–	–	–	–	1	0,055	1,4	0,073
16	–	–	–	–	–	–	–	–	1,2	0,09	1,8	0,123
20	–	–	–	–	–	–	–	–	1,5	0,137	2,3	0,196
25	–	–	–	–	–	–	1,5	0,174	1,9	0,212	2,8	0,294
32	–	–	–	–	–	–	1,8	0,264	2,4	0,342	3,6	0,482
40	–	–	–	–	1,8	0,334	1,9	0,35	3	0,525	4,5	0,75
50	–	–	–	–	1,8	0,422	2,4	0,552	3,7	0,809	5,6	1,16
63	–	–	–	–	1,9	0,562	3	0,854	4,7	1,29	7	1,82
75	–	–	1,8	0,642	2,2	0,782	3,6	1,22	5,6	1,82	8,4	2,6
90	–	–	1,8	0,774	2,7	1,13	4,3	1,75	6,7	2,61	10	3,7
110	1,8	0,95	2,2	1,16	3,2	1,64	5,3	2,61	8,2	3,9	12,3	5,57
125	1,8	1,08	2,5	1,48	3,7	2,13	6	3,34	9,3	5,01	13,9	7,13
140	1,8	1,21	2,8	1,84	4,1	2,65	6,7	4,18	10,4	6,27	15,6	8,96
160	1,8	1,39	3,2	2,41	4,7	3,44	7,7	5,47	11,9	8,17	17,8	11,7
180	1,8	1,57	3,6	3,02	5,3	4,37	8,6	6,88	13,4	10,4	20	14,7
200	1,8	1,74	4	3,7	5,9	5,37	9,6	8,51	14,9	12,8	22,3	18,3
225	1,8	1,96	4,5	4,7	6,6	6,76	10,8	10,8	16,7	16,1	25	23
250	2	2,4	4,9	5,65	7,3	8,31	11,9	13,2	18,6	19,9	27,8	28,4
280	2,3	3,11	5,5	7,11	8,2	10,4	13,4	16,6	20,8	24,9	–	–
315	2,5	3,78	6,2	9,02	9,2	13,2	15	20,9	23,4	31,5	–	–
355	2,5	3,78	6,2	9,02	9,2	13,2	15	20,9	23,4	31,5	–	–
355	2,9	4,88	7	11,4	10,4	16,7	16,9	26,5	26,3	39,9	–	–
400	3,2	6,1	7,9	14,5	11,7	21,1	19,1	33,7	29,7	50,8	–	–
450	3,6	7,65	8,9	18,3	13,2	26,8	21,5	42,7	–	–	–	–
500	4	9,38	9,8	22,4	14,6	32,9	23,9	52,6	–	–	–	–
560	4,5	11,8	11	28,1	16,4	41,4	26,7	65,8	–	–	–	–
630	5	14,7	12,4	35,7	18,4	52,2	30	83,2	–	–	–	–
710	5,7	18,9	14	45,3	20,7	66,1	–	–	–	–	–	–
800	6,4	23,9	15,7	57,2	23,3	83,9	–	–	–	–	–	–
900	7,2	30,2	17,7	72,5	26,3	106	–	–	–	–	–	–
1000	8	37,1	19,7	89,6	29,2	131	–	–	–	–	–	–
1200	9,6	53,4	23,6	129	35	189	–	–	–	–	–	–
1400	11,2	72,7	27,5	175	40,8	256	–	–	–	–	–	–
1600	12,7	93,9	31,4	228	46,6	335	–	–	–	–	–	–

3.1.1 Rohrleitungsteile (Komponenten)

Tabelle 3.17 Zulässige Betriebsüberdrücke für Durchflußmedium Wasser nach DIN 8062

Betriebs-temperatur in °C	Betriebs-dauer Jahre	Reihe 2		Reihe 3		Reihe 4		Reihe 5	
		Nenndruck PN 4		PN 6		PN 10		PN 6	
		zulässiger Betriebsüberdruck PB							
		PVC-U PVC-HI2	PVC-HI1	PVC-U PVC-HI2	PVC-HI1	PVC-U PVC-HI2	PVC-HI1	PVC-U PVC-HI2	PVC-HI1
20	1	4,8		7,2		12		19,2	
	5	4,5		6,7		11,2		17,9	
	10	4,3		6,5		10,8		17,3	
	25	4,1		6,2		10,3		16,5	
	50	4		6		10		16	
30	1	3,9		5,8		9,7		15,5	
	5	3,6		5,4		9		14,4	
	10	3,5		5,3		8,8		14,1	
	25	3,3		5		8,3		13,3	
	50	3,2		4,8		8		12,8	
40	1	3		4,6		7,6		12,2	
	5	2,7		4,1		6,8		10,9	
	10	2,6		4		6,6		10,6	
	25	2,6		3,8		6,4		10,2	
	50	2,5		3,8		6,3		10,1	
50	1	2,1	2,8	3,2	4,2	5,3	7	8,5	12,2
	5	1,9	2,5	2,9	3,7	4,8	6,2	7,7	9,9
	10	1,8	2,4	2,7	3,6	4,5	6	7,2	9,6
	30	1,7	2,2	2,5	3,4	4,2	5,6	6,7	9
60	1	1,4	2,3	2,1	3,5	3,5	5,8	5,6	9,3
	5	1,2	2,1	1,8	3,2	3	5,3	4,8	8,5
	10	1,1	2	1,7	3,1	2,8	5,1	4,5	8,2
	30	1	1,9	1,5	2,9	2,5	4,8	4	7,7

Die angegebenen Werte für Betriebsüberdrücke gelten nicht für Rohre, die UV-Beeinflussung ausgesetzt sind. Bis zu 10 Betriebsjahren kann Beeinflussung durch entsprechende Zusätze zur Formmasse (z. B. Ruß) aufgehoben bzw. wesentlich reduziert werden.

Tabelle 3.18 Zulässige Betriebsdrücke nach DIN 8062 für Durchflußmedien, gegen die PVC-U widerstandsfähig ist

Durchflußmedium	Temperatur in °C	Reihe 1	Reihe 2	Reihe 3	Reihe 4	Reihe 5	Reihe 6
		Nenndruck					
			PN 4	PN 6	PN 10	PN 16	
		zulässiger Betriebsüberdruck					
Wasser und Durchflußstoffe, gegen welche PVC-U widerstandsfähig ist und die auch bei unsachgemäßer Handhabung keine Gefahr darstellen	≤ 20	–	4	6	10	16	–
Wasser und Durchflußstoffe, gegen welche PVC-U widerstandsfähig ist und bei denen die unsachgemäße Handhabung mit besonderen Gefahren verbunden ist	≤ 20	–	2,5	4	6	10	–

Die Rohr-Reihe 1 wurde als Sonderreihe für den Bau von Lüftungsleitungen festgelegt.
Die Rohr-Reihe 6 wurde als Sonderreihe für den Rohrleitungs- und Apparatebau in der chemischen Industrie festgelegt. Die Rohre halten mindestens Drücken der Reihe 5 stand; sie haben im Hinblick auf die Eignung zum Schweißen und zum plastischen Formgeben größere Wanddicken als die Rohre der Reihe 5.

DIN 16868 T1 Rohre aus glasfaserverstärktem Polyesterharz (UP-GF); Typ WA; gewickelt, gefüllt; Maße (Apr 1988)

Für gewickelte Rohre ist das Kriterium der Zuordnung der Rohre zu dem jeweiligen Nenndruck (PN) neben der Wanddicke die Nennsteifigkeit (SN). In den Normen dieser Reihe sind die Rohr-Außendurchmesser den Nennweiten und Nennsteifigkeiten zugeordnet, wobei die Nennsteifigkeiten die Nenndruckstufe neben der Wanddicke bestimmen (s. Tab. **3**.19).

Tabelle **3**.19 Durchmesserreihe für gewickelte Rohre nach DIN 16868 T1

Nennweite DN	Rohr-Außendurchmesser		Nennfestigkeit						
			SN 630	SN 1250			SN 2500		
			Nenndruck						
			PN 1	PN1 PN 2,5 PN 4	PN 6	PN 10	PN 1 PN 2,5 PN 4	PN 6	PN 10 PN 16
	d_3	Grenzabmaße	Wanddicke s_4 min.	Wanddicke s_4 min.	Wanddicke s_4 min.	Wanddicke s_4 min.	Wanddicke s_4 min.	Wanddicke s_4 min.	Wanddicke s_4 min.
300	310	±2,6	3	3,6	3,2	3	4,4	4	3,6
350	361	±2,6	3,3	4,1	3,6	3,3	5,1	4,6	4,1
400	412	±2,7	3,7	4,7	4,1	3,7	5,8	5,3	4,7
500	514	±2,8	4,6	5,9	5,1	4,6	7,2	6,5	5,9
600	616	±2,9	5,4	6,8	6	5,5	8,5	7,7	6,8
700	718	±3	6,4	7,9	7	6,3	10	9	7,9
800	820	±3,1	7,2	9	7,9	7,2	11,3	10,2	9
900	922	±3,2	8	10,1	8,9	8	12,7	11,5	10,1
1000	1024	±3,3	8,9	11,2	9,8	8,9	14,1	12,7	11,2
1200	1228	±3,5	10,6	13,4	11,7	10,6	16,9	15,2	13,4
1400	1432	±3,7	12,3	15,6	13,6	12,3	19,6	17,7	15,6
1600	1636	±3,9	14,1	17,7	15,5	14,1	22,4	20,1	17,7
1800	1840	±4,1	15,8	19,9	17,4	15,8	25,1	22,6	19,9
2000	2044	±4,3	17,5	22,1	19,3	17,5	27,9	25,1	22,1
2400	2452	±4,7	20,9	26,5	23,1	20,9	33,4	30,1	26,5
2800	2860	±5,1	24,4	30,8	26,9	24,4	38,9	35	30,8
3200	3268	±5,5	27,8	35,2	30,7	27,8	44,5	40	35,2

Die Außendurchmesser wurden in Anlehnung an ISO 7370 festgelegt.
Gewichte der Rohre sowie Daten für andere Nennsteifigkeiten s. Norm.

Weitere DIN-Normen über Rohre aus Kunststoffen

DIN 8072 Rohre aus PE weich (Polyethylen weich); Maße
DIN 8074 Rohre aus Polyethylen hoher Dichte (PE-HD); Maße
DIN 8077 Rohre aus Polypropylen (PP); Maße
DIN 16869 T1 Rohre aus glasfaserverstärktem Polyesterharz (UP-GF), geschleudert, gefüllt; Maße
DIN 16870 T1 Rohre aus glasfaserverstärktem Epoxidharz (EP-GF), gewickelt; Maße
DIN 16871 –, geschleudert, Maße

3.1.1 Rohrleitungsteile (Komponenten)

DIN 16891	Rohre aus Acrylnitril-Butadien-Styrol (ABS) oder Acrylnitril-Styrol-Acrylester (ASA); Maße
DIN 16 893	Rohre aus vernetztem Polyethylen (PE-X); Maße
DIN 16961 T1	Rohre und Formstücke aus thermoplastischen Kunststoffen mit profilierter Wandung und glatter Rohrinnenfläche; Maße
DIN 16965 T1	Rohre aus glasfaserverstärkten Polyesterharzen (UP-GF), gewickelt, Rohrtyp A; Maße
T2	–, –, Rohrtyp B; Maße
T4	–, –, Rohrtyp D; Maße
T5	–, –, Rohrtyp E; Maße
DIN 16969	Rohre aus Polybuten (PB); Maße
DIN 19535 T1	Rohre und Formstücke aus Polyethylen hoher Dichte (PE-HD) für heißwasserbeständige Abwasserleitungen (HT) innerhalb von Gebäuden; Maße
DIN 19537 T1	Rohre und Formstücke aus Polyethylen hoher Dichte (HDPE) für Abwasserkanäle und -leitungen; Maße.

Rohre aus mineralischen Werkstoffen. DIN-Normen gibt es für Rohre aus Steinzeug, aus Faserzement, aus Beton und aus Stahlbeton.

DIN 1230 T1	Steinzeug für die Kanalisation; Rohre und Formstücke mit Steckmuffe; Maße
T6	–; Rohre und Formstücke mit glatten Enden; Maße
DIN EN 512	Faserzementprodukte; Druckrohre und Verbindungen
DIN 19840 T1	Faserzement-Abflußrohre und -formstücke für Abwasserleitungen; Maße.

Abweichend von der Gestaltung der bisher genannten Rohrnormen sind die beiden Normen, die für Betonrohre, Stahlbetonrohre und Stahlbetondruckrohre bestehen.

Betonrohre und Stahlbetonrohre werden als statisch zu berechnende Bauwerke betrachtet. Für Berechnung und Herstellung gelten die Festlegungen für Beton- bzw. Stahlbetonbauwerke.

DIN 4032 Betonrohre und Formstücke; Maße; Technische Lieferbedingungen (Jan 1981)

DIN 4032 legt nach Nennweiten geordnet die Rohrform, den Innendurchmesser und Mindestwanddicken in Abhängigkeit von der Ausführung fest (Tab. **3.22** und **3.25**). Maßlich und ausführungsmäßig festgelegt werden die Rohrverbindungen. Die Anforderungen an die Festigkeit der Rohre sind beschrieben durch eine Mindestscheiteldruckkraft der Rohre sowie durch Angabe der Festigkeitsklasse des Betons. Weitere Anforderungen gelten der Wasserdichtheit, der Wandrauhheit, der Abriebfestigkeit sowie dem Widerstand gegen chemische Angriffe. Ergänzt wird die Norm durch Prüfvorschriften.

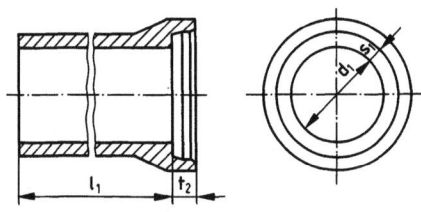

3.20 Betonrohr nach DIN 4032 mit Kreisquerschnitt ohne Fuß, mit Muffe

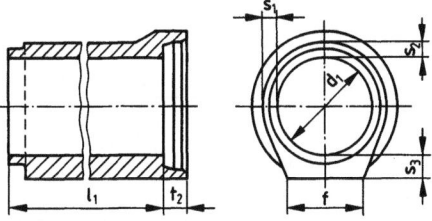

3.21 Betonrohr nach DIN 4032 mit Kreisquerschnitt mit Fuß, mit Muffe

Tabelle 3.22 Betonrohre mit Kreisquerschnitt nach DIN 4032

Nenn-weite DN	d_1		Abweichung der Parallelität der Stirnflächen	Mindestwanddicke							Fußbreite f ≈
		Grenz-abmaße		K s_1	KF s_1	s_2 und s_3	KW s_1		KFW s_1	s_2	s_3	
100	100	±2	3	22	22	22	–	–	–	–	80
150	150	±2	3	24	24	24	–	–	–	–	120
200	200	±3	4	26	26	26	–	–	–	–	160
250	250	±3	4	30	30	30	–	–	–	–	200
300	300	±4	5	40	40	40	50	50	50	65	240
400	400	±4	6	45	45	45	65	50	65	90	320
500	500	±5	6	50	50	60	85	70	85	110	400
600	600	±6	8	60	60	70	100	85	100	130	450
700	700	±6	8	70	70	80	115	100	115	150	500
800	800	±7	10	75	75	90	130	115	130	170	550
900	900	±7	10	–	–	–	145	130	145	195	600
1000	1000	±8	12	–	–	–	160	145	160	215	650
1200	1200	±10	14	–	–	–	190	170	190	260	730
1400	1400	±10	16	–	–	–	220	200	220	300	840

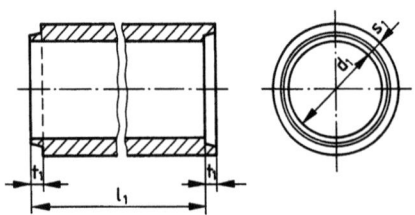

3.23 Betonrohr nach DIN 4032 mit Kreisquerschnitt ohne Fuß, mit Falz

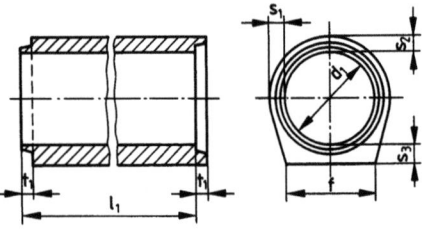

3.24 Betonrohr nach DIN 4032 mit Kreisquerschnitt mit Fuß, mit Falz

Tabelle 3.25 Betonrohre mit Eiquerschnitt nach DIN 4032

Nennweite DN	d_1/h	Grenz-abmaße d_1 und h	Abweichung der Parallelität der Stirnflächen	Mindestwanddicken			Fußbreite f ≈
				s_1	s_2	s_3	
500/ 750	500/ 750	± 5	6	64	84	84	320
600/ 900	600/ 900	± 8	8	74	98	98	375
700/1050	700/1050	± 6	8	84	110	110	430
800/1200	800/1200	± 7	10	94	122	122	490
900/1350	900/1350	± 7	10	102	134	134	545
1000/1500	1000/1500	± 8	12	110	146	146	600
1200/1800	1200/1800	±10	14	122	160	160	720

Tabelle 3.26 Maße für Betonrohre für Rollringdichtung nach DIN 4032

DN	d_1	Grenz-abmaße	d_2	Grenz-abmaße	d_3	Grenz-abmaße	d_4	Grenz-abmaße	s_4	t_2	t_3	t_4
100	100	±2	162	±1,5	146	±2,0	23	±2,0	30	60	30	12
150	150	±2	222	±1,5	206	±2,0	28	±2,0	35	60	30	12
200	200	±3	276	±1,5	260	±2,0	30	±2,5	40	60	30	12

3.1.1 Rohrleitungsteile (Komponenten)

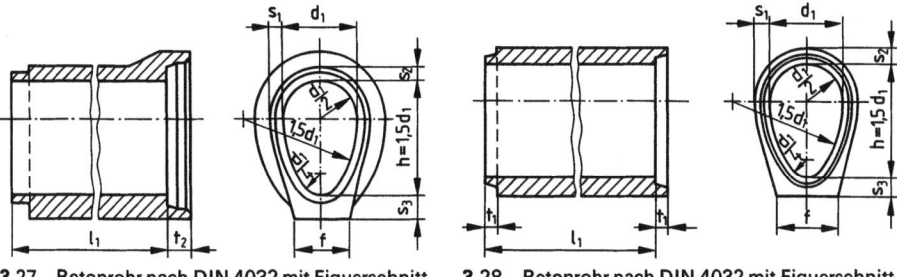

3.27 Betonrohr nach DIN 4032 mit Eiquerschnitt mit Fuß, mit Muffe

3.28 Betonrohr nach DIN 4032 mit Eiquerschnitt mit Fuß, mit Muffe

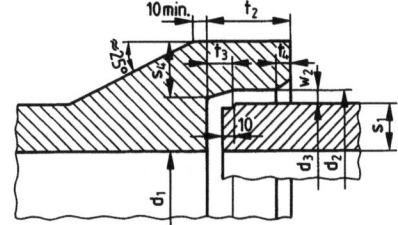

3.29 Muffenverbindung nach DIN 4032 für Betonrohre für Rollringdichtung

DIN 4035 Stahlbetonrohre, Stahlbetondruckrohre und zugehörige Formstücke; Maße; Technische Lieferbedingungen (Jul 1990)

Für Stahlbetonrohre und Stahlbetondruckrohre beschränken sich in DIN 4035 die Maßangaben auf Bereichsangaben und Beispielsammlungen für Rohrverbindungen. Diese Rohre sind vorgesehen für den Nennweitenbereich von DN 250 bis DN 4000.

Stahlbetonrohre und Stahlbetondruckrohre unterliegen in der Fertigung der Eigen- und Fremdüberwachung.

Die Wanddicke errechnet sich aus den Lastannahmen. Anforderungen werden an die Herstellung, die Festigkeitsklasse und den Wasserzementwert des Betons sowie an die Bewehrung gestellt. Die Norm enthält Prüfvorschriften für die Druckfestigkeit und den Wasserzementwert des Betons, für die Bewehrung, die Dichtheitsprüfung, die Innendruckprüfung und die Prüfung der Ringbiegezugfestigkeit. Rohrwerke unterliegen der Güteüberwachung. Die Anforderungsprofile an die Attribute und die Prüfverfahren zum Nachweis der Erfüllung der Anforderungen sind in der Norm festgelegt.

3.1.1.2 Formstücke

Formstücke sind Rohrleitungsteile zum Verbinden, Richtungsändern, Verzweigen, Querschnittsändern oder Verschließen von Rohrleitungen.

Formstücke zum Verbinden von Rohrleitungsteilen. Zum Verbinden von Rohrleitungsteilen dienen Flansche und Muffen. Diese können Einzelformstücke sein, sie können aber auch integrale Bestandteile von Rohren, Formstücken oder Armaturen sein. Eine Übersicht über Verbindungsteile als Formstücke zeigt, nach Werkstoffen gegliedert, Tab. **3.30**.

DIN-Normen über Anschlußmaße für Flansche und Muffen s. Abschn. 4.1.

Für Flansche als Formstücke bestehen abhängig von der Form und der Nenndruckstufe Maßnormen. Sie sind nachstehend aufgeführt. Ihnen zugeordnet sind DIN-Normen mit Technischen Lieferbedingungen. Einzelheiten s. Abschn. 3.1.3.

Tabelle 3.30   Flansche und Muffen, Übersicht

Werkstoff	Formstück	
	Flansch	Muffe
Stahl	Gewindeflansch PN 6, PN 10 und PN 16 Vorschweißflansch PN 2,5, PN 6, PN 10, PN 16, PN 25, PN 40, PN 64, PN 100, PN 160, PN 250, PN 320, PN 400 Lose Flansche mit Bund PN 6, PM 10, PN 25, PN 40 Lose Flansche mit Vorschweißbund PN 10 Glatte Löt- und Schweißflansche PN 6, PN 10	Gewindemuffe
Gußeisen	–	Steckmuffe (GGG) Gewindemuffe (GTW)
NE-Metall		Lötmuffe
Kunststoff	Lose Flansche mit Bundbuchse Lose Flansche mit kegeliger Buchse (Flansch aus Metall, Hartpapier oder Kunststoff) PN 6, PN 10	Steckmuffe Klebebuchse Schweißmuffe

Die **Geometrie** der Flansche als Formstücke ist in den nachstehend aufgeführten DIN-Normen beschrieben.

Gewindeflansche

DIN 2558   Ovale Gewindeflansche, glatt, Nenndruck 6
DIN 2561   Ovale Gewindeflansche mit Ansatz, Nenndruck 10 und 16
DIN 2566   Gewindeflansche mit Ansatz, Nenndruck 10 und 16

Löt- und Schweißflansche, Vorschweißflansche

DIN 2573   Flansche, glatt, zum Löten und Schweißen, Nenndruck 6
DIN 2576   Flansche, glatt, zum Löten und Schweißen, Nenndruck 10
DIN 2627   Vorschweißflansche, Nenndruck 400
DIN 2628   Vorschweißflansche, Nenndruck 250
DIN 2629   Vorschweißflansche, Nenndruck 320
DIN 2630   Vorschweißflansche, Nenndruck 1 und 2,5
DIN 2631   Vorschweißflansche, Nenndruck 6
DIN 2632   Vorschweißflansche, Nenndruck 10
DIN 2633   Vorschweißflansche, Nenndruck 16
DIN 2634   Vorschweißflansche, Nenndruck 25
DIN 2635   Vorschweißflansche, Nenndruck 40
DIN 2636   Vorschweißflansche, Nenndruck 64
DIN 2637   Vorschweißflansche, Nenndruck 100
DIN 2638   Vorschweißflansche, Nenndruck 160

Lose Flansche

DIN 2641   Lose Flansche; Vorschweißbördel, Glatte Bunde, Nenndruck 6
DIN 2642   Lose Flansche; Vorschweißbördel, Glatte Bunde, Nenndruck 10
DIN 2655   Lose Flansche; Glatte Bunde, Nenndruck 25
DIN 2656   Lose Flansche; Glatte Bunde, Nenndruck 40
DIN 2673   Lose Flansche mit Vorschweißbund, Nenndruck 10.

3.1.1 Rohrleitungsteile (Komponenten)

Formstücke zum Richtungsändern, Verzweigen und Verschließen. Eine DIN-Norm über die Grundraster der End-zu-Endmaße von Formstücken (Baulängen, Schenkellängen) besteht nicht. Diese Maße haben sich aus den Bau- und Schenkellängen in den einzelnen Armaturennormen unterschiedlich je nach Werkstoffentwicklung und Fertigungsmöglichkeiten entwickelt.

Für die Planung hilfreich sind folgende DIN-Normen über Bau- und Schenkellängen:

mit Flanschanschluß

DIN 3202 T1	Baulängen von Armaturen; Flanscharmaturen (s. Abschn. 3.1.1.3)
DIN 28637	Formstücke aus duktilem Gußeisen für Gas- und Wasserleitungen; Q-Stücke, Flanschbogen 90°, Anwendung, Maße, Massen (Gewichte)
DIN 28643	–; T-Stücke, Flanschstücke und Flanschstutzen, Anwendung, Maße, Massen (Gewichte)

mit Schweißanschluß

DIN 2605 T1	Formstücke zum Einschweißen; Rohrbogen; Verminderter Ausnutzungsgrad
T2	–; –; Voller Ausnutzungsgrad
DIN 2615 T1	–; T-Stücke; Verminderter Ausnutzungsgrad
T2	–; –; Voller Ausnutzungsgrad
DIN 2616 T1	–; Reduzierstücke; Verminderter Ausnutzungsgrad
T2	–; –; Voller Ausnutzungsgrad
DIN 2617	–; Kappen; Maße.

Tabelle **3.31** Formstücke zum Richtungsändern, Übersicht

Form	Anschluß	Werkstoff	
		des Formstückes	für Rohre aus
Bogen 180°	Steckmuffe	GG, GGG, K	GGG, K AZ
	Klebmuffe	K	K
	Lötmuffe	NE	NE
	Schweißmuffe	St, NE, K	St, NE, K
	Gewindemuffe	GTW, St, NE	St, NE
Bogen 180°	Anschweißende	St, NE	St, NE
	Lötende		
Bogen 90°	Flansch	St	St
		GG, GGG	GG, GGG

Fortsetzung s. nächste Seite

Tabelle **3.31**, Fortsetzung

Form	Anschluß	Werkstoff des Formstückes	Werkstoff für Rohre aus
Bogen 90°	Steckmuffe Klebmuffe Lötmuffe Schweißmuffe Gewindemuffe	GG, GGG, K K NE St, NE, K GTW, St, NE	GGG, K AZ K NE St, NE, K St, NE
	Anschweißende Lötende	St, NE	St, NE
	Gewinde	ST, NE	ST, NE
Winkel 90°	Anschweißende	St, NE	St, NE
	Gewinde		

Fortsetzung s. nächste Seite

3.1.1 Rohrleitungsteile (Komponenten)

Tabelle 3.31, Fortsetzung

Form	Anschluß	Werkstoff des Formstückes	Werkstoff für Rohre aus
Bogen 45°	Flansch	St GG, GGG	St GGG, K, AZ
Bogen 45°	Steckmuffe Klebmuffe Lötmuffe Schweißmuffe Gewindemuffe	GG, GGG, K K NE St, NE, K GTW, St, NE	GGG, K AZ K NE St, NE, K St, NE
	Gewinde	GTW, St, NE	St, NE
	Anschlußende Lötende	ST, NE, K	ST, NE, K
Sonderformen	Steckmuffe/ glattes Ende	GG	GG, K
	Anschweißende Lötende	St, NE	St, NE

Tabelle **3.**32 Formstücke zum Verzweigen, Übersicht

Form	Anschluß	Werkstoff	
		des Formstückes	für Rohr aus
T-Stücke mit geradem Abgang	Flansch Steckmuffe Schweißmuffe Gewindemuffe	St, GG, GGG, K NE	St, GG, GGG, K, AZ NE, K
	Anschweißende Lötende	St, NE	St, NE
T-Stücke mit schrägem Abgang	Steckmuffe	GG	GG
T-Stücke mit geradem Abgang, reduziert	Flansch Steckmuffe Schweißmuffe Lötmuffe Gewindemuffe	GG, GGG, K NE, K	GG, GGG, K, AZ NE, K

Fortsetzung s. nächste Seite

3.1.1 Rohrleitungsteile (Komponenten)

Tabelle **3**.32, Fortsetzung

Form	Anschluß	Werkstoff des Formstückes	Werkstoff für Rohre aus
T-Stücke mit schrägem Abgang, reduziert	Flansch Steckmuffe Schweißmuffe	K	K
Kreuzstücke	Flansch Steckmuffe Lötmuffe Gewindemuffe	GG, GGG, K NE, K	GGG, K, AZ NE, K
Mehrfachabzweige	Flansch Steckmuffe Schweißmuffe Lötmuffe	K NE	K NE
Mehrfachabzweige	Steckmuffe Lötmuffe Gewindemuffe	NE, K	NE, K

Fortsetzung s. nächste Seite

Tabelle **3.32**, Fortsetzung

Form	Anschluß	Werkstoff	
		des Formstückes	für Rohre aus
Mehrfachabzweige	Steckmuffe Schweißmuffe	GG, K	GG, K
Sattelstutzen	Anschweißende	St, NE	St, NE
Einschweißbogen	Anschweißende	St, NE	St, NE

3.1.1 Rohrleitungsteile (Komponenten)

Tabelle 3.33 Formstücke zum Querschnittsändern, Übersicht

Form	Anschluß	Werkstoff des Formstückes	Werkstoff für Rohre aus
Reduziermuffe, -stück, Übergangsstück	Anschweißende Lötende	St, NE	St, NE
Reduziermuffe	Gewinde		
Reduzierstück, Übergangsstück	Flansch	St GG, GGG	St GGG, K, AZ
Reduzierstück, Übergangsstück	Steckmuffe Klebmuffe Lötmuffe Schweißmuffe Gewindemuffe	GG, GGG, K K NE St, NE, K GTW, St, NE	GGG, K AZ K NE St, NE, K St, NE

Tabelle 3.34 Formstücke zum Verschließen, Übersicht

Form	Anschluß	Werkstoff	
		des Formstückes	für Rohre aus
Blindflansch	Flansch	St, GG, GGG	St, GGG
Kappe	Anschweißende Außengewinde	St St, GTW, NE	St St, NE
	Klebmuffe	K	K
Stopfen	Gewinde	St, GTW, NE	St, NE

3.1.1.3 Armaturen

Eine Armatur ist ein Rohrleitungsteil, das in Systemen aus Rohrleitungen, Behältern, Apparaten und Maschinen die Funktion des
- Schaltens und
- Stellens

ausübt.

Die Grundbauarten (s. Tab. 3.35)

Die Grundbauarten der Armaturen unterscheiden sich
a) durch die Arbeitsbewegung ihres Abschlußkörpers
b) durch die Strömung im Abschlußbereich.

3.1.1 Rohrleitungsteile (Komponenten)

Schieber. Ein Schieber ist eine Armatur, deren Abschlußkörper sich zum Schalten oder Stellen geradlinig und im Abschlußbereich quer zur Strömung bewegt.

Ventil. Ein Ventil ist eine Armatur, deren Abschlußkörper sich zum Schalten oder Stellen geradlinig und im Abschlußbereich längs zur Strömung bewegt.

Hahn. Ein Hahn ist eine Armatur, deren Abschlußkörper sich zum Schalten oder Stellen drehend um Achse quer zur Strömung bewegt, und deren Abschlußkörper in Offenstellung durchströmt ist.

Klappe. Eine Klappe ist eine Armatur, deren Abschlußkörper sich zum Schalten oder Stellen drehend um Achse quer zur Strömung bewegt und deren Abschlußkörper in Offenstellung umströmt ist.

Tabelle **3.**35 Definition der Grundbauarten von Armaturen nach DIN 3211 T1

Arbeitsbewegung des Abschlußkörpers	geradlinig		drehend um Achse quer zur Strömung	
Strömung im Abschlußbereich	quer zur Bewegung des Abschlußkörpers	längs der Bewegung des Abschlußkörpers	durch den Abschlußkörper	um den Abschlußkörper
Grundbauart und Ausführungsbeispiel	Schieber	Ventil	Hahn	Klappe

Für **Armaturen** sind in DIN-Normen festgelegt die
- Rohranschlüsse
- Baulänge und Platzbedarfsmaße (Raumbedarfsmaße)
- Werkstoffe
- Anforderungen und Prüfungen für die Fertigungskontrolle
- Kennzeichnung

Rohranschlüsse für Armaturen sind festgelegt für
- Flansche ... Anschlußmaße nach DIN 2501 T1 (s. Abschn. 4.1.2.1)
- Anschweißenden ... Anschlußmaße nach DIN 3239 T 1 (s. Norm)
- Innengewinde/Außengewinde ...
  Kegelig ... Anschlußmaße nach DIN 2999 T1 (s. Norm)
  Zylindrisch ... Anschlußmaße nach DIN ISO 228 T1 (s. Norm)
- Innenlötende/Außenlötende ... Anschlußmaße nach DIN 2856 (s. Norm)
- Steckmuffen ... Anschlußmaße werkstoffabhängig entsprechend den Rohr- und Formstücknormen (s. Abschn. 3.1.1.1 und 3.1.1.2).

Ferner gibt es Armaturenarten ohne Rohranschluß zum Einklemmen der Armatur zwischen die Rohrleitungs-Endflansche.

Zu den Flanschanschlüssen ist darauf hinzuweisen, daß bei der Erarbeitung der Internationalen Normen ISO 7005 T1 bis T3 neben den Anschlußmaßen nach DIN 2501 T1 bis Nenndruckstufe PN 40 auch die Anschlußmaße der Flansche nach ANSI B 16.5[1]) mit berücksichtigt werden.

Die Baulängen und Platzbedarfsmaße haben unterschiedliche Bedeutungen.

Baulänge. Die Baulänge einer Armatur bestimmt ihre Austauschbarkeit.

---
[1]) American National Standards Institute

DIN 3202 T1 Baulängen von Armaturen, Flanscharmaturen (Sep 1984)
       T2 –, Einschweißarmaturen (Apr 1982)
       T3 –, Einklemmarmaturen (Okt 1979)
       T4 –, Armaturen mit Innengewinde-Anschluß (Apr 1982)
       T5 –, Armaturen mit Rohrverschraubungs-Anschluß (Sep 1984)

Die Baulänge ist definiert als der Abstand zweier Ebenen, die über die Armaturenenden gelegt sind (s. Bild **3.36** für Flanscharmaturen).

Armatur in Durchgangsform

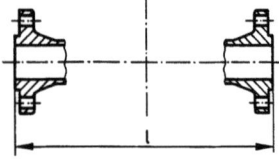

Armatur in Eckform

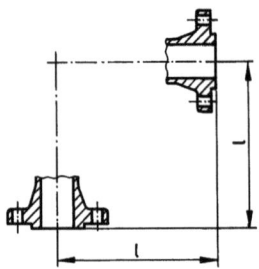

Dichtflächenformen nach DIN 2526

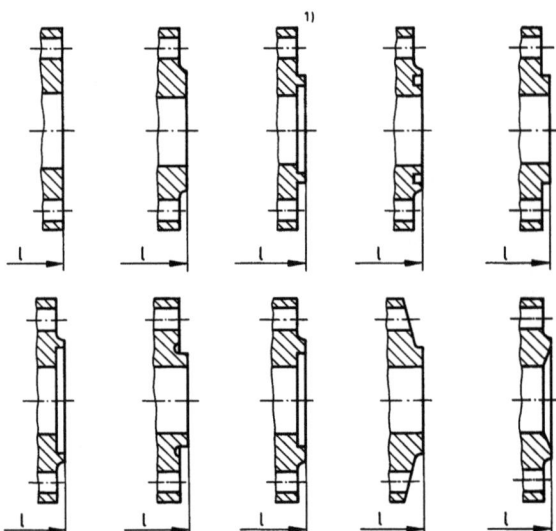

3.36 Baulänge einer Armatur nach DIN 3202 T1

---

[1]) Diese Form ist für Armaturen in der Regel nicht üblich

3.1.1 Rohrleitungsteile (Komponenten)

Tabelle 3.37 Baulängenreihen für Armaturen in Durchgangsform

Nenn-weite DN	Baulänge l Reihe													
	F1	F2	F3	F4	F5	F6	F7	F8	F9	F11	F15	F16	F17	F18	F19
10	130[1])	210	230	110[2])	–	–	–	–	–	85	–	–	130	110	–
15	130	210	230	115[2])	–	–	–	–	–	90	–	–	130	115	–
20	150	230	260	120[2])	–	–	–	–	–	110	–	–	150	120	75
25	160	230	260	125[2])	120	–	–	–	–	125	–	–	160	125	80
32	180	260	300	130[2])	140	–	–	–	–	155	–	–	180	130	90
40	200	260	300	140	240	180	240	270	310	175	240	106	200	140	100
50	230	300	350	150	250	200	250	300	350	200	250	108	230	150	110
65	290	340	400	170	270	240	290	360	425	130	270	112	290	170	150
80	310	380	450	180	280	260	310	390	470	140	280	114	310	180	150
100	350	430	520	190	300	300	350	450	550	160	330	127	350	190	160
125	400	500	600	200	325	350	400	525	650	260	360	140	400	325	200
150	480	550	700	210	350	400	450	600	750	400	390	140	450	350	210
(175)	550	–	–	220	375	450	–	–	–	–	430	140	–	–	–
200	600	650	800	230	400	500	550	750	950	–	460	152	550	400	–
250	730	775	900	250	450	600	650	900	1150	–	530	165	650	450	–
300	850	900	1050	270	500	700	750	1050	1350	–	630	178	750	500	–
350	980	1025	–	290	550	800	850	1200	1550	–	690	190	850	550	–
400	1100	1150	–	310	600	900	950	1350	1750	–	750	216	950	762	–
450	1200	1275	–	330	650	1000	–	–	–	–	810	222	–	–	–
500	1250	1400	–	350	700	1100	1150	1650	–	–	880	229	1150	914	–
600	1450	1600	–	390	800	1300	1350	–	–	–	1000	267	–	–	–
700	1650	–	–	430	900	1500	1550	–	–	–	1130	292	–	–	–
800	1850	–	–	470	1000	1700	1750	–	–	–	1250	318	–	–	–
900	2050	–	–	510	1100	1900	1950	–	–	–	1380	330	–	–	–
1000	2250	–	–	550	1200	2100	2150	–	–	–	1500	410	–	–	–
1200	–	–	–	630	1400[2])	–	–	–	–	–	1800	470	–	–	–
1400	–	–	–	710	–	–	–	–	–	–	–	530	–	–	–
1600	–	–	–	790	–	–	–	–	–	–	–	600	–	–	–
1800	–	–	–	870	–	–	–	–	–	–	–	670	–	–	–
2000	–	–	–	950	–	–	–	–	–	–	–	760	–	–	–
2200	–	–	–	1030[2])	–	–	–	–	–	–	–	–	–	–	–
2400	–	–	–	1110[2])	–	–	–	–	–	–	–	–	–	–	–
2600	–	–	–	1190[2])	–	–	–	–	–	–	–	–	–	–	–
2800	–	–	–	1270[2])	–	–	–	–	–	–	–	–	–	–	–
3000	–	–	–	1350[2])	–	–	–	–	–	–	–	–	–	–	–
Entspricht Grund-reihe in ISO 5752	1	2	–	14	15	–	–	–	–	–	13	–	–	–	–

[1]) Für Armaturen mit Gehäusen aus Kunststoff 120.
[2]) Diese Nennweiten sind in ISO 5752 nicht enthalten.

Tabelle 3.38 Baulängenreihen für Armaturen in Eckform

Nennlänge	Baulänge l Reihe			Nennlänge	Baulänge l Reihe		
DN	F 32	F 33	F 34	DN	F 32	F 33	F 34
10	85	105	115	300	375	450	–
15	90	105	115	350	425	515	–
20	95	115	130	400	475	575	–
25	100	115	130	450	500	–	–
32	105	130	150	500	575	700	–
40	115	130	150	600	675	–	–
50	125	150	175	700	775	–	–
65	145	170	200	800	875	–	–
80	155	190	225	900	975	–	–
100	175	215	260	1000	1075	–	–
125	200	250	300	Entspricht Grundreihe in ISO 5752	8	9	–
150	225	275	350				
(175)	250	300	–				
200	275	325	400				
250	325	390	–				

Grenzabmaße: ± 0,5%, mindestens ± 1 mm

Ein – in den Tabellenfeldern bedeutet, daß eine Armatur in der entsprechenden Reihe für die Nennweite z. Z. nicht genormt ist bzw. nicht hergestellt wird und deshalb die Festlegung einer Baureihe nicht sinnvoll ist.

Raumbedarfsmaße. Die Raumbedarfsmaße für den Einbau einer Armatur beschreiben den Hüllkörper der Armatur als Größtmaße. Bei Armaturen, die üblicherweise mit Betätigungsorgan (Handrad, Hebel) geliefert werden, schließt der Hüllkörper den Schwenkbereich des Betätigungsorganes ein. Die Festlegung hat Bedeutung für Planung und Vorfertigung, denn sie beschreibt den dreidimensionalen Raum, der bei der Planung vorgesehen werden muß, um die Armatur einbauen und im eingebauten Zustand betätigen zu können.

Die Hüllkörper sind in den jeweiligen Bauartnormen für die verschiedenen Gehäuseformen festgelegt (s. Bild 3.39). Tab. 3.40 gibt einen Überblick über die Gehäuseformen von Armaturen und deren Definition.

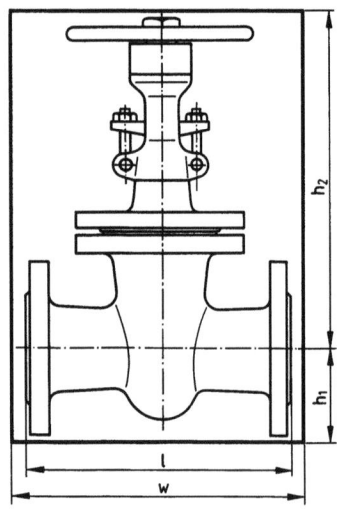
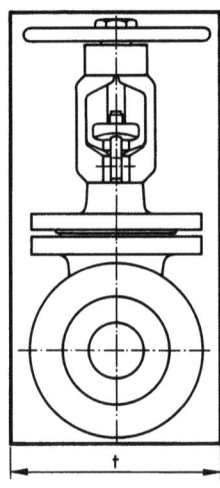

3.39 Beispiel: Definition des Hüllkörpers für einen Schieber nach DIN 3352 T 8

3.1.1 Rohrleitungsteile (Komponenten)

Tabelle 3.40 Gehäuseformen

Benennung	Erklärung
Durchgangsform	Allgemeine Benennung von Gehäusen, deren Ein- und Ausgänge auf einer Achse liegen und deren lichter Durchgang im Bereich des Abschlußkörpers konstruktionsabhängig auf den der Nennweite entsprechenden Mengenstrom ausgelegt ist.
Durchgangsform, Oberteil gerade	Gehäuse in Durchgangsform, auf denen das Oberteil senkrecht zur Rohrachse stehend angeordnet ist.
Durchgangsform, Oberteil schräg	Gehäuse in Durchgangsform, auf dem das Oberteil unter einem Winkel geneigt zur Rohrachse angeordnet ist.
Durchgangsform, voller Durchgang	Gehäuse in Durchgangsform, deren lichter Durchmesser im ganzen Bereich des Durchganges auch des Abschlußkörpers annähernd gleich ist dem Zahlenwert der Nennweite.
Durchgangsform, red. Durchgang	Gehäuse in Durchgangsform, deren lichter Durchmesser im Bereich des Abschlußkörpers auf einen Zahlenwert reduziert ist, der annähernd dem der nächstkleineren Nennweitenstufe entspricht.
Eckform	Gehäuse, deren Ein- und Ausgänge zueinander in einem Winkel von 90° liegen.
Dreiwegeform	Gehäuse, bei denen zwei Ein- und Ausgänge auf einer Achse liegen und ein dritter Ein- oder Ausgang um 90° versetzt zu dieser Achse angeordnet ist.
Mehrwegeform	Gehäuse mit mehr als drei Ein- und Ausgängen in unterschiedlicher Anordnung.

Werkstoffe

DIN 3339 Armaturen; Werkstoffe für Gehäuseteile (Jan 1984)

In Anlehnung an in- und ausländische Normen und technische Regeln enthält die Norm eine Auswahl von Werkstoffen, die bevorzugt beim Aufstellen von Armaturennormen oder von Festlegungen in technischen Regeln über Armaturen berücksichtigt werden sollen. Die Auswahl wurde bewußt restriktiv getroffen. Einzelheiten s. Abschn. 3.1.2.3.

Kennzeichnung

DIN EN 19 Kennzeichnung von Industriearmaturen für allgemeine Verwendung (Sep 1977)

Die zu verwendenden Kurzzeichen sind in Tab. 3.41 dargestellt und erläutert.

Die Anforderungen an die Kennzeichnung sind in Abhängigkeit von der Baugröße (Nennweite DN) in zwei Gruppen gegliedert (Einzelheiten s. Norm).

Tabelle 3.41 Erläuterungen zu den Kennzeichen nach DIN EN 19

Kennzeichen für	Erläuterungen des Kennzeichens
Nennweite	Kurzzeichen DN und Nennzahl nach DIN 2402
	Das Kurzzeichen DN kann entfallen, wenn das Kennzeichen für den Nenndruck unmittelbar folgt.
	Bei Armaturen mit Anschlüssen unterschiedlicher Nennweiten sind alle Nennweiten anzugeben.
Nenndruck	Kurzzeichen PN und Nennzahl nach DIN 2401 T1
	Bei Armaturen mit Teilen unterschiedlicher Druckstufen sind alle Nenndrücke anzugeben.
Gehäusewerkstoff	Werkstoffnummer nach den Werkstoffnormen
	Anstelle der Werkstoffnummer können die Werkstoff-Kurznamen nach den Werkstoffnormen verwendet werden.
Herstellerzeichen	Das Zeichen muß die Herkunft der Armatur ausweisen.
Durchflußrichtungspfeil	Die Durchflußrichtung ist z. B. mit einem Pfeil anzugeben, wenn sie konstruktionsbedingt festliegt.
Ring-Joint-Nummer	Auf dem Flansch
Zulässige Betriebstemperatur	Wenn eine Temperaturgrenze angegeben werden muß, ist sie in °C und als obere und/oder untere Grenze anzugeben.
Anschlußgewinde	Art des Gewindes.
Zulässiger Betriebsüberdruck	Wenn ein zulässiger Betriebsüberdruck angegeben werden muß, ist er in bar und als obere und/oder untere Grenze anzugeben.
Fabrik- oder Kenn-Nummer	Kennzeichnung, die zur Identifizierung der Armatur dient.
Norm-Nummer	Nummer der Bauartnorm
Schmelzen-Nummer	
Art der Ausrüstung und Garnitur	
Betriebsdaten	Andere als Druck und Temperatur
Auskleidung	
Gütezeichen, Prüfzeichen, Bauteil-Kennzeichen	Diese Zeichen sind anzubringen, wenn es in Normen festgelegt oder in Vorschriften verlangt wird und wenn das Kennzeichen von einer hierzu berechtigten Stelle zuerkannt worden ist.
Stempel des Sachverständigen	
Baujahr	
Strömungskennwerte	

Anforderungen und Prüfungen

Die Anforderungen und die für die Fertigungskontrolle maßgebenden Prüfungen sind in den Bauartnormen festgelegt.

Es wird unterschieden zwischen Anforderungen, die vom Hersteller in der Fertigung an jeder Armatur nachzuprüfen sind, und Anforderungen, die vom Hersteller in der Fertigung stichprobenweise nachzuprüfen sind. Für die Prüfungen gilt DIN 3230 T3. Einzelheiten hierzu s. Abschn. 3.1.3.3.

DIN 3352 T2 Schieber aus Gußeisen metallisch dichtend mit innenliegendem Spindelgewinde (Aug 1988)

Diese Norm gilt in Verbindung mit DIN 3352 T1 für Baulängen, Rohranschluß- und Raumbedarfsmaße, Formen, Ausrüstung, Werkstoffe, Prüfung und Kennzeichnung (Kennzeichen nach DIN EN 19) von Schiebern aus Gußeisen, metallisch dichtend, mit innenliegendem Spindelgewinde für allgemeine Verwendung.

Die Einsatzgrenzen von Armaturen ergeben sich vom Druck her aus der Nenndruckstufe. Vom Durchflußstoff her steuert der Werkstoff den möglichen Einsatz. Die Temperaturgrenzen ergeben sich einerseits aus dem Werkstoff der Gehäuse, andererseits aber weitgehend aus der Ausrüstung der Armatur. Beispiel für Schieber s. Tab. 3.42.

Tabelle 3.42 Einsatzgrenzen von Schiebern nach DIN 3352 T2

Teil	Werkstoff oder Eigenschaft für			
	Liste 2	Liste 3	Liste 4	Liste 5
Sitz des Gehäuses	Stahl mit mindestens 13% Cr oder Nickellegierung mit mindestens 60% Ni	Kupferlegierungen	Kupferlegierungen	Stahl mit mindestens 13% Cr oder Nickellegierung mit mindestens 60% Ni
Sitz des Abschlußkörpers				
Dichtung zwischen den Gehäuseteilen	Weichstoff		Elastomer	
Spindel	Stahl mit mindestens 13% Cr			
Spindelabdichtung	Weichstoff		Elastomer	
Spindelmutter	Nach Wahl des Herstellers			
zulässige Betriebstemperatur	–10 bis 150 °C		Medienabhängig; Rücksprache mit Armaturenhersteller erforderlich	

Unabhängig von der Bauart werden für bestimmte Einsatzgebiete **anwendungsbezogene Anforderungen** gestellt, die sich aus anwendungsbezogenen Regelwerken herleiten.

DIN 3230 T 4 Technische Lieferbedingungen für Armaturen; Armaturen für Trinkwasser, Anforderungen und Prüfung
       T 5 –; Armaturen für Gasleitungen und Gasanlagen, Anforderungen und Prüfung
       T 6 –; Armaturen für brennbare Flüssigkeiten, Anforderungen und Prüfung

Für Armaturen, die in Gas- und Trinkwasser-Installationen verwendet werden, dem DVGW-Regelwerk unterworfen sind und die folglich der Anerkennung bedürfen, wurden folgende Zertifizierungsnormen aufgestellt.

DIN 3437   Gasabsperrarmaturen > PN 16, Anforderungen und Anerkennungsprüfung
DIN 3537 T1   Gasabsperrarmaturen bis PN 4; Anforderungen und Anerkennungsprüfung
DIN 3546 T1   Armaturen für Trinkwasserinstallationen in Grundstücken und Gebäuden; Allgemeine Anforderungen und Prüfung
DIN 3547 T1   Gas- und Wasser-Absperrarmaturen PN 4 bis PN 16; Anforderungen und Anerkennungsprüfung.

Diese Normen stellen einen Katalog besonderer, für die Verwendung der Armatur wesentlicher Anforderungen auf und legen die Prüfverfahren fest, mit denen der Nachweis der Erfüllung der Anforderungen zu führen und zu dokumentieren ist.

3.1.1.4 Antriebe für Armaturen (Anschlüsse)

Eine Schnittstelle der Armatur, die nicht dem Einbau der Armatur in die Rohrleitung dient, indessen für den Betrieb der Armatur von Bedeutung ist, ist die Schnittstelle zwischen Armatur und einem Kraftantrieb zur Betätigung der Armatur. Es bestehen folgende DIN-Normen:

DIN ISO 5210   Anschlüsse von Drehantrieben an Armaturen (Entw. Jun 1989)
DIN ISO 5211   Anschlüsse von Schwenkantrieben an Armaturen (Entw. Jun 1989)
DIN 3337   Anschlüsse von Schwenkantrieben für Armaturen; Kupplungsmaße (Sep 1985)
DIN 3338   Anschlüsse von Drehantrieben an Armaturen; Kupplungsmaße für Klauenkupplungen (Form C) (Dez 1987)
DIN 3358   Anschlüsse von Schubantrieben an Armaturen; Anschlußmaße bei Flanschverbindung (Okt 1982)

Für die Antriebe gelten folgende Definitionen:

Ein **Stellantrieb** ist eine Vorrichtung, geeignet zum Anbau an eine Armatur, damit die Armatur betätigt werden kann. Die Vorrichtung ist für den Betrieb mit elektrischer, pneumatischer, hydraulischer usw. Antriebsenergie oder einer Kombination dieser geeignet. Die Bewegung ist entweder durch den Weg, das Moment oder die Schubkraft begrenzt.

Ein **Drehantrieb** ist ein Stellantrieb, der auf die Armatur ein Drehmoment über mindestens eine volle Umdrehung überträgt. Er kann Schubkräfte aufnehmen.

Ein **Schwenkantrieb** ist ein Stellantrieb, der auf die Armatur ein Drehmoment über weniger als eine volle Umdrehung überträgt. Er muß keine Schubkräfte aufnehmen können.

Ein **Schubantrieb** ist ein Stellantrieb, der auf das Betätigungsorgan der Armatur eine lineare Bewegung überträgt.

Für die so definierten Antriebe legen die Normen
- die Anschlußmaße der Flansche an der Schnittstelle Unterkante Antrieb/Oberkante Armatur bzw. Adapter (s. Bild **3.43**)
- die Anschlußmaße der antreibenden an die angetriebenen Teile von Antrieb und Armatur (s. Bild **3.44**)

fest.

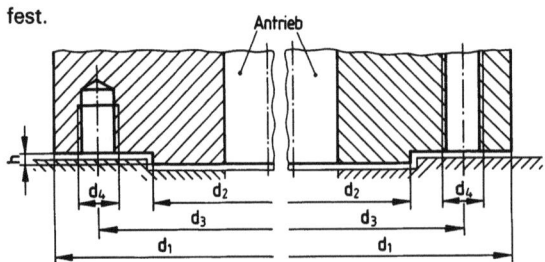

3.43
Flansch an Schnittstelle Antrieb–Armatur

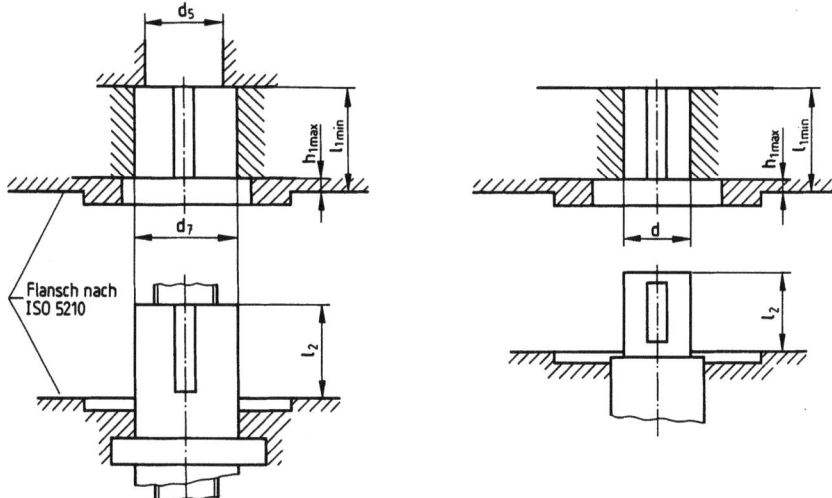

3.44 Schnittstelle antreibende und angetriebene Teile

3.1.2 Werkstoffe

3.1.2.1 Werkstoffe für Rohre und Formstücke

Die Werkstoffe, aus denen Rohre und Formstücke hergestellt werden, sind produktabhängig in den Normen mit Technischen Lieferbedingungen für diese Teile aufgeführt. Die DIN-Normen mit Technischen Lieferbedingungen sind im einzelnen in Abschn. 3.1.3 aufgelistet und in ihrem Inhalt dargestellt.

In diesen Technischen Lieferbedingungen sind **metallische Werkstoffe** definiert durch ihre entsprechenden Analyse- und Festigkeitskennwerte.

Maßgebend für die Lieferung ist die chemische Zusammensetzung nach der Schmelzenanalyse. Sie weist die Größt- oder Kleinstmassengehalte der für die Eigenschaften der Rohre und Formstücke maßgebenden Elemente aus. Für die Nachprüfung am fertigen Rohr bzw. Formstück sind für die Stückanalyse die zulässigen Abweichungen von den Grenzwerten der Schmelzenanalyse ausgewiesen.

Die mechanischen Eigenschaften, die die Werkstoffe kennzeichnen, sind
– die obere Mindeststreckgrenze, abhängig von den Wanddicken
– die Mindestzugfestigkeit
– die Mindestbruchdehnung längs und quer

Bei Werkstoffen, die keine ausgesprochene Streckgrenze aufweisen, tritt anstelle dieses Kennwertes die 0,2%-Dehngrenze.

Für Werkstoffe, die für Erzeugnisse bestimmt sind, die bei erhöhten Temperaturen eingesetzt werden, sind zusätzlich die Mindestwerte der 0,2%-Dehngrenze bei erhöhten Temperaturen festgelegt sowie Zahlenwerte für die 1%-Zeitdehngrenze und die Zeitstandfestigkeit für 10000 h, 100000 h und 200000 h.

Darauf hinzuweisen ist, daß in den Technischen Regelwerken für überwachungsbedürftige Anlagen (s. Abschn. 2.2) teilweise Einschränkungen derart festgelegt sind, daß die in den DIN-Normen genannten Zahlenwerte für die mechanischen Eigenschaften nicht uneingeschränkt für Berechnungen herangezogen werden dürfen. In diesen Regelwerken sind sog. Berechnungskennwerte angegeben, die von den entsprechenden Zahlenwerten der Normen abweichen können.

Für Rohre und Formstücke aus **Nichteisenmetallen** definieren die Technischen Lieferbedingungen keine Werkstoffe. Hier verweisen sie auf die einschlägigen Werkstoffnormen, die die Zusammensetzung (Analyse) und die mechanischen Eigenschaften des Werkstoffes definieren. Weitere Einzelheiten können den folgenden Normen entnommen werden:

DIN 1712 T3	**Aluminium; Halbzeug**
DIN 1725 T1	**Aluminiumlegierungen; Knetlegierung**
DIN 17660	**Kupfer-Knetlegierungen; Kupfer-Zink-Legierungen; (Messing) (Sondermessing); Zusammensetzung**
DIN 17662	**Kupfer-Knetlegierungen; Kupfer-Zinn-Legierungen; (Zinnbronze); Zusammensetzung**
DIN 17665	**Kupfer-Knetlegieruhgen; Kupfer-Aluminium-Legierungen; (Aluminiumbronze); Zusammensetzung**
DIN 17666	**Niedriglegierte Kupfer-Knetlegierungen; Zusammensetzung.**

Für Rohrleitungsteile aus **nichtmetallischen Werkstoffen** sind die Werkstoffaussagen in den Technischen Lieferbedingungen allgemein formuliert. Die Wahl der jeweiligen Formmasse, die auf der Grundlage der zitierten Normen vorzunehmen ist, ist dem Hersteller überlassen. Die für die Verarbeitung und die Eigenschaften des fertigen Erzeugnisses notwendigen Zusätze sind ebenfalls dem Hersteller des Erzeugnisses freigestellt. Eine Prüfung der Zusammensetzung findet nicht statt. Maßgebend ist, daß das fertige Produkt dem Anforderungsprofil entspricht, das in den Technischen Lieferbedingungen (s. Abschn. 3.1.3) beschrieben ist.

Für Rohre und Formstücke aus Beton und Stahlbeton sind in DIN-Normen festgelegte Betongüten vorgeschrieben.

Einschränkungen in der Werkstoffwahl bestehen über anwendungsbezogene Anforderungsnormen. Solche bestehen z. B. für Rohrleitungsteile, die in Trinkwasserinstallationen verwendet werden. Hier spielt der Aspekt der hygienischen Unbedenklichkeit eine entscheidende Rolle. Es gilt der Grundsatz, daß der Hersteller der Rohre und Formstücke den Nachweis der hygienischen Unbedenklichkeit zu führen hat. Maßgeblich ist die „KTW-Empfehlung Kunststoffe und andere nichtmetallische Werkstoffe für den Trinkwasserbereich"[1]).

3.1.2.2 Werkstoffe für Flansche

DIN 2528 Flansche; verwendungsfertige Flansche aus Stahl; Werkstoffe (Jun 1991)

Diese Norm gilt für verwendungsfertige Flansche und Bunde aus unlegierten, unlegierten warmfesten, legierten warmfesten, kaltzähen und nichtrostenden Stählen zum Bau von Apparaten, Dampfkesseln, Druckbehältern und Rohrleitungen.

Zur Anwendung kommen für aus Blech gefertigte, geschmiedete, gepreßte, nahtlos gewalzte, aus Profilen, Stabstahl oder Blechstreifen gebogene und geschweißte sowie durch spanende Bearbeitung aus Form- oder Stabstahl gefertigte Flansche die in Tab. **3.45** aufgeführten Werkstoffe.

Für Werkstoffe, die nicht in den in der Übersichtstabelle zitierten DIN-Normen festgelegt sind, enthält DIN 2528 die fehlenden Angaben über die chemische Zusammensetzung sowie über mechanisch-technologische Eigenschaften. Für den Einsatz unlegierter Stähle im Bereich der erhöhten Temperaturen ab 50°C weist die Norm Festigkeitskennwerte aus.

Für Flansche, die integrale Bestandteile von Rohren, Formstücken und Armaturen sind, gelten die Werkstoffangaben, die in den Normen über Technische Lieferbedingungen für diese Teile genannt sind.

---

[1]) Zu beziehen durch: Carl Heymanns Verlag KG, Köln

3.1.2 Werkstoffe

Tabelle 3.45 Werkstoffübersicht für Flansche nach DIN 2528

Flansche aus Stahlsorte Kurzname	Werkstoff-Nr	Anwendungs-temperatur[1] in °C	Vormaterial[2] 1	2	3	4	Liefer-zustand [3]	Chemische Zusammensetzung [10]	Mechanisch-technologische Eigenschaften [10]	Prüftemperatur
Unlegierte Stähle										
USt 37-2	1.0036	− 10 bis 300	x	x	x	x	U[4]	DIN EN 10025	DIN EN 10025[8]	Raumtemperatur
RSt 37-2	1.0038	− 10 bis 300	x	x	x	x	U[4]	DIN EN 10025	DIN EN 10025[8]	Raumtemperatur
St 52-3	1.0570	− 20 bis 300	x	x	x	x	N	DIN EN 10025	DIN EN 10025[8]	− 20°C
C 22.3	1.0427	− 10 bis 50	x	x	x	x	N	Tabelle 3	Tabelle 4	Raumtemperatur
C 21	1.0432	− 10 bis 50	x	x	x	x	N	Tabelle 3	Tabelle 4	
StE 355[9]	1.0562	− 20 bis 300	x	x		x	N, V		DIN 17103	− 20°C
							N		DIN 17102	
Unlegierte warmfeste Stähle										
C 22.8	1.0460	− 10 bis 420	x	x	x	x	N	DIN 17243	Tabelle 4[5]	Raumtemperatur
H I	1.0345	− 10 bis 480	x				N	DIN 17155	DIN 17155	0°C
H II	1.0425	− 10 bis 480	x				N	DIN 17155	DIN 17155	0°C
WStE 355	1.0565	− 20 bis 400	x	x	x	x	N	DIN 17103	DIN 17103	− 20°C
									DIN 17102	
Legierte warmfeste Stähle										
15 Mo 3	1.5415	− 10 bis 530	x				N	DIN 17155	Tabelle 4[6]	Raumtemperatur
					x	x	N, V	DIN 17243	Tabelle 4[5]	
13 CrMo 4 4	1.7335	− 10 bis 570	x		x		V	DIN 17155	Tabelle 4[6]	
					x	x		DIN 17243	Tabelle 4[5]	
10 CrMo 9 10	1.7380	− 10 bis 600	x				V	DIN 17155	Tabelle 4[6]	
				x	x	x		DIN 17243	Tabelle 4[5]	
12 CrMo 19 5	1.7362	− 10 bis 650	x	x	x	x	V	Tabelle 3	Tabelle 4 u. 6	

Fortsetzung und Fußnoten s. nächste Seite

Tabelle 3.45, Fortsetzung

Flansche aus Stahlsorte	Werkstoff-Nr	Anwendungs-temperatur[1] in °C	Vormaterial[2] 1	2	3	4	Lieferzustand [3]	Chemische Zusammensetzung [10]	Mechanisch-technologische Eigenschaften [10]	Prüftemperatur
Kurzname										
Kaltzähe Stähle										
TStE 285[9]	1.0488	− 60 bis 300			×	×	N, V		DIN 17103	− 50 °C
			×	×			N		DIN 17102	
10 Ni 14	1.5637	−120 bis 50	×	×	×	×	V		DIN 17280	−120 °C
				×	×	×	N, V		DIN 17103	
TStE 355[9]	1.0566	− 60 bis 300	×	×			N		DIN 17102	− 50 °C
Nichtrostende Stähle										
X2 CrNi 19 11	1.4306	−270[7] bis 550	×	×	×	×	A		DIN 17440	Raumtemperatur
X5 CrNi 18 10	1.4301	−200 bis 550	×	×	×	×	A		DIN 17440	Raumtemperatur
X6 CrNiTi 18 10	1.4541	−270 bis 550	×	×	×	×	A		DIN 17440	Raumtemperatur
X2 CrNiMo 17 13 2	1.4404	−200 bis 550	×	×	×	×	A		DIN 17440	Raumtemperatur
X5 CrNiMo 17 12 2	1.4401	−200 bis 550	×	×	×	×	A		DIN 17440	Raumtemperatur
X6 CrNiMoTi 17 12 2	1.4571	−270[7] bis 550	×	×	×	×	A		DIN 17440	Raumtemperatur

[1]) Bei der oberen Grenztemperatur handelt es sich um einen Anhaltswert für den Dauerbetrieb
[2]) 1 = Blech, 2 = Stabstahl, 3 = Schmiedestück (nicht nach DIN EN 10025, s. Erläuterung d. Norm), 4 = nahtlos gewalzter Flansch
[3]) U = unbehandelt, N = normalgeglüht, V = vergütet, A = lösungsgeglüht und abgeschreckt
[4]) Für Bleche mit Dicken größer > 25 mm legt DIN EN 10025 den Lieferzustand N vor
[5]) Langzeitwarmfestigkeitswerte nach DIN 17243
[6]) Langzeitwarmfestigkeitswerte nach DIN 17155
[7]) Die Stahlsorten mit der Werkstoff-Nr 1.4306, 1.4541 und 1.4571 können entsprechend AD-Merkblatt W10 bis −270 °C eingesetzt werden. In diesem Fall ist jedoch ein Kerbschlagbiegeversuch bei −196 °C an ISO-V-Proben notwendig
[8]) Kennwerte für die Bemessung bei höheren Temperaturen s. Tabelle 5 d. Norm
[9]) Die Werte der 0,2 % Dehngrenze R_p 0,2 bei höheren Temperaturen können entsprechend den Stahlsorten WStE 285 und WStE 355 nach DIN 17102 bzw. DIN 17103 vereinbart werden
[10]) Die angegebenen Tabellen-Nr beziehen sich auf DIN 2528; Einzelheiten s. Norm

3.1.2.3 Werkstoffe für Armaturen

DIN 3339 Armaturen; Werkstoffe für Gehäuseteile (Jan 1984)

Diese Norm enthält eine Auswahl metallischer Werkstoffe für Gehäuse von Armaturen (wie Gehäuseoberteile, Gehäuseunterteile, Deckel). Sie gilt nicht für Verbindungs- und Funktionselemente (wie Schrauben, Spindeln, Wellen). Die Norm listet bevorzugte Werkstoffsorten für Armaturengehäuse so geordnet auf, daß der für den jeweiligen Verwendungszweck zugelassene Werkstoff ausgewählt werden kann.

Die Auswahl kann aber nur getroffen werden unter Heranziehung der in den Auswahllisten dieser Norm aufgeführten und dem Werkstoff zugeordneten Werkstoffnormen und Technischen Regeln wie AD-Merkblätter und Technische Regeln für Dampfkessel (TRD).

Leitsätze für die Auswahl. In Anlehnung an in- und ausländische Normen und Technische Regeln wurden Sorten
- unlegierter Stähle für allgemeine Verwendung und
- Automatenstähle
- warmfester Stähle
- kaltzäher Stähle
- chemisch beständiger Stähle
- Gußeisen und Temperguß
- Kupferlegierungen
- Aluminiumlegierungen

ausgewählt, die bevorzugt beim Aufstellen von Armaturennormen oder von Festlegungen in Technischen Regeln über Armaturen berücksichtigt werden sollen. Die Auswahl wurde bewußt restriktiv getroffen.

Die Auswahlen umfassen mit Absicht nicht alle Werkstoffsorten, die in bestehenden Regelwerken als „zulässige Werkstoffe" bezeichnet sind. Die Auswahlen sind armaturenspezifisch. Sie verfolgen nicht den Zweck, die Verwendung anderer Werkstoffsorten für Armaturen zu unterbinden oder zu erschweren. Sie lassen für Besteller und Hersteller alle Möglichkeiten offen, andere Werkstoffsorten zu verwenden.

Die Auswahlen orientieren sich an den Technischen Regelwerken, die für überwachungsbedürftige Anlagen gelten; sie sind aber nicht ausschließlich darauf ausgelegt.

Die verwendungsorientiert geordneten Auswahllisten dieser DIN-Norm sind so aufgebaut, daß den einzelnen Werkstoffsorten, die mit Kurznamen und Werkstoffnummer aufgeführt sind, nacheinander zugeordnet sind:

Grenzen der Anwendungstemperaturen. Es werden für die Werkstoffsorten, abhängig von der Erzeugnisform, angegeben, für welche höchste oder niedrigste Temperatur in den Werkstoffnormen Festigkeitskennwerte ausgewiesen sind. Die Anwendbarkeit von Zeitstandfestigkeitswerten ist in den Werkstoffnormen besonders ausgewiesen. Es wird für die Werkstoffsorte zusätzlich angegeben, wenn eine obere oder untere Temperaturgrenze in den jeweils anzuwendenden Technischen Regeln angegeben ist. Wenn für die jeweilige Sorte in der Werkstoffnorm oder in der anzuwendenden Regel keine Temperaturgrenze ausgewiesen ist, ist in den Spalten der Anwendungstemperaturtabelle ein Strich eingetragen. Die Grenzen der niedrigsten Temperatur nach den Technischen Regeln sind den AD-Merkblättern entnommen, die Grenzen der höchsten Temperatur den Technischen Regeln für Dampfkessel (TRD).

Lieferbare Erzeugnisform. Als lieferbare Erzeugnisform werden unterschieden Schmiedestück, Gußstück, Walzerzeugnis (z. B. Blech), Rohr, stranggepreßte Stange.

Werkstoffnorm. Als Werkstoffnormen werden außer DIN-Normen auch Stahl-Eisen-Werkstoffblätter und VdTÜV-Werkstoffblätter aufgeführt.

Tabelle 3.46 Auswahlliste A nach DIN 3339 – Unlegierte Stähle für allgemeine Verwendung und Automatenstähle

Werkstoff (Kurzname und Werkstoffnummer)	Anwendungstemperatur untere Grenze festgelegt in			obere Grenze festgelegt in		Lieferbare Erzeugnisform				Werkstoffnorm	Anwendungsgrenzen s. AD-Merkblatt							TRD			
	Norm	Regel (AD)	Norm	Regel (TRD)		1	2	3	4		A4	W1	W4	W5	W13	110	101	102	103	107
9 SMnPB 28 1.0718	–	–	–	–				x		DIN 1651										
9 SMn 28 1.0715	–	–	–	–				x		DIN 1651										x
RSt 37-2 1.0038	–	–10°C	–	300°C		x		–		DIN 17100¹⁾	x	x		x	x	x				
St 44-2 1.0044	–	–10°C	–	300°C		x		x		DIN 17100¹⁾	x	x		x	x	x				
St 52-3 1.0570	–	–10°C	–	300°C		x		x		DIN 17100¹⁾	x	x		x	x	x				
St 35 1.0308	–	–10°C	300°C	300°C					x	DIN 1629	x		x							
C 15 1.0401	–	–	–	–		x		x		DIN 17210										
1 C 22 1.0402 (C 22)	–	–	–	–		x		x		DIN 17200²⁾										
1 C 35 1.0501 (C 35)	–	–	–	–		x		x		DIN 17200²⁾										
GS-38.3 1.0420	–	–10°C	–	300°C			x			DIN 1681	x			x		x			x	
GS-45.3 1.0446	–	–10°C	–	300°C			x			DIN 1681	x			x		x			x	
C 22.3	–10°C	–	350°C	–		x				VdTÜV 364	x				x	x				x

Lieferbare Erzeugnisform 1: Schmiedestück 2: Gußstück 3: Walzerzeugnis 4: Rohr

¹⁾ ersetzt durch DIN EN 10025 (s. Norm); s. auch Vorbemerkung zu Abschn. 3.1
²⁾ ersetzt durch DIN EN 10083 T1 und T2 (s. Normen) s. auch Vorbemerkungen zu Abschn. 3.1

3.1.2 Werkstoffe

Tabelle 3.47 Auswahlliste B nach DIN 3339 – Warmfeste Stähle

Werkstoff (Kurzname und Werkstoffnummer)	Anwendungstemperatur untere Grenze festgelegt in			Anwendungstemperatur obere Grenze festgelegt in		Lieferbare Erzeugnisform				Werkstoffnorm	Anwendungsgrenzen s. AD-Merkblatt					Anwendungsgrenzen s. TRD			
	Norm	Regel (AD)		Norm	Regel (TRD)	1	2	3	4		A4	W1	W4	W5	W13	110	101	102	103	107
WStE 255 1.0462	−20°C	−20°C		400°C	−			x		VdTÜV 351	x	x			x	x	x			x
P 275 NH 1.0487 (WStE 285)	−20°C	−20°C		400°C	−			x		DIN 17178 bzw. DIN 17179	x		x			x	x	x		
									x	DIN 17102[1]) und VdTÜV 352	x	x			x	x	x	x		x
									x	DIN 17178 bzw. DIN 17179	x		x			x	x	x		
St 35.8 1.0305	−	−10°C		480°C	450°C				x	DIN 17175	x	x	x			x	x			
P 265 GH 1.0425 (H II)	−	−10°C		450°C	450°C			x		DIN 17155[2])	x	x				x	x			
GS-C 25 1.0619	−	−10°C		450°C	450°C		x			DIN 17245	x			x		x	x		x	
C 22.8 1.0460	−	−10°C		500°C	500°C	x				VdTÜV 350	x	x			x	x	x			x
GS-22 Mo 4 1.5419	−	−10°C		500°C	500°C		x			DIN 17245	x			x		x	x		x	
GS-17 CrMo 5 5 1.7357	−	−10°C		500°C	500°C		x			DIN 17245	x			x		x	x		x	

Lieferbare Erzeugnisform   1: Schmiedestück   2: Gußstück   3: Walzerzeugnis   4: Rohr

[1]) ersetzt durch DIN EN 10028 T3; Lieferbedingungen DIN EN 10113 T1 und T2 (s. Normen)
[2]) ersetzt durch DIN EN 10028 T1 und T2 (s. Normen) s. auch Vorbemerkungen zu Abschn. 3.1

Tabelle 3.48 Auswahlliste E nach DIN 3339 – Gußeisen und Temperguß

Werkstoff (Kurzname und Werkstoff- nummer)	Anwendungstemperatur untere Grenze festgelegt in		Anwendungstemperatur obere Grenze festgelegt in		Lieferbare Erzeugnisform				Werkstoff- norm	Anwendungsgrenzen s. AD-Merkblatt			Anwendungsgrenzen s. TRD	
	Norm	Regel (AD)	Norm	Regel (TRD)	1	2	3	4		A4	W3/1	W3/2	110	108
GG-25 0.6025 oder GG-30 0.6030	–	–	–	300°C	x				DIN 1691	x	x		x	x
GGG-40 0.7040 oder GG-50 0.7050	–	–10°C	–	350°C	x				DIN 1693 T1	x		x		
GGG-35.3 0.7033 oder GGG-30.3 0.7043	–	–10°C	–	350°C	x				DIN 1693 T1	x		x	x	x
GWT-35 0.8035 oder GTW-40 0.8040	–	–	–	–		x			DIN 1692					

Lieferbare Erzeugnisform 1: Schmiedestück 2: Gußstück 3: Walzerzeugnis 4: Rohr

Tabelle 3.49 Auswahlliste F nach DIN 3339 – Kupferlegierungen

Werkstoff (Kurzname und Werkstoff- nummer)	Anwendungstemperatur untere Grenze festgelegt in		Anwendungstemperatur obere Grenze festgelegt in		Lieferbare Erzeugnisform				Werkstoff- norm	Anwendungs- grenzen s. AD- Merkblatt A4	Anwendungs- grenzen s. TRD 110
	Norm	Regel (AD)	Norm	Regel (TRD)	1	2	3	4			
G-CuSn 10 2.1050.01	–	–	–	–		x			DIN 1705		
GK-CuZn37Pb 2.0340.02	–	–	–	–		x			DIN 1709		
CuZn39Pb3 2.0401	–	–	–	–	x		x	x	DIN 17660		
CuZn40Pb2 2.0402	–	–	–	–	x		x	x	DIN 17660		

Lieferbare Erzeugnisform 1: Schmiedestück 2: Gußstück 3: Walzerzeugnis 4: Rohr

Die Werkstoffnormen geben Aufschluß über die chemische Zusammensetzung, die Festigkeitskennwerte, ggf. Lieferzustände, Gütestufe usw.

Technische Regeln, in denen abhängig von Sorte, Erzeugnisform und Behandlungs- zustand Anwendungsgrenzen angegeben werden.

Die Reihenfolge der Regeln, die hinsichtlich der Anwendungsgrenzen herangezogen werden müssen, wurde so gewählt, daß zunächst als übergeordnete Regel das AD-Merkblatt A 4 bzw. TRD 110 aufgeführt ist. Daran anschließend werden die einzelnen Technischen Regeln für Werkstoffe angeführt.

Für Armaturen aus Kunststoffen gelten:

DIN 3441 T1 Armaturen aus weichmacherfreiem Polyvinylchlorid (PVC-U); Anforderungen und Prüfung (Mai 1989)

Als grundlegende Anforderung an den Werkstoff legt diese Norm fest:

PVC-U, hergestellt aus weichermacherfreier PVC-Formmasse, ohne Füllstoffe. Die Wahl der Stabilisatorengleitmittel und sonstiger Zusatzstoffe (z. B. Pigmente) für die Formmasse bleibt dem Hersteller überlassen. Formmassen unkontrollierter Zusammensetzung dürfen nicht verwendet werden.

DIN 3442 T1 Armaturen aus Polypropylen (PP); Anforderungen und Prüfung (Mai 1987)

Als Anforderungen an den Werkstoff (Formstoff) legt diese Norm fest:

Polypropylen (PP) Typ 1 oder Typ 2 nach Wahl des Herstellers. Formmassen unbekannter Zusammensetzung dürfen nicht verwendet werden. Die Wahl des Stabilisators oder sonstiger Hilfsstoffe bleibt dem Hersteller der Armaturen überlassen.

3.1.3 Technische Lieferbedingungen

DIN-Normen über Technische Lieferbedingungen, auch Anforderungsnormen genannt, bilden die Vertragsgrundlage für Anfrage, Bestellung, Lieferung und Nachprüfung des Gelieferten. Sie beinhalten eindeutige Produktbeschreibungen und Anforderungsprofile mit Anweisungen, wie die Einhaltung des Profiles nachgeprüft oder nachgewiesen werden kann.

3.1.3.1 Technische Lieferbedingungen für Rohre und Formstücke

Für Rohre und Formstücke aus **Stahl** bestehen die nachstehend aufgelisteten DIN-Normen mit Technischen Lieferbedingungen:

DIN 1626	Geschweißte Rohre aus unlegierten Stählen für besondere Anforderungen; Technische Lieferbedingungen
DIN 1628	Geschweißte Rohre aus unlegierten Stählen für besonders hohe Anforderungen; Technische Lieferbedingungen
DIN 1629	Nahtlose Rohre aus unlegierten Stählen für besondere Anforderungen; Technische Lieferbedingungen
DIN 1630	Nahtlose Rohre aus unlegierten Stählen für besonders hohe Anforderungen; Technische Lieferbedingungen
DIN 17172	Stahlrohre für Fernleitungen für brennbare Flüssigkeiten und Gase; Technische Lieferbedingungen
DIN 17173	Nahtlose kreisförmige Rohre aus kaltzähen Stählen; Technische Lieferbedingungen
DIN 17174	Geschweißte kreisförmige Rohre aus kaltzähen Stählen; Technische Lieferbedingungen
DIN 17175	Nahtlose Rohre aus warmfesten Stählen; Technische Lieferbedingungen
DIN 17177	Elektrisch preßgeschweißte Rohre aus warmfesten Stählen; Technische Lieferbedingungen
DIN 17455	Geschweißte kreisförmige Rohre aus nichtrostenden Stählen für allgemeine Anforderungen; Technische Lieferbedingungen
DIN 17456	Nahtlose kreisförmige Rohre aus nichtrostenden Stählen für allgemeine Anforderungen; Technische Lieferbedingungen
DIN 17457	Geschweißte kreisförmige Rohre aus austenitischen nichtrostenden Stählen für besondere Anforderungen; Technische Lieferbedingungen
DIN 17458	Nahtlose kreisförmige Rohre aus austenitischen nichtrostenden Stählen für besondere Anforderungen; Technische Lieferbedingungen

Diese Lieferbedingungen sind nach einem einheitlichen Schema aufgebaut und enthalten
- Werkstoffe
- Anforderungen
- Prüfung
- Kennzeichnung.

Jede Lieferbedingung gilt für Rohre aus den Stahlsorten, die aufgelistet und in ihrer chemischen Zusammensetzung ausgewiesen sind.

Anforderungen werden gestellt und beschrieben an das Herstellverfahren, ggf. die Einordnung in Gütestufen, den Lieferzustand, die chemische Zusammensetzung, die mechanischen und technologischen Eigenschaften, die Oberflächenbeschaffenheit, ggf. die physikalischen Eigenschaften sowie Anforderungen an Maße und zulässige Maß- und Formabweichungen.

Die Anforderungen an die mechanischen Eigenschaften erstrecken sich auf die Zugfestigkeit, die Streckgrenze, die Bruchdehnung und die Kerbschlagarbeit. Die technologischen Eigenschaften spiegeln die Anforderungen wider, die an die Rohre im Hinblick auf deren Eignung zum Biegen, Bördeln oder ähnlichen Verformungsarbeiten zu stellen sind.

Für die Maße gelten die Festlegungen der genannten Maßnormen. In den Technischen Lieferbedingungen sind die fertigungsbedingten Grenzabmaße für Außendurchmesser, ggf. Innendurchmesser, Wanddicken, Längen und Massen definiert. Die Maßabweichungen schließen die Anforderungen an die Formabweichungen ein.

Sofern Informationen über Wärmebehandlung und Weiterverarbeitung gegeben werden müssen, sind auch Anhaltsangaben dafür Bestandteil der Technischen Lieferbedingungen.

In den Abschnitten, die die Prüfung der Erzeugnisse behandeln, werden die Prüfung des Ausgangswerkstoffes, ggf. Ablieferungsprüfungen, allgemeine Prüfbedingungen, Prüfumfang, Probenahme, anzuwendende Prüfverfahren, Wiederholungsprüfungen und Prüfbescheinigungen eingehend beschrieben und die anzuwendenden Prüfnormen zusammengestellt. Bei den allgemeinen Prüfbedingungen wird der Grundsatz aufgestellt, daß alle Prüfungen im Herstellerwerk vorzunehmen sind, und zwar so, daß der Fortgang der Arbeiten nicht unnötig aufgehalten wird. Dem Herstellerwerk wird auferlegt, Maßnahmen zu treffen, die verhindern, daß verworfene Rohre zur Auslieferung gelangen.

Dem Prüfumfang wird die Prüfung nach Losen zugrunde gelegt.

Die für die einzelnen Prüfungen anzuwendenden Prüfverfahren sind in den Technischen Lieferbedingungen ausgewiesen. Als zerstörende Prüfverfahren kommen zur Anwendung: der Zugversuch, der Kerbschlagbiegeversuch, der Ringaufdorn- und der Ringfaltversuch. Zerstörungsfreie Prüfverfahren sind für die Prüfung auf Längsfehler, auf Querfehler und Dopplungen vorgesehen. Ferner sind Sichtprüfungen und Dichtheitsprüfungen vorgegeben.

Das Verfahren bei notwendig werdenden Wiederholungsprüfungen ist ebenfalls im einzelnen geregelt. Hierbei wird nach dem Grundsatz vorgegangen, daß anstelle eines ausgefallenen Rohres, zwei weitere Rohre dem betreffenden Los zu entnehmen und zu prüfen sind.

Bezüglich der Prüfbescheinigungen wird auf die Norm DIN 50049 verwiesen (s. Norm).

Im Abschnitt Kennzeichnung ist festgelegt, welche Kennzeichen an welchen Stellen der Rohre oder Formstücke anzubringen sind.

Für **Druckrohre und Formstücke aus Gußeisen und aus duktilem Gußeisen** bestehen die DIN-Normen

DIN 28500 Gußeiserne Druckrohre und Formstücke; Technische Lieferbedingungen (Aug 1977)

DIN 28600 Druckrohre und Formstücke aus duktilem Gußeisen für Gas- und Wasserleitungen; Technische Lieferbedingungen (Jan 1983)

Die Normen legen Muffenverbindungen oder Flanschverbindungen als integrale Bestandteile der Rohre und Formstücke fest. Sie definieren die Wanddicken und die Berechnungs-

3.1.3 Technische Lieferbedingungen

grundlage der Wanddicken und geben die zulässigen Grenzabmaße an. Die Normen enthalten die Werkstoffkennwerte sowie Festlegungen über Festigkeitsprüfungen, Härteprüfung, Innendruckprüfung und über Schutzüberzüge bzw. Auskleidungen, wobei für die Prüfverfahren selbst auf bestehende DIN-Prüfnormen verwiesen wird.

In DIN 28 600 sind die Anforderungen getrennt nach Anforderungen für Teile in Wasserleitungen und Teile in Gasleitungen. Generell wird bei den Anforderungen zwischen Schleudergußteilen und Formstücken unterschieden.

Die Festlegungen in DIN 28 600 stimmen sachlich mit der entsprechenden Internationalen Norm ISO 2531 überein (weiteres s. Normen).

Für **Rohre aus Kupfer und Kupfer-Knetlegierungen** bestehen die beiden Normen

DIN 17671 T1   Rohre aus Kupfer und Kupfer-Knetlegierungen; Eigenschaften (Dez 1983)

T2   –; Technische Lieferbedingungen (Jun 1969)

Die beiden Normen beschreiben die Anforderungen an die Rohre und zwar Anforderungen an die Zugfestigkeit, 0,1%-Dehngrenze, Bruchdehnung und Brinellhärte. Die Kennwerte sind jeweils zugeordnet den Werkstoffsorten in Abhängigkeit der Wanddicke der Produkte.

In den Technischen Lieferbedingungen werden Anforderungen gestellt an die Oberflächenbeschaffenheit, die Schnittkanten, die Verarbeitbarkeit und das Gefüge. Weiterhin enthalten sie Angaben über die anzuwendenden Prüfverfahren, Prüfumfang und Loseinteilung.

Die entsprechenden Festlegungen für **Rohre aus Aluminium und Aluminium-Knetlegierungen** sind enthalten in

DIN 1746 T1   Rohre aus Aluminium und Aluminium-Knetlegierungen; Eigenschaften (Jan 1987)

T2   –; Technische Lieferbedingungen (Feb 1983)

Die Werkstoffe sind in diesen Anforderungsnormen nicht enthalten. Hierfür gelten die entsprechenden Werkstoffnormen (s. Abschn. 3.1.2.1).

DIN-Normen mit Technischen Lieferbedingungen für **Rohre und Formstücke aus Kunststoff**

DIN 8061	Rohre aus weichmacherfreiem Polyvinylchlorid; Allgemeine Güteanforderungen, Prüfung
DIN 8061 A 1	–; Allgemeine Qualitätsanforderungen, Prüfung, Änderung 1
Bbl. 1 zu DIN 8061	–; Chemische Widerstandsfähigkeit von Rohren und Rohrleitungsteilen aus PVC-U
DIN 8073	Rohre aus PE weich (Polyethylen weich); Allgemeine Güteanforderungen, Prüfungen
DIN 8075	Rohre aus Polyethylen hoher Dichte (PE-HD); Allgemeine Anforderungen
Bbl. 1 zu DIN 8075	Rohre aus Polyethylen hoher Dichte (PE-HD), Chemische Widerstandsfähigkeit von Rohren und Rohrleitungsteilen
DIN 8078	Rohre aus Polypropylen (PP), Typ 1 und Typ 2; Allgemeine Güteanforderungen, Prüfung
DIN 8078 A 1	–, –; –, –, Änderung 1
Bbl. 1 zu DIN 8078	–; Chemische Widerstandsfähigkeit von Rohren und Rohrleitungsteilen
DIN 8080	Rohre aus chloriertem Polyvinylchlorid (PVC-C); Allgemeine Güteanforderungen, Prüfung
DIN 16890	Rohre aus Acrylnitril-Butadien-Styrol (ABS) oder Acrylnitril-Styrol-Acrylester (ASA); Allgemeine Güteanforderungen, Prüfungen
DIN 16892	Rohre aus vernetztem Polyethylen (VPE); Allgemeine Güteanforderungen, Prüfung

DIN 16961 T2	Rohre und Formstücke aus thermoplastischen Kunststoffen mit profilierter Wandung und glatter Rohrinnenfläche; Technische Lieferbedingungen
DIN 16968	Rohre aus Polybuten (PB); Allgemeine Güteanforderungen, Prüfung.

Diese Normen enthalten die Güteanforderungen und die zugehörigen Prüfungen. Sie enthalten durchweg Angaben über Festigkeitseigenschaften, Zähigkeitseigenschaften, Wasseraufnahme sowie Veränderungen nach der Wärmebehandlung.

Die Festigkeitseigenschaften werden beim Zeitstand-Innendruckversuch ermittelt. Hierzu werden Rohre als Probekörper in waagerechter Lagerung und ohne Behinderung von Bewegungen in axialer Richtung mit Verschlußstücken geschlossen und unter Innendruck gesetzt. Der Prüfdruck errechnet sich aus einer festgelegten Prüfspannung, die temperaturabhängig und abhängig von einer Mindeststandzeit von 1, 200 oder 1000 Stunden festgelegt ist.

Die Zähigkeit der Rohre wird beim Schlagbiegeversuch mit einem Pendelschlagwerk an Proben ermittelt. Die Probe wird aus Rohrabschnitten hergestellt. Kriterium ist das Brechen der Probekörper.

Die Wasseraufnahme von Rohren aus Kunststoffen hat Einfluß auf das Festigkeitsverhalten. Deshalb ist die zulässige Wasseraufnahme zu beschränken. Ermittelt wird diese Größe durch Wägen vor und nach einer 24stündigen Lagerung in kochendem destilliertem Wasser und anschließender 15minütiger Abkühlzeit.

Die gemessenen Veränderungen nach der Wärmebehandlung sollen nachweisen, daß sich die relative Längenänderung der Rohre in vorgegebenen Grenzen hält. Geprüft wird an dem Rohr entnommenen Probekörpern.

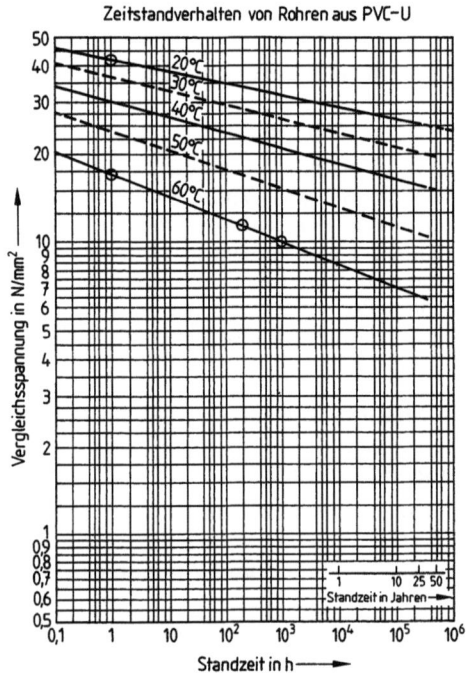

3.50 Zeitstandverhalten von Rohren aus PVC-U nach DIN 8061

Das Zeitstandverhalten der Rohre ist in den DIN-Normen in Form eines Diagrammes dargestellt (s. Bild 3.50).

Für Rohre aus PVC-U, PE-HD, PP und aus Polyolefinen sind den Beiblättern zu den jeweiligen DIN-Normen Angaben über die chemische Widerstandsfähigkeit von Rohren und Rohrleitungsteilen aus diesen Werkstoffen zu entnehmen.

Für **Rohre aus mineralischen Werkstoffen** sind die Lieferbedingungen und Gütebestimmungen in den in Abschn. 3.1.1.1 genannten DIN-Normen enthalten.

Formstücke aus Stahl zum Einschweißen:

DIN 2609 Formstücke zum Einschweißen; Technische Lieferbedingungen (Feb 1991)

Die Norm ist in Anlehnung an die vorstehend genannten Technischen Lieferbedingungen für Rohre aufgebaut und macht Angaben über die Bestellung, die Werkstoffe, die Anforderungen und die Prüfung. Anforderungen werden gestellt an das Herstellverfahren, den Lieferzustand, die chemische Zusammensetzung, mechanischen Eigenschaften, Schweißeignung, Oberflächenbeschaffenheit sowie an Grenzabmaße.

Die Herstellverfahren sind in Abhängigkeit von der Erzeugnisform des Vormaterials festgelegt, s. Tab. 3.51.

3.1.3 Technische Lieferbedingungen

Tabelle 3.51 Herstellverfahren der Schweißformstücke nach DIN 2609

Formstück	Herstellverfahren						
	warmverformt			kaltverformt			
	gebogen	im Gesenk gepreßt	gewalzt geschmiedet und spanend bearbeitet	gebogen	im Gesenk gepreßt	gerollt	aus dem Vollen spanend bearbeitet bis DN 50
Bogen	1, 2, 4, 5	2, 2, 3, 4, 5	–	2, 2, 4, 5	1, 2, 3, 4, 5	–	–
T-Stück	–	1, 2, 3, 4, 5	5	–	1, 2, 3, 4, 5	–	–
Reduzierstück	–	1, 2, 3, 4, 5	5	–	1, 2, 3, 4, 5	1, 2, 3	5
Kappe	–	1, 2, 3	–	–	1, 2, 3	3	5

Kennziffer für Erzeugnisform des Vormaterials:
1 nahtloses Rohr   2 geschweißtes Rohr   3 Blech   4 Schmiedematerial   5 Stabmaterial

Bei den Herstellverfahren im Gesenk gepreßt und gerollt kann zusätzlich geschweißt werden.

Formstücke sind in Abhängigkeit von der Werkstoffgruppe des Vormaterials in einem der nachstehenden Wärmebehandlungszustände zu liefern:
– normal geglüht bzw. temperaturgeregelt endverformt
– vergütet
– lösungsgeglüht
– vergütet oder normal geglüht.

Für die chemische Zusammensetzung, die mechanischen Eigenschaften, die Schweißeignung und die Oberflächenbeschaffenheit gelten die Festlegungen für das Vormaterial nach dessen Lieferbedingungen. Für die Grenzabmaße gelten die Festlegungen in der Tab 3.52.

Tabelle 3.52 Grenzabmaße der Außendurchmesser und Rundheitstoleranz nach DIN 2609

Außendurchmesser d_a in mm	Grenzabmaße des Außendurchmessers		Rundheitstoleranz
		... bei besonderer Vereinbarung	
≤ 100	$+1\% \, d_a{}^1)$	$\pm 0{,}4$ mm	innerhalb der zulässigen Durchlaßtoleranz
$100 < d_a \leq 200$	$\pm 1\% \, d_a$	$\pm 0{,}5\% \, d_a$	
> 200	$\pm 1\% \, d_a$	$\pm 0{,}6\% \, d_a$	2%

[1]) jedoch min. $\pm 0{,}5$ mm zulässig

Die Grenzabmaße entsprechen den Technischen Lieferbedingungen nach DIN 1629 nahtlose Stahlrohre (s. Norm).
Für die Abweichungen von der Fittingsgeometrie gelten die Abmaße Q (s. Tab 3.53).
Die Lage der Abmaße zeigt Bild 3.54.

Tabelle 3.53 Abweichungen von der Fittingsgeometrie nach DIN 2609

	Abmaß Q
Toleranzklasse A	3% vom Bezugsmaß, min. 3 mm
Toleranzklasse B	1% vom Bezugsmaß, min. 1 mm

Bei Formstücken sind flache Wellen zulässig. Die mittlere Wellenhöhe darf 3% des Außendurchmessers nicht überschreiten.
Für die Rundheitstoleranz am Rohranschluß (an der Schweißkante) gelten die Grenzabmaße nach Tab 3.52. Für Rohrbogen (über die Bogenlänge) ist die Abweichung von der Rundheit mit 4% festgelegt.

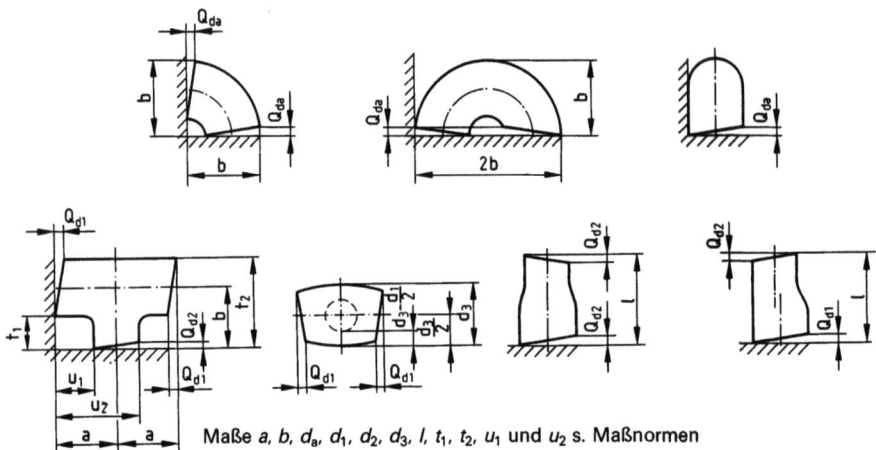

Maße a, b, d_a, d_1, d_2, d_3, l, t_1, t_2, u_1 und u_2 s. Maßnormen

3.54 Zulässige Abweichung von der Fittingsgeometrie nach DIN 2609

Im Abschnitt Prüfungen sind festgelegt: Der Ort der Prüfung (beim Hersteller), der Prüfumfang, die Entnahme und Vorbereitung der Proben (Losprüfung), die Durchführung der Prüfungen (nach bestehenden Prüfnormen) sowie Festlegungen über Wiederholungsprüfungen im Versagensfall und die nach DIN 50049 (s. Norm) auszustellenden Bescheinigungen.

3.1.3.2 Technische Lieferbedingungen für Flansche

Für verwendungsfertige Flansche aus Stahl besteht in Verbindung mit der Werkstoffnorm DIN 2528 die Norm

DIN 2519 Stahlflansche; Technische Lieferbedingungen (Aug 1966)

Anzuwenden sind die Herstellverfahren nach Tab. **3.55**.

Tabelle **3.55** Herstellverfahren für Stahlflansche nach DIN 2519

Flanschart	Herstellverfahren					
	aus Blech gefertigt	geschmiedet	gepreßt	nahtlos gewalzt	aus Profilen gebogen und geschweißt	durch spanende Bearbeitung aus Form- oder Stabstahl gefertigt
Glatte ovale Flansche	×	×	×		×	
Blindflansche	×	×	×			×
Glatte und lose Flansche	×	×	×	×	×	
Glatte Bunde	×	×	×	×	×	
Flansche mit Ansatz		×	×	×	×	

Für den Lieferzustand verwendungsfertiger Stahlflansche gilt die Tab. **3.56**.

3.1.3 Technische Lieferbedingungen

Tabelle 3.56 Lieferzustand von Stahlflanschen nach DIN 2519 (Anforderungen an die Oberflächenbeschaffenheit)

DIN	Außenrand	Mittelloch	Dichtfläche[1]) (Regelausführung)	Schraubenlöcher	Mutterauflagefläche (Regelausführung)
2527 bis ND 40	–	–	$R_z = 160$ gedreht	gelocht oder gebohrt	–
2527 ab ND 64	$R_z = 160$	–	$R_z = 16$ gedreht	gebohrt	$R_z = 160$
2558 Form A	–	mit Gewinde	–	gelocht oder gebohrt	–
2558 Form B			$R_z = 160$ gedreht		
2561 2566			$R_z = 160$ gedreht		
2573 Form A 2576	$R_z = 160$	$R_z = 160$	–	gelocht oder gebohrt	–
2573 Form B 2576			$R_z = 160$ gedreht		
2627 2628 2629	$R_z = 160$	$R_z = 160$	$R_z = 16$ gedreht	gebohrt	$R_z = 40$
2630 2631 2632 2633 2634 2635	–	–	$R_z = 160$ gedreht	gelocht oder gebohrt	–
2636 2637	$R_z = 160$	$R_z = 160$	$R_z = 16$ gedreht	gebohrt	$R_z = 160$
2638					$R_z = 40$
2641 2642	$R_z = 160$	$R_z = 160$	Bund $R_z = 160$ gedreht	gelocht oder gebohrt	–
2655 2656	Bund/Flansch $R_z = 160$	Bund/Flansch $R_z = 160$			
2673	Bund/Flansch $R_z = 160$	Bund/Flansch $R_z = 160$	Bund $R_z = 160$ gedreht	gelocht oder gebohrt	

[1]) Bei Dichtflächen mit $R_z = 160$ darf die Rauhtiefe nicht feiner sein als 40 µm.

Grenzabmaße sind festgelegt für den Außendurchmesser, das Mittelloch, die Flanschdicke, die Flanschhöhe, die Ansatzdicke und den Dichtleistendurchmesser.

Für die Prüfung der Flansche gelten die Festlegungen nach DIN 2528; Einzelheiten s. Norm.

Für Flansche aus Gußeisenwerkstoffen gelten die Technischen Lieferbedingungen für gußeiserne Druckrohre und Formstücke nach DIN 28500 und DIN 28600 (s. Abschn. 3.1.3.1).

3.1.3.3 Technische Lieferbedingungen für Armaturen

Für Armaturen besteht ein Konzept Technischer Lieferbedingungen, das darauf ausgerichtet ist, die Anforderungen gemäß den Unterschieden in Bauart und Konstruktion sowie im Einsatz der Armaturen festzulegen.

Für die allgemeinen Anforderungen gilt

DIN 3230 T1 Technische Lieferbedingungen für Armaturen; Allgemeine Anforderungen (Entw. Nov 1990)

Die allgemeinen Anforderungen gelten stets in Verbindung mit den Anforderungen, die für die jeweilige Bauart abhängig von Konstruktion und Verwendung gestellt werden.

Der Anforderungskatalog führt auf, daß das Herstellverfahren grundsätzlich eine Angelegenheit des Herstellers ist. Der Besteller kann indessen bestimmte Herstellverfahren ausschließen (dies bedarf der Vereinbarung). Bei der Herstellung von Armaturen sind die Regeln der Technik zu beachten. Für die Werkstoffe gelten die Festlegungen der entsprechenden DIN-Werkstoffnormen, eine Übersicht bietet DIN 3339. Im Regelfall hat, sofern in Anfragen nichts vorgeschrieben ist, der Hersteller oder Anbieter einen Werkstoff vorzuschlagen. Anforderungen an die Oberflächenbeschaffenheit werden an die Anschlußoberflächen sowie an Flächen, deren Beschaffenheit die Sicherheit, die Funktion oder den Einbau der Armatur beeinträchtigen könnten, gestellt. Schweißnähte werden in der Regel nicht bearbeitet (z. B. durch Überschleifen). Sofern in der Bestellung nichts vorgeschrieben ist, sind Anstriche, Beschichtungen, Oberflächenveredelungen und Einfärbungen Angelegenheit des Herstellers. Kennzeichen müssen lesbar sein.

Die Mindestanforderungen an eine jede Armatur sind tabellarisch aufgeführt. Für die Sicherheit drucktragender Teile ist ein Innendruckversuch zwingend vorgeschrieben. Drucktragende Teile dürfen sich beim Innendruckversuch nicht unzulässig verformen. Beim Innendruckversuch sind die Sicherheitsbeiwerte entsprechend dem Stand der Technik zu beachten. Für die Dichtheit wird gefordert, daß die Gehäuse bei der Dichtheitsprüfung mit Flüssigkeiten gegen die Atmosphäre dicht sein müssen. Der Abschluß der Armatur muß bei Dichtheitsversuchen dicht sein, wobei eine definierte Leckrate anzugeben ist. Geprüft werden kann mit Wasser oder mit Luft. Für die Prüfung der Dichtheit des Abschlusses sind beide Verfahren gleichwertig, in den Werten jedoch nicht vergleichbar.

Armaturen müssen – soweit erforderlich – mit Betätigungsorganen ausgestattet sein oder ausgestattet werden können. Drehbare Betätigungsorgane schließen grundsätzlich rechtsdrehend. Getriebe und Fernantriebe sind so auszubilden, daß die Rechtsdrehung am letzten Betätigungselement erhalten bleibt. Für die Auslegung der Betätigungsorgane gelten die Betriebsbedingungen (z. B. Differenzdruck, Strömungsgeschwindigkeit). Im Anlieferungszustand der Armatur sollen die in Tab. 3.57 in Newton angegebenen Kräfte zur Betätigung nicht überschritten werden.

Tabelle 3.57 Kräfte für das Betätigen von Armaturen nach DIN 3230 T1

Handräder Handrad-Durchmesser in mm	50	63	80	100	125	160	200	250	315	400	500	630	720	800	1000
Kraft in N	40*)	50*)	60*)	70*)	170	200	250	300	400	850	900	1000	1250	1320	1320
Hebel wirksamer Hebelarm in mm	50	63	80	100	125	160	200	250	315	400	500	630	720	800	1000
Kraft in N	120	140	160	180	200	240	270	300	350	400	400	720	720	720	720

*) einhändig aufgebracht

Bei Armaturen mit Kraftantrieb darf das Handbedienungselement für die Notbetätigung nicht form- oder kraftschlüssig mitlaufen.

Welche weitergehenden Anforderungen in Abhängigkeit von Konstruktion und Anwendung zu stellen sind, ist in den Produktnormen definiert. Dort ist insbesondere festgelegt, welche Dichtheits- und Festigkeitsprüfungen durchzuführen sind, welche Funktionen zu prüfen sind und was ggf. an zerstörungsfreien Werkstoffprüfungen oder Sonderprüfungen vorzunehmen ist.

Die zum Nachweis der Erfüllung der Anforderungen möglichen Prüfungen sind zusammengestellt in

DIN 3230 T 3 Technische Lieferbedingungen für Armaturen; Zusammenstellung möglicher Prüfungen (Apr 1982)

In dieser Norm sind Sicht- und Funktionsprüfungen, Festigkeits- und Dichtheitsprüfungen, zerstörungsfreie Werkstoffprüfungen und Sonderprüfungen aufgelistet und mit Kurzzeichen ansprechbar bezeichnet.

Der Umfang der Prüfung der einzelnen Attribute ist in den Produktnormen festgelegt. DIN 3230 T 3 legt ein Stichprobensystem fest, und zwar das System des Einfach-Stichprobenplanes entsprechend DIN 40 080 für normale Beurteilung, Prüfniveau II (s. Norm).

Die Beurteilung der zu prüfenden Merkmale erfolgt attributiv (gut – schlecht). Annahme oder Rückweisung eines Loses wird durch die benutzte Stichprobenanweisung laut Tab. **3.59** bestimmt. Rückgewiesene Einheiten können repariert oder nachgebessert und erneut zur Prüfung vorgestellt werden, sofern die spätere Verwendung nicht mehr als unerheblich beeinträchtigt wird.

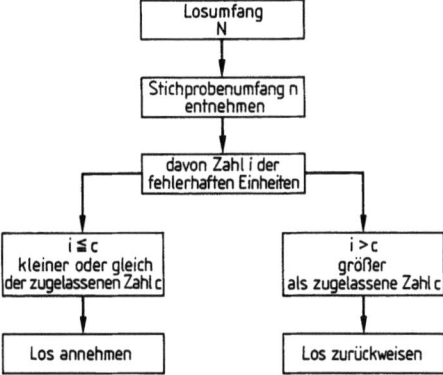

3.58 Stichprobenprüfung von Armaturen; Ablaufschema nach DIN 3230 T 3

Tabelle **3.59** Stichprobenplan für die Prüfung von Armaturen nach DIN 3230 T 3 – Einfachstichprobenplan für normale Beurteilung, Prüfniveau II –

Losumfang N	Prüfgrad									
	1		2		3		4		5	
	AQL 10		AQL 2,5		AQL 1,0		AQL 0,10		–	
	n	c	n	c	n	c	n	c	n	c
2 bis 8	N bzw. 5	1	N bzw. 5	0	N	0	N	0	N (Vollprüfung)	0
9 bis 15	5	1	5	0	N bzw. 13	0	N	0		
16 bis 25	5	1	5	0	13	0	N	0		
26 bis 50	8	2	5	0	13	0	N	0		
51 bis 90	13	3	20	1	13	0	N	0		
91 bis 150	20	5	20	1	13	0	N bzw.	0		
151 bis 280	32	7	32	2	50	1	125	0		
281 bis 500	50	10	50	3	50	1	125	0		
501 bis 1 200	80	14	80	5	80	2	125	0		
1 201 bis 3 200	125	21	125	7	125	3	125	0		
3 201 bis 10 000	125	21	200	10	200	5	125	0		
10 001 bis 35 000	125	21	315	14	315	7	500	1		
über 35 000	125	21	500	21	500	10	500	1		

In der Gruppe der Festigkeits- und Dichtheitsprüfungen hat sich herausgestellt, daß eigentlich nur zwei Prüfdruckangaben benötigt werden:
- Prüfdruck in Relation zum Nenndruck sowie Prüfdruck in vorgeschriebener Höhe.

Auf diesen beiden Basisangaben ist die Norm aufgebaut. Diejenigen Prüfungen, deren Prüfdruck in Beziehung zum Nenndruck steht, stimmen sachlich mit den Festlegungen der Internationalen Norm ISO 5209 überein. Für die Dichtheitsprüfung ist indessen anzumerken, daß die Leckratenfestlegung in DIN 3230 T 3 erheblich feiner und präziser gefaßt ist als in der ISO. Mit Festigkeits- und Dichtheitsprüfungen, deren Prüfdruck vom Besteller vorzuschreiben ist, können alle Prüfungen durchgeführt werden, die nach den Vorschriften der bestehenden Regelwerke (s. Abschn. 2) durchzuführen sind.

Für Armaturen aus Kunststoffen bestehen als Technische Lieferbedingungen

DIN 3441 T1 Armaturen aus weichmacherfreiem Polyvinylchlorid (PVC-U); Anforderungen und Prüfung (Mai 1989)

DIN 3442 T1 Armaturen aus Polypropylen (PP); Anforderungen und Prüfung (Mai 1987)

Anforderungen werden an den Werkstoff (Formstoff), den Lieferzustand, die Festigkeitseigenschaften beim Zeitstand-Innendruckversuch, das Verhalten nach Warmlagerung, die Oberflächenbeschaffenheit, die Grenzabmaße und die Dichtheit gestellt. Werkstoffspezifisch sind die Festigkeitseigenschaften beim Zeitstand-Innendruckversuch an Prüfkörpern nachzuweisen. Unterschieden wird zwischen einer Werkstoffprüfung und einer Bauteilprüfung.

3.1.4 Berechnungen

3.1.4.1 Berechnung von Rohren

DIN 2413 T1 Stahlrohre; Berechnung der Wanddicke gegen Innendruck (Okt 1993)

Für Kessel- und Überhitzerrohre sowie für Rohre als Bestandteile von Druckbehältern sind zusätzlich die hierfür geltenden Technischen Regeln (s. Abschn. 2) zu beachten.

Als Grundlage für die Berechnung der Wanddicke gilt, daß ein Fließen an der Innenfaser der Rohre im Gebiet der zeitunabhängigen Festigkeitskennwerte durch den Betriebsüberdruck bei den genannten Sicherheitsbeiwerten nicht eintritt. Im Gebiet der zeitstandabhängigen Festigkeitskennwerte bleibt das bei hohen Temperaturen unvermeidliche Kriechen des Werkstoffes in zulässigen Grenzen. Zeit- bzw. Dauerbrüche bei wechselnder Beanspruchung sind nicht zu erwarten, wenn die Schwellbeanspruchung mit dem angegebenen Sicherheitsabstand unter der Schwellfestigkeit der Rohre bleibt.

Die angegebenen Formeln für Berechnung der Wanddicke gegen Innendruck gelten für Rohre mit Kreisquerschnitt ohne Ausschnitte bis zu einem Durchmesserverhältnis $u = d_a/d_i = 2,0$ für folgende Geltungsbereiche:

I. Rohrleitungen für vorw. ruhende Beanspruchung bis 120°C Berechnungstemperatur,

II. Rohrleitungen für vorw. ruhende Beanspruchung über 120°C Berechnungstemperatur,

III. Rohrleitungen für schwellende Beanspruchung bis 120°C Berechnungstemperatur.

Bei Minustemperaturen unter −10°C sind die Zähigkeitseigenschaften der Stähle besonders zu beachten. Es sind dann bevorzugt Stähle mit besonderen Kaltzähigkeitseigenschaften zu verwenden. Angaben über den Einsatz von Stählen für tiefe Temperaturen enthält das AD-Merkblatt W 10, Angaben über Stähle für den Einsatz bei tiefen Temperaturen sind in den Normen DIN 17173, DIN 17174 sowie DIN 17178 und DIN 17179 enthalten (s. Normen).

Die **Grundgleichung** in DIN 2413 T1 lautet: Die erforderliche Wanddicke (Bestellwanddicke bzw. Nennwanddicke) beträgt

$$s = s_v + c_1 + c_2 \qquad (3.2)$$

Sie ergibt sich aus der rechnerischen Wanddicke s_v, dem Zuschlag c_1 zur Berücksichtigung der zulässigen Wanddicken-Unterschreitung und dem Zuschlag c_2 für Korrosion bzw. Abnutzungen.

3.1.4 Berechnungen

Tabelle 3.60 Ermittlung der rechnerischen Wanddicke s_v von Rohren nach DIN 2413

Geltungs-bereich	Rechnerische Wanddicke s_v in mm $\sigma_{zul} = K/S$		Festigkeits-kennwert K in N/mm²	Sicherheitswert S bzw. Nutzungsgrad Y für Rohre				
					mit Abnahmeprüfzeugnis nach DIN 50049		ohne[4]	
				$A_S{}^{6)}$	S	Y	S	Y
I vorwiegend ruhend bean-sprucht bis 120°C	$s_v = \dfrac{d_a \cdot P}{2\sigma_{zul} \cdot v_N}$ $= \dfrac{d_i}{\left(\dfrac{2\sigma_{zul}}{p} \cdot v_N - 2\right)}$	(2a) (2b)[8]	Streckgrenze bzw. 0,2%-Dehngrenze bei 20°C[5)][7)] Ausnahme s. Abschnitt 4.2 der Norm	≥ 25% = 20% = 15%	1,5 1,6 1,7	0,67 0,63 0,59	1,7 1,75 1,8	0,59 0,57 0,55
				Für erdverlegte Rohrleitungen in Gebieten ohne besondere zusätz-liche Beanspruchung gilt:				
				≥ 25% = 20% = 15%	1,4 1,5 1,6	0,72 0,67 0,63	1,7 1,75 1,8	0,59 0,57 0,55
II vorwiegend ruhend bean-sprucht über 120°C	$d_a/d_i \leq 1{,}67$: $s_v = \dfrac{d_a}{\left(\dfrac{2\sigma_{zul}}{p} \cdot v_N + 1\right)}$ $= \dfrac{d_i}{\left(\dfrac{2\sigma_{zul}}{p} \cdot v_N - 1\right)}$ $1{,}7 > d_a/d_i \leq 2{,}0$: $s_v = \dfrac{d_a}{\left(\dfrac{3\sigma_{zul}}{p} \cdot v_N - 1\right)}$ $= \dfrac{d_i}{\left(\dfrac{3\sigma_{zul}}{p} \cdot v_N - 1\right)}$	(3a) (3b)[8] (3c) (3d)	1. 0,2%-Dehn-grenze bei Berechnungs-temperatur[5)],[7)] $\check{R}_{p0,2/v}$ 2. Zeitstandfestig-keit $\check{R}_{m/200000/v}$ (Mindestwert) Der niedrigste Wert für σ_{zul} ist in die Rechnung einzusetzen. Ausnahmen zu 2. s. Abschnitt 4.2.2 der Norm	– –	1,5[9)] 1,0[9)]	– –	1,7 –	– –
III schwellend beanspr. bis 120°C Die Berech-nung wird durchge-führt gegen Verformen und gegen Zeitschwing-bruch. Die größere rechnerische Wand-dicke s_v ist zu wählen.	a) Berechnung gegen Verformen: nach Gleichung (2) b) Berechnung gegen Zeit-schwingbruch bzw. Dauer-bruch bei konstanter Schwingbreite: $s_v = \dfrac{d_a}{\left(\dfrac{2\tilde{\sigma}_{zul}}{\acute{p} - \grave{p}} - 1\right)}$ Bei unterschiedlichen Schwing-breiten s. Abschnitt 4.2.3.2 der Norm	(4)	$\tilde{\sigma}_{zul}$ s. Abschnitt 4.2.3 der Norm Zeitschwell-festigkeit $\tilde{\sigma}_{Sch/n}$ Dauerschwell-festigkeit $\check{\sigma}_{Sch/D}$	siehe Geltungsbereich I				
				– – 1,5	$S_L=$ 2 bis 10 s. Abschnitt 4.2, 4.2.3 und 5 der Norm 0,67		– – –	– – –
Prüfdruck p' in der Prüfpresse in N/mm²	$p' = B_p \cdot Y' \cdot \check{R}_{eh} \dfrac{2(s - c_1) \cdot v_N}{d_a}$ (5) Gilt für das einzelne Rohr. Abschn. 4.7 der Norm ist zu beachten.							

[4]) bis [8]) s. Norm

Für die einzelnen Geltungsbereiche sind die anzuwendenden Formeln zur Berechnung der rechnerischen Wanddicke s_v in der Tab. 3.60 enthalten.

Die Berechnung gilt für unter Innendruck stehende gerade Rohre. Den Gleichungen in Tab. 3.60 liegt die Schubspannungshypothese zugrunde, die nur die größte und kleinste Hauptspannung, d. h. bei Beanspruchung des Rohres durch Innendruck die Umfangs- und Radialspannung berücksichtigt.

Der Berechnungsdruck p ist der innere Überdruck in einem Rohrleitungsabschnitt unter Beachtung aller Betriebszustände.

Als Festigkeitskennwerte K im Geltungsbereich I ist die Streckgrenze bei 20°C einzusetzen (s. Werkstoffnormen). Bei Feinkornbaustählen und bei austenitischen Stählen, die bei Betriebstemperaturen über 50°C verwendet werden, ist jedoch die Streckgrenze bei Betriebstemperatur maßgebend. Für Temperaturen unter 20°C ist die Streckgrenze bei 20°C einzusetzen.

Die in der Berechnung im Geltungsbereich II einzusetzende Beanspruchung σ_{zul} ist der niedrigste Wert, der sich aus den beiden folgenden Festigkeitskennwerten K dividiert durch den Sicherheitsbeiwert S ergibt:
– Warmstreckgrenze $R_{p\,0,2/\theta}$ bei der Berechnungstemperatur mit dem definierten Sicherheitsbeiwert
– Zeitstandfestigkeit bei Berechnungstemperatur.

Bei schwellend beanspruchten Rohren im Geltungsbereich III ist zu der Berechnung gegen Verformungen nach Geltungsbereich I zusätzlich die Untersuchung auf Zeitschwingbruch unter Berücksichtigung der in Betracht kommenden Lastspielzahl n bzw. auf Dauerbruch durchzuführen. Die dabei ermittelte größere Wanddicke ist zu wählen.

Die Norm enthält weiterhin Angaben über die Berücksichtigung des Druckstoßes, Beschreibungen der Zuschläge c_1 und c_2 sowie Begrenzungen für die Höhe des Prüfdruckes, wodurch bei der Prüfung im Herstellerwerk eine Überschreitung der Streckgrenze an der Innenfaser des Rohres verhindert wird. Die Norm gibt Schwellfestigkeitswerte in Abhängigkeit von der Anzahl der Lastspiele für nahtlose Stahlrohre abhängig vom Außendurchmesser sowie für UP-geschweißte Stahlrohre.

Im allgemeinen genügt die Wanddickenberechnung gegen vorwiegend ruhende Beanspruchung aus Innendruck nach Geltungsbereich I und II. Werden die dort angegebenen Grenzlastspielzahlen überschritten, so sind derartige Rohre nach Geltungsbereich III zu berechnen bzw. nachzuprüfen. Auftretende, auch wechselnde Zusatzbeanspruchungen sind gegebenenfalls zu beachten.

Die wichtigsten Zusatzbeanspruchungen, die zu berücksichtigen sind, ergeben sich durch:

– Biegemomente aus Streckenlasten infolge Eigengewicht der Rohrleitung einschließlich Beschichtung, Auskleidung, Dämmung und Rohrinhalt, Wind und Schneelasten, Ein- oder Aufbauten.
– Biegemomente in Umfangsrichtung aus Erd- und Verkehrslasten bei eingeerdeten Rohren.
– Biegemomente aus einer elastischen Krümmung der Rohrachse bei der Verlegung.
– Kräfte und Momente infolge behinderter Wärmedehnung der Rohrleitung und dadurch entstehende Längsspannungen.
– Ungleichmäßige Temperaturverteilung über die Wanddicke.
– Biegemomente in Umfangsrichtung infolge Unrundheit.
– Äußerer Überdruck.

Für die Berechnung der Wanddicke von Rohrbogen gegen Innendruck gilt

DIN 2413 T 2   Stahlrohre; Berechnung der Wanddicke von Rohrbogen gegen Innendruck (Okt 1993)

Diese Norm ist nur in Zusammenhang mit DIN 2413 Teil 1 anwendbar. Die Berechnungsregel berücksichtigt, daß bei Innendruckbeanspruchung ein Rohrbogen an der Bogeninnenseite höhere und an der Bogenaußenseite niedrigere Spannungen aufweist als ein gerades Rohr gleicher Wanddicke und gleichen Durchmessers.

3.1.4.2 Berechnung von Flanschverbindungen

DIN 2505 T1 Berechnung von Flanschverbindungen; Berechnung (Entw Apr 1990)

T2 –; Dichtungskennwerte (z. Z. Entw Apr 1990)

Diese Berechnungsregeln gelten für Flanschverbindungen aus metallischen Werkstoffen im Rohrleitungs- und Apparatebau, bei denen die Flansche mittels Schrauben über die Dichtung kraftschlüssig miteinander verbunden sind. Sie gelten für runde Flansche und sind durch Versuche an Verbindungen bis Nennweite DN 2000 belegt.

Es liegen positive Erfahrungen in der Anwendung bis Nennweite DN 3800 vor. Sonderflansche, z. B. Ovalflansche, Rechteckflansche und Flansche, bei denen die Flanschblätter bis zum Außenrand aufeinanderliegen oder außerhalb vom Schraubenkreis abgestützt werden, sind nicht Gegenstand dieser Normen.

Diese Berechnungsregeln setzen möglichst homogene Werkstoffeigenschaften voraus. Bei der Festigkeitsberechnung müssen alle Teile einer Flanschverbindung (Flansche, Schrauben und Dichtung) stets in Abhängigkeit voneinander betrachtet werden. Die Berechnung ist im Hinblick auf das Vorverformen der Dichtung, bei dem die Dichtung den Unebenheiten der Auflageflächen angepaßt werden muß, und im Hinblick auf das Betriebsverhalten durchzuführen.

Anhand der erforderlichen Flächenpressung für die gewählte Dichtung, s. DIN 2505 T 2, und anhand des Innendruckes und der äußeren Kräfte und Momente werden die erforderlichen Schraubenkräfte bestimmt. Äußere Torsionsmomente und Querkräfte werden nicht berücksichtigt.

Die Gesamtheit der Kräfte, multipliziert mit ihren Hebelarmen, stellt das beanspruchende Flanschmoment dar. Diesem muß der gewählte Flansch mittels seines Flanschwiderstandes soweit gerecht werden, daß die zulässige Beanspruchung des Flanschwerkstoffes bzw. die zulässige Flanschblattneigung nicht überschritten wird.

Diese Berechnungen sind für den Einbau- und Prüfzustand sowie für alle maßgebenden Lastfälle im Betrieb durchzuführen.

Wegen der verschiedenen Einflußgrößen ist nur die mittelbare Berechnung von Flanschverbindungen möglich. Dabei muß die Verbindung zunächst nach konstruktiven Erfahrungen oder vorliegenden Unterlagen gestaltet werden. Sodann ist nachzuprüfen, ob die Beanspruchung bei den gewählten Maßen mit der zulässigen Beanspruchung der Werkstoffe in Einklang stehen und ob Dichtheit gegeben ist. Nötigenfalls ist iterativ vorzugehen.

Äußere Kräfte und Momente

An einer Flanschverbindung wirken die in den Bildern **3.61** und **3.62** dargestellten Kräfte als gleichmäßig auf den Umfang verteilte oder gleichmäßig auf den Umfang verteilt gedachte Kräfte. Sie sind für den Einbauzustand, den Prüfzustand und die in Frage kommenden Betriebszustände gesondert zu ermitteln.

Die Rohrkraft F_R ist die vom Rohr oder Mantel auf die Flanschverbindung übertragene Kraft. Sie setzt sich zusammen aus der Rohrlängskraft F_{Rp} infolge Innendruck, einer Rohrzusatzkraft F_Z und einer Kraft infolge des Biegemomentes M_Z. Somit ergibt sich die gesamte Rohrkraft zu

$$\boxed{F_R = F_{Rp} + F_Z + \left| \frac{4 M_Z}{d_i + S_R} \right|} \tag{3.3}$$

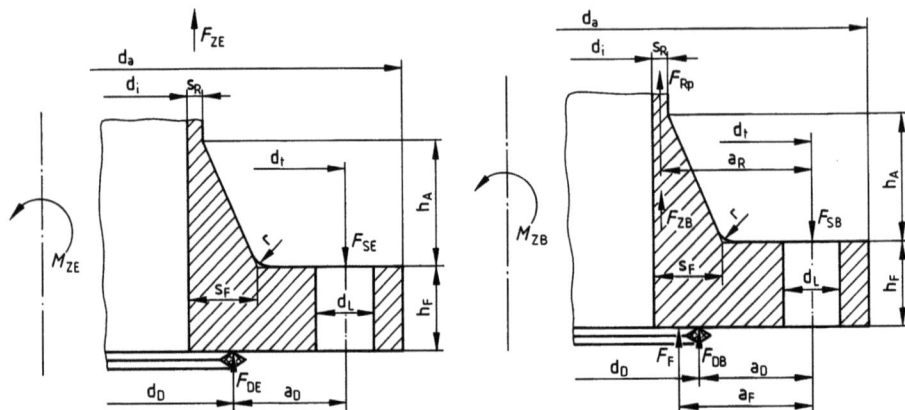

3.61 Kraftwirkungen am Flansch im Einbauzustand nach DIN 2505 T1

3.62 Kraftwirkungen am Flansch im Betriebszustand nach DIN 2505 T1

Die Ringflächenkraft F_F entsteht durch den Innendruck auf der Ringfläche zwischen Rohrinnendurchmesser und Dichtungsdurchmesser. Sie ist anzusetzen mit

$$F_F = p \cdot \frac{\pi}{4} \cdot (d_D^2 - d_i^2) \tag{3.4}$$

Dabei ist als Dichtungsdurchmesser d_D der Durchmesser des Berührungskreises der Dichtung anzunehmen.

Die Innendruckkraft F_i wird

$$F_i = F_{Rp} + F_F = p \cdot \frac{\pi}{4} \cdot d_D^2 \tag{3.5}$$

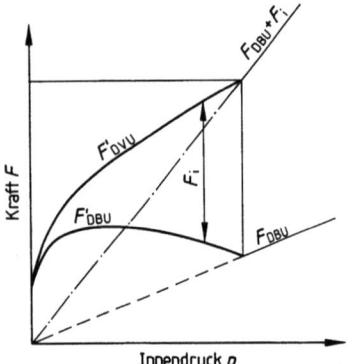

3.63 Zusammenhang der Verformungskraft, Betriebsdichtungskraft und Innendruck ohne zusätzliche Rohrkräfte am Beispiel einer It-Dichtung nach DIN 2505 T1

Die Dichtungskraft F_D muß eine genügende Vorverformung der Dichtung beim Zusammenbau erzielen und im Betrieb ein dauerndes Dichthalten sicherstellen.

Man muß unterscheiden zwischen der Dichtungskraft zum Vorverformen F_{DV} und der Dichtungskraft im Betriebszustand VDB (s. Bild **3.63**).

Die Flanschverbindung ist so anzuziehen, daß beim Einbau die notwendige Vorverformung der Dichtung sichergestellt ist, daß etwaige im Rohrsystem vorhandene Rohrkräfte F_Z und Momente M_Z aufgenommen werden können und daß die Verbindung im Betriebszustand dicht bleibt. Um diese Bedingung zu erfüllen, ist für die Schraubenkraft zu fordern:

3.1.4 Berechnungen

Für den Einbauzustand

$$F_{SEU} \geq F_{DVU} + F_{ZE} + \left| \frac{4 \cdot M_{ZE}}{d_t} \right| \tag{3.6}$$

Für den Betriebszustand und Prüfzustand

$$F_{SBU} = y \cdot \left[F_F + F_{DBU} + F_{Rp} + F_{ZB} + \left| \frac{4 \cdot M_{ZE}}{d_t} \right| \right] \tag{3.7}$$

Die Berechnung der Flansche ist einerseits mit der Schraubenkraft im Einbauzustand F_{SE} und den für den Einbauzustand geltenden Werkstoffkennwerten und Sicherheitsbeiwerten, andererseits mit den im Betriebs- und Prüfzustand wirkenden Schraubenkräften F_{SB} mit den für die beiden Zustände zugehörigen Werkstoffkennwerten und Sicherheitsbeiwerten durchzuführen.

Das äußere Stülpmoment im Einbauzustand ergibt sich nach Bild **3.61** zu:

$$M_E = F_{DV} \cdot a_D + F_{ZE} \cdot a_R + \frac{4 \cdot M_{ZE} \cdot a_R}{d_i + S_R} \tag{3.8}$$

Für den Betriebs- und Prüfzustand nach Bild **3.62** ergibt sich:

$$M_B = F_{Rp} \cdot a_R + F_F \cdot a_F + F_{DB} \cdot a_D + F_{ZB} \cdot a_R + \frac{4 \cdot M_{ZB} \cdot a_R}{d_i + S_R} \tag{3.9}$$

Flanschwiderstand

Der Flansch setzt dem Stülpmoment M_E bzw. M_B ein inneres Moment entgegen, das sich als Produkt aus den Spannungen und dem Flanschwiderstand, bezogen auf den höchstbeanspruchten Querschnitt ergibt.

Bei der Nachrechnung ist zu prüfen, wo der höchstbeanspruchte Querschnitt liegt, da dieser für das Festigkeitsverhalten maßgebend ist. Dieser Querschnitt (im allgemeinen X–X) liegt bei Flanschen nach Bild **3.64** im Querschnitt A–A oder B–B. Er kann aber auch je nach Ausbildung des Ansatzes im Querschnitt C–C liegen.

Für den jeweils betrachteten Querschnitt muß für den Einbau-, Prüf- und den Betriebszustand die Festigkeitsbedingung

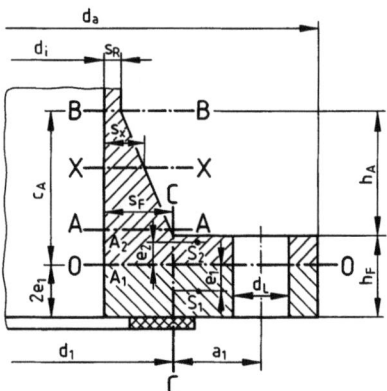

3.64 Fester Flansch mit kegeligem Ansatz nach DIN 2505 T1

$$\boxed{\frac{M}{W} \leq \frac{K}{S}} \tag{3.10}$$

erfüllt sein.

Die Werkstoffkennwerte K sind den maßgebenden DIN-Normen zu entnehmen. Die zugehörigen Sicherheitsbeiwerte S sind abhängig von Werkstoff, Zustand des Werkstoffes für den Einbau- und Prüfzustand sowie für den Betriebszustand in der Norm festgelegt.

Nachprüfung der Berechnung

Im Verspannungsschaubild (Bild **3.65**) sind die durch die Verspannung erzeugten Kräfte sowie die elastischen Verformungen der Flansche und Schrauben einerseits und der Dichtung andererseits aufgetragen. Um das Verspannungsschaubild zeichnen zu können, müssen diese Größen für den Einbauzustand, für den druckbeaufschlagten kalten Zustand und für den druckbeaufschlagten und temperaturbeeinflußten Zustand berechnet werden. Mit Hilfe weitergehender Berechnungsansätze lassen sich auch die Zustände Anfahren, Abfahren und Wieder anfahren erfassen und im Verspannungsschaubild darstellen.

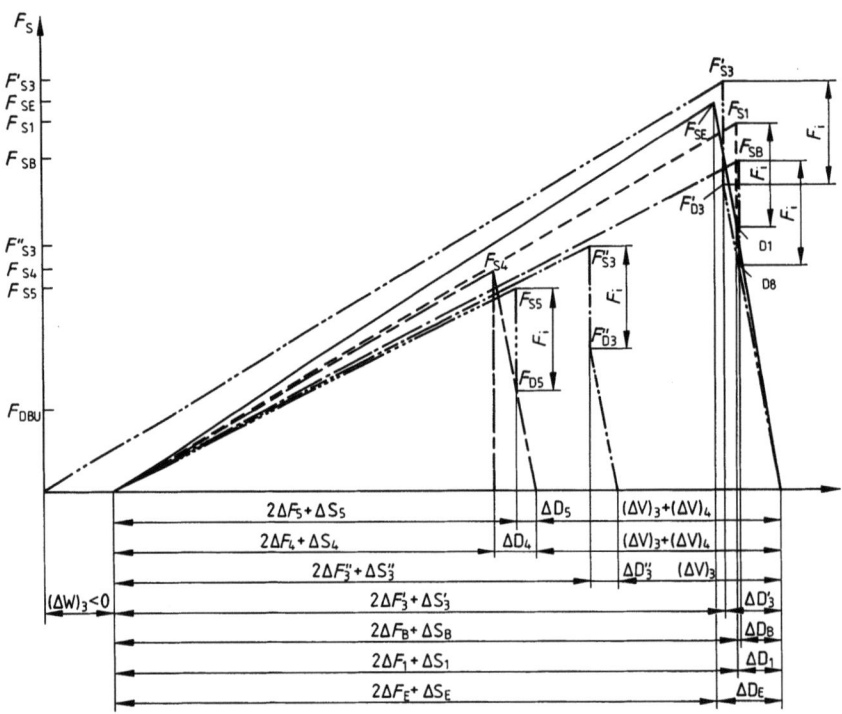

3.65 Verspannungsschaubild einer Flanschverbindung nach DIN 2505 T 1

——————— Einbauzustand mit F_{SE}
– – – – – Betriebszustand kalt mit F_{S1}
—·—·— Betriebszustand mit F_{SB}
—··—··— Anfahrzustand mit F'_{S3}, wobei $\Delta W < 0$ und $\Delta V = 0$
—·—·— Setzvorgang mit F''_{S3}, wobei $\Delta W = 0$ und $\Delta V > 0$
– – – Abfahren mit F_{S4}, wobei ΔV_3 und $\Delta V_4 > 0$
———······— Wiederanfahren mit F_{S5}

3.1.4.3 Berechnung von Armaturengehäusen

DIN 3840 Armaturengehäuse; Festigkeitsberechnung gegen Innendruck (Sep 1982)

Die Norm gilt für die Festigkeitsberechnung von drucktragenden, glatten (ohne Rippen) Gehäuseteilen von Armaturen aus metallischen Werkstoffen. Das sind die Gehäusegrundkörper und Gehäuseabschlüsse wie Deckel, Flansche und Sonderverschlüsse. Drucktragende Einbauten, z. B. Schieberplatten und Ventilkegel, sind sinngemäß zu berechnen.

Die Norm legt einfache Berechnungsverfahren für vorwiegend ruhende Innendruckbeanspruchungen fest, mit deren Hilfe unter Berücksichtigung der gestellten Sicherheitsanforderungen eine beanspruchungsgerechte Dimensionierung der Armaturengehäuse vorgenommen werden kann. In branchenspezifischen Anwendungsfällen sind jedoch auch die hierfür geltenden anderen technischen Regeln (s. Abschn. 2) zu beachten, die Werkstoffbegrenzungen festlegen und zum Teil Zulassungsprüfungen vorschreiben. Die Norm DIN 3840 schließt nicht aus, den Nachweis über eine ausreichende Bemessung durch experimentelle Verfahren (z. B. Dehnungsmessungen oder Berstversuche) oder in Sonderfällen durch eine theoretische Spannungsanalyse (z. B. mit Hilfe finiter Elemente, des FE-Verfahrens) zu erbringen.

Für Serienarmaturen aus Gußeisen mit kleinen Durchmessern bringt das Berechnungsverfahren im Vergleich mit Ergebnissen aus experimentellen Spannungsanalysen wegen der vorliegenden Überdimensionierung keine befriedigende Übereinstimmung. Für in Serie gefertigte Armaturen kleiner Nennweiten ($\leq$ DN 200) wird daher von einer Berechnung Abstand genommen. Ein Festigkeitsnachweis für Bauteile mit Durchmessern bis 400 mm wird durch eine Typprüfung mit erhöhtem Prüfdruck vorgenommen.

Die Festlegung der vom Werkstoffkennwert abhängigen Sicherheitsbeiwerte wird für die einzelnen Werkstoffarten und Behandlungszustände in Anlehnung an die einschlägigen technischen Regeln (s. Abschn. 2) vorgenommen.

Neben den bekannten Berechnungsverfahren für zylindrische, kugelige und kegelförmige Grundkörper waren solche für ovale, flachovale oder vierkantförmige Querschnittsformen zu entwickeln. Da die abgeleiteten Gleichungen auf ein unendlich langes Rohr ohne Randeinfluß bezogen sind, war die Mitwirkung (z. B. durch Stützen) der Komponenten im Anschlußbereich der Grundkörper zu berücksichtigen. Die hierfür abgeleitete Beziehung stimmt mit Untersuchungsergebnissen überein. Für eine rechnergestützte Anwendung der Norm wurden neben den Diagrammlösungen auch Gleichungen angegeben.

Für die Berechnung der Gehäusekörper im Ausschnittsbereich wird das Flächenvergleichsverfahren angewendet, das jedoch hinsichtlich der Druckfläche und der mittragenden Fläche bzw. der mittragenden Länge auf armaturenspezifische Gegebenheiten ausgerichtet ist.

Die sich auf vorwiegend ruhende Innendruckbeanspruchung beziehende Festigkeitsberechnung erfaßt unter gewissen Voraussetzungen auch Wechselbeanspruchungen bis zu einer bestimmten Grenzlastspielzahl, s. hierzu AD-Merkblatt S 1. Zusatzbeanspruchungen z. B. durch Zwangskräfte oder durch Momente infolge behinderter Wärmedehnung, durch Betätigungskräfte (Schnellschluß) oder Reaktionskräfte von Medien sowie durch Wechselbelastungen infolge Innendruckschwankungen und instationärer Temperaturbeanspruchungen werden durch die Berechnungsweise der Norm nicht abgedeckt.

Allgemeines zur Anwendung der Berechnungsverfahren. Die Berechnungsverfahren der Norm gelten für Schalen unter innerem Überdruck bis zu Durchmesserverhältnissen von 1,7 bzw. für Wanddicken, bei Stahl $\leq$ 120 mm, bei Gußeisen $\leq$ 50 mm. Bei darüber hinausgehenden Verhältnissen sind ergänzende Maßnahmen in bezug auf Werkstoffauswahl, konstruktive Gestaltung, rechnerische oder experimentelle Untersuchungen oder Schweißtechnik zu treffen. In den Gleichungen wird nur die Beanspruchung der Gehäuse durch den Innendruck berücksichtigt, keine zusätzlichen Belastungen.

Der Festigkeitsberechnung bei vorwiegend ruhender Beanspruchung wird die mittlere Anstrengung in der Wandung im höchstbeanspruchten Gebiet zugrunde gelegt, wobei die Anstrengung nach der Schubspannungshypothese als Differenz aus der größten und kleinsten nur in den drei Raumrichtungen wirkenden Hauptspannung zu ermitteln ist. Dabei wird vorausgesetzt, daß der Werkstoff in der Lage ist, Spannungsspitzen durch örtlich begrenztes Fließen auszugleichen. Die Anwendung dieser Berechnungsverfahren bei wenig verformungsfähigen Werkstoffen ist zulässig, wenn dem geringeren Verformungsvermögen durch einen höheren Sicherheitsbeiwert Rechnung getragen wird und die Wanddickenbegrenzungen eingehalten werden.

Eine unmittelbare Berechnung der Wanddicke der Gehäusekörper im Ausschnittsbereich ist meist nicht möglich. Die Maße werden ausgehend von den im ungestörten Bereich erforderlichen Wanddicken zunächst aufgrund von Erfahrungen angenommen. Sodann muß nachgeprüft werden, ob die geforderte Festigkeitsbedingung erfüllt ist.

Als Berechnungsdaten gelten:

Berechnungsdruck. Als Berechnungsdruck p ist der zulässige Betriebsüberdruck einzusetzen. Dabei sind evtl. auftretende Druckstöße und fehlender Druckausgleich in geschlossenen Räumen zu berücksichtigen. Wird ein Armaturengehäuse als Regelorgan mit unterschiedlichen Drücken im Eintritt und Austritt belastet, muß die Rechnung mit dem jeweils höchsten zulässigen Betriebsüberdruck durchgeführt werden.

Berechnungstemperatur. Als Berechnungstemperatur ist bei den mit Beschickungsmittel beaufschlagten Bauteilen die Temperatur des Beschickungsmittels maßgebend. Falls konstruktions- oder betriebsbedingt niedrigere Temperaturen in den Bauteilen herrschen, sind diese den Berechnungen zugrunde zu legen. Dabei kann für nichtintegrale Bestandteile (z. B. Sperringe in selbstdichtenden Verschlüssen, Schrauben) ohne Nachweis die Berechnungstemperatur gegenüber der des Beschickungsmittels um 20°C abgesenkt werden. Ist die Auslegungstemperatur niedriger als 20°C, gilt als Berechnungstemperatur 20°C.

Zuschläge zur Wanddicke. Die errechneten Wanddicken sind Mindestwerte. Plattierungen bleiben hierbei unberücksichtigt. Je nach Betriebsbedingungen kann es erforderlich werden, die Niedrigstwanddicken um zweckentsprechende Zuschläge zu vergrößern.
Ein Herstellungs-Toleranzzuschlag c_1 ist vom Hersteller aufgrund seiner Erfahrungen festzulegen und in der Zeichnung als Mindestwanddicke zu kennzeichnen. Ein Abnützungszuschlag c_2 beträgt bei ferritischen Stählen allgemein 1 mm, wenn die Wanddicke ≤ 30 mm ist. Darüber hinausgehende Zuschläge sind zu vereinbaren und in der Zeichnung zu vermerken.

Zulässige Beanspruchung. Für die Bemessung aufgrund vorwiegend ruhender Beanspruchung ist die zulässige Spannung σ_{zul} maßgebend. Sie errechnet sich nach

$$\boxed{\sigma_{zul} = \frac{K}{S}}$$

Hierbei bedeuten
K Festigkeitskennwert
S Sicherheitsbeiwert

(3.11)

Der Festigkeitskennwert K ergibt sich temperaturabhängig aus den Werkstofftabellen, der geforderte Sicherheitsbeiwert S ist werkstoffabhängig festgelegt.

Berechnung der Gehäusekörper. Die Gehäusekörper können aufgefaßt werden als ein Grundkörper aus einer geometrisch bestimmbaren Struktur mit Ausschnitten bzw. Abzweigen und Abzweigdurchdringungen. Die Berechnung der Wanddicken umfaßt daher einmal den außerhalb des vom Ausschnitt beeinflußten Bereich des liegenden Grundkörperteils und zum anderen den Ausschnittbereich selbst. Als Grundkörper des Gehäusekörpers wird dabei der Teil angesehen, der den größeren Durchmesser aufweist.

Für die Gesamtwanddicke mit Zuschlägen gilt

$$\boxed{s_0 = s_{V0} + c_1 + c_2 \quad \text{bzw.} \quad s_1 = s_{V1} + c_1 + c_2}$$

(3.12)

wobei s_0 bzw. s_{V0} für den Grundkörper und s_1 bzw. s_{V1} für anschließende Abzweige gilt.
Für zylindrische Grundkörper ohne Ausschnitte beträgt die Wanddicke ohne Zuschläge, mit Erfassung der Schweißnahtwertigkeit bei einem Durchmesserverhältnis $\leq 1,7$

3.1.4 Berechnungen

$$s_V = \frac{d_i \cdot p}{(2\sigma_{zul} - p) v_N} \tag{3.13}$$

Für kugelige Grundkörper ohne Ausschnitte beträgt die Wanddicke ohne Zuschläge bei einem Durchmesserverhältnis $\leq 1,2$

$$s_V = \frac{r_i \cdot p}{(2\sigma_{zul} - p) v_N} \tag{3.14}$$

Für die Bemessung der Wanddicke ohne Zuschläge in kegelförmigen Mänteln sind die in der Krempe oder in einer Rundnaht am weiteren Ende auftretenden Biegebeanspruchungen in Richtung der Mantellinie und die am weiteren Ende des kegelförmigen Teiles außerhalb der Krempe auftretenden Beanspruchungen in Umfangsrichtung maßgebend. Es steht für die Wanddicke in der Krempe (mit Faktor β) bzw. einer Eckschweißung

$$S_{VK} = \frac{d_a \cdot p \cdot \beta}{4\sigma_{zul} \cdot v_N} \tag{3.15}$$

Die erforderliche Wanddicke ohne Zuschläge im Kegelmantel ergibt sich bei Betrachtung der Beanspruchung in Umfangsrichtung aus

$$s_V = \frac{p \cdot d_k}{2\sigma_{zul} \cdot v_N - p} \cdot \frac{1}{\cos\varphi} \tag{3.16}$$

Die theoretische Mindestwanddicke für Grundkörper mit Oval- bzw. Vierkantquerschnitten ohne Abzweig nach Bild **3.66** errechnet sich unter Innendruckbeanspruchung ohne Berücksichtigung von Wandeinflüssen aus

$$s'_V = \frac{p \cdot b_2}{2\sigma_{zul}} \cdot \sqrt{B_0^2 + \frac{4\sigma_{zul}}{p} \cdot B_n} \tag{3.17}$$

ovalförmig   vierkantig einseitig abgerundet   vierkantig Kante abgerundet   vierkantig ohne Abrundung

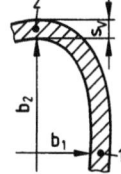
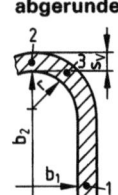
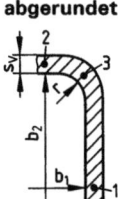
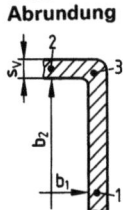

3.66 Grundkörper mit Oval- bzw. Vierkantquerschnitten (Querschnittsformen) nach DIN 3840

Berechnung der Gehäusekörper mit Abzweig. Die Festigkeitsberechnung des Gehäusekörpers mit Abzweig erfolgt aufgrund einer Gleichgewichtsbetrachtung zwischen den äußeren und inneren Kräften für die höchstbeanspruchten Zonen. Als solche werden die Übergangsstellen der zylindrischen, kugeligen oder nicht kreisförmigen Grundkörper zum Abzweig angesehen. Dem Grundkörper ist dabei der Durchmesser d_0 und die Wanddicke s_0 und dem Abzweig der Durchmesser d_1 und die Wanddicke s_1 zugeordnet. Es muß gelten: $d_0 < d_1$.

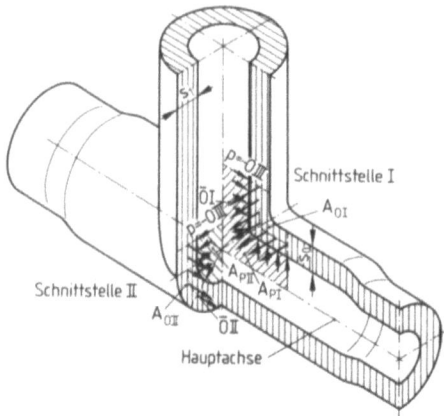

3.67 Berechnungsschnitte für Gehäusekörper mit Abzweig nach DIN 3840

Bei zylindrischen Grundkörpern, s. Bild 3.67, weist in der Regel die im Längsschnitt durch die Hauptachse gelegene Schnittstelle I mit der mittleren Hauptspannung $\bar{\sigma}_I$ die größte Beanspruchung auf. Bei Verhältnissen von Stutzenöffnung zur Grundkörperöffnung $\geq 0{,}7$ sind jedoch die im Querschnitt zur Hauptachse (Schnittstelle II) auftretenden Biegebeanspruchungen nicht mehr zu vernachlässigen, d.h. es ist dann auch diese Richtung zu berechnen.

Bei nichtkreisförmigen Gehäusekörpern mit Abzweigen und allgemein bei zusätzlichen Kraftwirkungen in Richtung der Hauptachse kann die größte Beanspruchung auch im Querschnitt mit der mittleren Hauptspannung $\bar{\sigma}_{II}$ (Schnittstelle II) liegen. In diesen Fällen ist die Rechnung ebenfalls für den Längs- und Querschnitt durchzuführen.

Dem Kräftegleichgewicht im Längsschnitt entspricht nach den Bildern 3.68 bis 3.74 die Beziehung

$$\boxed{p \cdot A_{pl} = \bar{\sigma}_I \cdot A\sigma_I \cdot v_N} \qquad (3.18)$$

wobei $p \cdot A_{pl}$ die äußere Gesamtkraft darstellt, die aus der druckbelasteten Fläche A_{pl} (gerastert) wirkt, während als innere Kraft $\bar{\sigma}_I \cdot A_I$ die in der höchstbeanspruchten Zone der Wandung mit der Querschnittsfläche A_I (kreuzschraffiert) und der mittleren Hauptspannung $\bar{\sigma}_I$ wirksame Kraft anzusehen ist. Mit v_N wird der Wertigkeit einer unter Umständen im Einflußbereich des Abzweiges liegenden Schweißnaht Rechnung getragen. Dieser Bereich umfaßt die Durchdringung zusätzlich eines Flächenstreifens von $2 \times s$, höchstens jedoch 50 mm Breite.

Die nach der Schubspannungs-Hypothese zu fordernde Festigkeitsbedingung lautet:

$$\boxed{\sigma_{VI} = \bar{\sigma}_I - \bar{\sigma}_{III} = p \cdot \frac{A_{pl}}{v_N \cdot A\sigma_I} + \frac{p}{2} \leq \frac{\sigma_{zul}}{1{,}2}} \qquad (3.19)$$

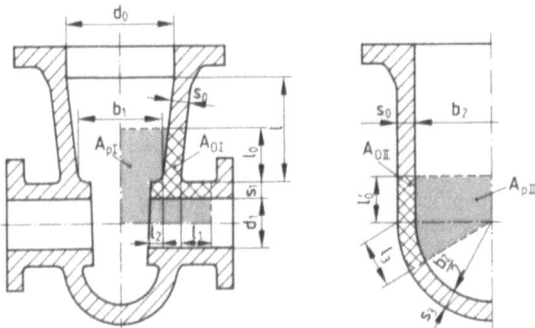

3.68 Schnittbeispiel zylindrischer Gehäusekörper nach DIN 3840

3.1.4 Berechnungen

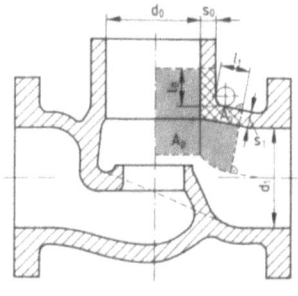

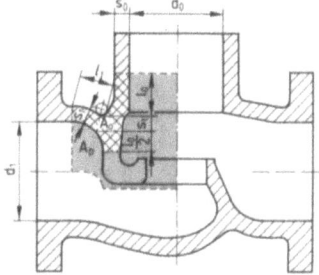

3.69 Zylindrische Gehäusekörper nach DIN 3840

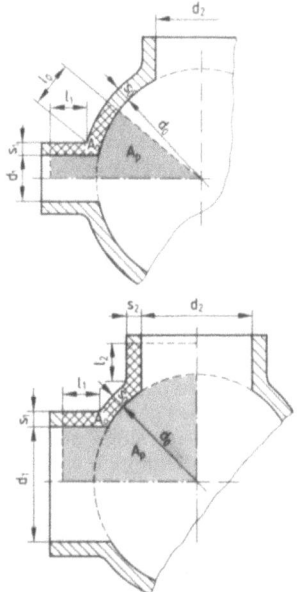

3.72 Kugelförmige Gehäusekörper nach DIN 3840

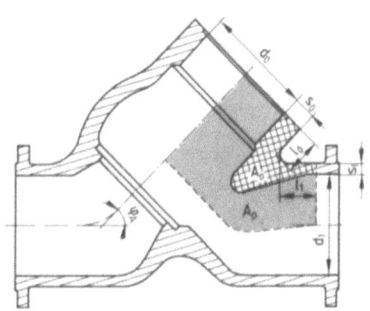

3.70 Zylindrischer Gehäusekörper mit schrägem Abzweig nach DIN 3840

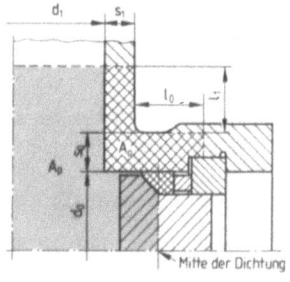

3.73 Verschlußbeispiel nach DIN 3480

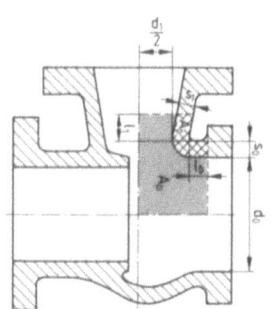

3.71 Gehäusekörper in Eckform nach DIN 3840

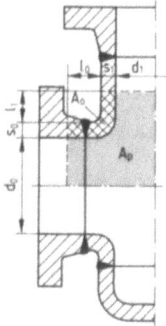

3.74 Anschlußbeispiel nach DIN 3840

Bei der Festlegung der drucktragenden Fläche A_p erfolgt die Begrenzung im Gehäuseinneren durch die geometrischen Mittellinien im Grundkörper und Abzweig (s. z. B. Bilder **3.69** bis **3.71**). Eingezogene Sitze wie in Bild **3.69** werden nicht berücksichtigt. Die mittragenden Längen l_0 und l_1 werden wegen der geometrisch komplizierten Gehäuseformen nach den Bildern **3.69** bis **3.71** parallel zur Gehäuseaußenkontur ausgehend vom Tangentenpunkt der Konturnormalen an dem vom Übergangsradius zwischen Grundkörper und Abzweig gebildeten Kreis aufgetragen (Beispiele s. Bild **3.69**). Bei kleineren Übergangsradien genügt es, vom Schnittpunkt der geradlinig verlängerten Gehäusekonturen auszugehen (s. Bild **3.71**). Am Endpunkt wird das Lot auf die entsprechende Mittellinie gefällt.

Bei Gehäusen, die sich im Längsschnitt im wesentlichen durch ein Rechteck darstellen lassen (z. B. Bild **3.68** oder **3.71**), werden der Einheitlichkeit wegen die mittragenden Längen l_0 und l_1 ebenfalls entlang der Gehäuseaußenkontur aufgetragen und an den Endpunkten das Lot auf die Mittellinie von Grundkörper und Abzweig gefällt.

Nach innen überstehendes Material von Grundkörper bzw. Abzweig kann bis zu einer Höchstlänge von $l_0/2$ bzw. $l_1/2$ in die tragende Querschnittsfläche A einbezogen werden, wobei die auf diese Weise gefundene Begrenzung auch die Begrenzung der Druckfläche darstellt. Im Gehäuseinneren eingeschweißte Sitzringe können bei durchgeschweißten und prüfbaren Nähten in die Rechnung einbezogen werden.

Liegen Flanschblätter innerhalb des Einflußbereiches, so sind diese nicht als mittragend anzusehen. Der kegelige Ansatz des Flansches darf nicht in die tragende Querschnittsfläche A_σ einbezogen werden, soweit er zur Flanschberechnung herangezogen wurde.

3.2 Apparate und Maschinen

3.2.1 Nenndurchmesser, Nennvolumen

Die nachfolgend beschriebenen DIN-Normen werden vorwiegend in der chemischen Industrie und ihr verwandten Industriezweigen angewendet.

DIN 28 001   Nenndurchmesser für chemische Apparate (Feb 1976)

Diese Auswahl für Nenndurchmesser gilt für chemische Apparate aller Art, z. B. Lagerbehälter, Rührbehälter, Wärmeaustauscher, Kolonnen, jedoch nicht für Rohrleitungen.

Bei **Nenndurchmessern von 100 bis 500 mm** ist der Nenndurchmesser kleiner als der Außendurchmesser (s. Tab. **3.75**).

Tabelle **3.75**   Nenndurchmesser 100 bis 500 mm

Nenndurchmesser	100	125	150	200	250	300	350	400	500
Außendurchmesser	114	140	168	219	273	324	355	406	508

Bei **Nenndurchmessern von 600 bis 4000 mm** ist der Nenndurchmesser gleich dem Außendurchmesser.

Für diesen Bereich gilt folgende Reihe:
    600, 700, 800, 900, 1000, 1100, 1200, 1400, 1600, 1800, 2000, 2200, 2400, 2600, 2800, 3000, 3200, 3400, 3600, 3800, 4000.

Sind aus zwingenden Gründen oberhalb 1200 mm andere Außendurchmesser unvermeidbar, so sollen Maße in einer Stufung von 100 mm angewendet werden.

3.2.1 Nenndurchmesser, Nennvolumen

DIN 28105 Behälter mit zwei gewölbten Böden; Hauptmaße, Nennvolumen (Okt 1979)

In DIN 28105 wird den Nenndurchmessern nach DIN 28001 eine Längenreihe zugeordnet, gestuft bis 4000 mm wie die Nenndurchmesser, darüber mit den Maßen 4500, 5000, 5600, 6400, 7200, 8000, 9000, 10000, 11000, 12500, 14000, 16000 und 18000 mm, und zwar derart, daß in m³ angegebene als Nennvolumen bezeichnete Fassungsvolumen entstehen, deren Zahlenwerte von 0,16 m³ bis 1 m³ nach der Reihe R 5 und über 1 m³ bis 1000 m³ nach der Reihe R 10 nach DIN 323 T 1 (s. Norm) gestuft sind.

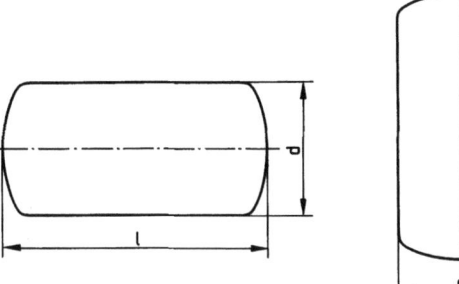

3.76 Stehende/Liegende Behälter mit zwei gewölbten Böden nach DIN 28105

DIN EN 764 Druckgeräte; Druck-/Temperatur-/Volumen-Begriffe; Deutsche Fassung prEN 764: 1992 (Entw Aug 1992)

CEN/TC 54 hat als Grundlage für die Normung im Zusammenhang mit der im Entstehen begriffenen europäischen Richtlinie über nicht einfache Druckbehälter diesen Entwurf einer Begriffsnorm beschlossen, der u. a. auch als Ersatz der noch in einschlägigen DIN-Normen verankerten und nachfolgend erwähnten DIN 28100 vorgesehen ist.

DIN 28100 Volumen und Gewichte; Begriffe, Nennvolumenstufen (Mai 1979)

Die Begriffe für Volumen- und Gewichtsangaben sollen ein Hilfsmittel zur Verständigung z. B. für den Bestell- und Behördenverkehr sein. Sie gelten für Behälter und Apparate, im weiteren Verlauf der Norm nur Behälter genannt.

Tabelle **3.77** Volumenbegriffe nach DIN 28100

Begriffe	Kurzzeichen	Formelzeichen
Fassungsvolumen Das Fassungsvolumen ist das Volumen eines Behälters einschließlich der Stutzen-, Dom- und Deckelvolumen, abzüglich des Volumens der festen Einbauten.	VFA	V_{Fa}
Füllungsvolumen Das Füllungsvolumen ist das Volumen, das die Füllung einnimmt.	VFL	V_{Fl}
Maximales Füllungsvolumen Das maximale Füllungsvolumen ist das Volumen, das die Füllung während des Betriebes nicht überschreiten darf.	VFLMAX	$V_{Fl\,max}$
Minimales Füllungsvolumen Das minimale Füllungsvolumen ist das Volumen, das die Füllung während des Betriebes nicht unterschreiten darf.	VFLMIN	$V_{Fl\,min}$
Nennvolumen Das Nennvolumen ist eine Kurzbezeichnung für die genormte Größe eines Behälters.	VN	V_N

Tabelle 3.78 Gewichtsbegriffe nach DIN 28100

Begriffe	Kurzzeichen	Formelzeichen
Transportgewicht, Montagegewicht Transportgewicht bzw. Montagegewicht sind die Gewichte, für die während des Transportes bzw. der Montage die Lastaufnahmemittel geeignet sein müssen.	MT MM	m_T m_M
Betriebs-Leergewicht Das Betriebs-Leergewicht ist das Gewicht des betriebsgemäß ausgerüsteten Behälters einschließlich aller Ein- und Anbauten und Dämmung	MLB	m_{LB}
Füllungsgewicht Das Füllungsgewicht ist das Gewicht der Füllung.	MFL	m_{Fl}
Maximales Betriebsgewicht Das maximale Betriebsgewicht ist das Gewicht eines betriebsgemäß ausgerüsteten Behälters mit der größten betriebsgemäßen Füllung.	MB	m_B
Störungsgewicht Das Störungsgewicht ist das maximale Gewicht eines Behälters, das unter Annahme von Fehlschaltungen, Undichtheit oder äußeren Einflüssen auftreten könnte.	MS	m_s
Prüfgewicht Das Prüfgewicht ist das Gewicht eines Apparates einschließlich der Prüfflüssigkeit während der Prüfung.	MP	m_P

Anmerkung In dieser Tab. sind Gewichte im Sinne von Massen gemeint, DIN 1305 (s. Norm).

3.2.2 Grundelemente

DIN 28011   Gewölbte Böden; Klöpperform (Jan 1993)

Diese Norm ist anzuwenden für gewölbte Böden in Klöpperform (Klöpperböden) mit folgenden Beziehungen:

$r_1 = d_a$ $r_2 = 0{,}1\, d_a$ $h_1 \geq 3{,}5\, s$ (s. Erläuterungen zu Tab. 3.80) $h_2 = 0{,}1935\, d_a - 0{,}455\, s$

Die Norm gilt für einteilige Böden mit und ohne Schweißnaht mit Außendurchmesser $d_a \leq 4000$ mm und Nennwanddicke $s \leq 50$ mm.

Für Böden in größeren Abmessungsbereichen gilt der Anwendungsbereich dieser Norm sinngemäß, wobei die Toleranzen – insbesondere von Böden aus Segmenten – besonders zu vereinbaren sind.

Tab. 3.80 zeigt für die genormten Klöpperböden die für die Außendurchmesser geltenden Zahlenwerte der Maße r_1 und r_2. DIN 28011 führt für Nennwanddicken zwischen 3 mm und 50 mm die Nenngewichte von Klöpperböden auf und nennt für die Maßkombinationen von Außendurchmesser und Nennwanddicke die erforderlichen gerundeten Bordhöhen h_1 aus der Maßreihe 11, 14, 18 und 20 mm, weiter um 5 mm steigend bis 50 mm sowie dann um 10 mm steigend bis 150 mm.

Die Berechnung der erforderlichen Wanddicken wird z. B.
- für Druckbehälter nach den Technischen Regeln Druckbehälter (TRB, AD-Merkblätter)
- für Dampfkessel nach den Technischen Regeln Dampfkessel (TRD) durchgeführt.

3.2.2 Grundelemente

Geometrische Beziehungen

s = Nennwanddicke

Volumen des gewölbten Teils (ohne Bordhöhe h_1)

$$V \approx 0{,}1\,(d_a - 2s)^3$$

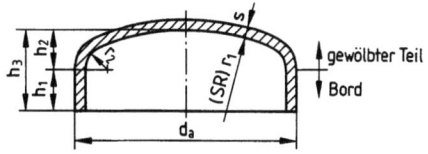

3.79 Gewölbte Böden, Klöpperform nach DIN 28011

Äußere Oberfläche des gewölbten Teils (ohne Bordhöhe h_1)

$$A_a \approx 0{,}99 \cdot d_a^2$$

Innere Oberfläche des gewölbten Teils (ohne Bordhöhe h_1)

$$A_i \approx 0{,}99\,(d_a - 2s)^2$$

Referenzlinie wird von der bearbeiteten Bordkante aus mit h_1 nach Norm gemessen.
Bei Bestellung kann die Kennzeichnung der Referenzlinie vereinbart werden.

Tabelle 3.80   Gewölbte Böden, Klöpperform nach DIN 28011, Maße

d_a	r_1	r_2	d_a	r_1	r_2	d_a	r_1	r_2	d_a	r_1	r_2
• 26,9	26,9	2,7	**159**	159	16	**700**	700	70	**1800**	1800	180
30	30	3	• **168,3**	168,3	17	**711**	711	71	**1900**	1900	190
31,8	31,8	3,2	**177,8**	177,8	18	**750**	750	75	**2000**	2000	200
• 33,7	33,7	3,4	**193,7**	193,7	20	**762**	762	76	**2100**	2100	210
38	38	3,8	• **219,1**	219,1	22	**800**	800	80	**2200**	2200	220
• 42,4	42,4	4,2	**244,5**	244,5	25	**813**	813	81	**2300**	2300	230
44,5	44,5	4,5	• **273**	273	28	**850**	850	85	**2400**	2400	240
• 48,3	48,3	4,8	**300**	300	30	**864**	864	86	**2500**	2500	250
51	51	5,1	• **323,9**	323,9	32	**900**	900	90	**2600**	2600	260
57	57	5,7	**350**	350	35	**914**	914	91	**2700**	2700	270
• 60,3	60,3	6	• **355,6**	355,6	36	**950**	950	95	**2800**	2800	280
63,5	63,5	6,4	**400**	400	40	**1000**	1000	100	**2900**	2900	290
70	70	7	• **406,4**	406,4	41	**1016**	1016	102	**3000**	3000	300
• 76,1	76,1	7,6	**450**	450	45	**1050**	1050	105	**3100**	3100	310
82,5	82,5	8,3	• **457**	457	46	**1100**	1100	110	**3200**	3200	320
• 88,9	88,9	8,9	**500**	500	50	**1150**	1150	115	**3300**	3300	330
101,6	101,6	10	• **508**	508	51	**1200**	1200	120	**3400**	3400	340
108	108	11	**550**	550	55	**1250**	1250	125	**3500**	3500	350
• 114,3	114,3	11	**559**	559	56	**1300**	1300	130	**3600**	3600	360
127	127	13	**600**	600	60	**1400**	1400	140	**3700**	3700	370
133	133	13	**610**	610	61	**1500**	1500	150	**3800**	3800	380
• 139,7	139,7	14	**650**	650	65	**1600**	1600	160	**3900**	3900	390
152,4	152,4	15	**660**	660	66	**1700**	1700	170	**4000**	4000	400

Erläuterungen s. nächste Seite

3.2 Apparate und Maschinen

Erläuterungen zu Tab. **3.80**

- Rohr-Außendurchmesser der Reihe 1 nach DIN 2448 (s. Abschn. 3.1.1.1)

Die Höhe des zylindrischen Bordes beträgt bei Klöpperböden $h_1 \geq 3{,}5\,s$, sie braucht jedoch nebenstehende Maße nicht zu überschreiten.

Andere Bordhöhen sind zu vereinbaren.

Die in DIN 28011 angegebenen Gewichte (Nenngewichte) sind Mittelwerte der aus fertigungstechnischen Gründen streuenden Gewichte ausgeführter gewölbter Böden. Sie entsprechen den mit dem Faktor 1,1 multiplizierten Gewichten, die aus der theoretischen geometrischen Form der Böden bei einer Dichte von 7,85 kg/dm³ errechnet sind.

Nennwanddicke s	Bordhöhe h_1
$s \leq 50$	150
$50 < s \leq 80$	120
$80 < s \leq 100$	100
$100 < s \leq 120$	75
$120 < s \leq$	50

Bearbeiten der Bordkanten mechanisch durch Brennschnitt. Die Maße c, f und x sind bei Bestellung zu vereinbaren, ebenso die Winkel und Radien, sofern sie von Bild **3.81** abweichen. Andere Schweißnahtvorbereitungen sind mit Skizzen bei Bestellung zu vereinbaren.

Form R (bisher IR) roh

Form I (bisher IP) I-Naht plan

Form VA V-Naht außen

Form VI V-Naht innen

Form DV (bisher XS) DV-Naht (symmetrisch)

Form ⅔ DV (bisher XA) ⅔-DV-Naht (asymmetrisch)

Form YA Y-Naht außen

Form YI Y-Naht innen

Form DY (bisher YD) Doppel-Y-Naht

Form U (bisher US) U-Naht (schräg) Tulpennaht

Form DU (bisher UD) DoppelU-Naht

Form BI Beiarbeiten innen

Form BA Beiarbeiten außen

3.81 Bordkanten

Technische Lieferbedingungen

Werkstoffe. Als Werkstoffe dürfen vereinbart werden:

- Unlegierte Baustähle nach DIN EN 10025
- Warmfeste Stähle nach DIN EN 10028 T1 und T2
- Nichtrostende Stähle nach DIN 17440 oder Stahl-Eisen-Werkstoffblatt 400
- Schweißgeeignete Feinkornbaustähle nach DIN 17102 (s. Normen)

3.2.2 Grundelemente

- Kaltzähe Stähle
- Plattierte Stähle
- Hochwarmfeste und hitzebeständige Stähle
- Sonderlegierungen
- Nichteisenmetalle
- Werkstoffe nach anderen nationalen und internationalen Festlegungen

nach DIN-Normen, AD-Merkblättern, VdTÜV-Werkstoffblättern oder Stahl-Eisen-Werkstoffblättern

Herstellung und Wärmebehandlung. Die Böden werden nach Wahl des Herstellers kalt- oder warmgeformt, falls nicht ausdrücklich die Art der Formgebung vereinbart worden ist.
Die Wärmebehandlung ist zu vereinbaren, z. B. nach den AD-Merkblättern der Reihe HP 7.

Wird ein Boden aus mehreren Teilen (entweder vor oder nach dem Umformen) gefertigt, so ist dies vom Hersteller anzugeben.

Oberflächenzustand. Böden werden mit unbehandelter Oberfläche geliefert. Andere Oberflächenzustände, z. B. entzundert, gebeizt, gestrahlt, sind zu vereinbaren.

Grenzabmaße. Für die innere Höhe $h_3 = h_1 + h_2$ sind die Grenzabmaße
a) oberes Abmaß: $+ 0{,}015\, d_1$ oder $+ 10$ mm (jeweils größerer Wert)
b) unteres Abmaß: 0.

Diese Höhen-Abmaße gelten für Böden mit bearbeiteten Bordkanten. Bei Böden mit unbearbeiteten Bordkanten (Form R) ist die innere Höhe h_3 so zu bemessen, daß alle übrigen Formen nach dieser Norm nachträglich hergestellt werden können.

Grenzabmaße für den Umfang sind in Tab. 3.82 festgelegt.

Tabelle 3.82 Grenzabmaße für den Umfang

Werkstoffe	d_a	Grenzabmaße für den Umfang
Allgemeine Baustähle Warmfeste Baustähle Kaltzähe Stähle (ferritisch unvergütet) Feinkornbaustähle	$d_a < 100$	± 3 mm
	$100 \leq d_a < 300$	± 4 mm
	$300 \leq d_a < 1000$	± 0,4%
	$1000 \leq d_a \leq 4000$	± 0,3%
Nichtrostende Stähle Hochlegierte Stähle Kaltzähe Stähle (austenitisch oder vergütet) Austenitisch plattierte Stähle	$d_a < 100$	± 3 mm
	$100 \leq d_a < 300$	± 5 mm
	$300 \leq d_a \leq 4000$	+ 0,5% − 0,7%
Plattierte Stähle, außer austenitisch plattierten Stählen Nichteisenmetalle	$d_a < 100$	± 3 mm
	$100 \leq d_a < 300$	± 5 mm
	$300 \leq d_a < 4000$	± 1%

Die Unrundheit $u = \dfrac{2\,(d_{a\max} - d_{a\min})}{(d_{a\max} + d_{a\min})} \cdot 100$ in % darf höchstens 1% betragen; außerdem darf die größte Durchmesserdifferenz $d_{a\max} - d_{a\min}$ bei $d_a \leq 4000$ mm nicht größer als 30 mm sein.

Einengung der Toleranzen

Geringere Grenzabmaße für den Umfang oder die Unrundheitstoleranzen sind im Sonderfall zu vereinbaren. Sollen Böden paarweise oder als Innen- und Außenböden verwendet werden, so sind die Grenzabmaße zu vereinbaren.

Tabelle 3.83 Grenzabmaße für die Wanddicke

Wanddicke	unteres Abmaß
≤ 10	−0,3
> 10 ≤ 30	−0,5
> 30 ≤ 50	−0,8
> 50	−1,0

Für die Grenzabmaße der Wanddicke gilt: Wird bei Bestellung nur die Wanddicke entsprechend der Bezeichnung in dieser Norm angegeben, so darf diese wie in Tab. 3.83 festgelegt unterschritten werden.

Wird in der Bestellung eine Mindestwanddicke gefordert, so darf diese nicht unterschritten werden. Bei der Anwendung der Gleichung $h_1 = 3{,}5 \cdot s$ ist für s die Mindestwanddicke ohne Kommastellen einzusetzen.

Zur Einhaltung der geforderten Wanddicke bzw. Mindestwanddicke sind aus fertigungstechnischen Gründen entsprechende Dickenzuschläge für die Ausgangsbleche vorzusehen. Darüber hinaus ist eine größere Wanddicke, insbesondere im Bereich des zylindrischen Bordes (Stauchung) möglich. Ein Beiarbeiten ist in der Bestellung anzugeben (Form BI oder BA).

Umfangsbestimmung

Ort der Umfangsbestimmung
a) Bei Böden mit bearbeiteten Bordkanten an der Kante
b) Bei Böden mit unbearbeiteten Bordkanten im Bereich zwischen oberem und unterem Grenzabmaß von h_3.

Bestimmung des äußeren Umfanges. Mit kalibriertem Bandmaß nach DIN 6403 (s. Norm) wird der Umfang an der angegebenen Stelle gemessen. Bei der Errechnung des Durchmessers ist π mit 3,14159 anzusetzen.

Bestimmung des inneren Umfanges, wenn vereinbart
a) Berechnen mit dem aus der Messung des äußeren Umfanges bestimmten Außendurchmesser und der mittleren Wanddicke, die aus dem arithmetischen Mittel der Wanddickenmessungen am Ort der Umfangsmessung, und zwar an mindestens drei Stellen, bei Böden mit $d_a > 500$ mm alle 500 mm, bestimmt wird, oder
b) mit kalibriertem Rollmaß.

Abplattungen. Im Bereich des Radius r_1 sind Abplattungen der Meridiankurve (ebene Partien durch Anlegen eines Lineals gemessen) mit je einer Länge von max. 15% des Radius r_1 zulässig.

Schrägstellung des zylindrischen Bordes

Aufgeweiteter Boden   Eingezogener Boden

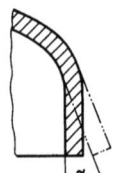

3.84 Schrägstellung der Bordkanten

Grenzabmaße vom rechten Winkel des zylindrischen Bordes s. Tab. 3.85

Tabelle 3.85 Grenzabmaße für Schrägstellung des zylindrischen Bordes

d_a	α	β
< 1000	≤ 4°	≤ 2°
≥ 1000	≤ 5°	

In Schiedsfällen ist die Messung innen durchzuführen (Stauchung).

Bescheinigungen. Die notwendigen Bescheinigungen sind bei Bestellung zu vereinbaren, z. B. nach den Technischen Regeln Druckbehälter (TRB), Technischen Regeln Dampfkessel (TRD).

3.2.2 Grundelemente

DIN 28013 Gewölbte Böden, Korbbogenform (Jan 1993)

Diese Norm ist anzuwenden für gewölbte Böden in Korbbogenform (Korbbogenböden) mit folgenden Beziehungen:

$r_1 = 0{,}8\,d_a \qquad r_2 = 0{,}154\,d_a \qquad h_1 \geq 3s \qquad h_2 = 0{,}255\,d_a - 0{,}635\,s$

Sie gilt für einteilige Böden mit und ohne Schweißnaht mit Außendurchmesser $d_a \leq 4000$ mm und Nennwanddicke $s \leq 50$ mm.

Für Böden in größeren Abmessungsbereichen gilt der Anwendungsbereich dieser Norm sinngemäß, wobei die Toleranzen – insbesondere von Böden aus Segmenten – besonders zu vereinbaren sind.

Geometrische Beziehungen

Volumen des gewölbten Teils (ohne Bordhöhe h_1)

$$V \approx 0{,}1298\,(d_a - 2s)^3$$

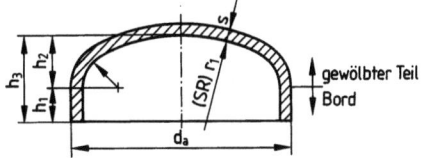

3.86 Gewölbte Böden, Korbbogenform nach DIN 28013

Äußere Oberfläche des gewölbten Teils (ohne Bordhöhe h_1)

$$A_a \approx 1{,}08 \cdot d_a^2$$

Innere Oberfläche des gewölbten Teils (ohne Bordhöhe h_1)

$$A_i \approx 1{,}08\,(d_a - 2s)^2$$

Die von DIN 28013 erfaßten Werte für d_a und s stimmen mit denen in DIN 28011 überein. Die technischen Lieferbedingungen beider Normen sind identisch.

DIN 28025 T1 Stutzen aus nichtrostendem Stahl (Okt 1980)

Beschrieben werden Rohrstutzen (DN 15 bis DN 500) an Behältern und Apparaten aus nichtrostenden Stählen nach DIN 17440 für die Nenndrücke PN 10 und PN 16. Die zulässigen Betriebsüberdrücke für Betriebstemperaturen zwischen $-10\,°C$ und $300\,°C$ sind in Tab. 3.87 angegeben. Für Stutzen aus unlegiertem Stahl gilt DIN 28115.

Zulässige Betriebsdaten. Die zulässigen Betriebsdaten nach Tab. 3.87 gelten bei der Verwendung von Werkstoffen nach Tab. 3.91. Bei Werkstoffen mit geringerer Festigkeit als RSt 37-2 bzw. 1.4541 muß im Verhältnis der Festigkeitskennwerte umgerechnet werden.

Tabelle 3.87 Zulässige Betriebsdaten PN 10 und PN 16

	Betriebstemperatur in °C				
	$-10^{1)}$ bis 50	100 und 120	200	250	300
Nenndruck	Zulässiger Betriebsüberdruck $p_{e,zul}$ in bar				
PN 10	10	10	8	7	6
PN 16	16	16	13	12	10

[1]) Bei Betriebstemperaturen unter $-10\,°C$ ist das AD-Merkblatt W10 zu beachten

Ausführungen

Dichtflächen glatt, Form C

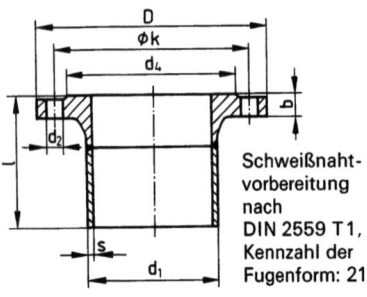

Schweißnaht-
vorbereitung
nach
DIN 2559 T1,
Kennzahl der
Fugenform: 21

3.88 Rohrstutzen nach DIN 28025 T1; Ausführung A für PN 10 und PN 16 DN 15 bis DN 150

Dichtflächen mit Feder, Form F und Nut Form N

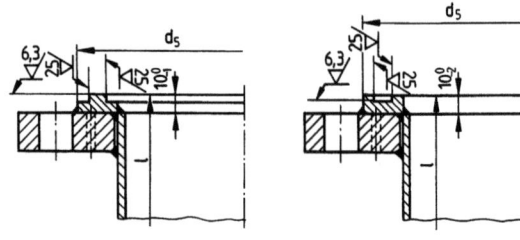

3.89 Rohrstutzen nach DIN 28025 T1; Ausführung B mit Feder Form F und Nut Form N

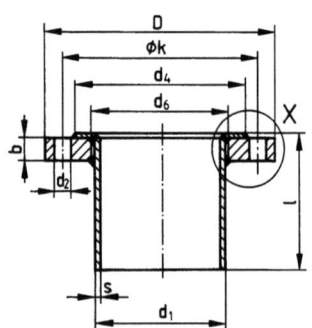

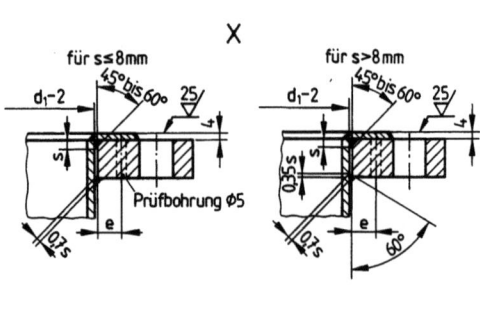

3.90 Rohrstutzen nach DIN 28025 T1; Ausführung B für PN 10 und PN 16 DN 125 bis DN 500

Werkstoffe

Tabelle **3.91** Werkstoffe

Stutzen Ausführung	Flansch Werkstoff Kurzname, Werkstoffnummer	DIN[1])	Nachweis der Güteeigenschaften DIN 50049[1])	Ausführung	DIN[1])	Rohr Werkstoff Werkstoffnummer	DIN[1])	Nachweis der Güteeigenschaften DIN 50049[1])
A	1.4541	17440	3.1 B	nahtlos	2462 T1 u. 2	1.4541	17440	3.1 B
	1.4571					1.4571		
B	RSt 37-2	EN 10025[2])	Stempelung	geschweißt	2463 T1 u. 2	1.4541	17440	3.1 C*)
						1.4571		
	P 265GH (H II)	EN 10028 T1, T2	3.1 B	aus Blech gerollt und geschweißt	–	1.4541	17440	3.1 B
						1.4571		

[1]) Einzelheiten s. Norm
*) Nachweis der Güteeigenschaften kann durch Abnahmeprüfzeugnis 3.1 B erfolgen, wenn die Voraussetzungen nach AD-Merkblatt W 2 erfüllt sind
[2]) s. auch Vorbemerkung zu Abschn. 3.1

DIN 28 025 T 2 Stutzen aus nichtrostendem Stahl (Okt 1980)

Beschrieben werden Rohrstutzen (DN 15 bis DN 500) an Behältern und Apparaten aus nichtrostenden Stählen nach DIN 17440 für die Nenndrücke PN 25 und PN 40. Die zulässigen Betriebsüberdrücke für Betriebstemperaturen zwischen $-10\,°C$ und $300\,°C$ sind in Tab. 3.92 angegeben. Für Stutzen aus unlegiertem Stahl gilt DIN 28115.

Zulässige Betriebsdaten. Die zulässigen Betriebsdaten nach Tab. 3.92 gelten bei der Verwendung von Werkstoffen nach Tab. 3.91. Bei Werkstoffen mit geringerer Festigkeit als RSt 37-2 bzw. 1.4541 muß im Verhältnis der Festigkeitskennwerte umgerechnet werden.

Tabelle 3.92   Zulässige Betriebsdaten PN 25 und PN 40

	Betriebstemperatur in °C				
	$-10^{1)}$ bis 50	100 und 120	200	250	300
Nenndruck	Zulässiger Betriebsüberdruck $p_{e,zul}$ in bar				
PN 25	25	25	21	19	15
PN 40	40	40	33	31	25

[1]) Bei Betriebstemperaturen unter $-10\,°C$ ist das AD-Merkblatt W 10 zu beachten

Die Anwendung dieser Betriebsdaten setzt voraus, daß die Mantel- oder Bodenausschnitte nach AD-Merkblatt B 9 ausreichend verstärkt sind (weitere Einzelheiten s. Norm).

DIN 28115 Stutzen aus unlegiertem Stahl (Apr 1981)

Beschrieben werden Rohrstutzen (DN 15 bis DN 500) an Behältern und Apparaten aus unlegierten Stählen für die Nenndrücke PN 10 bis PN 40. Die Stutzen können mit einem Betriebsüberdruck in Höhe des Nenndruckes bis zu einer Betriebstemperatur von $120\,°C$ eingesetzt werden. Die Anwendung dieser Betriebsüberdrücke setzt voraus, daß die Mantel- oder Bodenausschnitte nach AD-Merkblatt B 9 ausreichend verstärkt sind (weitere Einzelheiten s. Norm).

DIN 28 030 T 1 Flanschverbindungen für Behälter und Apparate; Apparateflanschverbindungen (Sep 1992)

Diese Norm gilt für Flanschverbindungen an mehrteiligen Behältern und Apparaten

a) drucklos für Flansche nach DIN 28031 (s. Norm)

b) unter Überdruck für Flansche nach DIN 28032, DIN 28034, DIN 28036 und DIN 28038 (s. Normen) entsprechend den Technischen Regeln für Druckbehälter (TRB).

Die Flansche für Behälter und Apparate sind entsprechend den Behälterdurchmessern nach DIN 28001 gestuft. Sie sind in den Durchmessern kleiner als Rohrleitungsflansche. Sie gelten nicht für Rohrleitungs- und Armaturenanschlüsse.

Rohrleitungsflansche nach DIN 2500 werden an Behältern und Apparaten in der Regel nur für Rohrleitungs- und Armaturenanschlüsse, z. B. für Stutzen und Blockflansche, verwendet. Sollen anstelle von Apparateflanschen bis zu einem Nenndurchmesser von 500 mm Rohrleitungsflansche verwendet werden, so ist dies besonders zu vereinbaren.

Berechnung der Flanschverbindungen (s. Abschn. 3.1.4.2). Für die Berechnung der Flanschverbindungen gilt DIN V 2505. Diese Berechnung bezieht sich auf Flansche, die mittels Schrauben und innerhalb des Schraubenkreises liegender Dichtung kraftschlüssig miteinander verbunden sind.

Die Berechnung nach DIN V 2505 umfaßt Flansche, Schrauben und Dichtung in ihrer gegenseitigen Abhängigkeit und bezieht sich auf den Einbauzustand, den Prüf- und den Betriebszustand. Bei Flanschverbindungen, die nach Inbetriebnahme nicht nachgezogen werden können (z. B. wärmegedämmte Apparate), ist die rechnerische oder zeichnerische Nachprüfung mittels des Verspannungsschaubilds nach DIN V 2505 erforderlich.

Die Flanschnormen DIN 28032, DIN 28034, DIN 28036 und DIN 28038 sind so aufgebaut, daß für jeden Behälterdurchmesser die Flanschabmessungen bestimmt wurden, die der Belastbarkeit der Schrauben entsprechen. Dabei ist für die Schrauben ein Festigkeitskennwert von 240 N/mm², für die Flansche ein Festigkeitskennwert von 205 N/mm² und für die Dichtung der Dichtungskennwert für It-Werkstoffe nach DIN V 2505 zugrunde gelegt. Die Sicherheitsbeiwerte für Schrauben und Flansche sind entsprechend DIN V 2505 eingesetzt.

Da die Belastbarkeit der Flanschverbindung auch von der Temperatur abhängt, sind die in den Normen DIN 28032, DIN 28034, DIN 28036 und DIN 28038 zulässigen Betriebsüberdrücke eingetragen, die sich für die Temperaturen von 20 bis 300°C ergeben.

Die Flansche nach DIN 28032, DIN 28034, DIN 28036 und DIN 28038 können ohne Nachrechnung für die in den genannten Normen angegebenen zulässigen Betriebsüberdrücke und -temperaturen eingesetzt werden, wenn die angegebenen Werkstoffe für Flansch, Schrauben und Dichtung verwendet werden.

Schrauben. Für Flansche nach

DIN 28031	Sechskantschrauben nach DIN EN 24016
DIN 28032	
DIN 28034	Sechskantschrauben nach DIN EN 24014
DIN 28036	
DIN 28038	

Formen, Werkstoffe und Nachweis der Güteeigenschaften für Schrauben und Muttern s. Tabelle 2 in DIN 28030 T1

In den Normen DIN 28031, DIN 28032, DIN 28034, DIN 28036 und DIN 28038 sind für die Berechnung der Schrauben bis M30 und Temperaturen bis 300°C Schrauben aus unlegiertem Stahl mit einem Festigkeitskennwert von 240 N/mm² bei 20°C zugrunde gelegt. Für Schraubenbolzen nach DIN 2510 T3 kommt der Stahl Ck 35, für Muttern nach DIN 2510 T5 der Stahl C 35 N als Mindestqualität in Frage.

Andere Schrauben- und Mutternwerkstoffe sind nach DIN 267 T13 (s. Norm) zu wählen, wenn die Betriebsbedingungen dies erfordern.

Bezüglich der Anwendungsgrenzen sind für Druckbehälter in Sonderfällen auch die AD-Merkblätter W2 und W10 zu beachten.

Flansche

DIN 28031	Schweißflansche für drucklose Behälter und Apparate aus unlegierten und nichtrostenden Stählen
DIN 28032	Schweißflansche für Druckbehälter und -apparate aus unlegierten Stählen
DIN 28034	Vorschweißflansche für Druckbehälter und -apparate
DIN 28036	Schweißflansche für Druckbehälter und -apparate aus nichtrostenden Stählen
DIN 28038	Schweißflansche mit zylindrischem Ansatz für Druckbehälter und -apparate aus nichtrostenden Stählen

Schweißflansche nach DIN 28032 und DIN 28036 sind für niedrige zulässige Betriebsüberdrücke vorgesehen.

Vorschweißflansche nach DIN 28034 sind für höhere Beanspruchungen und für den ganzen Durchmesserbereich anwendbar.

Schweißflansche nach DIN 28036 und DIN 28038 sind im allgemeinen bis 300°C einsetzbar.

Bei Temperaturen über 200°C muß gegebenenfalls betrieblich bedingten Temperaturwechselbeanspruchungen Rechnung getragen werden. In solchen Fällen wird empfohlen, den Behältermantel bzw. den zylindrischen Ansatz und das Flanschblatt aus Werkstoffen nahezu gleichen Wärmeausdehnungsverhaltens zu wählen.

3.2.2 Grundelemente

Anschlußmaße. Die Anschlußmaße einer Flanschverbindung sind durch den Durchmesser, die Anzahl der Schrauben und den Lochkreisdurchmesser gegeben. Bei der Maßfestlegung der Flansche nach DIN 28031, DIN 28032, DIN 28034, DIN 28036 und DIN 28038 sind einheitliche Anschlußmaße zugrunde gelegt und folgende Gesichtspunkte berücksichtigt worden:

Die Anzahl der Schrauben ist durch 4 teilbar und steht in einem konstanten Verhältnis zum Behälterdurchmesser (Anzahl der Schrauben = 0,04 × Nenndurchmesser).

Die Zugänglichkeit für den Schraubenschlüssel ist gewährleistet.

Der Lochkreisdurchmesser ist so bemessen, daß die Dichtung ausreichend breit ist. Hierbei sind die Grenzabmaße der Durchmesser gewölbter Böden berücksichtigt.

Ausführung und Schweißung

Apparateflansche können entweder nahtlos geschmiedet oder gewalzt hergestellt oder aus Walzprofilen warm gebogen und geschweißt werden. Als Walzprofile dürfen geschmiedete oder gewalzte Rechteck- bzw. Vierkantprofile verwendet werden.

Bei Herstellung aus Blechen sind Streifen in Walzrichtung zu schneiden und zu biegen (s. AD-Merkblatt B8). Flansche für drucklose Apparate sowie glatte Flansche für Druckapparate bis DN 800 können kreisförmig aus Blechen ausgeschnitten werden.

Als Schweißverfahren wird das Widerstandsschweißverfahren, insbesondere das Abbrennstumpfschweißen angewendet. Normalglühen der Flanschringe für Druckbehälter und -apparate ist vorzusehen, wenn der Verformungsvorgang nicht innerhalb des vorgesehenen Temperaturbereichs (s. Werkstoffnormen oder Herstellerangaben) begonnen und beendet worden ist.

Das Schweißen und gegebenenfalls notwendige Wärmebehandlungen von Flanschen für Druckbehälter und -apparate richten sich nach AD-Merkblättern der Reihe HP und den entsprechenden Werkstoffnormen.

Hinsichtlich der Werkstoffe für Flansche und der erforderlichen Nachweise der Güteeigenschaften s. Tabelle 3 in DIN 28030 T1.

Dichtungen. Die Dichtung, deren Wahl durch die chemische, thermische und mechanische Beanspruchung bedingt ist, ist mitbestimmend für die Belastbarkeit der Flanschverbindung. Die Flanschverbindungen nach DIN 28031, DIN 28032, DIN 28034, DIN 28036 und DIN 28038 sind ausgelegt für Weichstoffdichtungen nach DIN V 2505 und für die in DIN 28040 (s. Normen) vorgesehenen Dichtungsbreiten.

Bei Verwendung anderer Dichtungen ist eine Nachrechnung mit den betreffenden Dichtungskennwerten erforderlich, die DIN V 2505 zu entnehmen sind.

DIN 28117 Blockflansche (Feb 1990)

Die Auswahl der Formen A und B richten sich nach der Art der Befestigung an der Wandung. Die Flansche sind für Schutzüberzüge bei Ausrundung der Innenkante geeignet. Blockflansch mit Verkleidung s. Bild **3.95**.

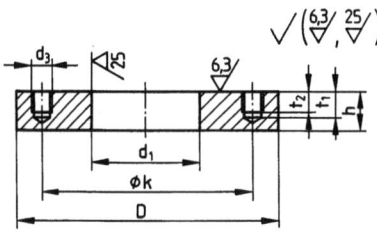

3.93 Blockflansch nach DIN 28117; Form A ohne Schweißansatz

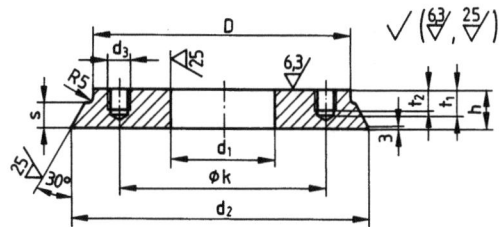

3.94 Blockflansch nach DIN 28117; Form B mit Schweißansatz

Die Blockflansche können mit allen Dichtflächen nach DIN 2526 (s. Norm) versehen werden, ausgenommen Feder und Vorsprung.

Die Bilder 3.93 und 3.94 zeigen Blockflansche mit Dichtflächen Form B nach DIN 2526.

Die Dicke h ist konstruktives Mindestmaß und ergibt sich aus der Einschraubtiefe der Stiftschrauben. Sie muß größer vereinbart werden, wenn der Blockflansch für gewölbte Aufsitzflächen weiter bearbeitet werden soll. Nut und Rücksprung können eingearbeitet werden.

Maß s ist Richtmaß, bei gesenkgeschmiedetem Blockflansch Rohmaß. Fertigmaß und Form der Schweißkante richten sich nach der Blechdicke des Apparates.

Werkstoff. Stähle nach DIN EN 10025; Kesselblech nach DIN 17155; für Vollmaterial und Verkleidung nichtrostende Stähle nach DIN 17440 (s. Normen).

Dichtungen

nach DIN 2690: für ebene Dichtflächen
nach DIN 2691: für Nutausführung
nach DIN 2692: für Rücksprung (s. Normen).

Verstärkung

Wird der Blockflansch für Ausschnittsverstärkungen nach AD-Merkblatt B9 verwendet, kann es bei größeren Nennweiten zweckmäßig sein, die Maße D, d_2 und h zu vergrößern.

Die Norm erfaßt Nennweiten von DN 15 bis DN 500 und Anschlußmaße entsprechend PN 10 bis PN 40.

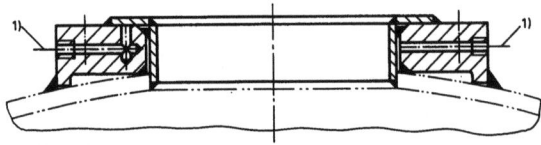

[1]) Prüf- und Entlüftungsbohrung (Durchmesser 6,8 mm, Verschlußstopfen M8) müssen unabhängig voneinander zwischen zwei Schraubenlöchern angeordnet werden.

3.95
Blockflansch nach DIN 28117, mit Verkleidung (ab DN 125 bis DN 500)

DIN 28128 Halbrohrschlangen für chemische Apparate (Nov 1979)

Diese Norm gilt für Maße, Werkstoffe, Schweißnahtformen und die angegebenen zulässigen Betriebsüberdrücke bei Betriebstemperaturen bis 300°C von Halbrohrschlangen aus unlegiertem oder nichtrostendem Stahl für chemische Apparate. Die in den Tabellen der Norm angegebenen Werte berücksichtigen nur den Druck im Halbrohr bei gleichzeitigem Vakuum im Behälter.

Die Norm legt Halbrohrschlangen mit d_1 = 48,3; 60,3; 76,1; 88,9; 114,3; 139,7; 168,3 mm und mit Wanddicken zwischen 2,5 und 5,6 mm fest.

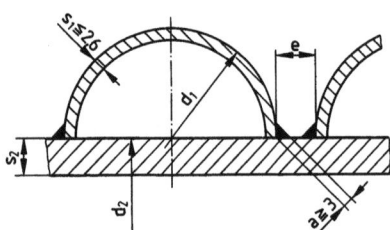 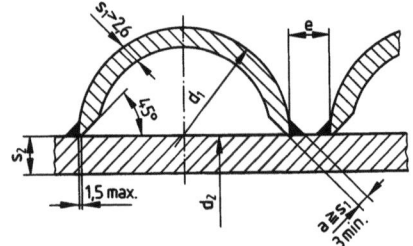

3.96 Halbrohrschlangen nach DIN 28128, Halbrohr Ausführung A

3.97 Halbrohrschlangen nach DIN 28128, Halbrohr Ausführung B

3.2.2 Grundelemente

Werkstoffe

Die Halbrohre sind aus Bandstahl oder aus Rohren anzufertigen. Prüfumfang, Werkstoffnachweise und eventuelle Wärmebehandlung nach den AD-Merkblättern.

Unlegierter Stahl. Nach Wahl des Herstellers sind folgende Werkstoffe zulässig

Bei Verwendung von Bandstahl: RSt 37-2 oder RSt 37-3 nach DIN EN 10025, P 265 GH (H II) nach DIN EN 10028 T1 und T2

Bei Verwendung von Rohren: RSt 35 oder RSt 35.8 nach DIN 1629 T3 bzw. DIN 17175 (s. Normen).

Nichtrostender Stahl. Bei Verwendung von Bandstahl oder Rohren: Alle Stähle nach AD-Merkblatt W 2.

Zulässiger Betriebsüberdruck. Der Druckraum der Halbrohrschlange wird von der Apparatezarge und vom Halbrohr gebildet. Für beides sind die errechneten zulässigen Betriebsüberdrücke in den Tabellen der Norm eingetragen (s. Norm). Die Tabellen haben nur Gültigkeit bei der in den Bildern **3.96** und **3.97** dargestellten Schweißnahtausführung.

Einzelheiten zur Ausführung

Die vorgeschriebene Form mit der inneren Anschrägung und der einfachen Ecknaht ist beim Schweißen gut zugänglich und ergibt eine gut durchgeschweißte Naht. Die Biegebeanspruchung nimmt jedoch mit zunehmender Rohrdicke zu; noch dickere Rohre als festgelegt, erscheinen deshalb wenig sinnvoll.

Auch die Wahl eines Werkstoffes höherer Festigkeit kann nicht empfohlen werden, da mit steigender Festigkeit die für diese Verbindung sehr wesentliche Zähigkeit abnimmt.

Halbrohre in der Ausführung von innen und außen abgeschrägt ergeben zwar geringere Biegebeanspruchung im Schweißnahtbereich, erfordern aber für eine einwandfreie Schweißung größere Mindestabstände „e".

Folgende Werte werden hierfür genannt: bei $d_1 =$

48,3: $e = 22$;   60,3: $e = 25$;   76,1: $e = 25$;   88,9: $e = 30$;   168,3: $e = 40$ mm.

Eine einwandfreie Durchschweißung muß in jedem Falle sichergestellt sein.

Verbindungsstöße sind die anfälligsten Stellen, deswegen ist es erwünscht, die Halbrohre aus möglichst langem Bandstahl zu fertigen.

Die Verbindungen der einzelnen Halbrohrteile sollten vor dem Anschweißen der Halbrohrschlange an die Behälterwand geschweißt werden; dann lassen sie sich gut kontrollieren und gegebenenfalls gegenschweißen. Das gleiche gilt für Kreuzungen, solche sollten jedoch nach Möglichkeit vermieden werden. Bei Kreuzungen liegt der zulässige Betriebsüberdruck bis über 50% niedriger, ein genaues Auslegungskriterium ist nicht bekannt.

Bei der Kombination Apparat aus nichtrostendem Stahl und Halbrohrschlange aus unlegiertem Stahl sowie umgekehrt treten durch die unterschiedlichen Wärmeausdehnungen erhebliche Spannungen auf. Zusammen mit dem möglichen Einfluß des elektrochemischen Potentialunterschiedes ergibt sich eine erhöhte Korrosionsgefahr. **Die gemischte Bauweise sollte** aus diesen Gründen **vermieden werden**.

DIN 28127 Stromtrichter für Halbrohrschlangen an Behältern (März 1987)

Diese Norm ist im Zusammenhang mit der Norm über Halbrohrschlangen nach DIN 28128 anzuwenden. Die Stromtrichter gelten für einen zulässigen Betriebsüberdruck von 32 und −1 bar bei zulässigen Betriebstemperaturen bis 300 °C.

Werkstoff. Stahlsorte P 265 GH (H II) nach DIN EN 10028 T1 und T2; Nichtrostender Stahl, Werkstoff-Nummer 1.4571 oder 1.4541 nach DIN 17440; andere Werkstoffe nach Vereinbarung.

Wärmebehandlung nach der Formgebung: Unlegierter Stahl – normalgeglüht; Nichtrostender Stahl – blankgeglüht und abgeschreckt oder geglüht, abgeschreckt und gebeizt.

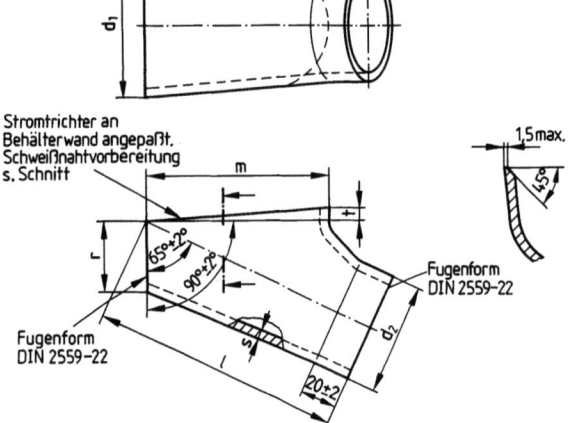

3.98
Stromtrichter nach DIN 28127 für Halbrohrschlangen nach DIN 28128

Tabelle **3.99** Maße für Stromrichter nach DIN 28127

Nenngröße	Halbrohr-schlange d_1 ±1	Rohr-anschluß d_2 ±1	l ±2	m ±2	r ±0,5	t ±0,5	$s^1)$ +1,2 −0,3 H11	1.4571	1.4541
25– 48,3	48,3	33,7	100	70		7	4	3	3
40– 60,3	60,3	48,3	120	85		7	5	4	4
50– 76,1	76,1	60,3	135	92	$0,5 \cdot d_1$	7	5	4	4
50– 88,9	88,9	60,3	150	115		8	6	5	5
80–114,3	114,3	88,9	165	130		8	6	5	5

[1]) Beispiel für die Berechnung der Wanddicke s. Bbl. 1 zu dieser Norm

Bei den Werkstoffen 1.4571 oder 1.4541 muß bei nicht nahtloser Ausführung der Schweißzusatz eine bessere Korrosionsbeständigkeit als der Grundwerkstoff haben. Die AD-Merkblätter der Reihe HP sind zu beachten.

Der Nachweis der Güteeigenschaften der Werkstoffe muß nach den AD-Merkblättern der Reihe W erfolgen (s. Normen).

3.2.3 Verbindungstechnik, Beschichtungen, Auskleidungen

DIN 8558 T2 Gestaltung und Ausführung von Schweißverbindungen; Behälter und Apparate aus Stahl für den Chemie-Anlagenbau (Sep 1983)

Beschrieben werden bewährte Beispiele zur Gestaltung und Ausführung von Schweißverbindungen an Behältern und Apparaten aus Stahl. In Sonderfällen, z. B. bei besonderen Korrosionsproblemen oder bei Werkstoffen, deren Bearbeitung besondere Maßnahmen erfordern, können abweichende Lösungen erforderlich sein, die zwischen Besteller/Betreiber und Hersteller zu vereinbaren sind.

Soweit für bestimmte Ausführungen Rechtsverordnungen und andere technische Regeln gelten, sind die dort getroffenen Festlegungen bei der Auswahl der Gestaltungsbeispiele sowie gegebenenfalls abweichende oder weitergehende Forderungen zu beachten.

Diese Norm ersetzt nicht die festigkeitsmäßige Bemessung der Schweißverbindungen.

3.2.3 Verbindungstechnik, Beschichtungen, Auskleidungen

Die Norm ist anzuwenden unter Beachtung der angegebenen Anwendungsgrenzen für Behälter und Apparate, deren tragende Wanddicke bis einschließlich 30 mm (diese Grenze wurde aus konstruktiven Gründen gewählt und nicht wegen gegebenenfalls erforderlicher Wärmebehandlung) beträgt.

Diese Begrenzung bezieht sich nur auf die Stumpfnähte in der tragenden Behälterwand und nicht auf die Dicke von Flanschen, Rohrböden, ebenen Böden und ähnlichen Behälterteilen.

Unter Beachtung der in der Norm jeweils angegebenen Anwendungsgrenzen gelten ihre Festlegungen für folgende schweißgeeignete Stähle:
- unlegierte Stähle mit Mindestzugfestigkeiten $R_m \leq 450$ N/mm²
- die Stähle P295GH (17Mn4) und 16Mo3 (15Mo3) nach DIN EN 10028 T1 und T2
- Feinkornbaustähle nach DIN EN 10028 T3 mit einer Mindeststreckgrenze $R_{eL} \leq 355$ N/mm²
- austenitische Stähle nach DIN 17440 (Ausnahme: Stahlsorte mit Werkstoffnummer 1.4305)

Diese Norm kann auch für andere Stähle und/oder größere Wanddicken zugrunde gelegt werden, wenn dies zwischen Hersteller und Besteller/Betreiber vereinbart ist.

Grundsätze für die Gestaltung. Die Schweißnähte sind so zu bemessen, daß bei Stumpfnähten und sonstigen tragenden Schweißnähten die vorhandenen Querschnitte voll angeschlossen oder bei Kehlnähten die zur Kraftübertragung erforderlichen Querschnitte vorhanden sind. Stumpfnähte sind vorzuziehen. Offene Spalten jeder Art sind zu vermeiden.

Beidseitig zugängliche Schweißnähte sollen an der Wurzel gegengeschweißt oder von beiden Seiten geschweißt sein. Wird nur von einer Seite geschweißt, so ist auf eine gute Erfassung der Wurzel zu achten.

Bei Schweißnähten, die nur einseitig zugänglich sind, sind Zentrier- und Einlegeringe, die im Bauteil verbleiben, nur mit Zustimmung des Bestellers/Betreibers zulässig.

Soll von den Festlegungen der vorstehenden Absätze an Druckbehältern der Prüfgruppe I nach § 8, Abs. 1 DruckbehV[1]) (Vakuumbehälter) abgewichen werden, so bedarf dies einer Vereinbarung zwischen Hersteller und Besteller/Betreiber.

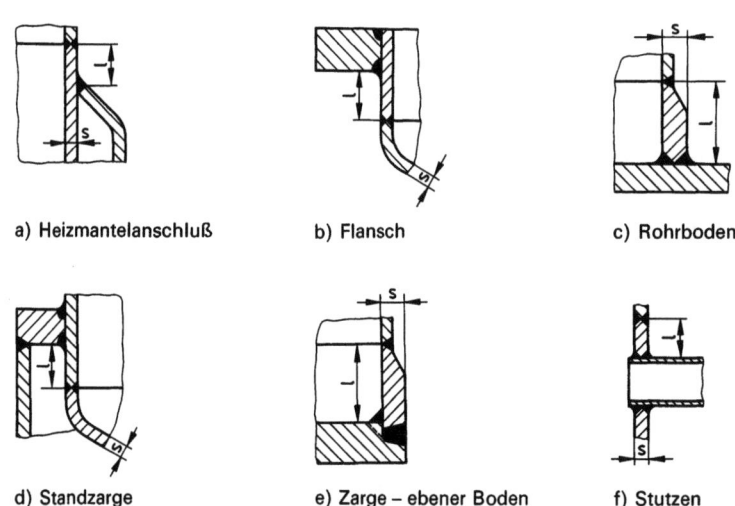

a) Heizmantelanschluß b) Flansch c) Rohrboden
d) Standzarge e) Zarge – ebener Boden f) Stutzen

Für l gilt bei a) bis e): min. 2,5 s, bei f): min. 3 s

3.100 Mindestabstände für Schweißverbindungen nach DIN 8558 T2

---
[1]) Druckbehälterverordnung; s. auch Abschn. 2

Bei Stumpfnähten an Teilen unterschiedlicher Dicke soll ein hinreichend stetiger Kraftverlauf angestrebt werden, erforderlichenfalls durch Anschrägen des dickeren Teiles.

Anhäufungen von Schweißnähten sind zu vermeiden. Zwischen parallel verlaufenden Stumpfnähten ist ein Abstand von $6 \cdot s$ – bei Blechdicken unter 10 mm einer von mindestens 50 mm – anzustreben.

Bei Schweißanschlüssen entsprechend Bild **3.**100 a) bis e) kann der Mindestabstand l auf $2,5 \cdot s$ verringert werden.

Sich kreuzende Stumpfnähte in tragenden Wandungen sind zu vermeiden. Beim Anschluß von Versteifungen o. ä. im Bereich von tragenden Schweißnähten sollen ausreichend große Freischnitte vorgesehen werden. Ist ein Umschweißen der Ecken von Versteifungen notwendig, so sind die Freischnitte (Durchschweißlöcher) so zu bemessen, daß eine einwandfreie Ausführung sichergestellt ist.

Der Abstand zwischen Stutzen und Rund- oder Längsnähten soll mindestens $3 \cdot s$ betragen (s. Bild **3.**100 f). Läßt sich dieser Abstand nicht einhalten, so sind die Schweißnähte nach Möglichkeit so anzuordnen, daß die Behälternaht durch den Stutzen ganz unterbrochen wird.

Kehlnähte sind, wenn nicht anders vorgeschrieben oder die Rechnung keine dickere Naht ergibt, mit

$$a = \min 0,5 \cdot s$$

auszuführen, wobei für die Bemessung die geringere Blechdicke maßgebend ist. Abgesehen von Sonderkonstruktionen sind Kehlnähte in jedem Fall mindestens mit

$$a = 3 \text{ mm}$$

auszuführen.

Wird an Bauteilen mit konstruktionsbedingten, abgeschlossenen Hohlräumen, wie sie z. B. bei Ausschnittverstärkungen, aufgesetzten Blockflanschen oder Tragringen auftreten, eine Wärmebehandlung durchgeführt, so ist eine Entlüftungsmöglichkeit vorzusehen (Bohrung, in einfachen Fällen auch kurze Nahtunterbrechung).

Bei Apparaten, die im Betrieb besonders warm werden, ist über die Notwendigkeit des Anbringens von Entlüftungsmöglichkeiten von Fall zu Fall zu entscheiden.

Aus Prüf- und/oder Überwachungsgründen sind bei Aus- und Verkleidungen in jedem Fall entsprechende Bohrungen anzubringen. Das gleiche gilt bei Mischverbindungen.

Bei anderen Schweißverbindungen mit Kombinationen aus unlegierten bzw. niedriglegierten und austenitischen Stählen ist hierüber von Fall zu Fall zu entscheiden.

Regelausführung für Entlüftungsbohrung:
- Bohrungsdurchmesser 5 bzw. 6,8 mm,
- Gewinde   M 6 bzw. M 8,
- Gewindetiefe   8 bzw. 10 mm.

Für die Fugenformen gelten die Angaben in DIN 2559 T1 und T2, DIN 8551 T1 und T4 und DIN 8553 (s. Normen), soweit bei den in der Norm aufgeführten Beispielen keine besonderen Festlegungen getroffen sind. Für alle Schweißnähte sind die Maße für die Fugenformen entsprechend dem Schweißverfahren und den Maßen der Schweißzusätze, gegebenenfalls unter Berücksichtigung der Wurzelausarbeitung, genau festzulegen.

Für die Gestaltung von Behältern und Apparaten, die mit einem Schutzüberzug versehen werden, sind die Normen DIN 28051 und DIN 28053 zu beachten.

3.2.3 Verbindungstechnik, Beschichtungen, Auskleidungen

Tragende Schweißnähte (z. B. Rund- und Längsnähte von Druckbehältern) dürfen nur soweit erforderlich durch angeschweißte Teile verdeckt werden. So sollten z. B. Halbrohrschlangen auf kurzem Weg über Behälternähte geführt werden. Werden tragende Schweißnähte durch massive Teile verdeckt (z. B. Rundnähte durch Stützringe), so ist entweder die Schweißnaht vor dem Anschweißen des Teiles zu prüfen oder die Teile sind so zu gestalten, daß eine Prüfung möglich ist.

Im allgemeinen sind die in der Norm dargestellten Schweißverbindungen mit einem oder mehreren zerstörungsfreien Prüfverfahren prüfbar, jedoch ist teilweise die Aussage der anwendbaren Prüfverfahren über die Güte der Schweißverbindung begrenzt.

Wenn zwingende Gründe, z. B. betriebliche Notwendigkeiten, eine besondere Prüfung erforderlich machen, so ist dies bei der Gestaltung zu berücksichtigen und dem Hersteller rechtzeitig bekanntzugeben.

Grundsätze für die Ausführung. DIN 8558 T2 enthält eine Reihe von Hinweisen für die Schweißnahtausführung, wobei insbesondere folgende Einzelheiten Berücksichtigung finden

- Anforderungen an Schweißbetriebe, Schweißer, Schweißzusatzwerkstoffe, Fehlerfreiheit der Schweißungen,
- Einschweißen von Rohren in Rohrböden,
- Schweißverbindungen nicht artgleicher Werkstoffe,
- Schweißverbindungen plattierter Stähle,
- Ausführung von Stutzen.

Einzelheiten zur Gestaltung. Die nachfolgend aufgeführten Einzelheiten sind in DIN 8558 T2 entsprechend den Darstellungen in Tab. **3.101** behandelt.

Gestaltung von Schweißverbindungen artgleicher Werkstoffe

- Böden und Mäntel
- Flansche
- Stutzen beidseitig zugänglich
- Stutzen einseitig zugänglich
- Stutzen mit Ausschnittverstärkungen
- Eingesetzte Blockflansche
- Aufgesetzte Blockflansche
- Doppelmäntel
- Doppelmantel-Warzen
- Stutzendurchführungen bei Doppelmänteln
- Halbrohre zum Anschweißen auf Behälter
- Standzargen
- Füße
- Pratzen
- Tragsättel
- Tragösen
- Traglaschen
- Tragzapfen
- Schweißverbindungen zylindrischer Mantel/Rohrboden, zylindrischer Mantel/ebener Boden
- Einschweißen von Rohren in Rohrböden
- Schweißverbindung Rührerwelle – Kupplungsflansch
- Schweißringdichtung
- Anschweißteile.

Gestaltung von Schweißverbindungen nicht artgleicher Werkstoffe

- Anschlüsse an Plattierungen
- Schweißverbindungen und Anschlüsse von Auskleidungen/Verkleidungen
- Schweißverbindungen unlegierter oder niedriglegierter Stähle mit austenitischen Stählen
- Gestaltungsregeln für Mischverbindungen.

Gestaltung von Schweißverbindungen plattierter Stähle

Tabelle 3.101 Einzelheiten, Gestaltung von Schweißverbindungen nach DIN 8558 T 2

Kenn-zeichen	Darstellung	Anwendung	Bedingung	Bemerkungen
C1 Böden und Mäntel				
C1.1				Fugenform nach DIN 8551 T1 und T4
C1.2		Ausführung bei ungleichen Wanddicken		Fugenform nach DIN 8551 T1 und T4. Der Wanddickenübergang kann auch außen erfolgen. Bei Innenplattierungen muß er außen erfolgen
C1.3		Für drucklose Behälter und Druckbehälter der Prüfgruppe I nach der Druckbehälterverordnung mit ebenem Boden	$a = 0{,}5\,s_1$ jedoch mindestens 3 mm	Bei Oberflächenschutz Schweißnaht innen schleifen und Entlüftungsbohrung oder kurze Nahtunterbrechung in der äußeren Kehlnaht anbringen
C1.4		Für drucklose Behälter und Druckbehälter der Prüfgruppe I nach DruckbehV, für Druckbehälter anderer Prüfgr. unter Beachtung v. AD-Merkbl. B 2, HP 1, HP 5/1 und HP 5/3		Fugenform nach DIN 8551 T1 und T 4
C1.5		Schweißen von Teilen ungleicher Wanddicken mit **einseitig** zugänglichen Nähten für drucklose Behälter und Druckbehälter der Prüfgruppe I nach Druckbeh V, für Druckbehälter anderer Prüfgruppen s. AD-Merkblatt HP 5/1 und HP 5/3	**Längsnaht:** $e_1, e_2 \leq 0{,}1\,s_2$ jed. max. 2 mm **Rundnaht:** $e_2 \leq 0{,}1\,s_2$ jed. max. 2 mm $e_1 \leq 0{,}2\,s_2$ jed. max. 5 mm	Fugenform nach DIN 8551 T1 und T4. Der Kantenversatz e_2 ist so begrenzt, daß die Nahtwurzel noch einwandfrei ausgeführt werden kann

Fortsetzung s. nächste Seite

3.2.3 Verbindungstechnik, Beschichtungen, Auskleidungen

Tabelle **3.101**, Fortsetzung

Kennzeichen	Darstellung	Anwendung	Bedingung	Bemerkungen
C1.6		Schweißen von Teilen ungleicher Wanddicken mit **beidseitig** zugänglichen Nähten für drucklose Behälter und Druckbehälter der Prüfgruppe I nach DruckbehV, für Druckbehälter anderer Prüfgruppen s. AD-Merkblatt HP 5/1	**Längsnaht:** $e_1 \leq 0{,}1\,s_2$ jed. max. 2 mm $e_2 \leq 0{,}2\,s_2$ jed. max. 4 mm **Rundnaht:** $e_1 \leq 0{,}2\,s_2$ jed. max. 5 mm $e_2 \leq 0{,}4\,s_2$ jed. max. 10 mm	Fugenform nach DIN 8551 T1 und T4. Soweit durch das Gegenschweißen eine einwandfreie Nahtausführung und ein hinreichend stetiger Kraftverlauf gesichert sind, können bei drucklosen Behältern auch größere Werte zugelassen werden

Weitere Normen, die im Zusammenhang mit DIN 8558 T2 Bedeutung haben:

DIN 8553		Verbindungsschweißen plattierter Stähle; Richtlinien
DIN EN 287	T1	Prüfung von Schweißern; Schmelzschweißen; Teil 1: Stähle
DIN 8562		Schweißen im Behälterbau; Behälter aus metallischen Werkstoffen; Schweißtechnische Grundsätze
DIN 8563	T2	Sicherung der Güte von Schweißarbeiten; Anforderungen an den Betrieb
DIN EN 25817		Lichtbogenschweißverbindungen an Stahl; Richtlinie für die Bewertungsgruppen von Unregelmäßigkeiten

DIN 28051 Konstruktive Gestaltung zu schützender metallischer Bauteile bei Beschichtungen und Auskleidungen mit organischen Werkstoffen (Sep 1990)

Die Norm beschreibt die Voraussetzungen, die metallische Bauteile erfüllen müssen, wenn sie zum Schutz vor Korrosion mit organischen Werkstoffen beschichtet oder ausgekleidet werden sollen.

Anforderungen hinsichtlich der Bauteilgröße ergeben sich durch Fertigungsgegebenheiten. Im Betrieb auftretende Formänderungen dürfen Haft- und Schutzschicht nicht ablösen. Zu schützende Stellen müssen zugänglich sein. Bei rotierenden Teilen sind gegebenenfalls erforderliche Auswuchtungen vor der Beschichtung vorzunehmen.

Die Norm führt in tabellarischer Form Darstellungen von beschichtbaren Konstruktionsdetails auf, denen einige wenige schlecht oder nicht beschichtbare Formen gegenübergestellt werden. Die Norm ersetzt die frühere Richtlinie VDI 2532.

DIN 28053 Beschichtungen und Auskleidungen mit organischen Werkstoffen; Anforderungen an Metalloberflächen (Nov 1988)

Diese Norm gilt

a) für die Auswahl von metallischen (Träger-)Werkstoffen und Halbzeugen
b) für die Bewertung der Oberfläche, einschließlich der Schweißnähte, von Bauteilen aus metallischen Werkstoffen für den chemischen Apparatebau im Hinblick auf eine nachfolgende Beschichtung oder Auskleidung mit organischen Werkstoffen. Beispiele s. Tab. **3.102**.

Geeignet als **(Träger-)Werkstoffe** sind die nachfolgend aufgeführten Werkstoffe und Halbzeuge mit den zugeordneten Oberflächen.

Unlegierter Stahl

Bänder nach DIN 1624, Abschn. 7.7, Tab. 2, Oberflächenart riß- und porenfrei (RP).
Band und Blech nach DIN EN 10130, Abschn. 5.7.2, Oberflächenart A oder B und nach DIN 1623 T2, Abschn. 7.6, Tab. 2, Oberflächenart 03 und 05.
Blech und Band nach DIN EN 10028 T1 und T2.

Bänder, Bleche, Formstähle und Profile nach DIN EN 10025.
Nahtlose Rohre nach DIN 1629, nach DIN 1630 und nach DIN 17175.
Geschweißte Rohre nach DIN 1626 und nach DIN 1628.
Der durch den Schweißvorgang entstehende Schweißgrat (Stauchwulst) muß ggf. abgearbeitet sein.

Nichtrostende Stähle
Bänder, Bleche, Formstähle und Profile nach DIN 17440, Tab. 8, alle Ausführungsarten außer a1, a2 und b.
Nahtlose Rohre nach DIN 17456 und DIN 17458, Abschn. 5.8, Tab. 6 in allen Ausführungsarten außer g geeignet.
Geschweißte Rohre nach DIN 17455 und DIN 17457, Abschn. 5.8, Tab. 6 in allen Ausführungsarten, geeignet.

Metallische Gußwerkstoffe
Gußwerkstoffe nach DIN 1681, DIN 1691, DIN 1693 T1 und DIN 1692 mit Oberflächenbeschaffenheit nach DIN 1690 T1, Abschn. 4.4, aber entgegen Abschn. 4.4.2 ist folgendes zu beachten:
Oberflächenfehler, wie unbedeutende Sand- und Schlackenstellen, Grate, kleine Lunker, Anhäufung kleiner Poren, kleine Kaltschweißen oder Schülpen müssen durch Schleifen mit flachem Übergang beseitigt werden. Das Verkitten von Fehlstellen ist unzulässig. Schweiß- und Hartlötstellen müssen porenfrei und glatt sein.
Stemmen und Döppern ist nicht statthaft.
Für vorstehend nicht genannte Gußwerkstoffe gelten sinngemäß die gleichen Anforderungen.

Andere metallische Werkstoffe
Andere metallische Werkstoffe wie z. B. Kupfer, Kupferlegierungen, Aluminium, Aluminiumlegierungen, Nickelwerkstoffe sind dann verwendbar, wenn dies unter besonderer Berücksichtigung der Oberflächenbeschaffenheit im Einzelfall mit dem Hersteller der Beschichtung oder Auskleidung abgestimmt wurde.

Oberflächenanforderungen. Die in den Tabellen der Norm genannten Anforderungen sind an die Oberfläche des metallischen Bauteils unter Berücksichtigung von Art und Dicke der vorgesehenen Beschichtung oder Auskleidung zu stellen. Die Bewertung erfolgt bei dem Oberflächenzustand vor dem Strahlen auf eine zu erwartende Eignung nach dem Strahlen. Der Oberflächencharakter wird in Anlehnung an DIN 4761 und die Schweißnahtbewertung in Anlehnung an DIN EN 26520 und DIN EN 25817 beschrieben (s. Normen).

Liegt eine Verunreinigung des metallischen Bauteils z. B. durch Öl, Fett, provisorische Schutzbeschichtungen oder eine chemische Verunreinigung z. B. durch korrosive Atmosphäre, Salzeinwirkung, chemische Vorbeanspruchung vor, dann können besondere Maßnahmen vor dem Beschichten oder Auskleiden notwendig werden. Die zu treffenden Maßnahmen müssen zwischen dem Betreiber, dem Bauteilhersteller und dem Beschichter oder Auskleider vereinbart werden.

DIN 28054 T2 Beschichtungen mit organischen Werkstoffen für Bauteile aus metallischem Werkstoff; Laminatbeschichtungen (Jan 1992)

Die Norm befaßt sich mit Beschichtungen, die die Chemikalienbeständigkeit synthetischer Harze (Epoxid-, Furan-, Polyester-, Phenolformaldehyd- und Venylesterharze) und die mechanische Festigkeit metallischer Werkstoffe dadurch kombinieren, daß produktberührte Flächen metallischer Apparate eine Laminatbeschichtung erhalten. Hierzu wird ein mehrschichtiger Aufbau aus Grundierung, Zwischenschicht, faserverstärkten Harzhalbzeugen, Deckschicht und Harzversiegelung aufgetragen.

Einzelheiten des Beschichtungsverfahrens, physikalische Daten der beteiligten Werkstoffe und Angaben zur Beständigkeit gegen die Beanspruchung durch verschiedene Mediengruppen werden mitgeteilt.

Mit der **Beschichtung von Betonteilen** befassen sich die Normen

DIN 28052 T1 Oberflächenschutz mit nichtmetallischen Werkstoffen für Bauteile aus Beton in verfahrenstechnischen Anlagen; Begriffe; Auswahlkriterien
    T2 –, Anforderungen an den Untergrund

3.2.3 Verbindungstechnik, Beschichtungen, Auskleidungen

Tabelle 3.102 Anforderungen an die Oberflächen zu beschichtender oder auszukleidender Teile nach DIN 28053

Oberflächencharakter (unmaßstäbliche, symbolhafte Darstellung)	Beschreibung	Anforderungen an die Oberflächen				
		A1 für vorgesehene Dicken der Beschichtung	A2 für vorgesehene Dicken der Beschichtung	A3 für vorgesehene Dicken der Beschichtung	A4 für vorgesehene Dicken der Bahnenauskleidung aus Natur- oder Synthesekautschuk, Phenolformaldehyd- oder Epoxydharz	A5 für vorgesehene Dicken der Bahnenauskleidung aus Thermoplasten
		von 100 bis 200 µm	über 200 bis 1000 µm	über 1000 µm	über 1000 µm	über 1000 µm
Rillen	Regelmäßige oder unregelmäßige Vertiefungen oder Spuren mit relativ scharfen Kanten, einzeln, sich kreuzend oder gleichgerichtet als Schar auftretend. Entstehungsursachen sind z. B. sachgemäß angewandte Bearbeitungsverfahren wie Drehen, Schleifen, Hobeln	Zulässig bei flachem Profil, wenn durch das Strahlen die Kanten entschärft werden können	Zulässig, wenn durch das Strahlen die Kanten entschärft werden können	Zulässig	Zulässig	Zulässig
Mulden	Örtlich mehr oder weniger scharf begrenzte ungleichmäßige Vertiefungen der Oberfläche von runder bis eckiger Form, einzeln oder gehäuft auftretend. Entstehungsursachen sind z. B. mechanische Einwirkungen, Muldenkorrosion	Einzelne, örtlich begrenzte flache Mulden mit runden Übergängen zulässig; maximal Rostgrad B nach DIN 55928 T4 (s. Norm)	Flache Mulden mit runden Übergängen zulässig; maximal Rostgrad C nach DIN 55928 T4 (s. Norm)	Flache Mulden zulässig	Nicht zulässig	Nicht zulässig

DIN 28058 T1 Blei im Apparatebau; Homogene Verbleiung (Nov 1987)

Diese Norm behandelt die Herstellung und Prüfung von homogenen Verbleiungen und die Gestaltung und Ausführung von Konstruktionen (z. B. Behälter, Apparate, Rohre), die mit Oberflächenschutz aus Blei versehen werden.

Die Anforderungsgrenzen für die Art der homogenen Verbleiung richten sich nach den betrieblichen Beanspruchungen.

Bei Verbleiungen wird zwischen den in dieser Norm behandelten homogenen Verbleiungen und den Schutzüberzügen aus Blei nach DIN 28058 T2 unterschieden.

Homogene Verbleiung ist ein Oberflächenschutz, bei dem Blei durch Aufschmelzen, üblicherweise mit Hilfe einer Zwischenlegierung, mit dem tragenden Grundwerkstoff metallisch verbunden wird.

Gestaltung und Ausführung der Konstruktionen. Konstruktionen sind so auszubilden, daß die homogen zu verbleienden Flächen dem Auge und der Hand mit dem erforderlichen Werkzeug zugänglich sind. Ihre Wanddicken müssen den Anforderungen der Herstellung der homogenen Verbleiung, des Transportes und den betrieblichen Beanspruchungen standhalten. Alle scharfen Kanten sind abzurunden.

Die Oberfläche der Konstruktionen soll gleichmäßig dicht und eben sein. Fehler, die den Gesamtcharakter der Oberfläche kennzeichnen (z. B. Risse, Narben, Mulden, Poren, Doppelungen, Rillen, Riefen) sind zu beseitigen.

Schweißnähte müssen dicht ausgeführt sein. Sie dürfen keine zur verbleienden Oberfläche hin offenen Poren, Schlacken oder Risse enthalten. Schweißnähte, die homogen verbleit werden sollen, sind sauber und glatt zu schleifen. Knotenbleche, Stege usw. sind stumpf einzuschweißen. Anschlußstutzen sind so kurz wie möglich zu halten. Gebogene Stutzen sind getrennt anzuflanschen. Konstruktionsbeispiele s. Bilder **3.103** bis **3.108**.

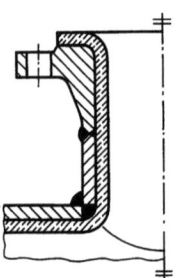

3.103 Eingesteckter Stutzen, verbleit nach DIN 28058 T1

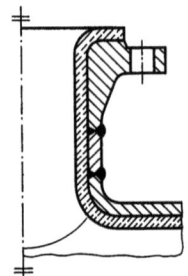

3.104 Ausgehalster Stutzen, verbleit nach DIN 28058 T1

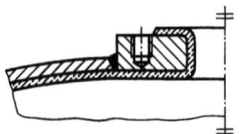

3.105 Blockflansch, verbleit nach DIN 28058 T1

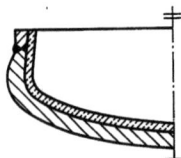

3.106 Anschluß von gewölbten Böden, verbleit nach DIN 28058 T1

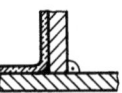

3.107 Kehlnahtausbildung, verbleit nach DIN 28058 T1

3.108 Eckverbindung, verbleit nach DIN 28058 T1

3.2.3 Verbindungstechnik, Beschichtungen, Auskleidungen

Bei Behältern, die nur durch ein Mannloch begehbar sind, werden Böden und Schüsse getrennt homogen verbleit. Der Arbeitsablauf ist so einzurichten, daß möglichst nur eine Endnaht im geschlossenen Behälter homogen zu verbleien ist.

Vorbereitung der zu verbleienden Oberflächen. Homogen zu verbleiende Oberflächen müssen frei von Zunder, Schmutz, Fett und chemischen Verunreinigungen sein.

Neue Konstruktionen sind zu strahlen. Der Norm-Reinheitsgrad Sa3 nach DIN 55928 T4 ist einzuhalten. Als Strahlmittel darf nur Hartguß oder Stahldrahtkorn (Einteilung der Strahlmittel nach DIN 8201 T1) verwendet werden (s. Normen).

Vor der Verzinnung sind die homogen zu verbleienden Oberflächen mit geeigneten Mitteln chemisch zu aktivieren. Um eine homogene Bindung der homogenen Verbleiung mit dem Grundwerkstoff zu erzielen, ist dieser in der Regel vorher zu verzinnen. Die Lotschicht muß zusammenhängend und möglichst dünn sein (etwa 15 bis 50 µm). Das Lot sollte ungefähr 25% Massenanteil Zinn enthalten, z. B. L-PbSn25Sb nach DIN 1707 (s. Norm).

Werkstoffe für die Verbleiung

Als Werkstoffe werden Blei oder Bleilegierungen, vorzugsweise nach DIN 1719 oder DIN 17640 T1 verwendet. Der Werkstoff ist zu vereinbaren.

Dicke der Verbleiung. Die Dicke der homogenen Verbleiung und ihre Grenzabmaße sind zu vereinbaren. Die übliche Bleidicke beträgt 5 mm. Bei der homogenen Verbleiung von Flansch-Dichtflächen ist das Fließvermögen des Bleies in Abhängigkeit von der Flanschpressung zu berücksichtigen, z. B. durch geeignete Konstruktionen und/oder eine geringere Bleidicke.

Anmerkung Bei Angabe der Grenzabmaße für die Dicke des Bleiüberzugs sind die beiden folgenden Möglichkeiten üblich:
a) 0 bis +25%, höchstens jedoch + 2 mm
b) ± 10%.

DIN 28058 T2 Blei im Apparatebau; Konstruktionen aus Bleihalbfabrikaten (Jan 1989)

Diese Norm behandelt die Herstellung und Prüfung von Schutzüberzügen aus Bleihalbfabrikaten und die Gestaltung und Ausführung von Konstruktionen (z. B. Behälter, Apparate, Rohre), die mit diesem Oberflächenschutz versehen oder aus Bleihalbfabrikaten hergestellt werden.

Die Anforderungsgrenzen an die Art der Konstruktionen aus Bleihalbfabrikaten richten sich nach den betrieblichen Beanspruchungen. Bei höheren mechanischen und/oder thermischen Beanspruchungen sind Konstruktionen mit homogener Verbleiung nach DIN 28058 T1 vorzuziehen.

Konstruktionen aus Bleihalbfabrikaten werden aus Bleihalbzeugen z. B. in Form von Blechen, Rohren, Profilen hergestellt. Diese Konstruktionen werden selbsttragend oder mit Stützkonstruktionen ausgeführt. Schutzüberzüge aus Bleihalbfabrikaten werden ohne oder mit teilweiser metallischer Bindung an den tragenden Grund- oder Trägerwerkstoff eingesetzt. Die Teile aus Bleihalbzeug werden dicht miteinander verschweißt.

Werkstoffe

Bleihalbfabrikate sowie Bleiverkleidungen und -auskleidungen werden in der Regel aus Feinblei Pb 99,99 oder Pb 99,985 nach DIN 1719 oder aus Kupferfeinblei Pb 99,985 Cu nach DIN 17640 T1 hergestellt.

Für Sonderfälle können nach Vereinbarung zwischen Hersteller und Besteller auch Blei-Antimon-Legierungen (Hartblei) nach DIN 17640 T1 oder andere Bleilegierungen verwendet werden (s. Normen).

Herstellung

– Stützkonstruktionen aus Stahl müssen vor der Bekleidung gegen Korrosion durch Beschichtungen geschützt werden.

- Bauteile aus Beton müssen geglättet und mit einer deckenden Beschichtung versehen sein.
- Holzflächen sind versatzfrei auszuführen. Es ist darauf zu achten, daß z. B. Nägel und Schrauben das Blei nicht beschädigen.
- Kanten sind abzurunden.
- Geschweißt wird mit artgleichen Werkstoffen.

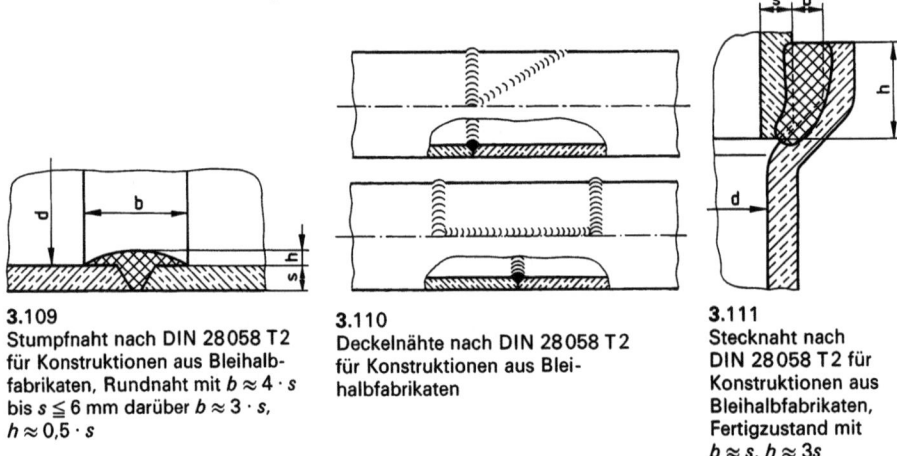

3.109
Stumpfnaht nach DIN 28058 T 2 für Konstruktionen aus Bleihalbfabrikaten, Rundnaht mit $b \approx 4 \cdot s$ bis $s \leq 6$ mm darüber $b \approx 3 \cdot s$, $h \approx 0{,}5 \cdot s$

3.110
Deckelnähte nach DIN 28058 T 2 für Konstruktionen aus Bleihalbfabrikaten

3.111
Stecknaht nach DIN 28058 T 2 für Konstruktionen aus Bleihalbfabrikaten, Fertigzustand mit $b \approx s$, $h \approx 3s$

Bleibleche werden stumpf oder überlappt verschweißt. Die Überlappung sollte etwa 30 mm betragen. Da Bleiwerkstoffe zur Rekristallisation neigen, sollte an verformten Stellen nicht geschweißt werden, um Grobkornbildung zu vermeiden.

Waagerechte Bleirohre können stumpf gegeneinander geschweißt werden (Nahtform entsprechend Bild **3.109**), wenn sich das Rohr während der Bearbeitung drehen kann. In anderen Fällen werden sogenannte Deckelnähte (s. Bild **3.110**) oder, bei senkrechten Rohren, Stecknähte (s. Bild **3.111**) ausgeführt.

DIN 28058 T 2 gibt weitere 17 Bildbeispiele für konstruktive Einzelheiten (s. Norm).

DIN 28060 Auszumauernde Behälter und Apparate; Bau, Ausführung (Nov 1986)

Diese Norm ist anzuwenden auf Behälter und Apparate aus Stahl, in der weiteren Norm „Behälter" genannt, die durch eine je nach Erfordernis chemisch, mechanisch und/oder thermisch beständige Ausmauerung geschützt werden sollen. Sinngemäß ist sie auch für Behälter aus anderen Baustoffen, z. B. Nichteisenmetallen, anzuwenden.

Unter **Ausmauerung** wird ein Schutz verstanden, der aus Platten, Steinen oder Formteilen besteht, die durch Mörtel oder Kitt verbunden sind, einschließlich dichtender oder dämmender Zwischenschichten.

Für Druckbehälter sind zusätzlich die Druckbehälterverordnung und die Technischen Regeln Druckbehälter (TRB) zu beachten.

Bemessen der auszumauernden Behälter. Auszumauernde Behälter sind so zu bemessen, daß die Verformungen der Konstruktion an keiner Stelle Größen annehmen, die zu Schäden an der Ausmauerung führen.

3.2.3 Verbindungstechnik, Beschichtungen, Auskleidungen

Auszumauernde Behälter, die mit Wärme und/oder Überdruck betrieben werden, sollen mit Rücksicht auf

a) den notwendigen Kontakt zwischen Behälterwand und Ausmauerung,
b) die Sicherheit gegen Rissebildung in der Ausmauerung und
c) die Möglichkeit des Quellens der Ausmauerung

nach Grundsätzen bemessen werden, die über die Bestimmungen für Druckbehälter hinausgehen.

Schädliche Zugspannungen in Ausmauerungen müssen vermieden werden.

Diese Spannungen können unter Berücksichtigung vorwiegend folgender Einflußgrößen errechnet werden:

a) Elastizitätsmodul des Mantels (E_e) und der Ausmauerung (E_m)
b) Dicke der Behälterwand (s_e) und der Ausmauerung (s_m)
c) Längenausdehnungskoeffizient der Behälterwand (α_e) und der Ausmauerung (α_m)
d) Wärmeleitfähigkeit der Behälterwand (λ_e) und Ausmauerung (λ_m)
e) Wärmeleitfähigkeit der – eventuell vorgesehenen – Innen- und/oder Außendämmung (λ_i) und (λ_a)
f) Wärmeübergangskoeffizient innen (α_i) und außen (α_a) (zu beachten: Beeinflussung der Temperatur – unter Umständen einseitig – durch Wind, Sonnenbestrahlung, Niederschlagsbenetzung.)
g) Quellfaktoren (q) der für die Ausmauerung verwendeten Werkstoffe

Die Eigenschaften der Bau- und Werkstoffe sind den Herstellerangaben zu entnehmen. Richtwerte können DIN 28062 entnommen werden (s. Norm).

Die Verformung des Behältermantels durch die Auflagerung ist, insbesondere bei liegenden Behältern, sorgfältig zu berücksichtigen. Sie kann, ohne Überschreitung der zulässigen Spannungen im Mantel, Größen annehmen, die zu Ausmauerungsschäden führen.

Durch geeignete Ausbildung der Auflagerungen und entsprechende Mantelverstärkung können die Verformungen klein gehalten werden, s. Tragsättel Form D nach DIN 28080, Behälterfüße aus Rohr Form B nach DIN 28081 T1, Behälterfüße aus Profilstahl nach DIN 28081 T2, Pratzen nach DIN 28083 T1, Tragringe nach DIN 28084 und Standzargen nach DIN 28082 T1 und T2.

Als Anhalt bei der Bemessung ebenflächiger Behälterteile kann für die Durchbiegung

$$f \leq \frac{a}{1000}$$

genommen werden, wobei a die Blechspannweite ist (s. Bild **3.112**). Die in der Praxis üblichen Blechspannweiten liegen zwischen 600 und 900 mm.

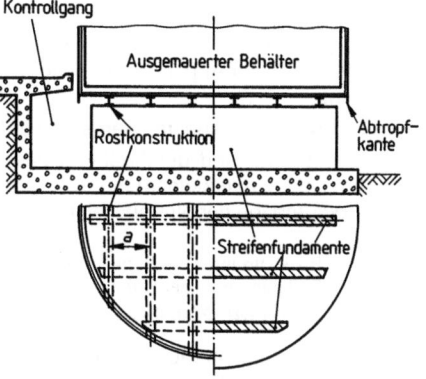

3.112 Behälter mit ebenem Boden, ausgemauert, Aufstellung auf Streifenfundamenten nach DIN 28060

Weitere Normen

Bbl. 1 zu
DIN 28060   Auszumauernde Behälter und Apparate; Beispiele für Prüfverfahren für Maßtoleranzen bzw. Grenzabmaße
DIN 28061   Ausmauerung von Behältern und Apparaten; Baustoffe, Herstellung, Betrieb
DIN 28062   Chemische Apparate; Bau- und Werkstoffe für Ausmauerungen; Einteilung, Eigenschaften, Prüfung

3.2.4 Tragelemente

DIN 28080   Sättel für liegende Apparate (Jan 1986)

Diese Norm wird angewendet für Sättel ohne und mit Verstärkungsblech an liegenden Apparaten, die mit dem Apparat verschweißt sind, ferner für Sättel mit Verstärkungsblech, auf die der Apparat lose aufgelegt wird.

Formen

Bei allen Ausführungsformen werden entsprechend den jeweiligen Apparatedurchmessern die gleichen Grundplattenprojektionen verwendet.

Tabelle 3.113   Sattelformen nach DIN 28080

Form	Merkmale für Sättel ohne oder mit Verstärkungsblech	Apparate-Außendurchmesser
A	Grundplatte mit angeschweißtem oder angebogenem Steg und Rippe	219 bis 508
AV	Grundplatte mit angeschweißtem oder angebogenem Steg, Rippe und Verstärkungsblech	
B	Grundplatte mit angeschweißtem oder angebogenem Steg und Rippen	600 bis 2000
BV	Grundplatte mit angeschweißtem oder angebogenem Steg, Rippen und Verstärkungsblech	
C	Grundplatte mit Mittelsteg und angeschweißtem oder angebogenen Seitenrippen	600 bis 2000
D	Grundplatte mit Mittelsteg und sechs Rippen	2200 bis 5000
E	Grundplatte mit einseitigem Steg und vier Rippen	1000 bis 2000
F	Grundplatte mit einseitigem Steg und sechs Rippen	2200 bis 5000

Liegende Apparate werden in der Regel auf zwei Sättel abgestützt.
Werden die Sättel am Apparatemantel angeschweißt, so ist ein Festsattel und ein Gleitsattel vorzusehen.
Bei lose aufgelegtem Apparat werden zwei Festsättel angewendet.
Alle Schweißnähte sind durchgehend auszuführen. Wird es erforderlich, die Höhe h_1 zu vergrößern oder zu verkleinern, so ist das geänderte Maß h_1 mit einem Bindestrich an die Durchmesserangabe der Normbezeichnung anzuhängen.

Beispiel   Bezeichnung eines Sattels der Form AV für einen Apparat mit dem Außendurchmesser $d_1 =$ 508 mm und einer Höhe $h_1 = 600$ mm:
Sattel DIN 28080-AV 508-600

In der Norm sind die Schraubenlöcher in der Grundplatte mittig angeordnet. Die Ausführung der Grundplatte ohne Schraubenlöcher oder mit versetzten Schraubenlöchern ist im Bedarfsfall gesondert zu vereinbaren.
In der Norm sind Anschlußbohrungen für die Befestigung der Erdungsanlagen vorgesehen. Sofern die Löcher entfallen oder anders ausgeführt werden, ist dies im Bedarfsfall zu vereinbaren.
Als Beispiele für die genormten Sättel zeigt Bild 3.114 in Verbindung mit Tab. 3.115 die Form E nach Tab. 3.113

Werkstoffe. Für Apparate aus unlegiertem Stahl muß der Werkstoff für die Sättel der Mindestgüte St 37-2 nach DIN EN 10025 (s. Norm) entsprechen.

3.2.4 Tragelemente

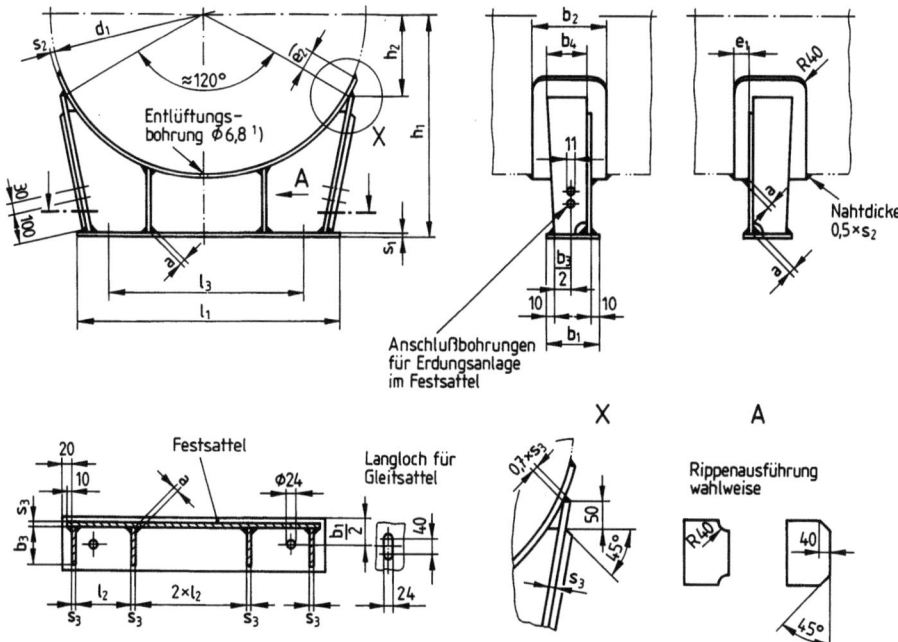

3.114 Sättel für liegende Behälter Form E nach DIN 28080

Tabelle 3.115 Maße für Sättel der Form E nach DIN 28080

Außen-durch-messer d_1	Höhe h_1	Grundplatte			Verstärkungsblech					Steg und Rippen			
		l_1	b_1	s_1	b_2	s_2	e_1	e_2	Bogen-länge	b_3	b_4	l_2	s_3
1000	700	750	120	10	200	6	30	50	1161	90	130	170	8
1100	750	900	160		240				1270	130	150	207	
1200	800								1375				
1400	900	1150		12	300	8	40	60	1604	170	210	267	10
1600	1050		200						1814				
1800	1150	1450		14				80	2063			343	
2000	1250								2272				

Außen-durchmesser	Höhe	Befestigungsschrauben		Kehlnähte a min.	Gewicht je Sattel kg ≈
		Gewinde	Abstand l_3		
1000	250		600	3	46
1100	275		750		58
1200	300				59
1400	350	M 20	1000	4	98
1600	400				107
1800	450		1300		143
2000	500				144

Für Apparate aus nichtrostenden Stählen entsprechend DIN 17440 müssen die angeschweißten Anschlußteile bis zu einer Apparatewanddicke von 4 mm aus artgleichem Werkstoff hergestellt werden. Der artgleiche Werkstoff der Anschlußteile ist auch erforderlich, wenn durch das Verschweißen unzulässige Beeinflussungen des Werkstoffes der Apparatewand entstehen würden. Die übrigen Teile müssen der Mindestgüte St 37-2 nach DIN EN 10025 entsprechen.

Abweichende Außendurchmesser

Bei Apparaten ohne Heiz- oder Kühlmäntel mit von d_1 abweichenden Außendurchmessern, z.B 1300, 1500 usw., ist der Sattel des nächstgrößeren Durchmessers d_1 vorzusehen.

Für Apparate mit Heiz- oder Kühlmantel ist der Sattel entsprechend dem Außendurchmesser des Apparates auszuführen.

Außenmaß von Fundamenten (Länge × Breite)

Für $d_1 \leq 508$ mm: $(l_1 + 100 \text{ mm}) \times 200$ mm

Für $d_1 \geq 600$ mm: $(l_1 + 150 \text{ mm}) \times (b_1 + 200 \text{ mm})$

Steinschrauben und Fundamentaussparung

Tabelle 3.116 Steinschrauben für Sättel nach DIN 28080

Steinschraube*)	Fundamentaussparung	
	Querschnitt in mm × mm	Tiefe
DIN 529 – M 16 × 200	70 × 70	Abhängig von der Fundamentausführung und dem Montageablauf
DIN 529 – M 20 × 250	85 × 85	
DIN 529 – M 24 × 250	100 × 100	
DIN 529 – M 30 × 320	120 × 120	

*) Es werden Vorzugslängen gewählt (s. Norm)

Ein Beispiel für die Anwendung der Sättel zeigt Bild 3.117

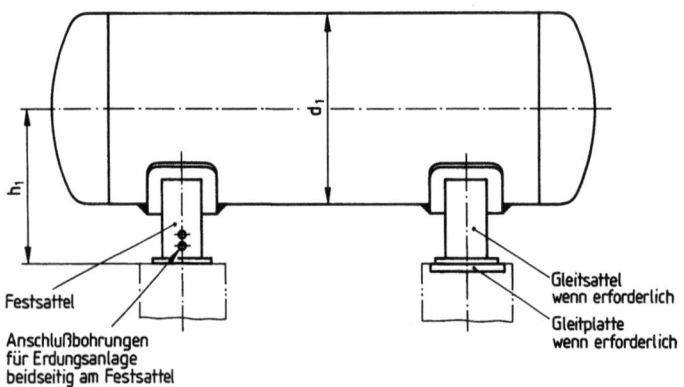

3.117 Anwendung eines Sattels nach DIN 28080

DIN 28081 T1 Apparatefüße aus Rohr (Jun 1985)

Beschrieben werden Rohrfüße an Apparaten, die nicht emailliert sind und vorwiegend verfahrenstechnischen Zwecken dienen.

Für Form B können die maximalen Gewichtskräfte (mit denen sich ein Apparateboden auf einen Fuß nach DIN 28081 T1 abstützen darf) DIN 28081 T3 entnommen werden. Die darin

3.2.4 Tragelemente

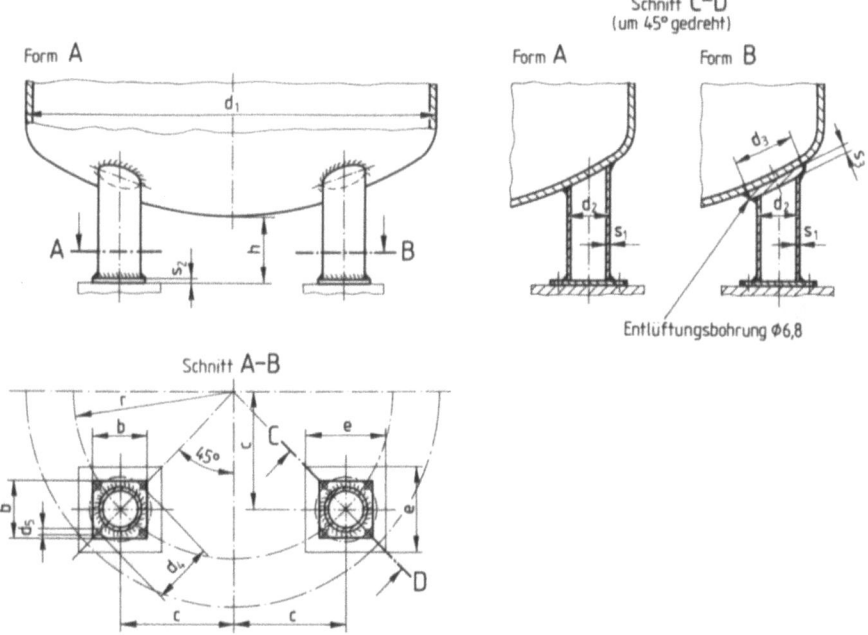

3.118 Rohrfüße nach DIN 28018 T1 für stehende Apparate

Tabelle 3.119 Maße für Apparateföße (Ausschnitt)

Apparate-Nenn-durchmesser d_1	Rohr		Verstärkungs-blech	Fußplatte					
	d_2	s_1	d_3	b	s_2	d_4	d_5	r	c
800	88,9	5	120	150	12	160	18,5	310	219
900	88,9	5	120	150	12	160	18,5	340	240
1000	114,3	5,6	150	160	12	180	18,5	380	268
1100	114,3	5,6	150	160	12	180	18,5	430	304
1200	114,3	5,6	150	160	12	180	18,5	460	325

Apparate-Nenn-durchmesser d_1	Schraube**)		Fundament	Gewicht*) in kg ≈	
	Gewinde	Länge	□ e	je Fuß Form A	je 100 mm Verlängerung
800	M 16	200	240	4,2	0,7
900	M 16	200	240	4,3	0,7
1000	M 16	200	260	5,6	1
1100	M 16	200	260	5,7	1
1200	M 16	200	260	5,8	1

*) Für Rohr und Fußplatten aus unlegiertem Stahl. Bei Form B ist das Gewicht des gewählten Verstärkungsbleches zu addieren.
**) z.B. Steinschrauben nach DIN 529 (s. Norm)

angegebenen Gewichtskräfte gelten für Apparate, die drucklos oder mit innerem Überdruck betrieben werden. Die Abhängigkeiten von Druck und Temperatur sind darin berücksichtigt.

Für Form A kann eine rechnerische Überprüfung bezüglich der maximalen Gewichtskräfte für den Apparateboden nach AD-Merkblatt S 3/3 erfolgen. Bei auszumauernden und auszukleidenden Apparaten ist jeweils zu überprüfen, ob die besonderen Anforderungen ausreichend erfüllt werden (s. z. B. DIN 28060).

Hinsichtlich der Ausführung der Schweißverbindungen wird auf DIN 8558 T 2 verwiesen (s. Norm).

Die Norm legt Füße und Fußanordnungen für Apparate-Nenndurchmesser von 800 mm bis 4000 mm fest. Einen Auszug bietet Tab. **3.**119 in Verbindung mit Bild **3.**118.

Mindestmaß für das Maß h ist 250 mm. Größere Längen für h sind gegebenenfalls bei Bestellung anzugeben und auf Knickung nachzurechnen. Die Bemessung der Verstärkungsblechdicke s_3 ist nach DIN 28081 T 3 vorzunehmen.

Die Entlüftungsbohrung ist in geeigneter Weise zu verschließen. Eine Entlüftungsbohrung im Rohrfuß ist im Regelfall nicht erforderlich.

Werkstoff

Für Apparate aus unlegiertem Stahl muß der Werkstoff für die Füße der Mindestgüte RSt 37-2 nach DIN EN 10025 bzw. St 37.0 nach DIN 1629 entsprechen.

Für Apparate aus nichtrostenden Stählen entsprechend DIN 17440 müssen die angeschweißten Anschlußteile bis zu einer Apparatebodenwanddicke von 4 mm aus artgleichem Werkstoff hergestellt sein. Der artgleiche Werkstoff der Anschlußteile ist auch erforderlich, wenn durch das Verschweißen unzulässige Beeinflussungen des Werkstoffes der Apparatebodenwand entstehen würden. Die übrigen Teile müssen der Mindestgüte RSt 37-2 nach DIN EN 10025 bzw. St 37.0 nach DIN 1629 entsprechen.

Anzahl der Füße. Bei Bedarf ist eine andere Anzahl von Füßen vorzusehen, wobei der Teilkreisradius und die Einzelfußmaße beizubehalten sind.

Apparate mit Mantel. Bei Apparaten mit Mantel bleiben die Maße den genormten Nenndurchmessern zugeordnet; diese Nenndurchmesser sind stets die Durchmesser der inneren Apparate. Für die Bestimmung der maximalen Gewichtskräfte sind jedoch die Mantelbodenabmessungen zugrunde zu legen.

Verlängerung der Füße. Ein Verlängerungsstück kann angeschraubt werden, wenn 4 Bohrungen in der Fußplatte angebracht worden sind. Die Größe des Lochkreisdurchmessers und der Bohrungen entspricht den Anschlußmaßen PN 10 (s. z. B. DIN 2576); gegebenenfalls können deshalb auch anstelle der quadratischen Platte Flansche oder Blindflansche verwendet werden.

DIN 28081 T 2 Apparatefüße aus Profilstahl (Jan 1988)

Diese Norm gilt für Apparatefüße, die mit dem Apparat verschweißt werden, an Apparaten, die nicht emailliert sind und vornehmlich verfahrenstechnischen Zwecken dienen. Sie beruht auf praktischen Erfahrungen in der Industrie.

Die Anzahl der Apparatefüße ist abhängig vom Gesamtgewicht des Apparates einschließlich Zusatzlasten sowie vom maximalen Moment, das über den Apparatefuß und das Verstärkungsblech in die Apparatewand eingeleitet werden kann.

Die Profile müssen den auf sie wirkenden statischen Beanspruchungen (Festigkeit und Knickung) genügen. Die mit den Apparatefüßen erzeugten Momente auf das Verstärkungsblech und die Apparatewand dürfen nicht größer sein als die maximalen Momente nach DIN 28081 T 4, Bild 2 der Norm.

3.2.4 Tragelemente

Die Norm behandelt Füße für Apparatedurchmesser von 500 bis 4000 mm, wobei folgende Profilzuordnungen festgelegt sind:

$d_1 = 500$ bis 900 mm: Winkelprofile
$d_1 = 1000$ bis 1200 mm: C-Profile
$d_1 \geq 1100$ mm: IPB-Profile

Auszug aus den Maßzuordnungen s. Bild 3.120 und Tab. 3.121.

Anordnung der Apparatefüße

Bei der Anordnung ist zu unterscheiden, ob die Apparatefüße an

- Apparaten mit Mantel (MM) oder
- Apparaten ohne Mantel (KM)

angeordnet werden.

Anordnung der Apparatefüße am Apparateumfang s. Bilder 3.122, 3.123 und 3.124.

Die Apparatefüße sind im Regelfall am Apparateumfang gleichmäßig verteilt.

Die Mitte der Fußplatte und die Mitte des Fundamentes liegen auf einem gemeinsamen Teilkreis.

Anordnung der Apparatefüße bei Apparaten mit Mantel (MM): Bis Apparate-Nenndurchmesser $d_1 = 1200$ mm sind die

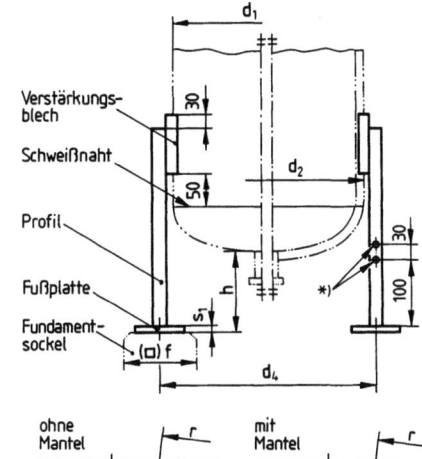

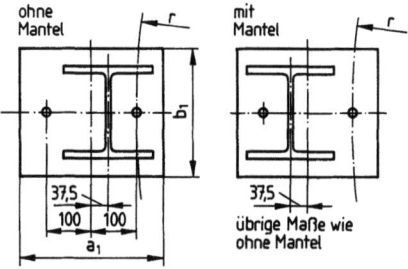

3.120 Apparat mit Profilfüßen nach DIN 28081 T2, mit IPB 200

*) Bohrungsdurchmesser 11 mm für Potentialausgleich in jeweils 2 gegenüberliegenden Füßen

Tabelle 3.121 Maße für Apparatefüße (Ausschnitt)

Apparate-Nenndurchmesser d_1	Apparate-mantelaußendurchmesser d_2	Profil nach DIN 1025 T2, 1026, 1028 (s. Normen)	Fußplatte				
			a_1	b_1	d_3	r	s_1
3200	3350	IPB 200	320	280	24	1650	25
3400	3550	IPB 200	320	280	24	1750	25
3600	3750	IPB 200	320	280	24	1850	25
3800	3950	IPB 200	320	280	28	1950	30
4000	4150	IPB 200	320	280	28	2050	30

Apparate-Nenndurchmesser d_1	Verstärkungsblech			Fundamentsockel	
	a_2	b_2	s_2	f	d_4
3200	260	430	10	440	3500
3400	260	430	10	440	3700
3600	260	430	10	440	4100
3800	260	430	10	440	4100
4000	260	430	10	440	4300

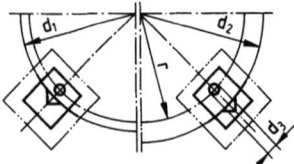

3.122 Anordnung der Apparatefüße nach DIN 28081 T2; Apparat mit 4 Füßen

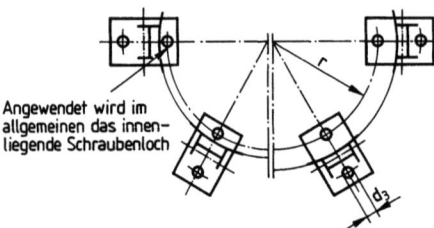

3.123 Anordnung der Apparatefüße nach DIN 28081 T2; Apparat mit 6 Füßen

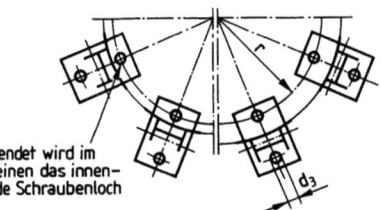

3.124 Anordnung der Apparatefüße nach DIN 28081 T2; Apparat mit 8 Füßen

Profile nach außen verschoben, die Lage der Fußplatte aber beibehalten; ab Apparate-Nenndurchmesser $d_1 = 1400$ mm sind die IPB-Profile einschließlich Fußplatte um 180° gedreht.

Werkstoff

Für Apparate aus unlegiertem Stahl muß der Werkstoff für die Profile der Mindestgüte RSt 37-2 nach DIN EN 10025 entsprechen.

Für Apparate aus nichtrostenden Stählen entsprechend DIN 17440 müssen die angeschweißten Anschlußteile bis zu einer Apparatewanddicke von 4 mm aus artgleichem Werkstoff hergestellt sein. Der artgleiche Werkstoff der Anschlußteile ist auch erforderlich, wenn durch das Verschweißen unzulässige Beeinflussungen des Werkstoffes der Apparatewand entstehen würden.

Übrige Teile müssen der Mindestgüte RSt 37-2 nach DIN EN 10025 entsprechen.

Ausführung. Die Anzahl der Füße ist nach Bedarf festzulegen. In der Regel sind wenigstens 4 Füße vorzusehen. Der Teilkreisradius r und die Apparatefußmaße sind immer beizubehalten.

Hinsichtlich der Ausführung der Schweißverbindungen wird auf DIN 8558 T2 verwiesen (s. Norm). Alle Schweißnähte sind durchgehend auszuführen.

DIN 28081 T3 Apparatefüße aus Rohr; Fußform B
Maximale Gewichtskräfte für gewölbte Böden (Sep 1985)

Die in dieser Norm angegebenen Gewichtskräfte gelten für Apparatefüße mit Verstärkungsblech (Form B) nach DIN 28081 T1 an Apparaten mit gewölbten Böden nach DIN 28011 und DIN 28013. Sie gelten für Apparate, die drucklos oder mit innerem Überdruck betrieben werden und ein Verhältnis

$\boxed{s_0/R_m \approx 0{,}003}$ nicht unterschreiten.

Die Anwendung der Norm setzt überwiegend statische Belastung der Apparatefüße voraus. Die Mindestanzahl der Apparatefüße am Apparateboden beträgt vorzugsweise 4 Stück nach DIN 28081 T1. Bei einer größeren Anzahl von Füßen ist ein Abstand von $\boxed{l = 2 \cdot \sqrt{2 R_m \cdot s_e}}$

zwischen den Verstärkungsblechen einzuhalten. Der Abstand gilt sinngemäß auch für Apparatefüße gegenüber Stutzen sowohl in Meridian- als auch in Umfangsrichtung.

Die Verbindung vom Fußverstärkungsblech zum Boden erfolgt mit durchgehenden Schweißnähten als Kehlnaht. Die Schweißnähte müssen so ausgelegt werden, daß die Kräfte entsprechend den Wanddicken übertragen werden können. Die Apparatefüße dürfen untereinander nicht verstrebt bzw. verbunden werden.

Anmerkung Sofern an Apparaten angeordnete Füße in Sonderfällen nicht als gleichmäßig tragend angesehen werden können, sind entsprechende Annahmen zwischen Hersteller und Besteller zu vereinbaren.

3.2.4 Tragelemente

Das Verhältnis Verstärkungsblechdurchmesser zu Apparatefußdurchmesser ist entsprechend DIN 28081 T1 einzuhalten. Die Dicke des Verstärkungsbleches ist mit dem tatsächlich auftretenden Gesamtgewicht nach Bild 3.128 zu ermitteln.
Für die Berechnungen gelten die Formelbuchstaben nach Bild 3.125 und Tab. 3.126.

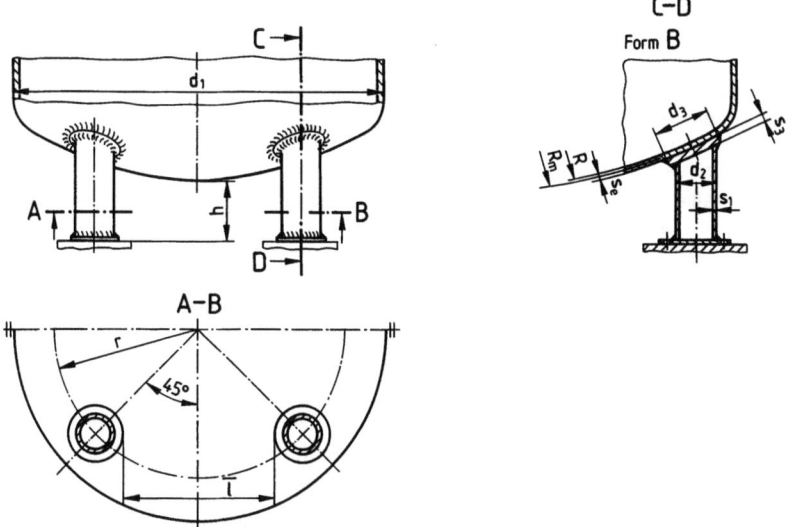

3.125 Fußanordnung für die Berechnung nach DIN 28081 T3

Tabelle 3.126 Formelzeichen, Einheiten

Formel-zeichen	Einheit	Benennung
c_1, c_2	mm	Zuschläge nach AD-Merkblatt B 0
d_1	mm	Apparateaußendurchmesser
F_G	N	maximale Gewichtskraft je Fuß
F_{GV}	N	vorhandene tatsächliche Gewichtskraft je Fuß
G	kg	maximales Gesamtgewicht des Apparates (einschließlich Zusatzlasten)
G_V	kg	tatsächlich vorhandenes Gesamtgewicht des Apparates (einschließlich Zusatzlasten)
K_θ	N/mm²	Festigkeitskennwert bei einer zugrundegelegten maximalen Betriebstemperatur (°C)
l	mm	Abstand zwischen den Verstärkungsblechen
n	–	Anzahl der Apparatefüße
P_e	bar	innerer Überdruck im Apparat
r	mm	Radius, auf dem die Apparatefüße angeordnet sind, nach DIN 28081 T1
R	mm	Apparatebodenradius
R_m	mm	mittlerer Radius des Kalottenteils
s	mm	Apparatebodenmindestwanddicke einschließlich Zuschläge c_1, c_2
s_e	mm	ausgeführte Apparatewanddicke
s_0	mm	Apparatewanddicke ohne Zuschläge ($s_0 = s_e - c_1 - c_2$) (Toleranz und Korrosion)
s_3	mm	auszuführende Wanddicke des Verstärkungsbleches

Für **Klöpperböden** gilt $\boxed{R = d_1,}$ für **Korbbogenböden** $\boxed{R = 0{,}8 \cdot d_1}$

Festigkeitskennwert für gewölbte Böden. Den Gewichtskraftkurven wurde der Festigkeitskennwert $K_\theta = 177$ N/mm² zugrunde gelegt.

Zur Umrechnung auf andere Festigkeitskennwerte siehe das entsprechende Beispiel in der Norm.

Die jeweiligen Festigkeitskennwerte K_θ für die maximale Betriebstemperatur sind den einschlägigen Regelwerken zu entnehmen (z. B. AD-Merkblätter der Reihe W).

Berechnungsgrundlagen. Bei der Berechnung der maximalen Gewichtskräfte wurde für die Spannungsbewertung das Traglastverfahren zugrunde gelegt. Dieses Verfahren läßt teilplastische Verformung im Bereich der Krafteinleitung zu; Voraussetzung ist die Verwendung ausreichend zäher Werkstoffe.

Werden in Sonderfällen die Beanspruchungen auf den elastischen Bereich beschränkt, wie dies bei Verwendung nicht zäher Werkstoffe, Werkstoffe mit Festigkeitskennwerten von $K_{20} > 360$ N/mm² oder bei Apparaten mit bestimmten Auskleidungen notwendig ist, ist die ermittelte maximale Gewichtskraft je Fuß durch den Wert 2,17 zu dividieren. In diesem Wert ist gegen Festigkeitskennwertüberschreitungen ein Sicherheitsbeiwert $S \approx 1{,}5$ enthalten.

Die Berechnung gilt nur unter der Voraussetzung $s_0/R_m > 0{,}003$.

In den Kurven ist der stabilisierende Innendruck nicht berücksichtigt.

Die Berechnung der Apparatebodenwanddicke gegen inneren Überdruck ist nach den geltenden Druckbehälter-Vorschriften durchzuführen (z. B. nach den AD-Merkblättern).

Äußerer Überdruck ist bei der Berechnung der Gewichtskräfte nicht berücksichtigt.

Berechnungsschema mit Kurvenwerten

Das hierfür angewandte Berechnungsverfahren wurde vom Normenausschuß Chemischer Apparatebau (FNCA) im DIN erarbeitet und zwischenzeitlich im AD-Merkblatt S 3/3 verankert.

Für Fälle, die durch diese Norm nicht abgedeckt sind, kann der im AD-Merkblatt S 3/3 enthaltene Berechnungsgang benutzt werden.

Anleitung zur Handhabung der Kurvenblätter, von denen Bild 3.127 ein Beispiel zeigt.

Berechnung des Gesamtgewichtes (G) aus Apparatefüllung (Volumen multipliziert mit der im Betriebszustand vorhandenen größten Dichte), Apparateeigengewicht einschließlich Zusatzlasten wie z. B. Rührwerke, Bedienungsbühnen mit Verkehrslast sowie Rohrleitungsanteil und eventuelle Windlasten.

Dieses Gesamtgewicht ausgedrückt als Gewichtskraft ($G \times 9{,}81$) ist durch die gewählte Fußzahl zu dividieren. Man erhält die tatsächlich vorhandene Gewichtskraft je Fuß F_{GV}.

Mit einer gewählten Apparatebodenwanddicke s_e ist die Mindestwanddicke s_0 zu errechnen. Die maximale Gewichtskraft F_G des Bodens je Fuß kann z. B. aus Bild **3.127** bei gegebenem Verhältnis s_0/R_m und Apparateaußendurchmesser d_1 abgelesen und mit der tatsächlich vorhandenen Gewichtskraft je Fuß F_{GV} verglichen werden.

Bei der Ermittlung der Mindestanzahl der Füße ist von der maximalen Gewichtskraft je Fuß F_G nach Bild **3.127** auszugehen. Es sind jedoch nicht weniger als 4 Füße nach DIN 28081 T1 zugrunde zu legen.

Die Dicke des Verstärkungsbleches s_3 wird aus der tatsächlich vorhandenen Gewichtskraft F_{GV} je Fuß bestimmt.

Da bei der Mindestanzahl von 4 Füßen die zulässige Gewichtskraft F_G je Fuß meist höher liegt als die tatsächlich vorhandene Gewichtskraft F_{GV} je Fuß, ist mit der tatsächlich vorhandenen Gewichtskraft die Ermittlung im Bild **3.128** vorzunehmen.

Aus Bild **3.128** kann die Dicke des Verstärkungsbleches s_3 direkt abgelesen werden, und zwar unabhängig von der Bodenform. Jedoch muß das Verhältnis Verstärkungsblechdurchmesser

3.2.4 Tragelemente

zum Apparatefußdurchmesser entsprechend DIN 28081 T1 eingehalten werden. Dabei soll gelten $s_e \leq s_3 \leq 1{,}5\, s_e$.

Bei Apparaten mit geringer Belastung kann das Verstärkungsblech entfallen, jedoch ist dann die maximale Gewichtskraft F_G je Fuß nach AD-Merkblatt S 3/3 neu zu ermitteln.

Für andere Festigkeitskennwerte gilt folgende Umrechnung (z. B. für Klöpperböden):

Die Kurven für die maximalen Gewichtskräfte (s. Bild 3.127) sind mit dem Festigkeitskennwert $K_\theta = 177$ N/mm² ausgelegt. Bei anderen Festigkeitskennwerten ist die neue maximale

Gewichtskraft je Fuß $\boxed{F_G^* = F_G \cdot \dfrac{K_\theta}{177}}$

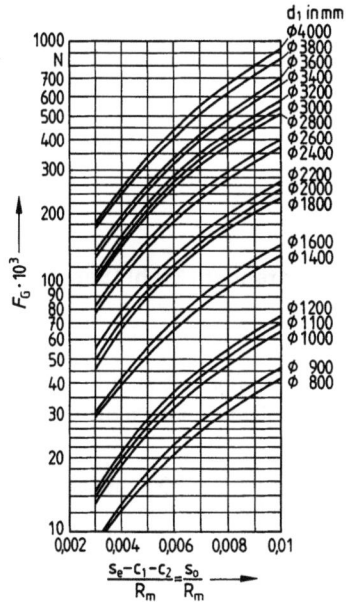

3.127 Maximale Gewichtskraft F_a je Fuß nach DIN 28081 T3 für Klöpperböden nach DIN 28011

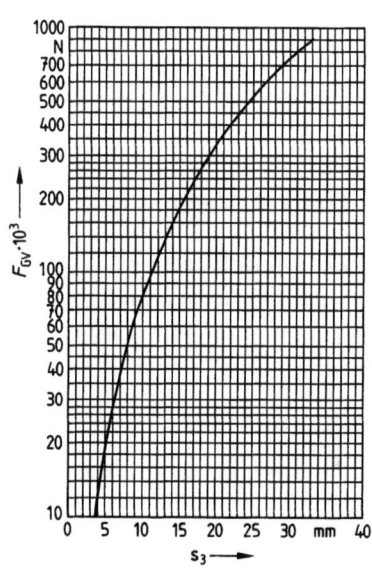

3.128 Dicke s_3 des Verstärkungsbleches in Abhängigkeit von der vorhandenen Gewichtskraft F_{Gv} je Fuß nach DIN 28081 T3

Beispiel Gesucht maximale Gewichtskraft F_G^* je Fuß für Apparatedurchmesser

$d_1 = 2400$ mm und $\dfrac{s_e - c_1 - c_2}{R} = 0{,}005$ bei $K_\theta^* = 240$ N/mm²

Aus der Kurve nach Bild 3.127 erhält man bei $K_\theta = 177$ N/mm²

$F_G = 144 \cdot 10^3$ N

Bei $K_\theta^* = 240$ N/mm²

$\boxed{F_G^* = F_G \cdot \dfrac{K_\theta^*}{177}} \approx 144 \cdot 10^3 \cdot \dfrac{240}{177} \approx 195 \cdot 10^3$ N

Für andere Tragelemente sind in ähnlicher Weise wie für Apparatefüße aus Rohr bzw. Profilstahl in den nachfolgend aufgeführten Normen Festlegungen für Maße und die mit ihnen übertragbaren maximalen Gewichtskräfte getroffen.

DIN 28081 T4	Apparatefüße aus Profilstahl; Maximale Momente in die Apparatewand durch Gewichtskräfte über Apparatefüße
DIN 28083 T1	Pratzen; Maße, Maximale Gewichtskräfte
T2	Maximale Momente auf die Apparatewand durch Gewichtskräfte über Pratzen Form A
DIN 28084	Tragringe; Maße, maximales Betriebsgewicht
Bbl. zu DIN 28084	–; Berechnungsbeispiele
DIN 28085 T1	Tragzapfen für Montage von Behältern und Apparaten, kurze Form; Abmessungen
DIN 28086	Tragösen für Montage von Behältern und Apparaten
DIN 28087	Traglaschen für Montage von Behältern und Apparaten
DIN 28145 T3	Angeschweißte Teile für Rührbehälter aus Stahl, emailliert; Anordnung und Größe der Tragösen
T4	–, –; Tragringe
DIN 28145 T8	–, –; Füße
Bbl. 1 zu DIN 28145 T8	–, –; –; Auslegung der Apparate-Füße

3.2.5 Deckel, Verschlüsse

DIN 28122   Blindflansche mit Verkleidung aus nichtrostendem Stahl (Sep 1987)

Nennweitenbereich: DN 125 bis DN 500
Nenndrücke: PN 10, PN 16, PN 25, PN 40
Verwendung: Verschlußdeckel für Stutzen mit Rohrleitungsflanschen
Werkstoff: Unlegierter Stahl mit Verkleidung aus nichtrostendem Stahl
Dichtflächen: Glatt, mit Feder und mit Rücksprung

Bei Blindflanschen mit glatter Dichtfläche ist die Verkleidung ab DN 300 zusätzlich zur Randschweißung mit Lochschweißungen befestigt, und zwar ist vorgesehen

DN 300 und DN 350: Eine zentrale Lochschweißung

Ab DN 400: Vier Lochschweißungen nach Bild **3.129**.

Bei Blindflanschen mit Nut und solchen mit Vorsprung entfällt die Lochschweißung wegen der größeren Verkleidungsdicke.

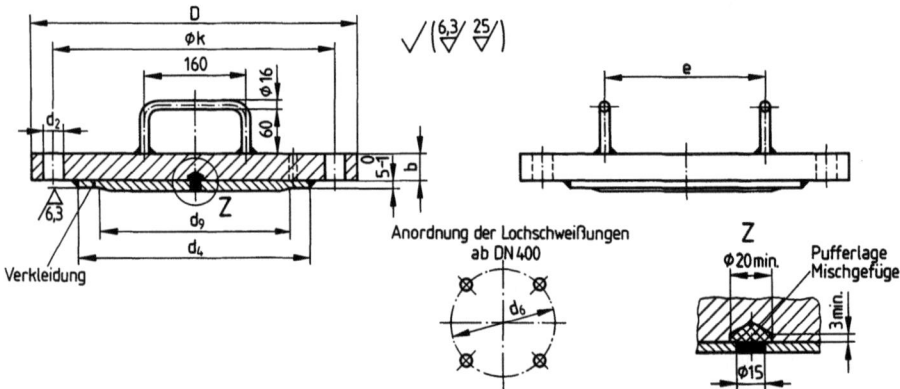

3.129   Blindflansch DIN 28122, dargestellt ist ein Blindflansch mit glatter Dichtfläche

3.2.5 Deckel, Verschlüsse

DIN 28124 T1 Mannlochverschlüsse für drucklose Behälter und Apparate aus unlegierten und nichtrostenden Stählen (Dez 1992)

Genormt sind Stutzen und Deckel mit den Nennweiten, in den Werkstoffen und mit den Dichtflächenformen nach Tab. 3.130.

Tabelle 3.130 Mannlochverschlüsse nach DIN 28124 T1

Form	Werkstoff[1])			Merkmal	Nennweite DN
	unlegierter Stahl St	unlegierter Stahl mit Oberflächenschutz	nichtrostender Stahl (Werkstoff nach DIN 17440)		
Kompletter Verschluß					
MA	+	0	0	Dichtfläche glatt	500, 600 und 800
MB	0	0	+		
MG	0	+	0		

[1]) + Ausführung in dieser Norm festgelegt, 0 Ausführung in dieser Norm nicht festgelegt

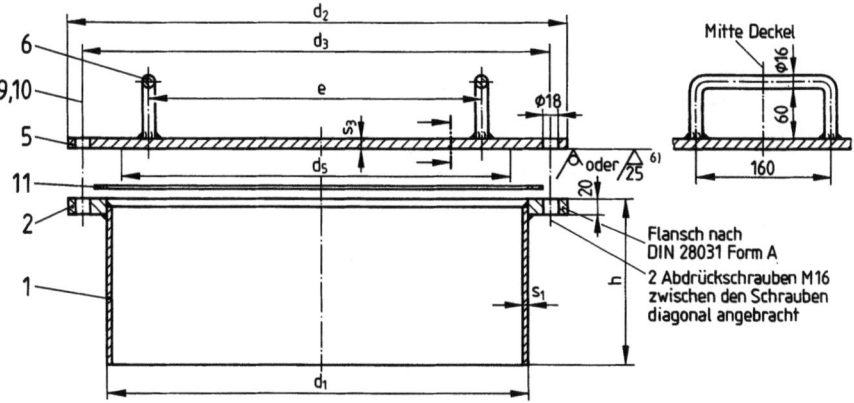

3.131 Mannlochverschluß, drucklos nach DIN 28124 T1, dargestellt ist ein Mannlochverschluß aus unlegiertem Stahl

DIN 28124 T2 Mannlochverschlüsse für Druckbehälter aus unlegierten Stählen (Dez 1992)

Genormt sind Stutzen und Deckel mit den Nennweiten in den Werkstoffen und mit den Dichtflächenformen nach Tab. 3.132.

Tabelle 3.132 Mannlochverschlüsse nach DIN 28124 T2

Form	Werkstoff[1])		Merkmal	Nennweite DN
	unlegierter Stahl (St)	unlegierter Stahl mit Oberflächenschutz		
Kompletter Verschluß				
MC	+	0	Dichtfläche glatt	500 und 600
MD	0	+		
ME	+	0	Dichtfläche Feder und Nut	
MF	+	0	Dichtfläche Vor- und Rücksprung	

[1]) + Ausführung in dieser Norm festgelegt, 0 Ausführung in dieser Norm nicht festgelegt

Tabelle 3.133 Zulässige Betriebsüberdrücke als Funktion der Betriebstemperatur für Mannlochverschlüsse nach DIN 28124 T2

Zulässige Betriebstemperatur in °C*)	−60 bis <−10	−10 bis 50	120	200	250	300
Zulässiger Betriebsüberdruck in bar für Form MC, MD, ME und MF bei Nennweite DN 500 und DN 600	7	10	9	8	7	6
	12	16	14	13	11	10
	18	25	22	20	17	15
		−1 (Vakuum)**)				

*) Bei der Ausführung mit Oberflächenschutz ist die Temperaturbeständigkeit des gewählten Oberflächenschutzes zu beachten.

**) Die Vakuumfestigkeit des Oberflächenschutzes ist gesondert zu prüfen.

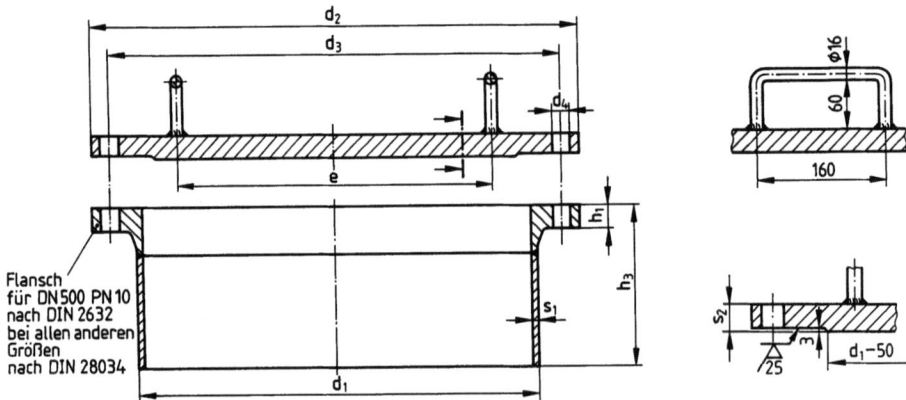

3.134 Mannlochverschluß für Druckbehälter nach DIN 28124 T2, dargestellt ist ein Mannlochverschluß Form MC mit glatter Dichtfläche

DIN 28124 T3 Mannlochverschlüsse für Druckbehälter aus nichtrostenden Stählen (Dez 1992)

Genormt sind Stutzen und Deckel mit den Nennweiten und Dichtflächenformen nach Tab. 3.135.

Tabelle 3.135 Mannlochverschlüsse nach DIN 28124 T3

Form	Werkstoff[1]) nichtrostender Stahl	Merkmal	Nennweite DN
Kompletter Verschluß			
MH	+	Dichtfläche glatt	
MJ	+	Dichtfläche Feder und Nut	500 und 600
MK	+	Dichtfläche Vor- und Rücksprung	

[1]) + Ausführung in dieser Norm festgelegt.

Für die zulässigen Betriebsüberdrücke in Abhängigkeit von der Betriebstemperatur gelten die Werte nach Tab. 3.133 sinngemäß.

Der Durchmesser d_{11} gilt für die Lage der Lochschweißungen.

3.2.5 Deckel, Verschlüsse

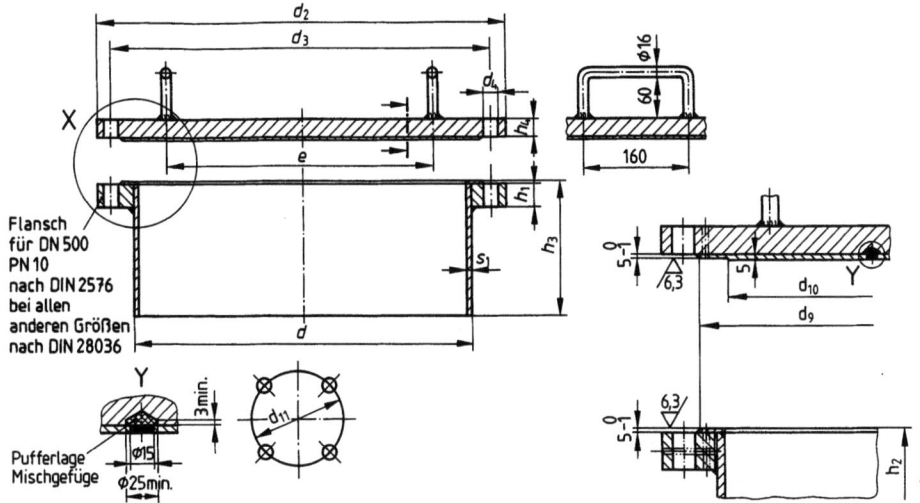

3.136 Mannlochverschlüsse für Druckbehälter nach DIN 28124 T3, dargestellt ist ein Mannlochverschluß mit glatter Dichtfläche

DIN 28124 T 4 Mannlochverschlüsse; Schwenkvorrichtung (Dez 1992)

Die genormten Schwenkvorrichtungen sind einsetzbar für Mannlochverschlüsse nach DIN 28124 T1 bis T3, und zwar in vertikaler und horizontaler Anordnung.

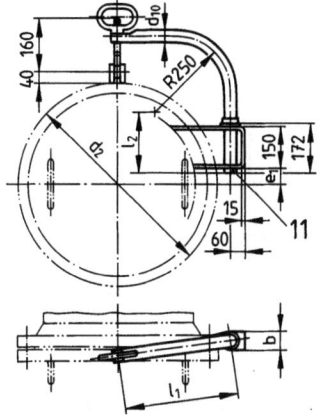

3.137 Schwenkvorrichtung für Mannlochverschlüsse nach DIN 28124 T4, dargestellt ist die vertikale Anordnung

DIN 28125 T1 Klappverschlüsse; rund; Nennweiten DN 150 bis DN 600 (Aug 1989)

Genormte Formen s. Tab. 3.139.

Tabelle 3.138 Zulässige Betriebsüberdrücke als Funktion der Betriebstemperatur für Klappverschlüsse nach DIN 28125 T1

Zulässige Betriebstemperatur in °C*)	−10 bis 50	120	200	250	300
Zulässiger Betriebsüberdruck in bar für Form VEC und VGC	8	7	6	5	4
	−1 (Vakuum)				
Zulässiger Betriebsüberdruck in bar für Form VEN und VGN	10	9	8	7	6
	−1 (Vakuum)				

*) Bei der Ausführung mit Oberflächenschutz ist die Temperaturbeständigkeit des gewählten Oberflächenschutzes zu beachten.

Tabelle 3.139   Klappverschlüsse nach DIN 28125 T1

Form	Werkstoff[1])			Merkmal		Nennweite DN
	unlegierter Stahl (St)	unlegierter Stahl mit Oberflächenschutz	nichtrostender Stahl (Werkstoff nach DIN 17440)			
Kompletter Verschluß						
VEC	+	+	+	ebener[2]) Deckel	Dichtfläche glatt	150 bis 600
VEN	+	0	+		Dichtfläche Feder und Nut	
VGC	+	+	+	gewölbter Deckel	Dichtfläche glatt	500 und 600
VGN	+	0	+		Dichtfläche Feder und Nut	

[1]) + Ausführung in dieser Norm festgelegt
  0 Ausführung in dieser Norm nicht festgelegt
[2]) DN 150 bis DN 250 mit Vierkantdeckel; DN 150 bis DN 250 in der Werkstoffausführung nichtrostender Stahl: Stutzen und Deckel voll aus nichtrostendem Stahl. Größere Nennweiten: Unlegierter Stahl mit nichtrostendem Stahl verkleidet.

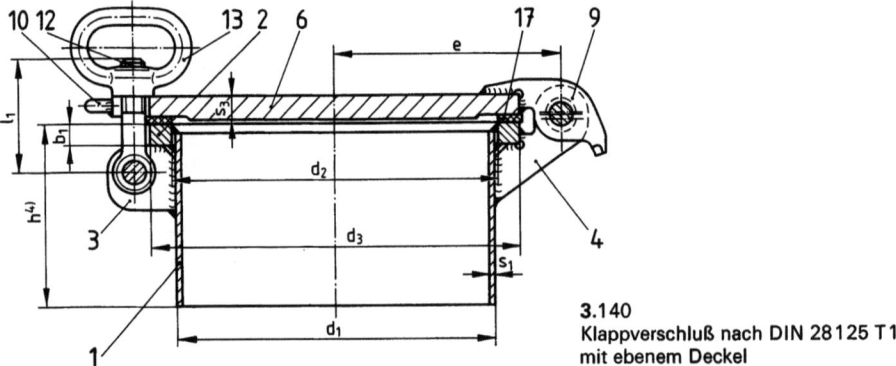

3.140
Klappverschluß nach DIN 28125 T1
mit ebenem Deckel

DIN 28125 T2   Klappverschlüsse; oval 350 mm × 450 mm (Apr 1989)

Genormte Formen s. Tab. 3.141.
Für ovale Klappverschlüsse nach DIN 28125 T2 gelten die zulässigen Betriebsdrücke nach Tab. 3.138 sinngemäß.

Tabelle 3.141   Ovale Klappverschlüsse nach DIN 28125 T2

Kompletter Verschluß		
Form	Benennung	Werkstoff
VA	Verschluß mit Stutzen (SA) und Deckel (DA)*)	unlegierter Stahl (St), unlegierter Stahl mit Oberflächenschutz (St-Oberflächenschutz), nichtrostender Stahl (Werkstoff nach DIN 17440)
VB	Verschluß mit Stutzen (SB) und Deckel (DB)**)	

*) Gelenk an einer Schmalseite
**) Gelenk an einer Breitseite

3.2.5 Deckel, Verschlüsse

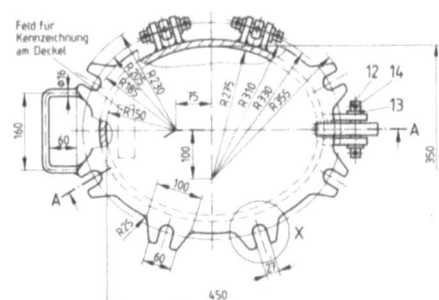

3.142
Ovaler Klappverschluß nach
DIN 28125 T 2, Gelenk an einer
Schmalseite

DIN 28125 T 3 Klappverschlüsse; rund, mit Schutzring und Oberflächenschutz (Apr 1989)

Genormt sind die Formen nach Tab. 3.143.

Tabelle 3.143 Runde Klappverschlüsse mit Oberflächenschutz und Schutzring nach DIN 28125 T 3

Kompletter Verschluß	
Form	Benennung
VGR	Verschluß mit gewölbtem Deckel (DGR) und Stutzen (SR) und Schutzring (R)
VER	Verschluß mit ebenem Deckel (DER) und Stutzen (SR) und Schutzring (R)

Tabelle 3.144 Zulässige Betriebsüberdrücke als Funktion der Betriebstemperatur für runde Klappverschlüsse nach DIN 28125 T 3

Zulässige Betriebstemperatur in °C	−10 bis 50	120	200
Zulässiger Betriebsüberdruck in bar für Form VER und VGR	8	7	6
	−1 (Vakuum)		

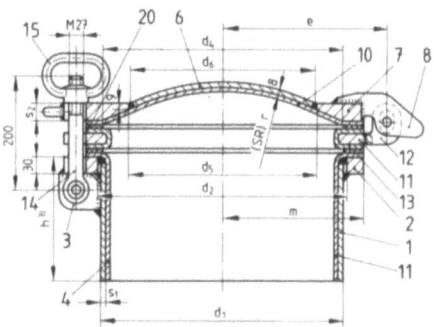

3.145 Runder Klappverschluß nach DIN 28125 T 3, mit Schutzring und Oberflächenschutz

Die Temperaturbeständigkeit des gewählten Oberflächenschutzes ist zu beachten.

DIN 28126 Bügelverschluß DN 125 (Aug 1980)

Bügelverschlüsse nach DIN 28126 erfüllen die Bedingung nach TRB[1]) 402 Abschnitt 3.4.1:

„Bügelverschlüsse müssen so beschaffen sein, daß der Deckel angelüftet werden muß, bevor die Verschlußelemente den Deckel freigeben können."

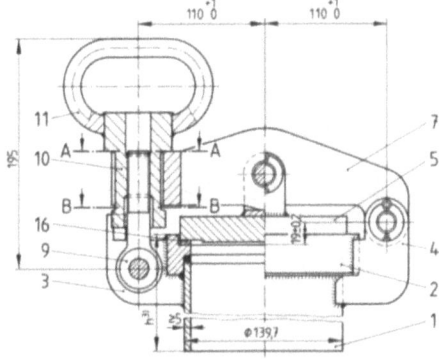

3.146
Bügelverschluß DN 125 nach DIN 28126, dargestellt ist Ausführung A: unlegierter Stahl

---
[1]) Technische Regeln Druckbehälter; s. auch Abschn. 2

Die Bügelverschlüsse sind bei einer Stutzenhöhe von ≤ 65 mm als Handloch nach den Technischen Regeln Druckbehälter (TRB) verwendbar.

Ausführungen: **A** unlegierter Stahl; **B** nichtrostender Stahl; **C** unlegierter Stahl mit Oberflächenschutz.

Die zulässigen Betriebsüberdrücke entsprechen der oberen Zeile von Tab. **3.**133, jedoch sind die genormten Bügelverschlüsse im Temperaturbereich von −60°C bis unter −10°C nicht einsetzbar.

DIN 28153 T1   Verschlußdeckel für Rührbehälter aus Stahl, emailliert; Nennweiten 350 × 450, 500 und 600 (Okt 1983)

Genormt sind die Formen nach Tab. **3.**147.

Tabelle **3.**147   Verschlußdeckel aus Stahl, emailliert nach DIN 28153 T1

Nennweite	Merkmale	Form
350 × 450	klappbar flach oder nach innen oder nach außen gewölbt nach Wahl des Herstellers mit einem zentral angeordneten Stutzen Nennweite 100	KZ 1
500 und 600	klappbar nach außen gewölbt mit einem exzentrisch angeordneten Stutzen Nennweite 100	KE 1
	schwenkbar nach außen gewölbt mit einem exzentrisch angeordneten Stutzen Nennweite 100	SE 1
	schwenkbar nach außen gewölbt mit zwei symmetrisch angeordneten Stutzen Nennweite 100	SS 2

Als Betriebsdaten gelten zulässige Betriebsüberdrücke von −1 bis 6 bar bei zulässigen Betriebstemperaturen zwischen −25 bis 200°C.

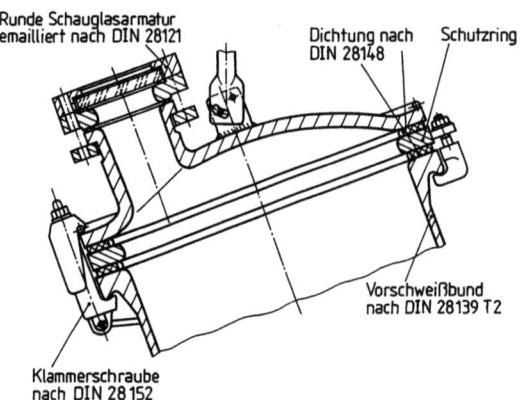

3.148 Mannlochdeckel aus Stahl, emailliert, nach DIN 28153 T1, dargestellt ist die Form SE1 mit Schutzring

3.2.6 Schaugläser, Schauglasfassungen, Schauglasarmaturen

DIN 28153 T2 Verschlußdeckel für Rührbehälter aus Stahl, emailliert; DN 40 bis DN 400 (Okt 1983)

Diese Norm ist anzuwenden für Verschlußdeckel auf Stutzen der Nennweiten 40 bis 400 für Rührbehälter aus Stahl, emailliert nach DIN 28136 T1 und T3 (s. Normen). Sie enthält auch Festlegungen für Schutzringe zwischen Stutzen und Verschlußdeckeln mit den Nennweiten 100 bis 250. Es gelten die gleichen Betriebsdaten wie für Deckel nach DIN 28153 T1.

Genormte Formen s. Tab. **3.149**.

Tabelle **3.149** Formen der Verschlußdeckel nach DIN 28153 T2

Nennweite	Merkmale	Form
100	klappbar flach ohne Öffnung	KFO
150 bis 250	klappbar flach mit einer zentralen Öffnung	KFZ
40 bis 400	Blinddeckel (Blindflansche) nach DIN 2873, s. Norm	

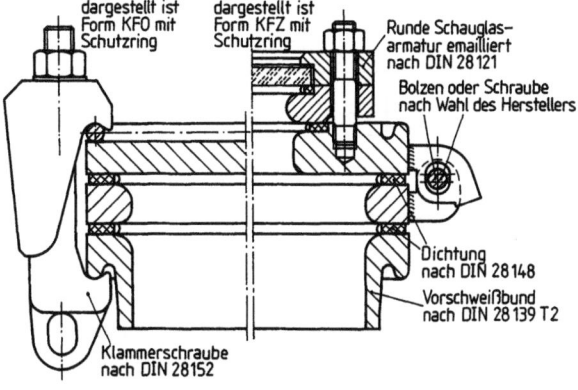

3.150 Verschlußdeckel aus Stahl, emailliert, nach DIN 28153 T2

3.2.6 Schaugläser, Schauglasfassungen, Schauglasarmaturen

DIN 7079 Runde, metallverschmolzene Schauglasplatten für Druckbeanspruchung bei Temperaturen bis 280 °C (Entw. Mai 1992)

Der Norm-Entwurf beschreibt Schauglasplatten, deren Maße denen nach DIN 7080 entsprechen und bei denen in einen Ring aus unlegiertem Stahl St 52-3 (DIN EN 10025, s. Norm) oder aus nichtrostendem Stahl der Werkstoff-Nr. 1.4462 nach VdTÜV-Werkstoffblatt 418 eine Sichtscheibe aus Borosilikatglas eingeschmolzen ist. Bedingt durch die unterschiedlichen Schrumpfungen von Stahl und Glas wird die Sichtscheibe über ihre gesamte Dicke radial auf Druck vorgespannt. Sie ist damit in der Lage, den bei Betriebsbeanspruchung auf sie einwirkenden Biegespannungen zu widerstehen, und bricht bei Überbeanspruchung im Gegensatz zu thermisch vorgespannten Schauglasplatten nach DIN 7080 nicht spontan, sondern sie kündigt ihr Versagen lange vor dem Undichtwerden durch Verlust der Durchsichtigkeit an. Richtig eingesetzt stellen metallverschmolzene Schauglasplatten einen Sicherheitsgewinn dar.

DIN 7080 Runde Schauglasplatten für Druckbeanspruchung bei Temperaturen bis 300 °C (Sep 1975)

Diese Norm gilt für thermisch vorgespannte runde Schauglasplatten aus Borosilikatglas, die durch einseitig wirkenden Flüssigkeits- oder Gasdruck bei Temperaturen bis 300 °C ohne Begrenzung im Tieftemperaturbereich beansprucht werden können.

Die im Titel und im Geltungsbereich der Norm wiedergegebene Einsatzgrenze von 300 °C liegt nach neueren Erkenntnissen zu hoch. Bei Betriebstemperaturen oberhalb 280 °C erleiden die Schauglasplatten, wenn sie dauernd dieser Temperatur ausgesetzt sind, während eines Jahres einen Vorspannungsverlust der bis zu 5 % betragen kann. Dergestalt eingesetzte

Tabelle 3.151 Zulässige Betriebsüberdrücke für Schauglasplatten nach DIN 7080

d_1 (Plattendurchmesser)	Zulässiger Betriebsüberdruck in bar			
	8	10	16	25
	s (Plattendicke)			
45	–	–	–	–
63	–	–	10	12
80	–	–	12	15
100	–	–	15	20
125	–	15	20	25
150	–	20	25	30
175	–	20	25	30
200	20	25	30	–
250	25	30	–	–
Nur für Behälter aus Stahl, emailliert				
135	–	–	–	25
265	30	–	–	–

Schauglasplatten sollten rechtzeitig ausgetauscht werden. Der beschriebenen Erkenntnis wird durch eine Neubearbeitung von DIN 7080 Rechnung getragen.

Beim Einbau in Flanschfassungen nach DIN 28120 oder Schauglasarmaturen nach DIN 28121 können die Schauglasplatten entsprechend Tab. 3.151 beansprucht werden.

Weitere Angaben über Werkstoff, Ausführung der Schauglasplatten, Prüfung, Kennzeichnung und Verpackung s. Norm.

DIN 7081 Lange Schauglasplatten für Druckbeanspruchung (Aug 1975)

Diese Norm gilt für thermisch vorgespannte lange Schauglasplatten aus Borosilikatglas (Reflexions- und Transparentschauglasplatten), die durch einseitig wirkenden Flüssigkeits- oder Gasdruck ohne Begrenzung im Tieftemperaturbereich bei Betriebstemperaturen in den folgenden Grenzen beansprucht werden können:
– Bei Sattdampf- oder Heißwasserdruck.
– Ungeschützte Reflexions- und Transparentschauglasplatten: bis 35 bar Überdruck bei höchstens 243 °C.
– Mit Glimmer geschützte Transparentschauglasplatten: bis 70 bar Überdruck bei höchstens 300 °C.
– Bei Medien ohne technisch bedeutsamen Glasangriff: bis 100 bar Überdruck bei höchstens 120 °C.

Die bei DIN 7080 gemachte Aussage bezüglich der Einsatzgrenze von 300 °C gilt mit Einschränkung auch hier. Mit Einschränkung deshalb, weil lange Schauglasplatten richtig eingespannt u. U. auch ohne Druckvorspannung der Beanspruchung standhalten.

Tabelle 3.152 Maße für lange Schauglasplatten nach DIN 7081

b	l							
34	140	165	190	220	250	280	320	340

In der chemischen Industrie werden wegen ihrer
– chemischen Beständigkeit
– zulässigen Betriebstemperatur von maximal 280 °C
– Thermoschockbeständigkeit

vorwiegend Schauglasplatten aus Borosilikatglas eingesetzt. Dort, wo diese Eigenschaften nicht in gleich hohem Maße erforderlich sind, können Schauglasplatten aus Natron-Kalk-Glas verwendet werden.

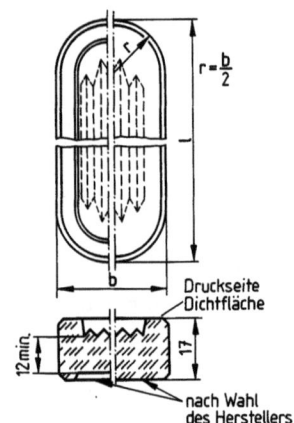

3.153 Lange Schauglasplatte nach DIN 7081, dargestellt ist eine Reflexionsschauglasplatte

3.2.6 Schaugläser, Schauglasfassungen, Schauglasarmaturen

Für diesen Werkstoff bestehen entsprechende Normen:
DIN 8902 für runde Schauglasplatten
DIN 8903 für lange Schauglasplatten (s. Normen).

DIN 28120 Flanschfassungen für runde Schauglasplatten (März 1979)

Diese Norm ist eine Konstruktionsrichtlinie für Flanschfassungen runder Schauglasplatten, die für die angegebenen Betriebsüberdrücke und eine Betriebstemperatur von 150°C bei Natron-Kalk-Glas nach DIN 8902 und 280°C bei Borosilikatglas nach DIN 7080 eingesetzt werden können.

DIN 28120 beschreibt auch eine Ausführungsvariante für Apparate aus Stahl mit organischem Oberflächenschutz und erläutert die Festigkeitsberechnung für die Deckelflansche. Die Norm gibt ferner eine Empfehlung für die Anzugsmomente der Flanschschrauben (Einzelheiten s. Norm).

Tabelle 3.155 Maß- und Druckangaben für Schauglasfassungen nach DIN 28120

Flansch	Betriebs-überdruck	Durch-blick	Schauglas-platte	
Nenn-weite	in bar	d_1	d_3	s
25	10	48	63	10
	16			
40	10	65	80	12
	16			
50	10	80	100	15
	16			
80	10	100	125	15
	16			20
100	10	125	150	20
	16			25
125	10	150	175	20
	16			25
150	10	175	200	25
	16			30
200	10	225	250	30

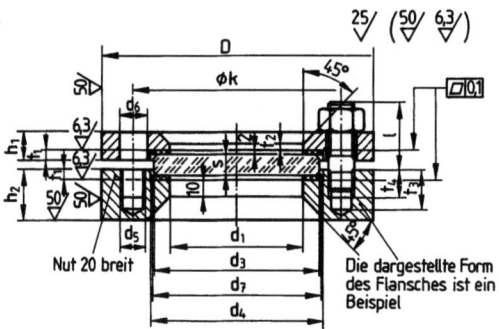

3.154 Flanschfassung für runde Schauglasplatten nach DIN 28120

DIN 28121 Runde Schauglasarmatur; Anschlußmaße PN 10 und PN 25 (Jun 1984)

Diese Norm ist anzuwenden für montierte Flanschfassungen mit runden Schauglasplatten. Die Schauglasarmaturen können als Ausführung A und B eingesetzt werden für einen zulässigen Betriebsüberdruck von 10 bar bzw. 25 bar sowie als Ausführung E bis 10 bar. Die zulässige Betriebstemperatur beträgt 200°C bei Borosilikatgläsern nach DIN 7080 und 150°C bei Natron-Kalk-Gläsern nach DIN 8902.
Bei zulässigen Betriebstemperaturen niedriger als -10°C ist das AD-Merkblatt W10 zu beachten.
Bei Ausführung mit Oberflächenschutz ist dessen Temperaturbeständigkeit zu berücksichtigen.

Drei Ausführungen von Schauglasarmaturen sind genormt:
Ausführung A Grund- und Gegenflansch aus unlegiertem oder nichtrostendem Stahl
Ausführung B Grundflansch aus unlegiertem Stahl mit Oberflächenschutz aus organischen Werkstoffen, Gegenflansch wie Ausführung A.

Mit den Schauglasarmaturen nach DIN 28121 ist es möglich, an Apparaten Schaugläser zu montieren, ohne daß bei diesem Vorgang der Sitz der Glasplatte in der Armatur verändert wird. Die diffizile Glasmontage kann vorher von Fachkräften unter optimalen Werkstattbedingungen vorgenommen werden.
Tab. 3.156 zeigt die Maße für eine Schauglasarmatur mit DN 80 für den Flansch, zulässiger Betriebsüberdruck 10 bar.

Tabelle 3.156 Maß für Schauglasarmatur nach DIN 28121, DN 80, zulässiger Betriebsüberdruck 10 bar

Flansch	Durchblick	Schauglas-platte			Eindrehungen			Flansche					
Nenn-weite DN	d_1	d_2	d_3	s	d_4	t_1 +0,1 0	t_2 +0,1 0	t_3 max.	D	k	h_1	h_2	f	d_5
80	80	75	100	15	103	12	10,2	14	200	160	22	24	4	138

Flansch	Vorspann-Schrauben						Befestigungsschrauben			Ausgleichsring und Dichtung	
Nenn-weite DN	Anzahl	d_6	d_7	d_8	t_5	l	Anzahl	Ge-winde	d_9	d_1	d_{10}
80	4	M 10	11	18	11	25	4	M 16	18	80	102

In der Schauglasarmatur ist als Pos. 6 (s. Bild **3.**157) eine PTFE-(Polytetrafluorethylen-) umhüllte Wellringdichtung mit Weichstoffauflage erforderlich.

Ein Beispiel der Berechnung der Schrauben und der Flanschdicken für die Nennweite 100 und für den Werkstoff P 265 GH (H II) ist im Bbl. 1 zu DIN 28121 ausgeführt (s. Norm).

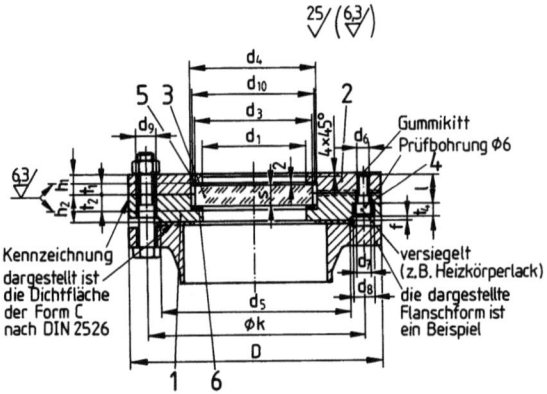

3.157
Runde Schauglasarmatur nach DIN 28121, dargestellt ist Form A

3.2.7 Rührer, Rührbehälter

DIN 28131 Rührer für Rührbehälter; Formen und Hauptabmessungen (Sep 1992)

Rührer nach dieser Norm werden vorzugsweise in Rührbehältern nach DIN 28136 T1 (s. Norm) verwendet.

Rührer sollen so konstruiert werden, daß die beabsichtigte Rührwirkung bei einer Drehrichtung erreicht wird, die beim Blick von oben auf das Rührorgan dem Uhrzeigersinn entspricht.

3.2.7 Rührer, Rührbehälter

Die Richtwerte zur Umfangsgeschwindigkeit gelten für die in den Beispielen angegebenen Viskositätsbereiche. Den angegebenen Grenzwerten liegt eine spezifische Rührleistung von ca. 0,2 bzw. 2 kW/m³ zugrunde.

Außer den in den Skizzen erkennbaren Maßbuchstaben werden folgende Zeichen verwendet: z_1 = Anzahl der Rührblätter in einer Ebene, z_2 = Stufenzahl bzw. Anzahl der Gänge beim Wendelrührer, z_3 = Anzahl der strömungslenkenden Einbauten, U = Umfassungsgeschwindigkeit, η = dynamische Zähigkeit.

Die angeführten Maße sind Erfahrungswerte, die sich bei ausgeführten Rührwerken und Modellversuchen als zweckmäßig ergeben haben. Entsprechende Bildzeichen nach DIN 28004 T3, Sachgruppe 1 (s. Norm).

Propellerrührer (Bild **3.158**). Die Rührwirkung beruht auf einer überwiegend axialen nach unten gerichteten Strömung. Umkehr der Strömungsrichtung durch Änderung der Schrägstellung oder der Drehrichtung.

$2 \leq U \leq 15$ m/s	$h_2 \approx (1 \text{ bis } 1{,}5) \cdot d_2$	$z_1 \geq 3$
$\eta \leq 8000$ mPa s	$b_2 \approx 0{,}1 \cdot d_1$	$z_3 \geq 2$
$d_2 \approx (0{,}2 \text{ bis } 0{,}4) \cdot d_1$	$b_3 \approx 0{,}02 \cdot d_1$	$\alpha_1 \approx 25°$

Schrägblattrührer (Bild **3.159**). Die Rührwirkung beruht auf einer axial gerichteten Strömung, verbunden mit erhöhter Scherung. Umkehr der Strömungsrichtung durch Änderung der Schrägstellung oder der Drehrichtung.

$4 \leq U \leq 10$ m/s	$h_1 \approx (0{,}15 \text{ bis } 0{,}25) \cdot d_2$	$z_1 \geq 4$, vorzugsweise 6
$\eta \leq 10000$ mPa s	$h_2 \approx (0{,}5 \text{ bis } 1) \cdot d_2$	$z_3 \geq 2$
$d_2 \approx (0{,}3 \text{ bis } 0{,}4) \cdot d_1$	$b_2 \approx 0{,}1 \cdot d_1$	$\alpha_1 \approx 45°$
	$b_3 \approx 0{,}02 \cdot d_1$	

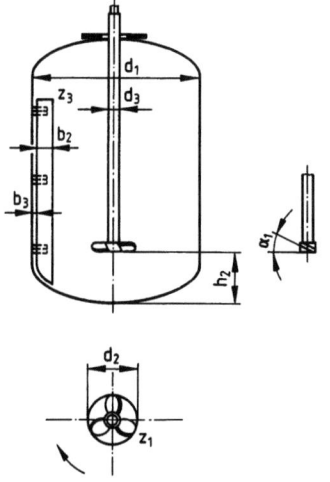

3.158 Propellerrührer nach DIN 28131

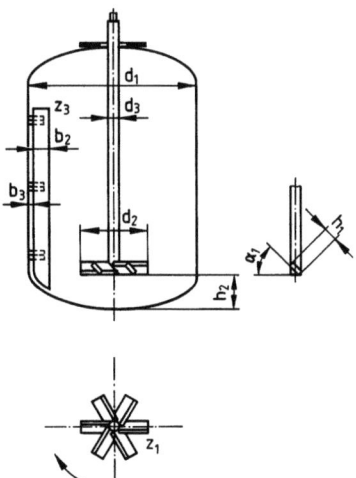

3.159 Schrägblattrührer nach DIN 28131

Scheibenrührer (Bild 3.160). Die Rührwirkung beruht auf einer radial auswärts gerichteten Strömung mit einer axialen Ansaugung von oben und unten. Die abströmende Flüssigkeit unterliegt einer hohen Scherung.

$2 \leq U \leq 6$ m/s	$h_1 \approx 0{,}2 \cdot d_2$	$z_1 \geq 6$
$\eta \leq 10\,000$ mPa s	$h_2 \approx d_2$	$z_3 \geq 2$
$d_2 \approx (0{,}3 \text{ bis } 0{,}4) \cdot d_1$	$b_1 \approx 0{,}25 \cdot d_2$	
	$b_2 \approx 0{,}1 \cdot d_1$	
	$b_3 \approx 0{,}02 \cdot d_1$	

Impellerrührer (Bild 3.161). Die Rührwirkung beruht auf einer radialen Strömung, die durch die bodennahe Anordnung des Rührers axial umgelenkt wird.
Verwendung insbesondere für Rührer aus Stahl, emailliert

$3 \leq U \leq 8$ m/s	$h_1 \approx (0{,}12 \text{ bis } 0{,}17) \cdot d_2$	$z_1 = 3$
$\eta \leq 10\,000$ mPa s	$h_2 \approx (0{,}08 \text{ bis } 0{,}18) \cdot d_2$	$z_3 \geq 2$
$d_2 \approx (0{,}5 \text{ bis } 0{,}7) \cdot d_1$	$b_2 \approx 0{,}1 \cdot d_1$	$\beta = 10 \text{ bis } 15°$
	$b_3 = 0{,}02 \cdot d_1$	

Kreuzbalkenrührer (Bild 3.162). Die Rührwirkung beruht auf einer axialen/tangentialen Strömung. Das Rührgut wird mäßig bis stark geschert.

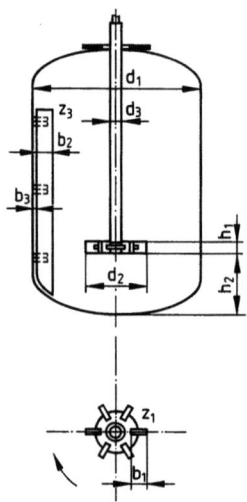

3.160 Scheibenrührer nach DIN 28131

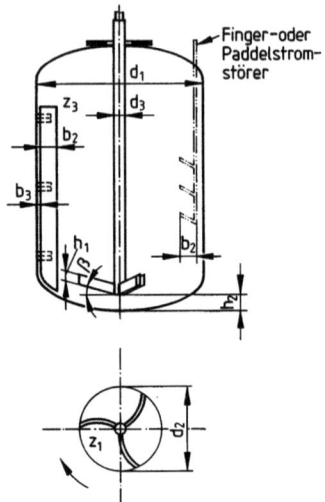

3.161 Impellerrührer nach DIN 28131

$2 \leq U \leq 6$ m/s	$h_1 \approx (0{,}12$ bis $0{,}15) \cdot d_2$	$z_1 = 2$
$\eta \leq 50\,000$ mPa s	$h_2 \approx (0{,}15$ bis $0{,}2) \cdot d_2$	$z_3 \geq 3$
$d_2 \approx (0{,}6$ bis $0{,}9) \cdot d_1$	$h_3 \approx 0{,}3 \cdot d_2$	$z_3 \geq 2$
	$b_2 \approx 0{,}1 \cdot d_1$	$\alpha_1 \approx 45°$ $(90°)$
	$b_2 \approx 0{,}02 \cdot d_1$	$\beta \approx 15°$

Gitterrührer (Bild 3.163). Die Rührwirkung beruht auf einer vorwiegend tangentialen/radialen Strömung.
Eine Ausführung ohne Durchbrüche ist der Blattrührer mit verstärkter radialer Geschwindigkeitskomponente und axialem Ansaugen von unten und oben.

$2 \leq U \leq 5$ m/s	$h_1 \approx (1$ bis $1{,}5) \cdot d_2$	$z \geq 2$
$\eta \leq 30\,000$ mPa s	$h_2 \approx 0{,}2 \cdot d_2$	
$d_2 \approx (0{,}5$ bis $0{,}7) \cdot d_1$	$b_1 \approx 0{,}1 \cdot d_2$	
	$b_2 \approx 0{,}1 \cdot d_1$	
	$b_3 \approx 0{,}02 \cdot d_2$	

Ankerrührer (Bild 3.164). Die Rührwirkung beruht auf einer vorwiegend tangentialen Strömung mit einer schwach ausgebildeten axialen Komponente.

$2 \leq U \leq 6$ m/s	$h_1 \approx (0{,}5$ bis $1) \cdot d_2$
$\eta \leq 30\,000$ mPa s	$h_2 \approx (0{,}03$ bis $0{,}05) \cdot d_2$
$d_2 \approx (0{,}9$ bis $0{,}95) \cdot d_1$	$b_1 \approx 0{,}1 \cdot d_2$

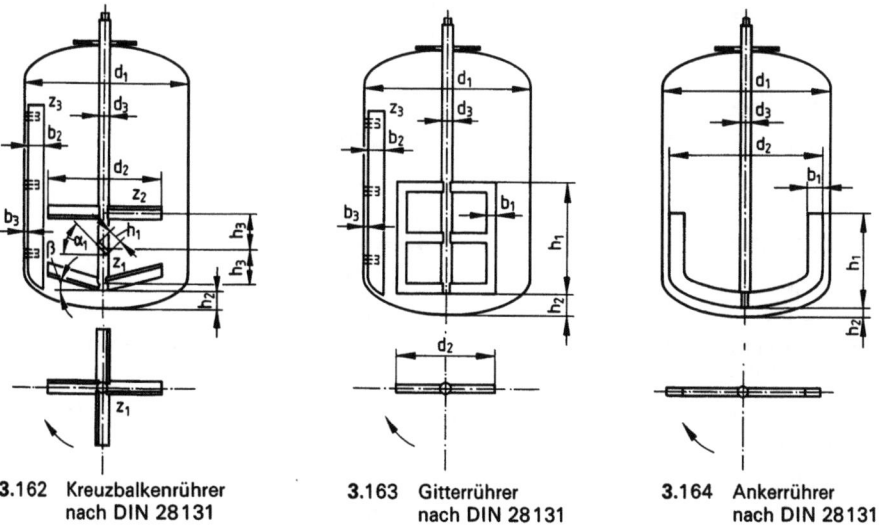

3.162 Kreuzbalkenrührer nach DIN 28131

3.163 Gitterrührer nach DIN 28131

3.164 Ankerrührer nach DIN 28131

Mehrstufen-Impuls-Gegenstrom-Rührer (Bild 3.165). Die Rührwirkung beruht auf einer axialen Strömung mit geringem Radialanteil. Entsprechend der Förderrichtung der Blätter ergibt sich in Wellennähe eine Axialströmung. Die Förderrichtung der Außenblätter wird der Rühraufgabe angepaßt.

$1{,}5 \leq U \leq 11$ m/s	$h_2 \approx 0{,}2 \cdot d_1$	$z_1 = 2$
$\eta \leq 50000$ mPa s	$h_3 \approx 0{,}28 \cdot d_1$	$z_2 \geq 3$
$d_2 \approx 0{,}7 \cdot d_1$	$b_1 \approx 0{,}1 \cdot d_2$	$z_3 \geq 2$
	$b_2 \approx 0{,}1 \cdot d_1$	$\alpha_1 \approx 24°$
	$b_3 \approx 0{,}02 \cdot d_1$	$\alpha_2 \approx 60°$

Wendelrührer (Bild 3.166). Rührer, bestehend aus einem schraubenförmig verlaufenden Band (ein- oder zweigängig), stark randgängig.
Die Rührwirkung beruht auf der Schleppwirkung der Wendel in axialer Richtung nach oben oder nach unten fördernd. Vorwiegend für hochviskose Flüssigkeiten.

$0{,}3 \leq U \leq 3$ m/s	$h_1 \approx d_1$	$z_2 \approx 1$ oder 2
$\eta > 50000$ mPa s	$h_2 \approx (0{,}01$ bis $0{,}05) \cdot d_2$	
$d_2 \approx (0{,}9$ bis $0{,}95) \cdot d_1$	$h_3 \approx (0{,}8$ bis $1{,}2) \cdot d_2$	
	$b_1 \approx 0{,}1 \cdot d_2$	

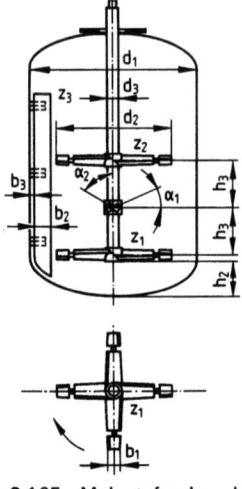
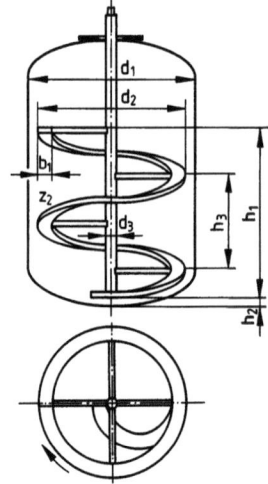

3.165 Mehrstufen-Impuls-Gegenstrom-Rührer nach DIN 28131

3.166 Wendelrührer nach DIN 28131

Weitere mit Merkmalen, schematischer Darstellung und empfohlenen Maßen aufgeführte Rührerformen:

- Blattrührer
- Balkenrührer
- Fingerrührer
- Zahnscheibe (Dispergierscheibe).

DIN 28157 Impellerrührer, Stahl emailliert (Jan 1992)

Diese Norm ist anzuwenden für einteilige Impellerrührer aus Stahl, emailliert, mit Wellenenden nach DIN 28159 (s. Norm), die zusammen mit Gleitringdichtungen nach DIN 28138 T2 (s. Norm) in Rührbehälter der Formen AE und CE nach DIN 28136 T1 und T3 (s. Normen) eingesetzt werden.

Die zugehörigen strömungslenkenden Einbauten sind DIN 28146 (s. Norm) zu entnehmen, und zwar entweder als
– Fingerstromstörer, in der Regel mit Stopfbuchse abgedichtet,
oder als
– Paddelstromstörer, in der Regel mit statischer Dichtung zwischen Flanschen abgedichtet.

DIN 28157 legt die Maße von Impellerrührern fest für Rührbehälter mit Nennvolumen von 63 l bis 40 000 l.

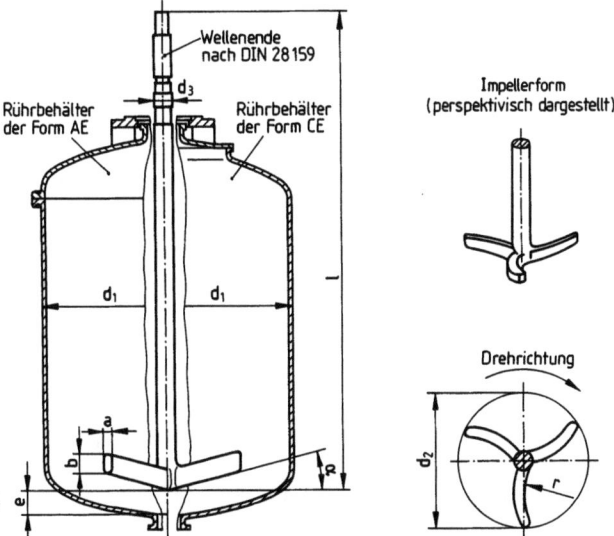

3.167
Impellerrührer nach DIN 28157;
Stahl, emailliert

Tabelle 3.168 Beispiel: Maße für Impellerrührer zu Rührbehältern mit Nennvolumen 6300 l und 8000 l, nach DIN 28157

Nennvolumen in l	Nenndurchmesser d_1	d_3	d_2	a	b
6300	2000	100	1100	85	170
8000	2200	100	1100	85	170

Nennvolumen in l	r ≈	α	e min.	l +0 −12
6300	600	10°	100	3595
8000	600	10°	100	3745

d_3 = Wellendurchmesser nach DIN 28159 (s. Norm).

DIN 28158 Ankerrührer, Stahl emailliert (Jan 1984)

Diese Norm ist anzuwenden für einteilige Ankerrührer aus Stahl, emailliert, mit Wellenenden nach DIN 28159 (s. Norm), die zusammen mit Gleitringdichtungen nach DIN 28138 T2

(s. Norm) in Rührbehältern der Form AE nach DIN 28136 T1 und T3 (s. Normen) eingesetzt werden.

Als strömungslenkende Einbauten sind in DIN 28147 Thermometerrohre genormt (s. Norm).

DIN 28158 legt die Maße von Ankerrührern fest für Rührbehälter mit Nennvolumen von 63 l bis 6300 l.

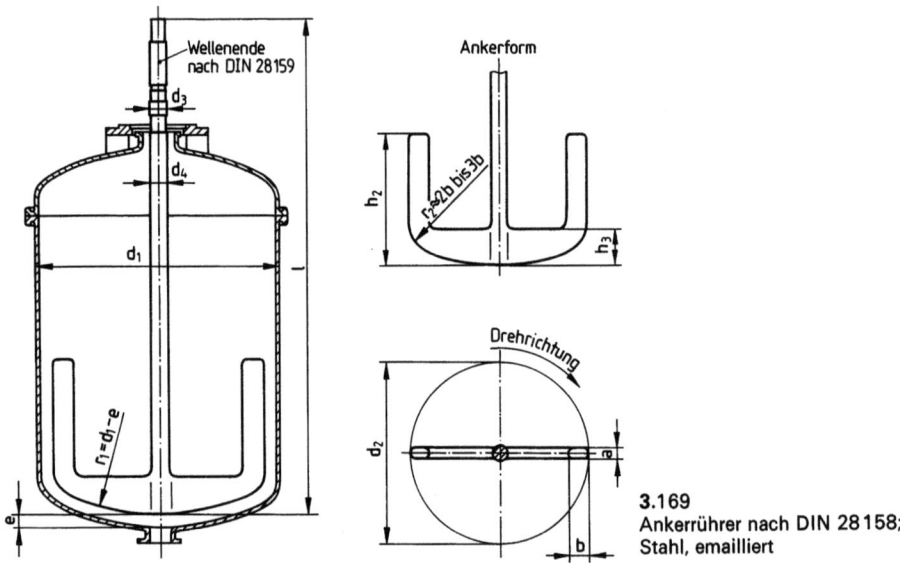

3.169 Ankerrührer nach DIN 28158; Stahl, emailliert

Tabelle 3.170 Beispiel: Maße für Ankerrührer zu Rührbehältern mit Nennvolumen 4000 l und 6300 l nach DIN 28158

Nennvolumen in l	Nenndurchmesser d_1	d_3	d_2	Abmaße	d_4 min.
4000	1800	100	1630	+30 / −20	139,7
6300	2000	100	1810	+40 / −20	

Nennvolumen in l	a	b	e min.	h_2	h_3 max.	l +0 / −12
4000	82	133	65	1220	250	3085
6300	82	133	71	1360	260	3625

d_3 = Wellendurchmesser nach DIN 28159

DIN 28130 T1 Rührbehälter mit Rührwerk; Rührbehälter aus unlegiertem und nichtrostendem Stahl (Jun 1986)

Diese Norm ist anzuwenden für Rührbehälter aus unlegiertem und nichtrostendem Stahl. Die Norm benennt Einzelheiten der Rührbehälter und gibt eine Übersicht über die Varianten genormter Bauteile und die aus ihrer Anwendung folgenden Bauteilkombinationen. Mögliche, aber nicht genormte Varianten sind nicht berücksichtigt.

3.2.7 Rührer, Rührbehälter

Rührbehälter

Benennung und Normen zu den Positionsnummern der Bilder **3.171** und **3.172** s. Tab. **3.173**.

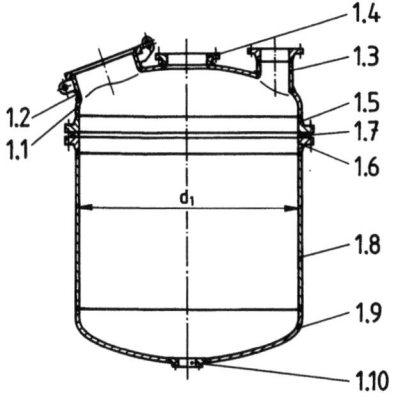 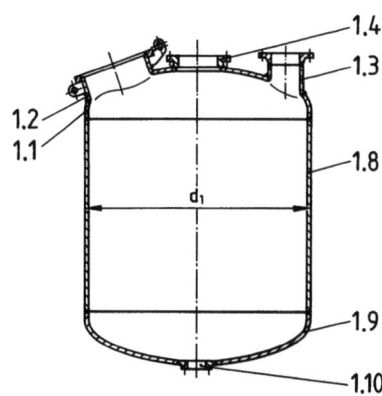

3.171 Rührbehälter mit Deckel nach DIN 28130 T1

3.172 Rührbehälter als Einstückbehälter nach DIN 28130 T1

Tabelle **3.173** Normen für Rührbehälter nach DIN 28130 T1

Positionsnummer	Benennung			Normen
1	Rührbehälter			Hauptmaße nach DIN 28136 T1
				Wanddicken nach DIN 28136 T4
				Berechnungsbeispiel s. Bbl. 1 zu DIN 28136 T4
				Allgemeintoleranzen nach DIN 28006 T1
1.1	Behälterdeckel	oberer Boden		DIN 28011
				Anordnung und Größe der Deckelstutzen nach DIN 28136 T2
1.2		Mannloch- bzw. Besichtigungsöffnung mit Klappverschluß		Klappverschlüsse rund nach DIN 28125 T1
				oval nach DIN 28125 T2
				rund, mit Schutzring und Oberflächenschutz nach DIN 28125 T3
				Öffnungshilfe nach Bbl. 1 zu DIN 28125
1.3		Stutzen		nichtrostender Stahl nach DIN 28025 T1 und T2
				unlegierter Stahl nach DIN 28115
1.4		Rührwerkflansch		DIN 28137 T1
1.5		Deckelflansch	Hauptflansch-Verbindung	DIN 28030 T1 und T2 DIN 28036
				DIN 28032 DIN 28038
1.6	Behälterunterteil	Behälterflansch		DIN 28034
1.7		Hauptflanschdichtung		Maße s. DIN 28040
				Kennwerte und Prüfverfahren, DIN V 28090 s. Norm
				Technische Lieferbedingungen für Dichtungsplatten s. Entwürfe DIN 28091 T1 bis T4
1.8		Behälterzarge		
1.9		unterer Boden		DIN 28011 DIN 28013
1.10		Anschluß für Auslaufarmatur		DIN 28140 T1

Temperaturbeeinflussung von außen

Benennungen und Normen der Details für die Temperaturbeeinflussung von außen bei Rührbehältern sind Tab. **3.176** zu entnehmen. Die dort aufgeführten Positionsnummern entsprechen denen in den Bildern **3.174** und **3.175**.

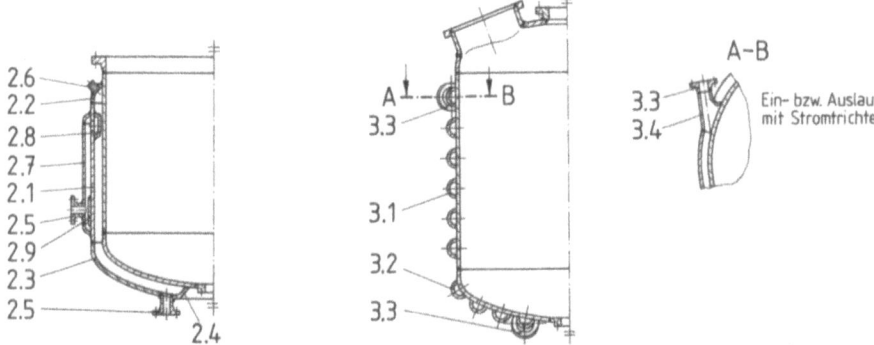

3.174 Rührbehälterunterteil mit Außenmantel nach DIN 28130 T1

3.175 Rührbehälter nach DIN 28130 T1 als Einstückbehälter mit Halbrohrschlange

Tabelle **3.176** Rührbehälter nach DIN 28130 T1, Temperaturbeeinflussung von außen, Normen für Einzelheiten

Positionsnummer	Benennung	Normen
2	Außenmantel	Durchmesser nach DIN 28136 T1 Wanddicken nach DIN 28136 T4 Allgemeintoleranzen nach DIN 28006 T1
2.1	Mantelzarge	–
2.2	obere Mantelkrempe	–
2.3	Mantelboden	–
2.4	untere Mantelkrempe	–
2.5	Mantelstutzen	nach DIN 28025 T1 und T2, DIN 28115
2.6	Entlüftungsstutzen	–
2.7	Stromtasche	–
2.8	Umlenkblech	–
2.9	Prallblech	–
3	Halbrohrschlange	nach DIN 28128
3.1	an der Behälterzarge	
3.2	am Behälterboden	
3.3	Vorschweißflansch	nach DIN 2633 bis DIN 2637
3.4	Stromrichter	nach DIN 28127

Tragelemente

Benennungen und Normen zu den Tragelementen von Rührbehältern sind in Tab. **3.181** aufgeführt. Die dort angegebenen Positionsnummern entsprechen denen in den Bildern **3.177** bis **3.180**.

3.2.7 Rührer, Rührbehälter

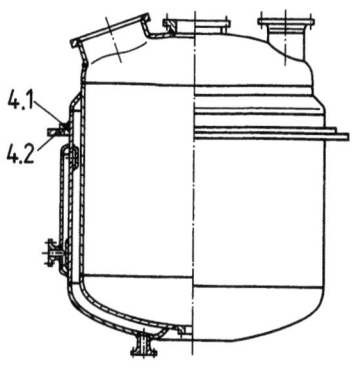

3.177 Rührbehälter nach DIN 28130 T1 mit Tragring

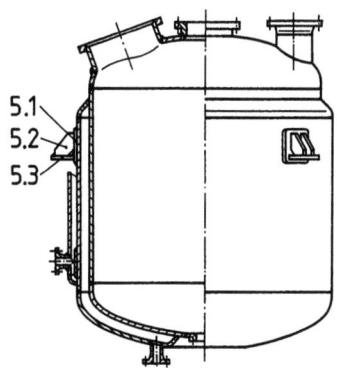

3.178 Rührbehälter nach DIN 28130 T1 mit Tragpratzen

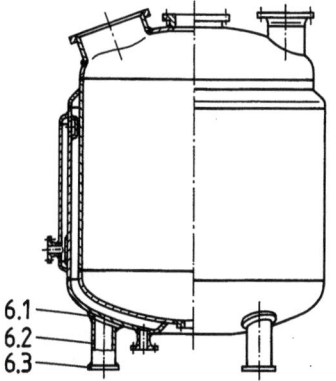

3.179 Rührbehälter nach DIN 28130 T1 mit Rohrfüßen

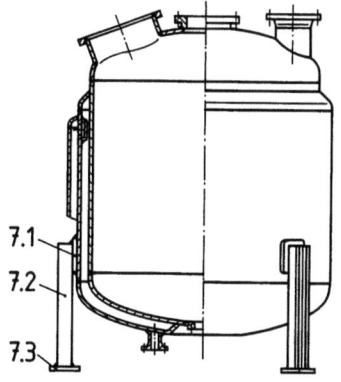

3.180 Rührbehälter nach DIN 28130 T1 mit Profilfüßen

Tabelle 3.181 Normen für Tragelemente von Rührbehältern nach DIN 28130 T1

Positions-nummer	Benennung	Normen
4	Tragring	Maße, maximales Betriebsgewicht nach DIN 28084
		Berechnungsbeispiele s. Bbl. 1 zu DIN 28084
		Höhenlage s. DIN 28160
4.1	fester Ring	
4.2	loser Ring	
5	Pratze	Maße nach DIN 28083 T1
5.1	Verstärkungsblech	Maximale Momente auf die Apparatewand nach DIN 28083 T2
5.2	Steg	
5.3	Auflage	

Fortsetzung s. nächste Seite

Tabelle **3.181**, Fortsetzung

Positions-nummer	Benennung	Normen
6	Apparatefuß aus Rohr	Maße nach DIN 28081 T1
6.1	Verstärkungsblech	Maximale Gewichtskräfte nach DIN 28081 T3
6.2	Rohr	
6.3	Fußplatte	
7	Apparatefuß aus Profilstahl	Maße nach DIN 28081 T2
7.1	Verstärkungsblech	Maximale Gewichtskräfte nach DIN 28081 T4
7.2	Profilstahl	
7.3	Fußplatte	

Transport- und Montagehilfen

Für die Aufnahme mit Hebezeugen sind für Rührbehälter aus unlegiertem und nichtrostendem Stahl Tragösen nach DIN 28086 und Traglaschen nach DIN 28087 verwendbar. Für die Anordnung von Tragösen und Traglaschen sind keine Festlegungen getroffen.

Zubehör für die Rührbehälter aus unlegiertem und nichtrostendem Stahl s. Tab. **3.182**.

Tabelle **3.182**   Genormtes Zubehör für Rührbehälter nach DIN 28130 T1

Zubehör, Bauteil	Norm
Flanschfassungen für runde Schauglasplatten	DIN 28120
Runde Schauglasarmatur	DIN 28121
Bügelverschluß, DN 125 für Druckbehälter und Apparate	DIN 28126

DIN 28130 T2   Rührbehälter mit Rührwerk; Rührbehälter aus Stahl, emailliert (Jun 1986)

Diese Norm ist anzuwenden für Rührbehälter aus Stahl, emailliert. Die Norm benennt Einzelheiten der Rührbehälter und gibt eine Übersicht über die Varianten genormter Bauteile und die aus ihrer Anwendung folgenden Bauteilkombinationen. Mögliche, aber nicht genormte Varianten sind nicht berücksichtigt.

Rührbehälter

Benennungen und Normen zu den Positionsnummern der Bilder **3.183** und **3.184** s. Tab. **3.185**

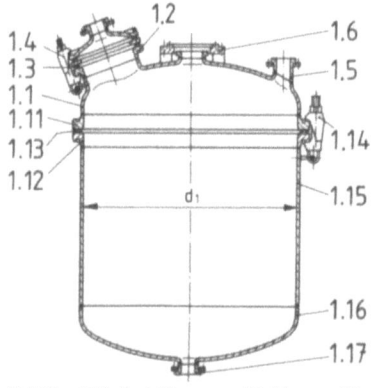

3.183   Rührbehälter aus Stahl, emailliert nach DIN 28130 T2, mit Deckel

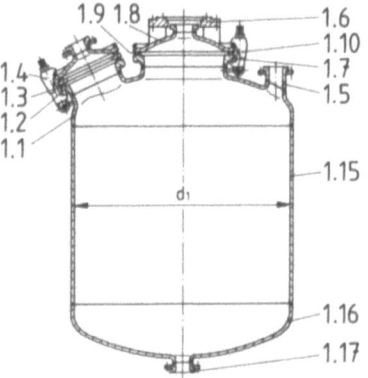

3.184   Rührbehälter aus Stahl, emailliert nach DIN 28130 T2, mit Montagedeckel

3.2.7 Rührer, Rührbehälter

Tabelle 3.185 Normen für Rührbehälter aus Stahl, emailliert nach DIN 28130 T 2

Positionsnummer	Benennung			Normen
1		Rührbehälter		Hauptmaße nach DIN 28136 T1
				Allgemeintoleranzen nach DIN 28006 T2
1.1	Behälter-deckel	oberer Boden		DIN 28011
				DIN 28013
				Anordnung und Größe der Deckelstutzen nach DIN 28136 T3
1.2		Mannloch- bzw. Besichtigungsöffnung mit Verschlußdeckel		Vorschweißbunde rund und oval nach DIN 28139 T2
				Verschlußdeckel nach DIN 28153 T1, DIN 28153 T2
				Schutzring nach DIN 28153 T1
1.3		Dichtung für Mannloch- bzw. Besichtigungsöffnung		DIN 28148
1.4		Klammerschrauben		DIN 28152 T1
1.5		Stutzen		Vorschweißbunde nach DIN 28139 T3
				Losflansche nach DIN 28150
1.6		Rührwerkflansch		DIN 28137 T2
1.7		Montageflansch		Vorschweißbunde nach DIN 28139 T2
1.8		Montagedeckel		DIN 28136 T3
1.9		Montageflanschdichtung		DIN 28148
1.10		Klammerschrauben		DIN 28152 T1
1.11		Deckelflansch	Hauptflansch-verbindung	Vorschweißbunde nach DIN 28139 T1
1.12	Behälter-unterteil	Behälterflansch		
1.13		Hauptflanschdichtung		DIN 28148
1.14		Klammerschrauben		DIN 28152 T1
1.15		Behälterzarge		
1.16		unterer Boden		DIN 28011
				DIN 28013
1.17		Anschluß für Auslaufarmatur		DIN 28140 T2
				mit geteiltem Losflansch Form B nach DIN 28150

Temperaturbeeinflussung von außen

Benennungen und Normen der Details für die Temperaturbeeinflussung von außen bei Rührbehältern aus Stahl, emailliert sind Tab. 3.188 zu entnehmen. Die dort aufgeführten Positionsnummern entsprechen denen in den Bildern 3.186 und 3.187.

Die Temperaturbeeinflussung bei Rührbehältern aus Stahl, emailliert, erfolgt in der Regel durch den Außenmantel. Anordnung, Größe und Ausführung der Mantelstutzen sind in DIN 28151 (s. Norm) genormt. Abhängig von der Art der Behälteraufstellung (mit Füßen oder Pratzen bzw. mit Tragring) und von der Art der Energiezuführung (ohne Strömungsdüsen bzw. mit Strömungsdüsen) sind vier Ausführungen der Mantelstutzen genormt.

Die Temperaturbeeinflussung von außen über Halbrohrschlangen ist beim heutigen Stand der Emailliertechnik durchaus möglich. Jedoch sind hierfür keine Einzelheiten genormt.

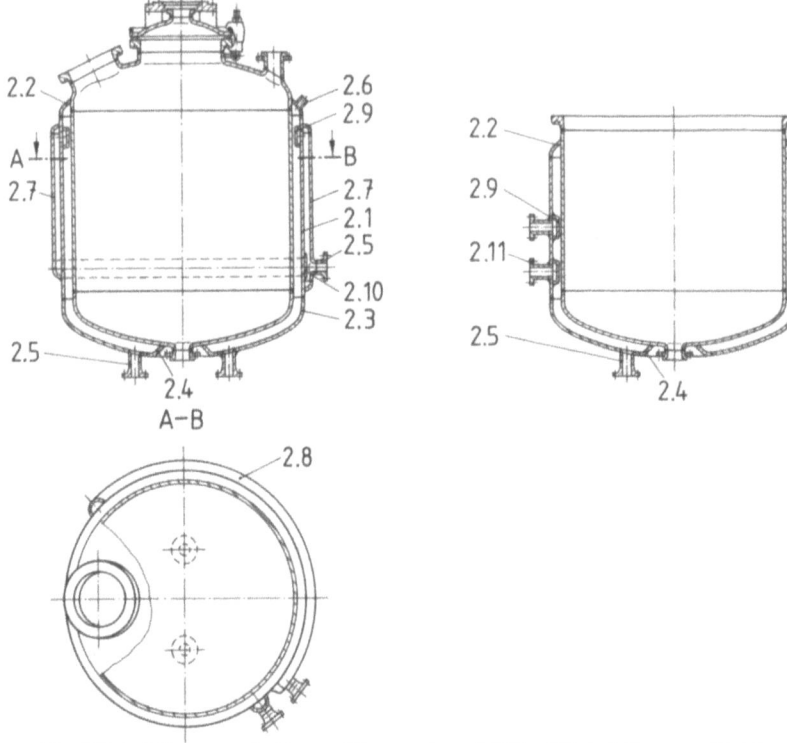

3.186 Rührbehälter aus Stahl, emailliert nach DIN 28130 T2, mit Außenmantel ohne Strömungsdüsen. Lage Bodenstutzen: Schnitt A–B

3.187 Rührbehälter aus Stahl, emailliert nach DIN 28130 T2, mit Außenmantel und Strömungsdüsen

Tabelle **3.188** Rührbehälter aus Stahl nach DIN 28130 T2, emailliert; Temperaturbeeinflussung von außen; Normen für Einzelheiten

Positions-nummer	Benennung	Normen
2	Außenmantel	Durchmesser nach DIN 28136 T1 Allgemeintoleranzen nach DIN 28006 T2
2.1	Mantelzarge	–
2.2	obere Mantelkrempe	–
2.3	Mantelboden	nach DIN 28011 bzw. DIN 28013
2.4	untere Mantelkrempe	–
2.5	Mantelstutzen	nach DIN 28115
2.6	Entlüftungsstutzen	nach DIN 28151
2.7	Stromtasche	
2.8	Halbrohr	
2.9	Umlenkblech	
2.10	Prallblech	
2.11	Mantelstutzen für Strömungsdüsen	

3.2.7 Rührer, Rührbehälter

Tragelemente

Benennungen und Normen zu den Tragelementen von Rührbehältern aus Stahl, emailliert, sind in Tab. 3.194 aufgeführt. Die dort angegebenen Positionsnummern entsprechen denen in den Bildern 3.189 bis 3.192.

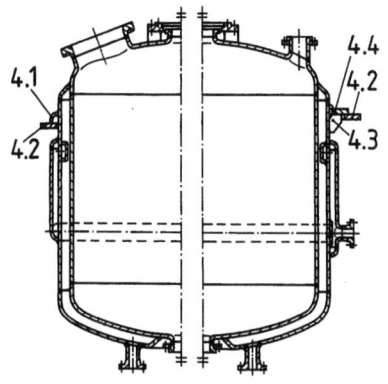

3.189 Rührbehälter aus Stahl, emailliert nach DIN 28130 T 2, mit Tragring

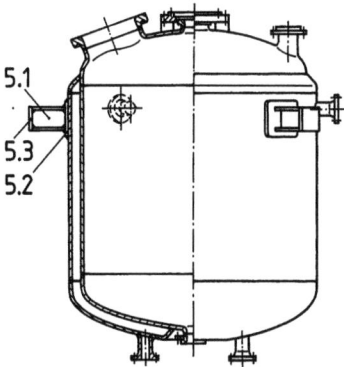

3.190 Rührbehälter aus Stahl, emailliert nach DIN 28130 T 2, mit Pratzen

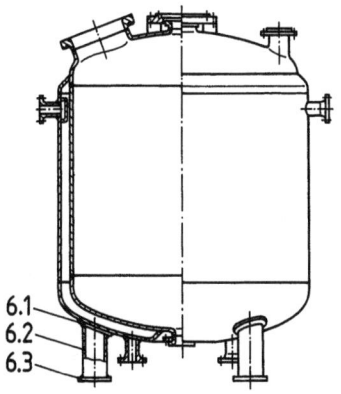

3.191 Rührbehälter aus Stahl, emailliert nach DIN 28130 T 2, mit Rohrfüßen

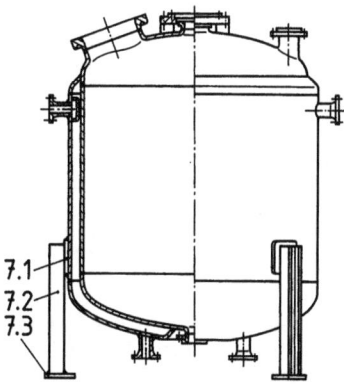

3.192 Rührbehälter aus Stahl, emailliert nach DIN 28130 T 2, mit Profilfüßen

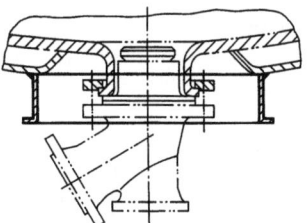

3.193 Dämmkragen am Bodenauslauf nach DIN 28145 T 5 für Rührbehälter aus Stahl, emailliert nach DIN 28130 T 2

Tabelle 3.194   Normen für Tragelemente von Rührbehältern aus Stahl, emailliert, nach DIN 28130 T2

Positions-nummer	Benennung	Normen
4	Tragring	Maße für Durchmesser und Höhenlage nach DIN 28145 T4
4.1	Tragring mit Krempenform	
4.2	loser Ring	
4.3	Rippen	
4.4	fester Ring	
5	Pratze	
5.1	IPB-Profil	
5.2	Verstärkung	
5.3	Stirnplatte	
6	Apparatefuß aus Rohr	DIN 28145 T8 Auslegung der Apparatefüße s. Bbl. 1 zu DIN 28145 T8
6.1	Verstärkungsblech	
6.2	Rohr	
6.3	Fußplatte	
7	Apparatefuß aus Profilstahl	DIN 28145 T8 Auslegung der Apparatefüße s. Bbl. 1 zu DIN 28145 T8
7.1	Verstärkungsblech	
7.2	Profilstahl	
7.3	Fußplatte	

Bei Rührbehältern aus Stahl, emailliert ohne Außenmantel erfordert die Anordnung von Tragelementen besondere konstruktive Maßnahmen wegen der Gefahr von Beschädigungen der Emailschicht bei Schweißarbeiten.

Transport- und Montagehilfen

Für die Aufnahme mit Hebezeugen sind für Rührbehälter aus Stahl, emailliert, Tragösen zu verwenden, wie in DIN 28145 T3 angegeben. Für den oberen Boden ist die Anzahl und Anordnung der Tragösen genormt. Die Größe der Tragösen richtet sich nach der Größe der zu verwendenden Schäkel nach DIN 82101. Für den unteren Boden sind die Tragösen nach DIN 28086 zu verwenden. Anordnung, Größe und Anzahl nach DIN 28145 T3 (s. Normen).

Halterung für Stromstörer. Für die Befestigung von Stromstörern ist für Rührbehälter aus Stahl, emailliert, bei Behälter-Nenndurchmesser d_1 = 2400 bis 3600 mm am oberen Boden an den beiden Stutzen N 4 und N 9 (DIN 28136 T3) die Anordnung der Halterung für Stromstörer in DIN 28145 T1 genormt (s. Normen).

Halterung für Schwenk- und Klappdeckel

Aus der Vielzahl der Möglichkeiten für das Klappen bzw. Schwenken der Verschlußdeckel für Mannlochstutzen wurde in DIN 28145 T2 eine Auswahl der Halterungen getroffen. Für diese Auswahl sind Lage- und Anschlußmaße genormt (s. Norm).

Schilderbrücke

An Rührbehälter aus Stahl, emailliert, ist eine Schilderbrücke anzubringen. Der Anbringungsort und die Fläche an der Schilderbrücke zur Aufnahme eines Fabrik- bzw. Leistungsschildes sind in DIN 28145 T6 genormt (s. Norm).

Dämmkragen

Sind für Rührbehälter aus Stahl, emailliert, Wärme- bzw. Kältedämmungen erforderlich, so kann am unteren Boden um die Auslaufarmatur ein Dämmkragen, der in DIN 28145 T5 genormt ist, angebracht werden (s. Norm) und Bild 3.193.

3.2.7 Rührer, Rührbehälter

Zubehör für Rührbehälter aus Stahl, emailliert, s. Tab. **3.195**

Tabelle **3.195** Genormtes Zubehör für Rührbehälter aus Stahl, emailliert, nach DIN 28130 T2

Zubehör, Bauteil	Norm
Blinddeckel (Blindflansch) für Stutzen DN 40 bis DN 400	DIN 2873
Stromstörer aus Stahl, emailliert	DIN 28146
Thermometerrohre aus Stahl, emailliert	DIN 28147
Schutzrohr für Temperaturfühler	DIN 28149
Flanschfassungen für runde Schauglasplatten	DIN 28120
Runde Schauglasarmatur	DIN 28121

Sowohl DIN 28130 T1 als auch T2 enthalten Beschreibungsschemata für Rührbehälter aus genormten Details sowie Zusammenstellungen genormter Details, aus denen für den jeweiligen Fall bestimmte Ausführungsvarianten auszuwählen sind (Einzelheiten s. Normen).

DIN 28130 T3 Rührbehälter mit Rührwerk; Rührantrieb (Okt 1983)

Diese Norm ist anzuwenden für Rührantriebe zu Rührbehältern, wie sie vorzugsweise für verfahrenstechnische Zwecke eingesetzt werden. Die Norm soll einen Überblick geben über die Normen, in denen Einzelfestlegungen zu Bauteilen für Rührantriebe getroffen sind.

Die Norm unterscheidet zwischen Rührantrieben mit Gleitringdichtung und Rührantrieben mit Stopfbuchsdichtung. Bei den Rührantrieben mit Gleitringdichtung sind unterschiedliche Festlegungen getroffen für Rührer aus unlegiertem und nichtrostendem Stahl einerseits und für Rührer aus Stahl, emailliert, andererseits.

Für Rührer aus Stahl, emailliert, sind heute Stopfbuchsdichtungen nur noch selten im Einsatz, daher sind hierfür keine Festlegungen getroffen.

Rührantriebe mit Gleitringdichtung

Tabelle **3.196** Rührantrieb, DIN-Normen für Bauteile

Positionsnummer	Bauteil		Normen
1	Antriebseinheit		
1.1		Antriebsmotor	z. B. Elektromotor, Hydraulikmotor
1.2		Getriebe	z. B. Zahnradgetriebe, Riementrieb, hydraulisches oder mechanisches Verstellgetriebe
1.3		Rührwerklaterne	nach DIN 28162 T1
1.4		Kupplung, antriebsseitig	z. B. Schalenkupplung nach DIN 115 T1 Scheibenkupplung nach DIN 116 sonstige Kupplung
1.5		Zwischenlager	s. DIN 28162 T1
2	Gleitringdichtung		s. Tab. 3.198 und Tab. 3.199
3	Einteiliger Rührer		
4	Geteilter Rührer		
5	Montageflansch		
6	Rührwerkflansch		
7	Sperrflüssigkeits-Aggregat		Anschlüsse passend zu DIN 28138 T3 Anschraubfläche passend zu DIN 28162 T1

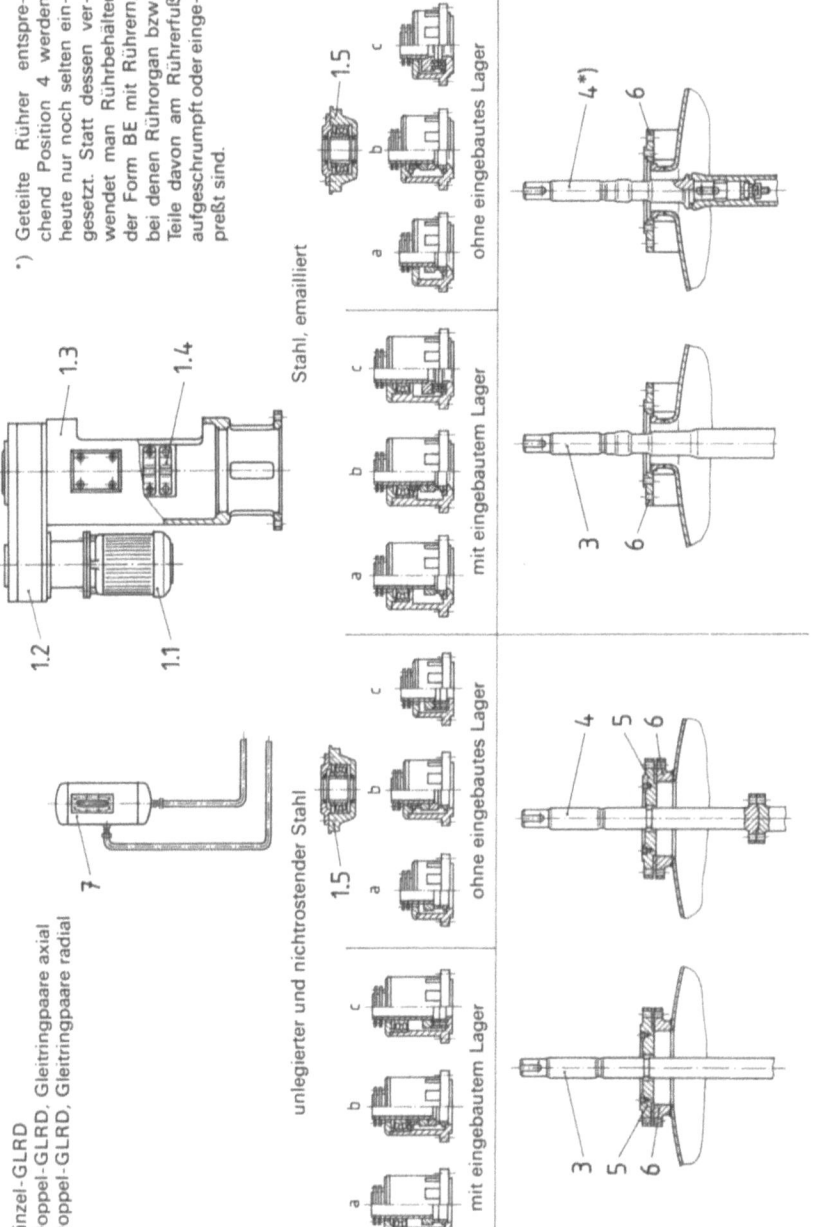

3.197 Rührantrieb mit Gleitringdichtung, Teileübersicht nach DIN 28130 T3

3.2.7 Rührer, Rührbehälter

Tabelle **3.198** Rührantrieb, DIN-Normen für Bauteile; Rührer aus Stahl und nichtrostendem Stahl

Positionsnr.	Bauteil	Normen
2	Gleitringdichtung	nach DIN 28138 T1
		Bezeichnung, Sperrflüssigkeits-, Kühl-, Kontroll- und Montageanschlüsse nach DIN 28138 T3
3	Einteilige Rührer	Wellenende nach DIN 28154 Rührorgan nach DIN 28131
4	Geteilte Rührer	Wellenende nach DIN 28154 Kupplung nach DIN 28155 Rührorgan nach DIN 28131
5	Montageflansch	nach DIN 28141
6	Rührwerkflansch	nach DIN 28137 T1

Tabelle **3.199** Rührantrieb, DIN-Normen für Bauteile; Rührer aus Stahl, emailliert

Positionsnr.	Bauteil	Normen		
2	Gleitringdichtung	nach DIN 28138 T2		
		Bezeichnung, Sperrflüssigkeits-, Kühl-, Kontroll- und Montageanschlüsse nach DIN 28138 T3		
3	Einteilige Rührer	Wellenende	nach DIN 28159	
		Rührorgan:	Impellerrührer	nach DIN 28157
			Ankerrührer	nach DIN 28158
4	Geteilte Rührer	Rührorgan:	nach DIN 28144	
			Impellerrührer	nach DIN 28157
			Ankerrührer	nach DIN 28158
6	Rührwerkflansch	nach DIN 28137 T2		

Rührantriebe mit Stopfbuchsdichtung

Tabelle **3.200** Rührantrieb mit Stopfbuchsdichtung, DIN-Normen für Bauteile

Positionsnr.	Bauteil		Normen
1	Antriebseinheit		
1.1		Antriebsmotor	z. B. Elektromotor, Hydraulikmotor
1.2		Getriebe	z. B. Zahnradgetriebe, Riementrieb, hydraulisches oder mechanisches Verstellgetriebe
1.3		Rührwerklaterne	nach DIN 28162 T2
1.4		Kupplung, antriebsseitig	s. DIN 28162 T2, Abschn. 2 z. B. Schalenkupplung nach DIN 115 T1 Scheibenkupplung nach DIN 116 sonstige Kupplung
1,5		Zwischenlager	nach DIN 28162 T2
1.6		Zwischenring	
2	Stopfbuchsdichtung		nach DIN 28163
3	Einteiliger Rührer		Wellenende nach DIN 28156 Rührorgan nach DIN 28131
4	Geteilter Rührer		Wellenende nach DIN 28156 Kupplung nach DIN 28155 Rührorgan nach DIN 28131
5	Montageflansch		nach DIN 28141 Form B
6	Rührwerkflansch		nach DIN 28137 T1

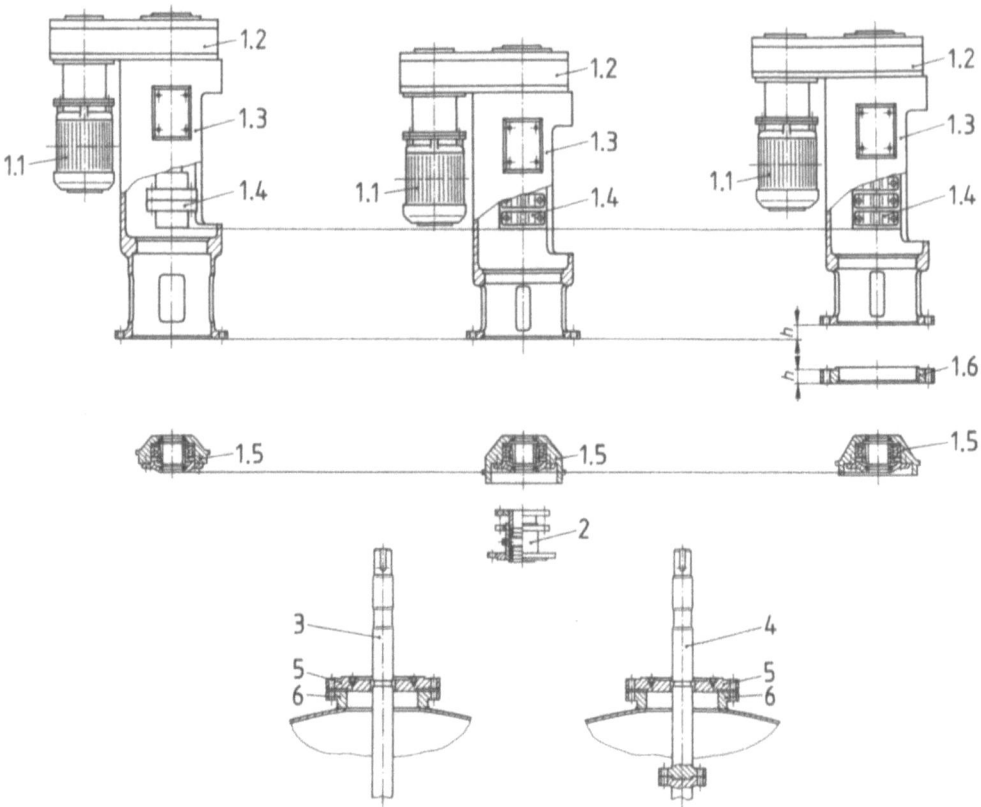

3.201 Rührantrieb mit Stopfbuchsdichtung, Teileübersicht nach DIN 28130 T3

(In verfahrenstechnischen Anlagen dichtet man Rührer nur noch selten mit Stopfbuchsdichtungen, da heute funktionssichere Gleitringdichtungen zur Verfügung stehen.)

Bbl.1 zu DIN 28130 T3   Rührbehälter mit Rührwerk; Rührantrieb; Erläuterungen (Okt 1983)

Das Bbl.1 zu DIN 28130 T3 enthält Erläuterungen zu den Bauteilen von Rührantrieben, die unter Beachtung der in DIN 28130 T3 genannten Normen gebaut und zu Rührantrieben komplettiert werden. Solche Rührantriebe werden vorrangig auf Rührbehältern nach DIN 28136 T1 verwendet.

Im einzelnen sind folgende Sachpunkte behandelt

- Antriebseinheiten
- Rührwerklaternen für Rührantriebe mit Gleitringdichtung
- Rührwerklaternen für Rührantriebe mit Stopfbuchsdichtung
- Zwischenlager für Rührantriebe mit Gleitringdichtung
- Zwischenlager für Rührantriebe mit Stopfbuchsdichtung
- Zwischenringe
- Gleitringdichtungen, Bauarten
- Aus- und Einbau von Gleitringdichtungen
- Stopfbuchsdichtungen

3.2.7 Rührer, Rührbehälter

- Einteilige Rührer
- Geteilte Rührer
- Montageflansche
- Rührbehälter
- Sperrflüssigkeits-Aggregate
- Prüfmöglichkeiten
- Anordnung Antriebsmotoren

Als Beispiel ist nachfolgend der Text des Abschnittes **Anordnung der Antriebsmotoren** wiedergegeben:

Rührantriebe können mit stehendem (Bild **3**.202) oder hängendem (Bild **3**.203) Antriebsmotor ausgerüstet werden.

Die Ausrüstung mit stehendem Antriebsmotor erfordert erhebliche Bauhöhen, führt aber ansonsten zu Baumaßen, die den als Kreiszylinder gedachten Raum über dem Fußflansch der Rührwerklaterne nicht wesentlich überschreiten und damit ungehindert vertikale Rohrleitungsführungen von den Rührbehälterstutzen nach oben zulassen.

Die Ausrüstung mit hängendem Motor ist niedriger, führt aber im Regelfall zu verhältnismäßig weit überhängenden Bauformen der Antriebseinheit, dabei können, wie in Bild **3**.203 angedeutet, relativ zum Mannloch des Rührbehälters Links-(90°-), Zentral-(180°-) oder Rechts-(270°-)Anordnungen vereinbart werden. Rührantrieb mit hängendem Motor in Zentral-(180°-)Anordnung können nicht immer in Links-(90°-) oder Rechts-(270°-)Anordnung umgebaut werden, da bei Zentral-(180°)Anordnung der Motor in die Rührwerklaterne hineinragend vorgesehen sein kann, um durch kleine Getriebe Platz und Aufwand zu sparen.

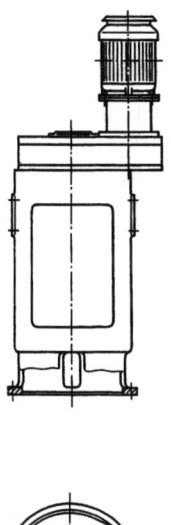

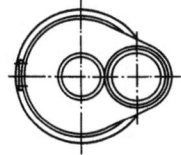

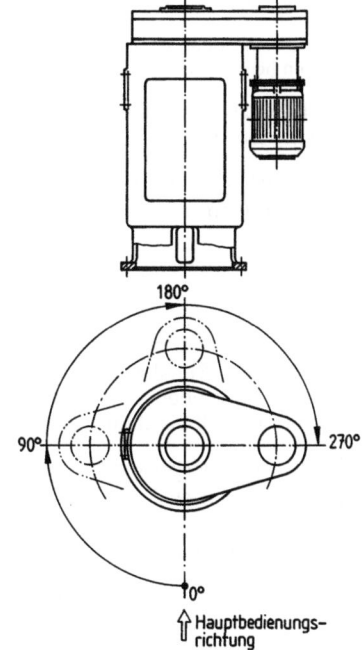

3.202 Rührantrieb mit stehendem Antriebsmotor nach Bbl. 1 zu DIN 28130 T3

3.203 Rührantrieb mit hängendem Antriebsmotor nach Bbl. 1 zu DIN 28130 T3

3.2.8 Stehende und liegende Lagerbehälter

DIN 28020 Liegende Druckbehälter; 0,63 bis 25 m³ (Sep 1992)

In dieser Norm sind für liegende zylindrische Druckbehälter aus unlegiertem und aus nichtrostendem Stahl Einzelheiten festgelegt. Die Größen sind eine Auswahl aus DIN 28105 (s. Abschn. 3.2.1).

Sofern der gewählte Behälterwerkstoff in der Positiv-Flüssigkeitsliste nach DIN 6601 (s. Norm) als gegenüber dem Lagergut beständig ausgewiesen ist, erfüllen gemäß § 9 (1) DruckbehV geprüfte Behälter nach DIN 28020 die Bedingungen zur Lagerung von wassergefährdenden, brennbaren und nichtbrennbaren Flüssigkeiten und bedürfen zur entsprechenden Verwendung keines Prüfzeichens (vgl. z. B. § 1 Gruppe 6.3 und § 2 (1) PrüfzVO des Saarlandes in Verbindung mit Nr 8 der Anlage zu § 2 (1) PrüfzVO)*).

Bei auszukleidenden oder auszumauernden Behältern ist jeweils zu überprüfen, ob die besonderen Anforderungen (z. B. DIN 28060) erfüllt sind. Für diese Behälter werden die für die Ausführung Kesselblech P 265 GH für zulässigen Betriebsüberdruck 6 bar und −1 bar und zulässige Betriebstemperatur 200 °C festgelegten Maße aus Steifigkeitsgründen auch dann empfohlen, wenn der Behälter nur für einen zulässigen Betriebsüberdruck von 3,2 bar und −1 bar und 200 °C zulässige Betriebstemperatur benötigt wird.

Liegende Druckbehälter vorliegender Art werden als Lager- und Vorratsgefäße, Vorlagen, Zwischengefäße und Sammelgefäße benötigt und kommen in der Regel in Gebäuden zur Aufstellung. Sie unterscheiden sich außer in der Größe, in der Anordnung der Stutzen. In DIN 28020 ist eine Auswahl von Behältern mit allen Maßen festgelegt.

Der Bemessung wurde ein zulässiger Betriebsüberdruck von 6 bar bzw. 3,2 bar bei 200 °C zulässiger Betriebstemperatur zugrunde gelegt. Weiterhin wurden die Behälter vakuumfest ausgelegt. Die Erfahrung hat gelehrt, daß die vakuumfeste Auslegung aus Sicherheitsgründen stets sinnvoll ist.

Die Festigkeitsberechnung erfolgte nach den geltenden AD-Merkblättern. Die durch die Sättel in den Behälterzargen hervorgerufenen Zusatzspannungen wurden nach neuestem technischen Stand geprüft.

Die in DIN 28020 festgelegten Behälter können nach den in den Tab. 3.204 und 3.205 wiedergegebenen Werten für Betriebsdruck und -temperatur eingesetzt werden.

Tabelle 3.204 Betriebsdaten liegender Druckbehälter, unlegierter Stahl, nach DIN 28020

Zulässige Betriebstemperatur in °C	−30	−10 bis 50	120	200	250	300	Prüfdruck in bar
Zulässiger Betriebsüberdruck in bar	3	7	6	6	5	4	9,1
	1,9	3,9	3,5	3,2	2,8	2,3	5,1
	−1 (Vakuum)						

Einige Größen der Behälter aus unlegiertem Stahl sind zwischen −30 °C und −10 °C bei höheren als den oben angegebenen Betriebsüberdrücken einsetzbar. Die Verwendung unberuhigter und halbberuhigter Stähle ist in diesem Temperaturbereich unzulässig.

Tabelle 3.205 Betriebsdaten liegender Druckbehälter, nichtrostender Stahl, nach DIN 28020

Zulässige Betriebstemperatur in °C	−30	−10 bis 50	100	150	200	250	300	Prüfdruck in bar
Zulässiger Betriebsüberdruck in bar	6	7	6	6	6	5	5	9,1
	3,8	3,8	3,6	3,3	3,2	3	2,8	5
	−1 (Vakuum)							

Die genormten Größen der Behälter sind in Tab. 3.206 aufgeführt.

---
*) Veröffentlicht im Amtsblatt des Saarlandes Nr 50/1989, Seite 1389.

3.2.8 Stehende und liegende Lagerbehälter

Vorgesehene Werkstoffe

Unlegierter Stahl: Kesselblech P 265 GH (H II) nach DIN EN 10028 T1 und T2 (s. Normen)
Nichtrostender Stahl: Werkstoff-Nr 1.4541 und 1.4571 nach DIN 17440

Tabelle 3.206 Liegende Druckbehälter, genormte Größen, nach DIN 28020

Nennvolumen in m³	Fassungsvolumen mit Klöpperboden in l	Fassungsvolumen mit Korbbogenboden*) in l	Nenndurchmesser in mm	Länge in mm
0,63	724	–	800	1600
1	1302	–	1000	1800
1,6	1842	–	1000	2500
	1806	–	1200	1800
2,5	2911	–	1200	2800
	2713	–	1400	2000
4	4519	–	1400	3200
	4470	–	1600	2500
6,3	7419	–	1600	4000
	7335	–	1800	3200
	10570	–	1800	4500
10	11499	–	2000	4000
	10796	–	2200	3200
12,5	14577	–	2000	5000
	14524	13998	2400	3600
16	17486	–	2200	5000
	18516	18004	2400	4500
20	23391	22895	2400	5600
	21531	21005	2600	4500
25	27264	26747	2600	5600

*) Bei Behältern aus nichtrostendem Stahl ab $d_1 = 2400$ mm

Als **Beispiel** sind in Tab. **3.209** die genormten Maße liegender Druckbehälter mit einem Nennvolumen von 10 m³ aus unlegiertem Stahl aufgelistet. Die Maße entsprechen den Angaben in den Bildern **3.207** und **3.208**.

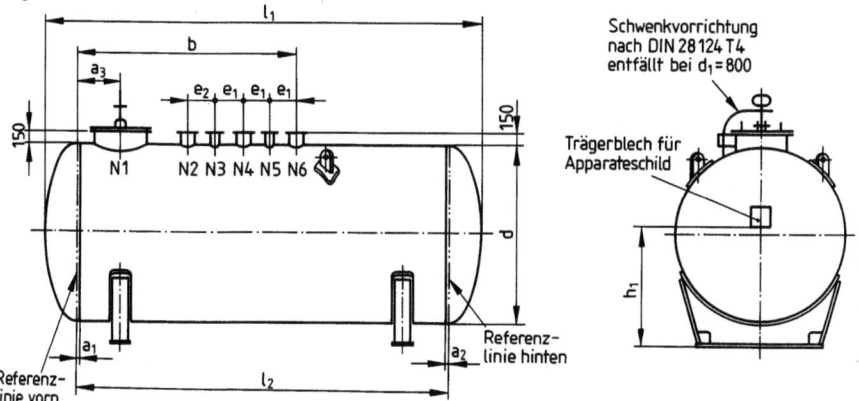

3.207 Liegender Lagerbehälter nach DIN 28020, Regelstutzen

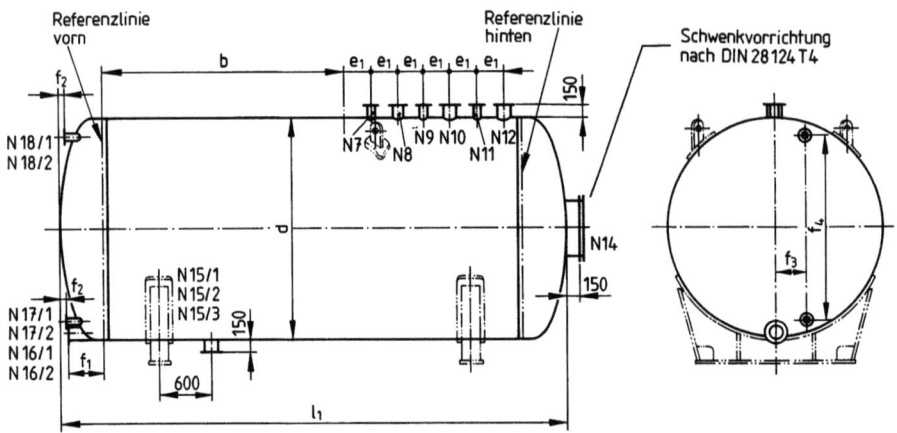

3.208 Liegender Lagerbehälter nach DIN 28020, Zusatzstutzen

Tabelle 3.209 Liegende Druckbehälter nach DIN 28020 aus unlegiertem Stahl mit Klöpperboden; Maße, Regel- und Zusatzstutzen

Nennvolumen in m³	Behälter						
	d	$l_1 \approx$	l_2	h_1	a_1	a_2	
10	1800	4500	3792	1350	35	35	
10	2000	4000	3215	1350	35	35	
10	2200	3200	2337	1350	45	35	

Nenn-volumen in m³	d	Regelstutzen							Abstände		
		Nennweiten						a_3	b	e_1	e_2
		N1	N2	N3	N4	N5	N6				
10	1800	600	150	80	150	80	150	470	2440	300	300
10	2000	600	150	80	150	80	150	500	2470	300	300
10	2200	600	150	80	150	–	–	500	1870	300	300

Nenn-volumen in m³	d	Zusatzstutzen						N17/1 N18/1	Abstände		
		Nennweiten							f_1	f_3	f_4
		N7	N8	N9	N14	N15/1	N16/1				
10	1800	80	150	80	600	150	150	50	400	330	1500
10	2000	80	–	–	600	150	150	50	400	330	1500
10	2200	–	–	–	600	150	150	50	400	330	1800

Die erforderlichen **Wanddicken,** berechnet unter Berücksichtigung einer Füllgutdichte von 1,5 kg/dm³, sind aus Tab. 3.210 ersichtlich.

Tabelle 3.210 Liegende Druckbehälter nach DIN 28020, aus unlegiertem Stahl, Wanddicken, zulässiger Betriebsüberdruck 6 bar und −1 bar, zulässige Betriebstemperatur 200 °C

Nenn-volumen in m³	Behälter		Behälterwanddicken			N1*)
	d	l_1	Zarge s_1	Boden vorn s_2 mit Auslaufstutzen		Boden hinten s_3	
				DN 150	DN 250		
10	1800	4500	10	10	10	9	600 × 10
10	2000	4000	10	11	11	9	600 × 11
10	2200	3200	10	11	11	10	600 × 12

*) Stutzenaußendurchmesser × Stutzenwanddicke

3.2.8 Stehende und liegende Lagerbehälter

Bild 3.211 und Tab. 3.212 zeigen beispielhaft, ebenfalls für liegende Druckbehälter mit 10 m³ Nennvolumen, die genormte Anordnung von **Tragösen**.

Tabelle 3.212 Liegende Druckbehälter nach DIN 28020, Tragösenanordnung

Nennvolumen in m³	10	10	10
d	1800	2000	2200
l_1 ≈	4500	4000	3200
t_1		570	
$t_2 = t_3$		700	
Tragösen-Nenngröße*)	1	2	

*) Tragösen nach DIN 28086

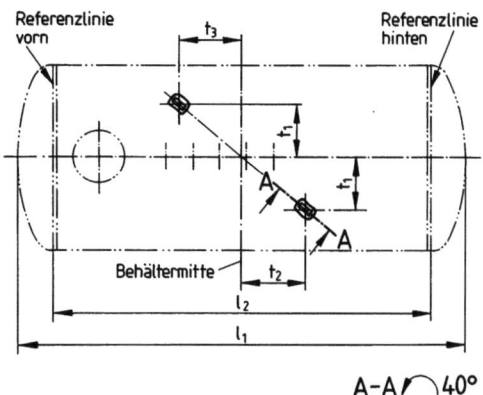

3.211 Liegender Lagerbehälter nach DIN 28020, Anordnung von Tragösen

Die Anschlußmaße von **Tragsätteln** für liegende Druckbehälter mit 10 m³ Nenninhalt zeigen Bild 3.213 und Tab. 3.214.

Tabelle 3.214 Liegende Druckbehälter nach DIN 28020, Anschlußmaße für Sättel

Nennvolumen in m³	d	u	v	Sattel Form nach DIN 28080
10	1800	446	2900	C
10	2000	507	2200	C
10	2200	469	1400	D

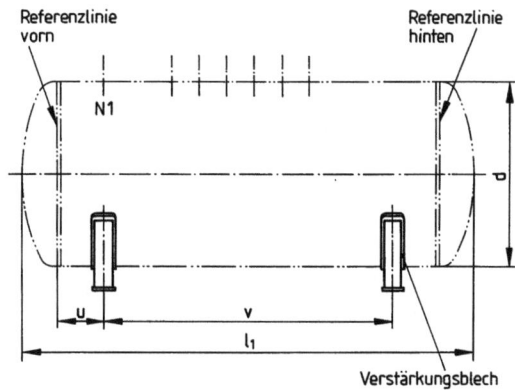

3.213 Liegender Lagerbehälter nach DIN 28020, Sättel, Anschlußmaße

DIN 28021 Stehende Druckbehälter; Behälter für Lagerung, 6,3 bis 100 m³ (Aug 1992)

Diese Norm ist anzuwenden für stehende zylindrische Druckbehälter vorzugsweise zur Aufstellung in Behälterlagern. In ihr sind Ausführungen aus unlegiertem und aus nichtrostendem Stahl in Einzelheiten festgelegt. Die Größen sind eine Auswahl aus DIN 28105 (s. Abschn. 3.2.1).

Behälter nach DIN 28021 können unter den Bedingungen nach Tab. 3.215 und Tab. 3.216 betrieben werden. Die Verwendung unberuhigter und halbberuhigter Stähle ist bei Betriebstemperaturen unterhalb −10°C unzulässig.

Tabelle **3.215** Stehende Lagerbehälter nach DIN 28021 aus unlegiertem Stahl, Betriebsdaten

Zulässige Betriebstemperatur in °C	−30	−10 bis 50	120	200
Zulässiger Betriebsüberdruck in bar	3	7	6	6
	1,9	3,9	3,5	3,2
	−1 (Vakuum) bzw. Teilvakuum*)			

*) Die Höhe des zulässigen Teilvakuums ist in Wanddickentabellen der Norm angegeben.

Tabelle **3.216** Stehende Lagerbehälter nach DIN 28021 aus nichtrostendem Stahl, Betriebsdaten

Zulässige Betriebstemperatur in °C	−30	−10 bis 50	100	150	200
Zulässiger Betriebsüberdruck in bar	6	7	6	6	6
	3,8	3,8	3,6	3,3	3,2
	−1 (Vakuum) bzw. Teilvakuum*)				

*) Die Höhe des zulässigen Teilvakuums ist in Wanddickentabellen der Norm angegeben.

Beispiele für Behälterausführung und Stutzenanordnung s. Bilder **3.217** und **3.218**.

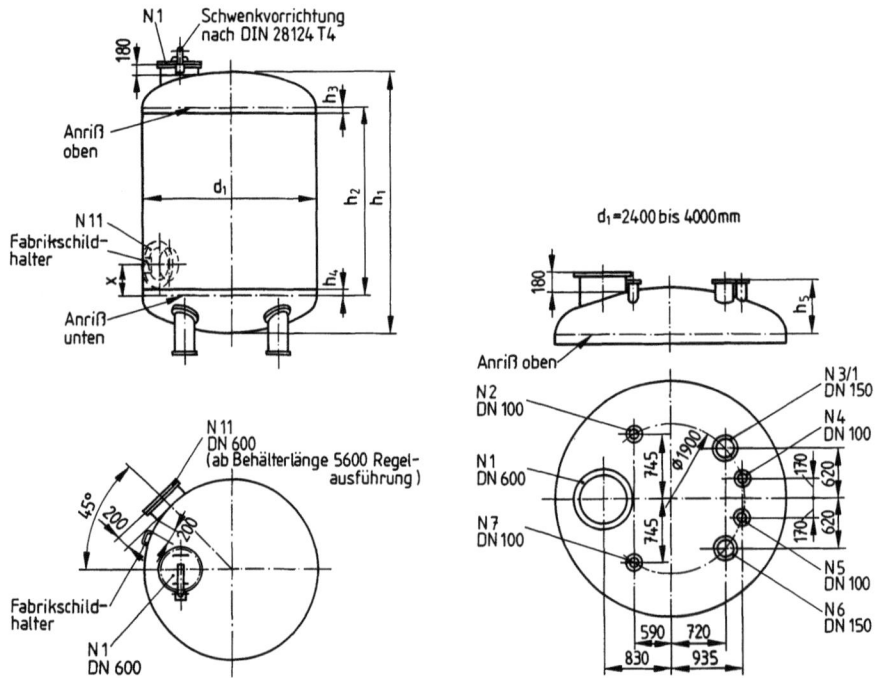

3.217 Stehender Lagerbehälter nach DIN 28021, Gesamtansicht ohne Anschlußstutzen im oberen Boden

3.218 Stehender Lagerbehälter nach DIN 28021, Beispiel für Anschlußstutzen im oberen Boden

Die Stutzenanordnungen für die oberen Böden sind so gewählt, daß ab d_1 = 2000 mm Laufbühnen mittig über die Behälter geführt werden können. Ab d_1 = 2400 mm sind umlaufende Bedienungsbühnen innerhalb des Behälterprofils möglich. Da für unterschiedliche Behältergrößen gleiche Höhen festgelegt sind, lassen sich Behälter nach DIN 28021 bedienungsfreundlich in Lageranlagen anordnen. Eignung für die Lagerung wassergefährdender Flüssigkeiten: Siehe entsprechende Bemerkung zu DIN 28020.

3.2.8 Stehende und liegende Lagerbehälter

DIN 28022 Stehende Druckbehälter; Behälter für Anlagen; 0,063 bis 25 m³ (Aug 1992)

Die Norm beschreibt als Vorlagen und zur Zwischenlagerung in verfahrenstechnischen Anlagen vorgesehene Behälter aus unlegiertem Stahl (P 265 GH (H II) nach DIN EN 10028 T1 und T2) und nichtrostendem Stahl (Werkstoff-Nr 1.4541 und 1.4571 nach DIN 17440). Außendurchmessern zwischen 508 und 3000 mm sind Wanddicken für Böden und Zarge zugeordnet, die ausreichend bemessen sind für einen Betrieb bei 200 °C und Betriebsüberdrücken von 6/−1 bar bzw. 3,2 bar/Teilvakuum. Für Betriebstemperaturen zwischen −30 °C und 200 °C sind die von den entsprechenden Werkstoffkennwerten abhängigen Betriebsüberdrücke genannt. Für die Bedienung und den Anschluß von Rohrleitungen sind Regelstutzen vorgesehen und mögliche Zusatzstutzen angedeutet. Als Transport- und Montagehilfen verwendet die Norm Trageösen nach DIN 28086. Zur Aufstellung in den Anlagebühnen sind Maßvarianten mit Pratzen, Tragringen und Füßen aufgeführt.

DIN 28018 Emaillierte Druckbehälter; Behälter für Anlagen; 0,063 bis 10 m³ (Entw. Jun 1992)

Festgelegt sind vorzugsweise für den Einsatz in verfahrenstechnischen Anlagen vorgesehene Behälter in stehender und liegender Bauweise: Genormte Größen und Formen: S. Tab. 3.219. Außendurchmesser (Innenbehälter) zwischen 508 und 2000 mm.

Tabelle 3.219 Formen emaillierter Druckbehälter nach DIN 28018

Nennvolumen m³	Ausführung, Merkmale			Form
0,063 bis 0,63	stehend	zweiteilig	ohne Außenmantel	SZ
			mit Außenmantel	SZA
1 bis 10		einteilig	ohne Außenmantel	SE
			mit Außenmantel	SEA
1 bis 10	liegend	einteilig	ohne Außenmantel	LE

DIN 28019 Emaillierte Druckbehälter; Behälter für Lagerung; 12,5 bis 125 m³ (Entw. Jun 1992)

Diese Norm beschreibt vorzugsweise für den Einsatz in Lageranlagen vorgesehene Behälter in stehender und liegender Bauweise. Außendurchmesser zwischen 2000 und 4200 mm.

Druckbehälter aus Stahl für die Aufnahme von Flüssiggasen nach DIN 51622. Speziell für die Aufnahme von Propan, Propen, Butan, Buten und deren Gemischen sind Druckbehälter nach folgenden DIN-Normen bestimmt:

DIN 4680 T1 Ortsfeste Druckbehälter aus Stahl für Flüssiggas für oberirdische Aufstellung; Maße; Ausrüstung

    beschreibt derartige Behälter zwischen 1775 l bis 11 000 l Nenninhalt für die oberirdische Aufstellung.

T2 Ortsfeste Druckbehälter aus Stahl für Flüssiggas für halboberirdische Aufstellung; Maße; Ausrüstung

    Ein Behälter ist halboberirdisch aufgestellt, wenn seine untere Hälfte bis zur waagerechten Achse in die Erde eingelagert oder mit Erdreich angeschüttet ist. Die Norm beschreibt Behälter für eine derartige Aufstellung mit Nennvolumen von 2700, 4850 und 6700 l.

DIN 4681 T 1	für erdgedeckte Aufstellung; Maße; Ausrüstung
	umfaßt Druckbehälter aus Stahl für Flüssiggase zwischen 2700 l und 4850 l Nenninhalt für die erdgedeckte Aufstellung.
T 2	mit Außenmantel; für erdgedeckte Aufstellung; Maße; Ausrüstung
	enthält genormte Druckbehälter für Flüssiggase zwischen 2700 l, 4850 l, 5000 l und 12000 l Nenninhalt, ausgestattet mit Doppelmantel zur Leckanzeige, ebenfalls bestimmt für die erdgedeckte Aufstellung.
T 3	für erdgedeckte Aufstellung; Außenbeschichtung als Korrosionsschutz mit besonderer Wirksamkeit gegen chemische und mechanische Angriffe
	befaßt sich ausführlich mit der Außenbeschichtung als Korrosionsschutz erdgedeckt aufgestellter Druckbehälter für Flüssiggase.

DIN 4810 T 1   Druckbehälter aus Stahl für Wasserversorgungsanlagen (Sep 1991)

Konstruktion, Maße und eine Werkstoffwahl werden für geschweißte Druckbehälter für Wasserversorgungsanlagen zur Wasserbevorratung oder Druckerhöhung wiedergegeben.

Einzelheiten über die Verwendung dieser Druckbehälter in Trinkwasseranlagen sind DIN 1988, DIN 2000 und DIN 2001 zu entnehmen (s. Normen).

Die Norm beschreibt stehende, zylindrische Gefäße mit Nenninhalten zwischen 150 l und 3000 l für Betriebsüberdrücke von 4 bar, 6 bar und 10 bar.

Weitere Einzelheiten s. Norm.

DIN 6600   Behälter (Tanks) aus Stahl für die Lagerung wassergefährdender, brennbarer und nichtbrennbarer Flüssigkeiten; Begriffe, Güteüberwachung (Sep 1989)

Die Norm legt Kriterien fest für die Güteüberwachung von Behältern, die zur oberirdischen oder unterirdischen Lagerung wassergefährdender, brennbarer und nichtbrennbarer Flüssigkeiten vorgesehen sind und die werksmäßig hergestellt oder standortgefertigt werden.

Die technische Ausführung der Behälter ist jeweils in folgenden Normen festgelegt:

Unterirdische Behälter

DIN 6608 T 1	Liegende Behälter (Tanks) aus Stahl; einwandig, für die unterirdische Lagerung wassergefährdender, brennbarer und nichtbrennbarer Flüssigkeiten
T 2	–; doppelwandig, für die unterirdische Lagerung wassergefährdender, brennbarer und nichtbrennbarer Flüssigkeiten
DIN 6619 T 1	Stehende Behälter (Tanks) aus Stahl; einwandig, für die unterirdische Lagerung wassergefährdender, brennbarer und nichtbrennbarer Flüssigkeiten
T 2	–; doppelwandig, für die unterirdische Lagerung wassergefährdender, brennbarer und nichtbrennbarer Flüssigkeiten

Oberirdische Behälter

DIN 6616	Liegende Behälter (Tanks) aus Stahl; einwandig und doppelwandig, für die oberirdische Lagerung wassergefährdender, brennbarer und nichtbrennbarer Flüssigkeiten
DIN 6618 T 1	Stehende Behälter (Tanks) aus Stahl; einwandig, für die oberirdische Lagerung wassergefährdender, brennbarer und nichtbrennbarer Flüssigkeiten
T 2	–; doppelwandig, ohne Leckanzeigeflüssigkeit, für die oberirdische Lagerung wassergefährdender, brennbarer und nichtbrennbarer Flüssigkeiten
T 3	–; –, mit Leckanzeigeflüssigkeit, für die oberirdische Lagerung wassergefährdender, brennbarer und nichtbrennbarer Flüssigkeiten
T 4	–; –, ohne Leckanzeigeflüssigkeit, mit außenliegender Vakuum-Saugleitung, für oberirdische Lagerung wassergefährdender, brennbarer und nichtbrennbarer Flüssigkeiten

3.2.8 Stehende und liegende Lagerbehälter

DIN 6623 T1 –; mit weniger als 1000 Liter Volumen, für oberirdische Lagerung wassergefährdender, brennbarer und nichtbrennbarer Flüssigkeiten, einwandig

T2 –; –, –, doppelwandig

DIN 6624 T1 Liegende Behälter (Tanks) aus Stahl; von 1000 bis 5000 Liter Volumen, einwandig, für die oberirdische Lagerung wassergefährdender, brennbarer und nichtbrennbarer Flüssigkeiten

T2 –; –, doppelwandig, für oberirdische Lagerung wassergefährdender, brennbarer und nichtbrennbarer Flüssigkeiten

DIN 6625 T1 Standortgefertigte Behälter (Tanks) aus Stahl; für die oberirdische Lagerung von wassergefährdenden, brennbaren Flüssigkeiten der Gefahrklasse A III und wassergefährdenden, nichtbrennbaren Flüssigkeiten; Bau- und Prüfgrundsätze

T2 –; –, Berechnung

Einzelheiten s. Normen.

DIN 6601 Beständigkeit der Werkstoffe von Behältern/Tanks aus Stahl gegenüber Flüssigkeiten; (Positiv-Flüssigkeitsliste) (Okt 1991)

Diese Norm enthält Aussagen über die chemische Beständigkeit gegen das Lagergut von verschiedenen Stählen für Behälter zur Lagerung wassergefährdender, brennbarer und nichtbrennbarer Flüssigkeiten. Behälterwerkstoffe, die in Tabelle 2 der Norm als gegen ein bestimmtes Lagergut beständig ausgewiesen sind, gelten nach den technischen Regeln für „... brennbare Flüssigkeiten" bzw. „... wassergefährdende Stoffe" als geeignet für den Bau eines Behälters für dieses Lagergut. Z.T. sind die Beständigkeitsaussagen an besondere Auflagen gebunden. Auszug aus der Beständigkeitstabelle s. Tab. 3.220.

Erläuterungen: Im Tabellenkopf: A bis F = Behälterarten
Stoffbezogene Auflagen: B = bromid- und wasserfrei; C = pH-Wert 6,5 bis 8,5; E = frei von Beimengungen, außer notwendigen Stabilisatoren; N = mit N_2 oder anderem geeigneten Gas beaufschlagen zur Aufrechterhaltung eines permanenten Überdruckes.

Tabelle 3.220 Auszug aus DIN 6601 Beständigkeitstabelle

Stoffbenennung	Ordn.-Nr	UN-Nr	Siedepunkt °C	Dampfdruck bei 50°C mbar	VbF-Klasse	Dichte kg/l	Werkstoff-Nr 1.0036, 1.0037, 1.0038 1.0116, 1.0144, 1.0148, 1.0345, 1.0425, 1.0481						Stoffbezogene Auflage	Werkstoff-Nr 1.4301, 1.4306, 1.4541						Stoffbezogene Auflage	Werkstoff-Nr 1.4571, 1.4401, 1.4404, 1.4435						Stoffbezogene Auflage
							A	B	C	D	E	F		A	B	C	D	E	F		A	B	C	D	E	F	
Aethanal	4	1089	21	2,800	B	0,79	–	–	–	+	+	+		–	–	–	+	+	+		–	–	–	+	+	+	N
Aethannitril	8	1648	80	0,370	B	0,79	+	+	+	+	+	+		+	+	+	+	+	+		+	+	+	+	+	+	B
Aethanol	32	1170	78	0,310	B	0,79	+	+	+	+	+	+		+	+	+	+	+	+		+	+	+	+	+	+	B
Aethanol, wässr. Lsg. mit 24% < Aethanol ≤ 70%	33	1170	≥ 78	≤ 0,310		≤ 0,95	+	+	+	+	+	+	EN	+	+	+	+	+	+		+	+	+	+	+	+	
Aethanol, wässr. Lsg. mit Aethanol > 70%	1464	1170	≥ 78	≤ 0,310	B	≤ 0,86	+	+	+	+	+	+	BC	+	+	+	+	+	+	B	+	+	+	+	+	+	B
Aethanol, wässr. Lsg. mit höchstens 24% Aethanol	1477		≥ 78	≤ 0,310		≤ 1,00	+	+	+	+	+	+	BC	+	+	+	+	+	+	B	+	+	+	+	+	+	B
Aethanolamin	28	2491	≥ 169	≤ 0,010		1,02	+	+	+	+	+	+	BC	+	+	+	+	+	+	B	+	+	+	+	+	+	B
Aethanolamin-Lsgn.	2817	2491	≥ 100	≤ 0,125		1,02	+	+	+	+	+	+		+	+	+	+	+	+		+	+	+	+	+	+	

DIN EN 268 T1   Einfache unbefeuerte Druckbehälter für Luft oder Stickstoff; Konstruktion, Herstellung und Prüfung (Aug 1991)

Die Norm wurde erstellt auf Grund eines Mandates der EG-Kommission an CEN, technische Spezifikationen zu beschreiben zur Konkretisierung der grundlegenden Anforderungen aus der EG-Richtlinie 87/404 vom 25. Juni 1987. Unter einfachen Druckbehältern werden serienmäßig aus unlegiertem Stahl oder Aluminium hergestellte Behälter für Luft oder Stickstoff verstanden. Betriebsüberdruck: 0,5 bis 30 bar. Betriebstemperatur: -50 bis $300\,°C$ ($100\,°C$ für Al).

Für die Verfahrenstechnik sind Behälter nach dieser Norm nicht von großer Bedeutung. Die Norm selbst ist jedoch für Regelsetzer und -anwender sozusagen Pilot-Objekt im Hinblick auf die anstehende Konkretisierung der in Vorbereitung befindlichen EG-Druckgeräte-Richtlinie mit ihrem umfassenderen technischen Anwendungsbereich.

3.2.9 Flachboden-Tankbauwerke

Flachboden-Tankbauwerke sind oberirdische, lotrecht stehende, zylindrische Behälter mit voll aufliegendem Boden und mit festem Dach (ohne oder mit Schwimmdecke) oder mit Schwimmdach zur Lagerung von Flüssigkeiten oder von gekühlten Gasen in flüssigem Zustand bei atmosphärischem Druck, bei geringen Überdrücken oder Unterdrücken.

DIN 4119 T1   Oberirdische zylindrische Flachboden-Tankbauwerke aus metallischen Werkstoffen; Grundlagen, Ausführung, Prüfungen (Jun 1979)
T2   –; Berechnung (Feb 1980)

Beide Normen sind den obersten Bauaufsichtsbehörden vom Deutschen Institut für Bautechnik, Berlin, zur bauaufsichtlichen Einführung empfohlen worden.

Für brennbare und wassergefährdende Lagergüter und besondere Betriebsweisen gelten zusätzlich die nachstehenden **Rechtsverordnungen** und **Rechtsbestimmungen** (s. auch Abschn. 2.1.2).

Diese Vorschriften regeln auch die Einschaltung der für bestimmte Prüfungen zuständigen Sachverständigen.

– Verordnung über die Errichtung und den Betrieb von Anlagen zur Lagerung, Abfüllung und Beförderung brennbarer Flüssigkeiten (VbF) mit Anhängen und Technische Regeln (TRbF).
– Verordnungen der Länder über das Lagern, Abfüllen und Umschlagen wassergefährdender Stoffe (VAwS) mit Verwaltungsvorschriften.
– Richtlinien der Länder über Bau und Betrieb von Behälteranlagen zur Lagerung von Heizöl wie Öltank-Richtlinien bzw. Heizölbehälter-Richtlinien (HBR).
– Verordnung über Druckbehälter, Druckgasbehälter und Füllanlagen (Druckbehälter-Verordnung – DruckbehV)
– Technische Regeln Druckbehälter (TRB)
– Berufsgenossenschaftliche Unfallverhütungsvorschriften (wie UVV „Gase" (VBG 61), UVV „Sauerstoff" (VBG 62) und UVV „Leitern und Tritte" (VBG 74)
– Stahl-Eisen-Werkstoffblatt 087 Wetterfeste Baustähle und Stahl-Eisen-Werkstoffblatt 089 Feinkorn-Baustähle.

Bild **3.221** zeigt schematisch ein Flachboden-Tankbauwerk in Festdachbauweise mit Auffangmantel. Dieses Bild (aus DIN 4119 T2) verdeutlicht den Ansatz der Windbeiwerte für die Berücksichtigung der Windlasten bei der Bemessung.

DIN 4119 T1 befaßt sich zunächst mit Gründungsfragen und den Folgen von **Setzungen**.

Gleichmäßige Setzungen: Keine Folgen für die Standsicherheit
Schrägstellung der Tankachse: Vergrößerung der Biegespannungen in der Bodenecke
Setzungsunterschiede: Verminderung der Beulsicherheit im Tankmantel und bei Schwimmdächern; Beeinträchtigung der Funktion
Durchhang in Bodenmitte: Vergrößerung der Ringspannung in der Bodenecke
Entsprechende Gegenmaßnahmen zur Minderung der Folgen von Setzungen, s. Norm.

3.2.9 Flachboden-Tankbauwerke

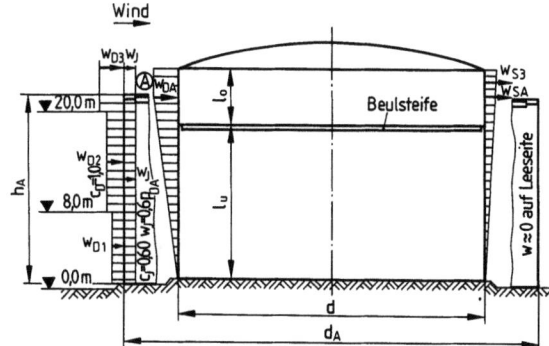

3.221 Festdach-Tankbauwerk nach DIN 4119 T 2; Beispiel für den Ansatz der Windbeiwerte bei der Bemessung

Die nach DIN 4119 T 1 für Tankbauwerke zulässigen Werkstoffe sowie die für diese Werkstoffe geltenden Maximalgrenzen der Nennwanddicken zeigt Tab. **3.223**.

Tabelle **3.222** Zulässige Werkstoffe für Festdach-Tankbauwerke nach DIN 4119 T 1

Ziffer	Werkstoffe	Höchstzulässige Nennwanddicke in mm
Allgemeine Baustähle nach DIN EN 10025		
1	USt 37-2	12,5
2	RSt 37-2	20
3	St 37-3, St 52-3	30
Wetterfeste Baustähle nach Stahl-Eisen-Werkstoffblatt 087		
4	WTSt 37-2	20
5	WTSt 37-3, WTSt 52-3	30
Schiffbaustahl		
6	Schiffbaustahl Grad B	30
Kesselbleche nach DIN EN 10028 T 1 und T 2		
7	P235GH (HI), P265GH (HII)	30
8	P295GH (17 Mn 4)	30
Feinkornstähle nach Stahl-Eisen-Werkstoffblatt 089		
9	StE 26, StE 29	30
10	WStE 26, WStE 29	
11	TTStE 26, TTStE 29	
12	StE 32, StE 36	30
13	WStE 32, WStE 36	
14	TTStE 32, TTStE 36	
15	StE 26 bis StE 36	$> 30 \leq 40$
16	WStE 26 bis WStE 36	
17	TTStE 26 bis TTStE 36	
18	StE 39 bis StE 51	nach Abschnitt 5.2.6 d. Norm
19	WStE 39 bis WStE 51	
20	TTStE 39 bis TTStE 51	
Nichtrostende austenitische Stähle nach DIN 17440		
21	alle, ausgenommen Werkstoff-Nr 1.4305	20
Aluminium und Aluminiumlegierungen		
22	nach DIN 1745 T 1	nach DIN 4113

Die weiteren Abschnitte der Norm enthalten Angaben zur Herstellung, zu den zulässigen Maßabweichungen, zur Schweißung und Wärmebehandlung sowie zur Art und zum Umfang erforderlicher Prüfungen. Den Abschluß bilden Hinweise auf Schwimmdächer, Schwimmdecken, metallische Auffangmäntel und -tassen.

Schwimmdächer dienen zum Abdecken des Lagergutes anstelle fester Dächer. Sie bestehen in der Regel aus metallischen Membranen mit Rand- bzw. zusätzlichen Mittelpontons zum Erzielen der Schwimmfähigkeit und erhalten stets eine flexible Abdichtung des Ringspaltes zum Tankmantel.

Schwimmdecken dienen zum zusätzlichen Abdecken des Lagergutes in Festdachtanks. Sie werden häufig als metallische Pfannen mit oder ohne Randabdichtung und teils mit Kunststoff-Membranen ausgeführt, die gegen das Lagergut ausreichend beständig sein müssen.

DIN 4119 T 2 beschreibt die erforderlichen Festigkeits- und Standsicherheitsnachweise von Festboden-Tankbauwerken.

Für Bauteile des Tanks einschließlich der betreffenden Ausrüstung (ohne Rohrleitungen und ohne Armaturen) ist der Festigkeits- und Stabilitätsnachweis nach DIN 18800 T1 und T7 sowie DIN 18801 und DIN 4114 T1 und T2 (gegebenenfalls nach DIN 18808 bzw. für Al nach DIN 4113 T1) zu führen (s. Normen), soweit in DIN 4119 T 2 nicht darauf verzichtet oder ein anderer Nachweis gefordert wird.

Im Abschnitt 4 von DIN 4119 T 2 sind Festlegungen für Lastannahmen enthalten. Ständige Lasten (Eigenlast, Dämmung und Zubehör), Verkehrslasten (Lagergut, Tankschiefstellung, innerem Über- bzw. Unterdruck, Schneelast und Begehungen) sowie Zusatzlasten (Windlasten) finden dabei Berücksichtigung. Bei der Bemessung darf auch die Beanspruchung aufgrund von Wasserprobefüllungen nicht außer Ansatz bleiben.

Für alle Nachweise (der Spannungen, der Stabilität und des Abhebens der Bodenecke) ist für den Fall, daß ein Korrosionszuschlag vereinbart wird, die statische Dicke (Nenndicke nach Abzug des Korrosionszuschlages) maßgebend. Bei innenliegenden Bauteilen ist der Korrosionszuschlag zu verdoppeln.

Bei Lagergut-Temperaturen $>50\,°C$ ist auch der Temperatureinfluß auf die Werkstoffkennwerte zu berücksichtigen.

Der zeit-, dicken- und temperaturabhängige **Festigkeitskennwert K** dient als Basis für die Ermittlung der zulässigen Spannungen einschließlich der Stabilitätsnachweise.

Als Festigkeitskennwert K ist der niedrigste der nachstehend unter a) und b) genannten Werte einzusetzen. Außerdem muß noch eine mindestens 1,0fache Sicherheit gegenüber den unter c) und d) genannten Werten vorhanden sein:
a) die Streckgrenze (0,2-Grenze oder 1%-Dehngrenze bei der Berechnungstemperatur),
b) die Zeitstandfestigkeit (für 100 000 Stunden bei der Berechnungstemperatur),
c) die 1%-Zeitdehngrenze (für 100 000 Stunden bei der Berechnungstemperatur) und
d) die Zeitstandfestigkeit (für 100 000 Stunden bei einer um 15 °C über der Berechnungstemperatur liegenden Temperatur).

Bei Werkstoffen, die (wie Aluminium und Al-Knetlegierungen) in mehreren Härtegraden (z. B. weich, halbhart und hart) geliefert werden, ist zu beachten, daß die Erwärmung beim Schweißen die Festigkeit der kaltverfestigten Werkstoffe verringert. Daher muß bei diesen Werkstoffen für die Berechnung der Wanddicke im Bereich der Schweißnähte der Festigkeitskennwert des Werkstoffes im weichgeglühten Zustand auch dann zugrunde gelegt werden, wenn für die Bleche im Anlieferungszustand eine höhere Härtestufe nachgewiesen wurde. Auch ein Hämmern der Schweißnaht berechtigt nicht zur Anwendung des höheren Festigkeitskennwertes.

Aus Montagegründen werden entsprechend den Werten nach Tab **3.223** Mindestdicken der **Mantelbleche** für Tanks und Auffangtassen aus ferritisch-perlitischen Stählen einschließlich eventuell geforderter Korrosionszuschläge festgelegt.

3.2.10 Wärmeaustauscher

Nachweise werden gefordert für bzw. als
- Spannungsnachweis der Mantelbleche,
- Ausschnitte aus den Mantelwanddicken,
- Stabilitätsnachweis für den Mantel,
- Boden und Bodenecke,
- Bodendurchhang,
- Verankerung der Bodenecken bei innerem Überdruck,
- Obere Aussteifung des Mantels,
- Feste Dächer und Schwimmdächer,
- Schwimmdecken in Festdachtanks,
- Tankgründungen.

Tabelle 3.223 Mantelblechmindestdicken für ferritisch-perlitische Stähle

Tankdurchmesser in mm	Mindestdicke in mm
≤ 15	5
> 15 ≤ 30	6
> 30 ≤ 45	7
> 45 ≤ 60	8
> 60 ≤ 75	9
> 75 ≤ 90	10
> 90 ≤ 105	11

3.2.10 Wärmeaustauscher

DIN 28183 Rohrbündel-Wärmeaustauscher; Benennungen (Mai 1988)

Die Norm enthält Benennungen für die am häufigsten vorkommenden Rohrbündel-Wärmeaustauscher-Bauarten und für häufig vorkommende Bauteile.

Bei Rohrbündel-Wärmeaustauschern gibt es eine sehr große Anzahl verschiedener Bauteilvarianten.

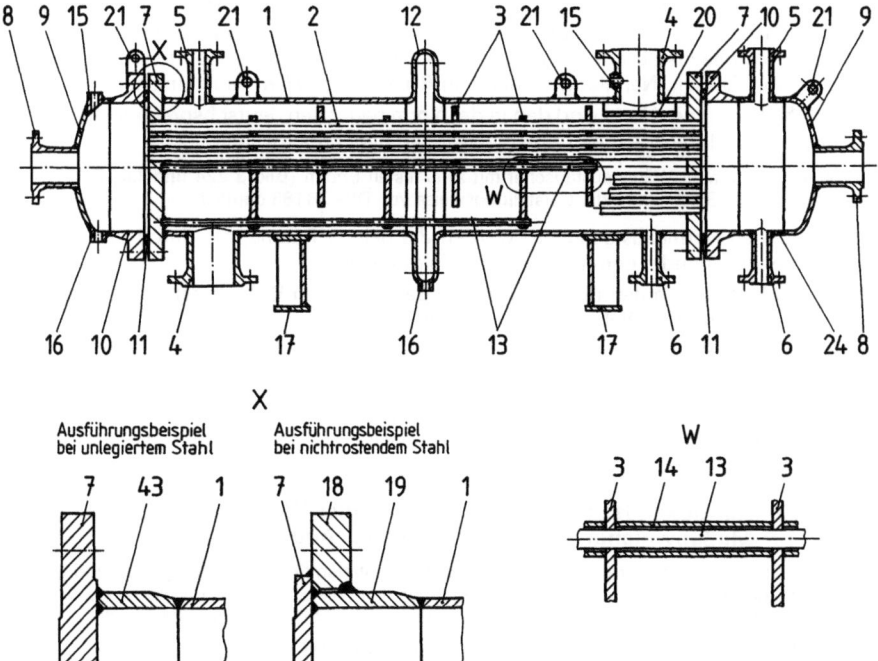

3.224 Rohrbündel-Wärmeaustauscher mit zwei festen Böden; Benennungen nach DIN 28183

Tabelle 3.225   Benennungen zu Bild 3.224

Pos.-Nr.	Benennung	Pos.-Nr.	Benennung
1	Mantel	13	Haltestange
2	Innenrohr, Rohr	14	Abstandhalter
3	Umlenksegment oder Stützplatte	15	Entlüftungsmuffe
4	Mantelstutzen	16	Entleerungsmuffe
5	Entlüftungsstutzen	17	Sattel
6	Entleerungsstutzen	18	Mantelflansch
7	Rohrboden, Rohrplatte	19	Flanschzarge
8	Haubenstutzen	20	Prallplatte
9	Haubenboden	21	Tragöse
10	Haubenflansch	24	Haubenmantel
11	Dichtung	43	Mantelzarge
12	Kompensator		

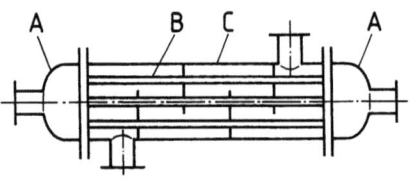

Tabelle 3.227   Benennungen zu Bild 3.226

Baugruppe	Benennung
A	Haube
B	Rohrbündel (nicht ausziehbar)
C	Mantelgehäuse

3.226   Baugruppen eines Rohrbündel-Wärmeaustauschers mit zwei festen Böden nach DIN 28183

Im einzelnen behandelt die Norm

Rohrbündel-Wärmeaustauscher mit zwei festen Böden, Rohrbündel-Wärmeaustauscher mit Haarnadelrohren, Rohrbündel-Wärmeaustauscher mit Schwimmkopf, Querschnitte durch Rohrbündel-Wärmeaustauscher, Einbauten zur Stromumlenkung, Rohrteilungen, Anzahl der Gänge und Gassen, Nennlänge, Räume in Rohrbündel-Wärmeaustauschern.

In einem Anhang zu der Norm sind den in der Norm benutzten deutschsprachigen Begriffen die englischen und französischen Entsprechungen gegenübergestellt.

Am Beispiel Rohrbündel-Wärmeaustauscher mit zwei festen Böden (Bild 3.224 und Tab. 3.225 sowie Bild 3.226 und Tab. 3.227) wird die Darstellungsweise von DIN 28183 deutlich.

Bei Rohrbündel-Wärmeaustauschern werden die beiden Räume, die durch die Wand der Innenrohre voneinander getrennt sind, wie folgt benannt:

Rohrraum oder Raum in den Rohren: Der von den einzelnen Rohren gemeinsam gebildete Rohrinnenraum einschließlich des Raumes in den Hauben.

Mantelraum oder Raum um die Rohre: Der vom Mantel umschlossene und von den Rohrwandungen abgegrenzte Raum zwischen den Rohren.

Weitere Informationen zur Wärmeaustauscher-Terminologie bietet die Vornorm DIN V ENV 247 Wärmeaustauscher; Terminologie. Diese nur in englischer Sprache veröffentlichte Vornorm enthält Arbeitsergebnisse von CEN/TC 110 (s. Norm).

DIN 28180   Nahtlose Stahlrohre für Rohrbündel-Wärmeaustauscher; Maße, Maßabweichungen und Werkstoffe (Aug 1985)

Diese Norm ist anzuwenden für gerade nahtlose Rohre mit glatten Enden aus unlegierten und legierten Stählen (einschließlich austenitischen nichtrostenden Stählen), die bei Rohrbündel-Wärmeaustauschern verwendet werden, welche vorwiegend in verfahrenstechnischen Anlagen eingesetzt werden.

Diese Norm gilt **nicht für Stahlrohre, die Flammen ausgesetzt werden.**

Die Außendurchmesser, Wanddicken und längenbezogenen Massen (Gewicht) stimmen mit der Internationalen Norm ISO 6759 überein.

3.2.10 Wärmeaustauscher

Tabelle 3.228 Genormte Wärmeaustauscherrohre nach DIN 28180, nahtlos aus unlegiertem Stahl

Außen-durchmesser	Wanddicken				
	1,2	1,6	2,0	2,6	3,2
16	×	×	×	–	–
20	–	×	×	×	–
25	–	×	×	×	×
30	–	×	×	×	×
38	–	–	×	×	×

× = genormte Rohre

Tabelle 3.229 Genormte Wärmeaustauscherrohre nach DIN 28180, nahtlos aus nichtrostendem austenitischem Stahl

Außen-durchmesser	Wanddicken				
	1,2	1,6	2,0	2,6	3,2
16	×	×	×	–	–
20	–	×	×	×	–
25	–	×	×	×	×
30	–	×	×	×	×
38	–	–	×	×	×

× = genormte Rohre

Die Länge der Rohre soll aus der Tab. 3.230 ausgewählt werden.

Tabelle 3.230 Länge der Rohre nach DIN 28180

Länge	500	750	**1000**	1500	2000	**2500**	3000	4000	**5000**	**6000**	8000

Fettgedruckte Längen bevorzugen

Grenzabmaße sind für den Außendurchmesser, die Wanddicke und die Länge festgelegt (Einzelheiten s. Norm).

Werkstoffe s. Tab. 3.231.

Tabelle 3.231 Werkstoffe für nahtlose Wärmeaustauscherrohre nach DIN 28180

Gruppe	Stahlsorte		Technische Lieferbedingungen nach[1]	Lieferzustand, Ausführungsart
	Kurzname	Werkstoffnummer		
Rohre aus unlegierten Stählen	St 37.0	1.0254	DIN 1629	Toleranzklasse 1 und 2 NBK[2]
	St 35.8	1.0305	DIN 17175	Toleranzklasse 3: nach der jeweiligen Technischen Lieferbedingung
	TTSt 35 N	1.0356	DIN 17173 Prüfklasse 1	
Rohre aus legierten Stählen	15 Mo 3	1.5415	DIN 17175	DIN 17175
	13 CrMo 4 4	1.7335		
Rohre aus austenitischen nichtrostenden Stählen	X 5 CrNi 18 10	1.4301	DIN 17458 Prüfklasse 2	DIN 17458 Ausführungsart vorzugsweise h oder m
	X 5 CrNiMo 17 12 2	1.4401		
	X 6 CrNiTi 18 10	1.4541		
	X 6 CrNiMoTi 17 12 2	1.4571		

[1]) Falls bei der Bestellung angegeben, gelten zusätzlich die dort genannten AD-Merkblätter.
[2]) NBK: Die Rohre sind oberhalb des oberen Umwandlungspunktes unter Schutzgas oder im Vakuum geglüht.

DIN 28181 Geschweißte Stahlrohre für Rohrbündel-Wärmeaustauscher; Maße, Maßabweichungen und Werkstoffe (Aug 1985)

Die Norm enthält analog zu DIN 28180 Festlegungen für längsnahtgeschweißte Wärmeaustauscherrohre.

DIN 28182 Rohrbündel-Wärmeaustauscher; Rohrteilungen, Durchmesser der Bohrungen (Mai 1987)

Diese Norm ist anzuwenden für Rohrbündel-Wärmeaustauscher mit Innenrohren aus unlegierten, legierten und austenitischen nichtrostenden Stählen. Sie legt für nahtlose Stahlrohre nach DIN 28180 und für geschweißte Stahlrohre nach DIN 28181 Rohrteilungen fest und nennt für diese Rohre die Soll-Durchmesser der Bohrungen in den Rohrböden und die maximalen Durchmesser der Bohrungen in den Umlenksegmenten und Stützplatten.

Bei der Berechnung und Herstellung der Rohrböden sind die jeweils gültigen Technischen Regeln zu beachten (z. B. AD-Merkblatt B5).

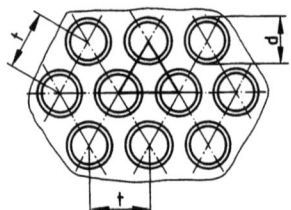 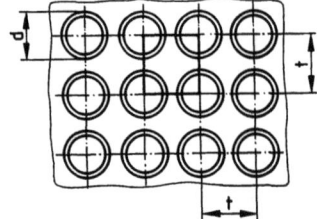

3.232 Dreieckteilung und quadratische Teilung für Bohrungen in Rohrböden (nach DIN 28182)

Tabelle 3.233 Rohrteilungen nach Bild 3.235

Außendurchmesser der Innenrohre d	Rohrteilung t für Rohr/Rohrboden-Befestigungen durch Schweißen, Einwalzen oder Kombinationen mit Schweißen[3]) Regelfall[1])	durch Schweißen [2])
16	21	20
20	26	25
25	32	30
30	38	36
38	47	45

Kleinere Rohrteilungen als die in dieser Tabelle aufgeführten sind möglich, wenn der Hersteller sie fertigungstechnisch beherrscht.

Größere Rohrteilungen können aus verfahrenstechnischen oder betrieblichen Gründen erforderlich werden.

[1]) Bei diesen Rohrteilungen sind die Schweißverbindungen anwendbar, die in DIN 8558 T 2 Kennzeichen C 10.1 bis C 10.4 dargestellt sind.
[2]) Bei diesen engen Rohrteilungen ist die Gestaltung der Schweißnahtvorbereitung auf die Wanddicke der Innenrohre abzustimmen.
[3]) Festlegungen über Einwalzen und Kombinationen mit Schweißen sind in Vorbereitung.

Grenzabweichungen für die Bohrungen in Rohrböden, Umlenksegmenten und Stützplatten sind in DIN 28008 festgelegt. DIN 28182 enthält die Soll-Durchmesser dieser Bohrungen abhängig vom Außendurchmesser der Rohre und der zugehörigen Toleranzklasse bzw. der Stützweiten der Rohre.

DIN 28184 T1 Rohrbündel-Wärmeaustauscher mit zwei festen Böden; Innenrohr 25; Dreieckteilung 32; Anzahl und Anordnung der Innenrohre
T2 –; –; quadratische Teilung 32; Anzahl und Anordnung der Innenrohre (beide Mai 1988)

Die genannten Normen zeigen (im Umfang der Tab. 3.234) abhängig von Wärmeaustauscher-Nenndurchmesser, Mantel-Außendurchmesser und Gangzahl, die sich aus jeder Rohranordnung ergebende Anzahl der Innenrohre je Gang und die Gesamtzahl der unterzubrin-

3.2.10 Wärmeaustauscher

genden Innenrohre sowie die auf den Außendurchmesser der Innenrohre bezogene Wärmeaustauschfläche je m Länge. Alle Angaben gelten für ein Rohr mit 25 mm Außendurchmesser (dem bei Chemie-Wärmeaustauschern bevorzugten Wärmeaustauscherrohr) und eine Rohrteilung von 32 mm.

Tabelle 3.234 In DIN 28184 T1 und T2 beschriebene Rohrspiegel

Wärmeaustauscher Nenndurchmesser	DIN 28184 T1 Dreieckteilung Gangzahl	DIN 28184 T2 Quadratische Teilung Gangzahl
150 200 250 300	2	Nicht festgelegt
350 400 500	2 und 4	8
600 700 800 900 1000 1100 1200	2 und 8	

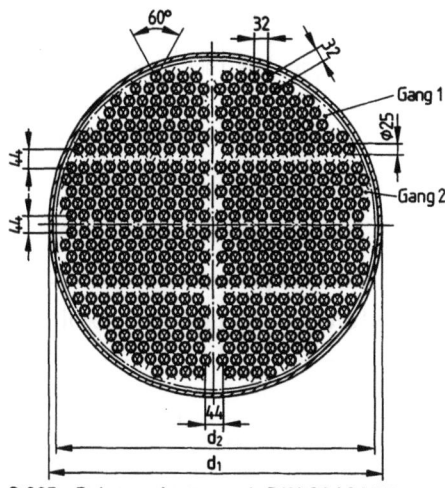

3.235 Rohranordnung nach DIN 28184 T1:
Dreieckteilung
Nenndurchmesser: 800
8 Gänge
Hüllkreisdurchmesser d_2 = 772 mm
Anzahl der Innenrohre:
Gang 1: 53
Gang 2: 55
Gesamt: 432
Wärmeübertragungsfläche je m Länge:
33,9 m^2

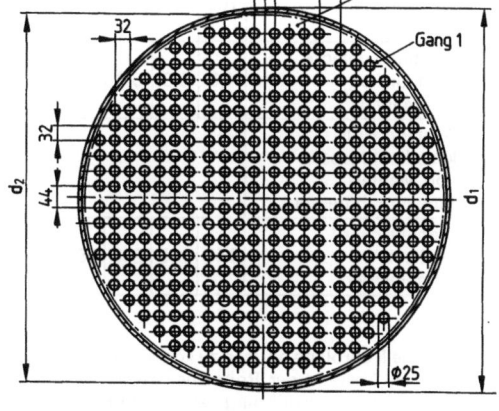

3.236 Rohranordnung nach DIN 28184 T2:
Quadratische Teilung
Nenndurchmesser: 800
8 Gänge
Hüllkreisdurchmesser:
772 mm
Anzahl der Innenrohre:
Gang 1: 54
Gang 2: 44
Gesamt: 392
Wärmeübertragungsfläche je m Länge:
30,7 m^2

Die Bilder 3.235 und 3.236 zeigen je ein Beispiel für Rohranordnungen mit Dreieck- und quadratischer Teilung.

Bei der Diskussion der Rohrpläne war sich der Arbeitsausschuß Wärmeaustauscher klar darüber, daß die hier genormten Rohranordnungen nicht für alle Rohrbündel-Wärmeaustauscher mit zwei festen Böden ein Optimum darstellen. Man war jedoch der Auffassung, daß diese Rohrpläne in vielen Fällen angewendet werden können.

Das Innenrohr mit dem Außendurchmesser 25 mm in Verbindung mit der Rohrteilung 32 mm ist in der chemischen Industrie und in Raffinerien weitgehend eingeführt. Eine Reinigung der Rohrinnenseite ist im allgemeinen ohne großen Aufwand möglich.

Die Dreieckteilung wird in der Praxis häufiger als die quadratische Teilung angewendet. Die quadratische Teilung findet vor allem bei größeren Rohrbündel-Wärmeaustauschern Anwendung und zwar dort, wo auf eine erleichterte Reinigungsmöglichkeit des Raumes um die Rohre besonderer Wert gelegt wird. Bei quadratischer Teilung lassen sich bei gleichem Nenndurchmesser und gleicher Anzahl der Gänge etwa 10% weniger Innenrohre als bei Dreieckteilung unterbringen. Außerdem sinkt wegen der verschlechterten Wärmeübergangsverhältnisse die übertragene Wärmeleistung etwa um weitere 10%.

In dem Bestreben, möglichst viele Rohre einbauen zu können, wurde die Anzahl der Innenrohre optimiert. Dabei wurden möglichst wenig voneinander abweichende Rohranzahlen in den Gängen 1 und 2 angestrebt. Für jeden Mantel-Außendurchmesser wurde unter Zugrundelegung der Wanddicke des Mantels und eines Abstandes von Hüllkreisdurchmesser und Mantel-Innendurchmesser ein theoretischer Hüllkreisdurchmesser nach Tab. 3.237 festgelegt.

Tabelle 3.237 Grundlagen der Rohroptimierung nach DIN 28184 T1 und T2

Mantel-Außendurchmesser d_1	168	219	273	324	355	406	508	600	700	800	900	1000	1100	1200
zugrunde gelegte Wanddicke des Mantels	4,5	5,9	6,3	7,1	8	8,8	6	6	8	8	10	10	12	12
Abstand Hüllkreisdurchmesser von Mantel-Innendurchmesser	6	6	6	6	6	6	6	6	6	6	6	6	8	8
theoretischer Hüllkreisdurchmesser	147	195	248	298	327	376	484	576	672	772	868	968	1060	1160

Um die Rohrpläne normen zu können, war es notwendig, ein einheitliches Maß für die Gassenbreite, d. h. für den Abstand der Rohrreihen zweier benachbarter Gänge festzulegen. Dieses Maß hängt von der konstruktiven Ausführung der Abdichtung zwischen Trennwand und Rohrboden ab. Es wurde die Dichtungsart zugrunde gelegt, bei der die Trennwand in eine Nut mit Dichtung im Rohrboden eingefügt wird. Nach ausreichenden Erfahrungen beträgt bei Verwendung von Innenrohren mit 25 mm Außendurchmesser dieser Abstand zwischen den Mitten zweier gegenüberliegender Rohrreihen 44 mm.

Bei der Festlegung der Anzahl der Gänge wurde von der Überlegung ausgegangen, daß durch Mehrgängigkeit die Strömungsgeschwindigkeit in den Innenrohren vergrößert und die Verschmutzungsgefahr verringert wird. Dadurch wird ein besserer Wärmedurchgang erzielt. Für Rohrbündel-Wärmeaustauscher mit Nenndurchmesser 150 bis 300 mm wurde die Anzahl der Gänge mit 2 festgelegt, für Nenndurchmesser 350 bis 500 mm beträgt die Anzahl der Gänge 2 und 4 und für Nenndurchmesser 600 bis 1200 mm beträgt die Anzahl der Gänge 2 und 8. Auf diese Weise ist die Anzahl der genormten Rohrpläne eingeschränkt. Wenn aus verfahrenstechnischen oder betrieblichen Gründen ein Wärmeaustauscher mit einer 8gängigen Rohranordnung als 4gängiger Wärmeaustauscher eingesetzt werden soll, dann kann das durch eine entsprechende Anordnung der Trennwände in den Hauben erreicht werden.

DIN 28185 Rohrbündel-Wärmeaustauscher; Rohrbündel-Einbauten (Mai 1988)

Diese Norm enthält Hinweise über den Einbau von Umlenksegmenten und Stützplatten und deren Befestigung sowie über die Anordnung von Ablenkleisten und Verdränger zur Verminderung von Bypass-Strömungen im Mantelraum.

Festgelegt sind Maßangaben für
- die Anordnung und Dicke von Umlenksegmenten und Stützplatten,
- die Haltestangen und
- den Spalt zwischen Mantel–Innendurchmesser und Umlenksegmenten-Außendurchmesser.

DIN 28190 Rohrbündel-Wärmeaustauscher mit geschweißtem Schwimmkopf (Apr 1981)

Ähnlich wie DIN 28184 für Festbodenapparate definiert DIN 28190 Rohranordnungen und Gleitschienenlage sowie Gangzahl, Rohrzahl und Wärmeübertragungsfläche je m Länge für Apparate mit geschweißtem Schwimmkopf. Erfaßt werden Wärmeaustauscher mit Nenndurchmessern zwischen 200 und 500 mm mit quadratischer Rohranordnung, Innenrohr-Außendurchmesser 25 mm und Teilung 32 mm.

Die konstruktive Ausbildung eines geschweißten Schwimmkopfes zeigt Bild 3.238.

Ein Beispiel für die Rohranordnung zeigt für den Nenndurchmesser 350 Bild 3.239.

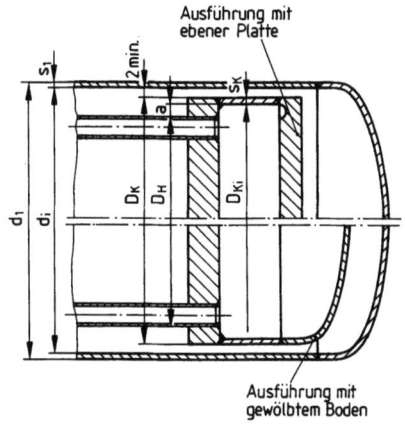
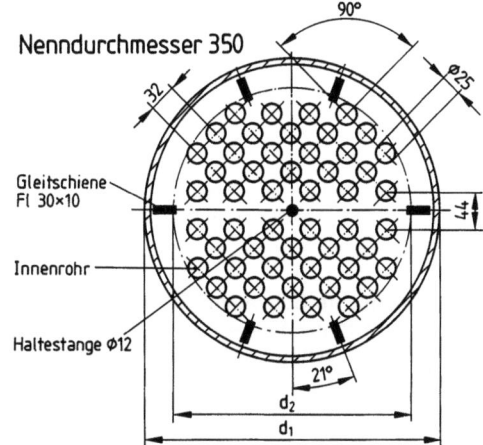

3.238 Geschweißter Schwimmkopf für Rohrbündel-Wärmeaustauscher nach DIN 28190

3.239 Rohranordnung bei geschweißtem Schwimmkopf nach DIN 28190
Nenndurchmesser: 350
2 Gänge
Hüllkreisdurchmesser: 288 mm
Anzahl der Innenrohre:
Je Gang: 26, Gesamt 52
Wärmeübertragungsfläche je m Länge: 4,08 m²

DIN 28191 Rohrbündel-Wärmeaustauscher mit geflanschtem Schwimmkopf (Apr 1981)

Ebenfalls für die quadratische Rohranordnung, Innenrohr-Außendurchmesser 25 mm und Teilung 32 mm bietet DIN 28191 mit DIN 28190 vergleichbare Daten für Apparate mit geflanschtem Schwimmkopf, für Nenndurchmesser zwischen 150 bis 1200 mm und mit vom Nenndurchmesser abhängigen Gangzahlen von 2 (150 bis 300 mm), 4 (350 bis 500 mm) und 8 (600 bis 1200 mm).

Konstruktive Ausführung des geflanschten Schwimmkopfes und ein Beispiel für die Rohranordnung zeigen die Bilder **3.240** und **3.241**.

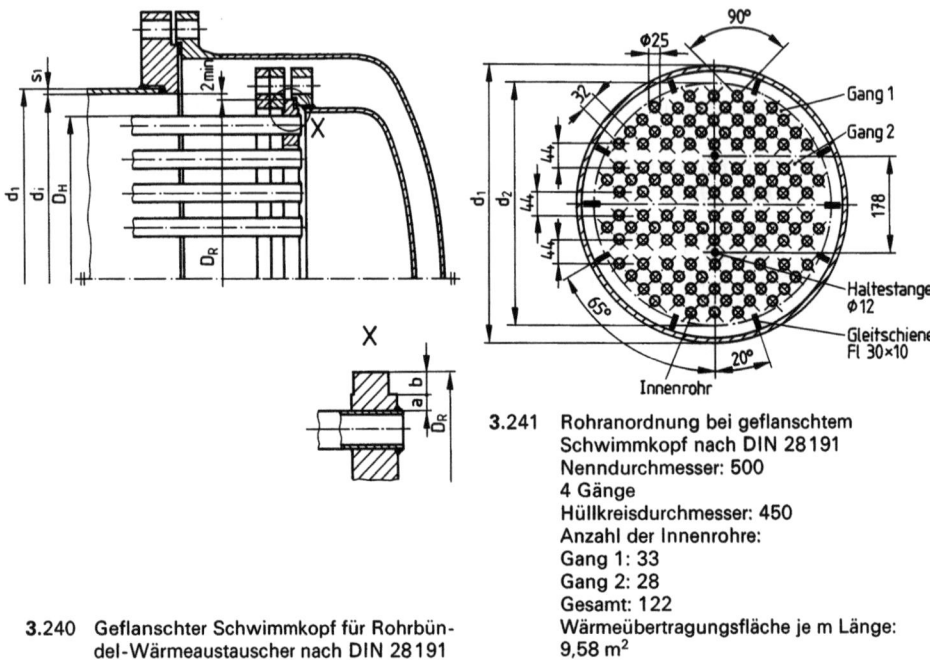

3.240 Geflanschter Schwimmkopf für Rohrbündel-Wärmeaustauscher nach DIN 28191

3.241 Rohranordnung bei geflanschtem Schwimmkopf nach DIN 28191
Nenndurchmesser: 500
4 Gänge
Hüllkreisdurchmesser: 450
Anzahl der Innenrohre:
Gang 1: 33
Gang 2: 28
Gesamt: 122
Wärmeübertragungsfläche je m Länge: 9,58 m^2

Der geflanschte Schwimmkopf ist eine Alternative zum geschweißten. Während letzterer apparativ weniger aufwendig ist, dafür jedoch keine direkte Möglichkeit zur Reinigung des Rohrbündels bietet, ist das Rohrbündel der Ausführung mit geflanschtem Schwimmkopf allseitig nach dem Lösen der Schraubverbindungen zugänglich. Der zuletzt genannte Vorteil wird jedoch durch die aufwendigere Konstruktion und eine innenliegende Dichtung erkauft. Betrachtet man eine Rundschweißnaht als eine (durch mechanisches Trennen) lösbare Verbindung, sind beide Ausführungen, von der Zugänglichkeit des Rohrbündels her, gleichwertig. Rohrbündel-Wärmeaustauscher mit geflanschtem Schwimmkopf sind nur zweigängig genormt.

3.2.11 Kolonnen

DIN 28016 Kolonnen, Benennungen (Jan 1987)

Diese Norm enthält Benennungen für häufig vorkommende Einzelteile an Bodenkolonnen und Füllkörperkolonnen. Die Darstellungen zeigen keine Konstruktionsbeispiele, sie verweisen nur schematisch auf die Einzelheiten mit genormter Benennung.

3.2.11 Kolonnen

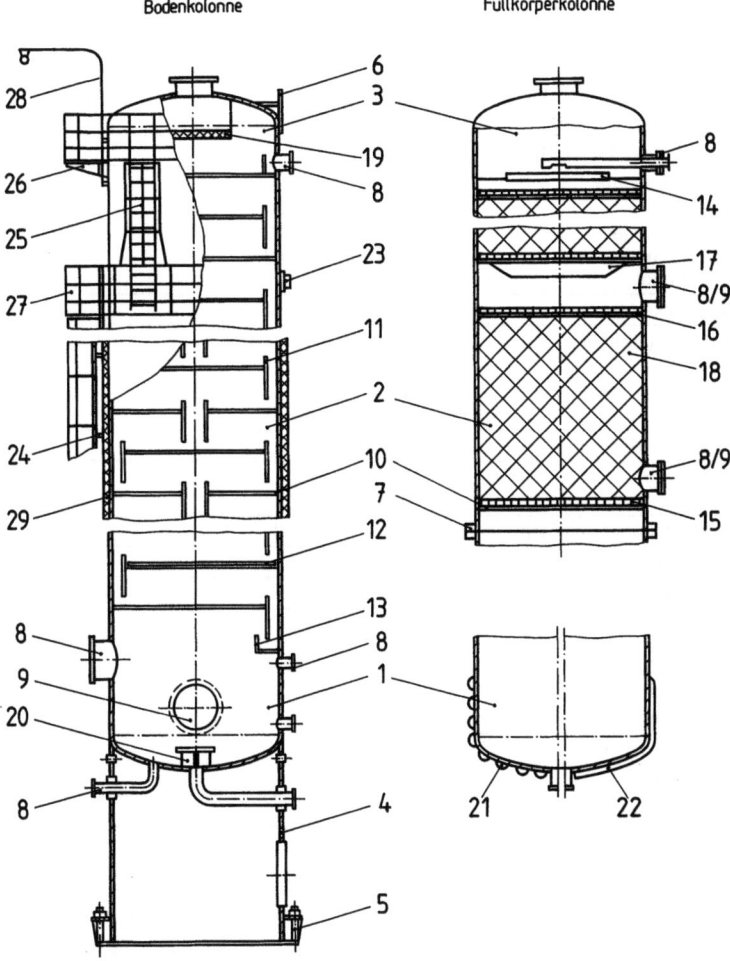

3.242 Benennung von Kolonnenteilen nach DIN 28016
1 Abhängig vom Kolonnendurchmesser
2 Anwendung für beide Kolonnenausführungen möglich

Die aufgeführten Positionen sind in Gruppen zusammengefaßt, z. B. Tragelemente, Montagehilfen, Einbauten usw.

Für einzelne Bauteile wurden nur Oberbegriffe festgelegt. Die Angabe Stutzen, Pos. 8, beinhaltet z. B. Meßstutzen für Druck und Temperatur, Standmessung, Standregelung, Probeentnahme, Einfüll- und Entleerungsstutzen für Füllkörper, Zulauf- und Austrittsstutzen usw.

Unter die Angabe Verankerung, Pos. 5, gehören die Ankerschrauben, Hammerkopfschrauben, Ankerhülsen. Als Montagehilfe unter Pos. 6 gilt auch die Anordnung einer Nachfahröse, z. B. an der Standzarge. Pos. 24, Halterung (Clip), umfaßt die Halterungen für Bühnen und Leitern sowie Dämmhalterungen.

DIN 28016 enthält zu allen Begriffen auch die englischen und französischen Entsprechungen.

Tabelle 3.243 Benennungen zu Bild 3.242

Positions-nummer	Benennung	
1	Kolonnenunterteil (Kolonnensumpf)	
2	Kolonnenmittelteil (Kolonnenschuß)	
3	Kolonnenoberteil (Kolonnenkopf)	
4	Tragelemente	
	Füße	DIN 28081 T1 und T2
	Standzarge	DIN 28082 T1 und T2
	Pratzen	DIN 28083 T1 und T2
	Tragring	DIN 28084
5	Verankerung	
6	Montagehilfen	
	Zapfen	DIN 28085 T1
	Ösen	DIN 28086
	Laschen	DIN 28087
7	Apparateflansche	DIN 28030 T1
8	Stutzen	DIN 28025 T1 und T2
		DIN 28115
9	Mannlochverschlüsse	DIN 28124 T1 bis T4
10	Tragring	DIN 28015
11	Klemmleiste	DIN 28015
12	Kolonnenböden	
13	Ablauftasse	
14	Verteilerboden	
15	Tragrost	
16	Niederhalterost	
17	Randabweiser	
18	Füllkörper	
19	Tropfenabscheider	
20	Wirbelbrecher	
21	Halbrohrschlange	DIN 28128
22	Außenmantel	
23	Kolonnenführung	
24	Halterung (Clip)	
25	Steigleiter	DIN 28017 T3
26	Bühne	DIN 28017 T1 — Absteigsicherungen DIN 28017 T4
27	Geländer	DIN 28017 T2
28	Schwenkarm	
29	Dämmung	

DIN 28015 Kolonnen; Boden- und Füllkörperkolonnen, Mittelteil, Kolonnenteil für Austauschelemente; Konstruktionsmaße (Jan 1987)

Beschrieben werden Boden- und Füllkörperkolonnen aus metallischen Werkstoffen. Festgelegt sind die Konstruktionsmaße des Mittelteiles für Austauschelemente. Die Festlegungen ermöglichen gleiche Anschlußmaße für die Inneneinbauten und geben für die verfahrenstechnische Auslegung gleiche Ausgangsmaße.

3.2.11 Kolonnen

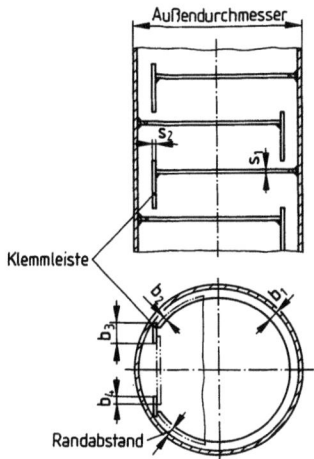

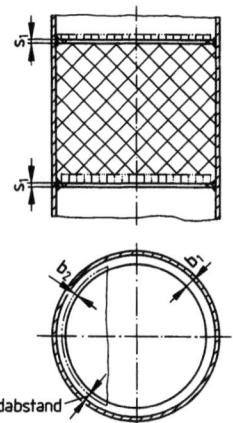

3.244 Bodenkolonne, Mittelteil nach DIN 28015

3.245 Füllkörperkolonne, Mittelteil nach DIN 28015

In DIN 28015 sind die Konstruktionsmaße zum Kolonnenmittelteil festgelegt für Kolonnen mit Außendurchmessern bis 4000 mm. Tab. **3**.246 zeigt eine Auswahl.

Tabelle **3**.246 Konstruktionsmaße zum Kolonnenteil für Austauschelemente nach DIN 28015

Außendurchmesser	Boden- und Füllkörperkolonne		Bodenkolonne	
	Tragring Breite × Dicke	Auflagebreite	Klemmleiste Vorzugsmaß Breite × Dicke	Klemmbreite
	$b_1 \times s_1{}^{1)},{}^{2)}$	$b_2 \approx$	$b_3 \times s_2{}^{2)}$	$b_4 \approx$
800				
900				
1000	40 × 6	25	100 × 6	
1100				
1200				
1300				
1400				
1500				
1600				30
1700				
1800	50 × 6	30	110 × 6	
1900				
2000				
2100				
2200				
2300				
2400				

[1]) s_1 = Mindestdicke; ist nach der gegebenen Belastung zu berechnen.
[2]) s_1 und s_2 ohne Abnutzungszuschlag

3.2.12 Filterpressen

DIN 7129 Filterpressen (Jul 1980)

Diese Norm gilt für
- quadratische Kammerplatten zur Aufhängung an seitlichen Rundholmen bzw. Rechteckholmen
- quadratische Rahmenplatten zur Aufhängung an seitlichen Rundholmen bzw. Rechteckholmen
- quadratische Rahmen zur Aufhängung an seitlichen Rundholmen bzw. Rechteckholmen
- rechteckige Kammerplatten zur Aufhängung an seitlichen Rechteckholmen

für Filterpressen.
Zusätzliche Angaben werden über die Tragholme und die Kuchendicken gemacht. Die seitlich an den Platten bzw. Rahmen anzubringenden Griffe für die Aufhängung an den Tragholmen sind nicht Gegenstand der Norm.

Beispiele für die Art der Maßfestlegungen in dieser Norm zeigen die Bilder **3.247**, **3.248** und Tab. **3.249** sowie Bild **3.250** und Tab. **3.251**.

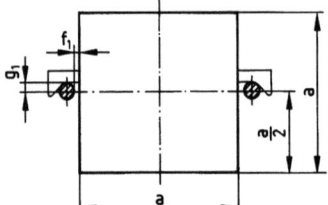 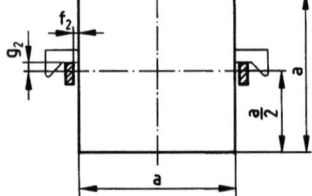

3.247 Quadratische Kammer-, Rahmenplatte und Rahmen, aufgehängt an Rundholmen nach DIN 7129

3.248 Quadratische Kammer-, Rahmenplatte und Rahmen, aufgehängt an Rechteckholmen nach DIN 7129

Tabelle **3.249** Maße für quadratische Kammer-, Rahmenplatte und Rahmen nach DIN 7129

Größe von Kammerplatte bzw. Rahmenplatte bzw. Rahmen (Nenngröße) a	Rundholm		Rechteckholm
	Lichter Abstand Holm zu Kammerplatte bzw. Rahmenplatte bzw. Rahmen f_1	Halbe Holmhöhe g_1	Lichter Abstand Holm zu Kammerplatte bzw. Rahmenplatte bzw. Rahmen f_2 min.
300	10	17,5	20
500	20	30	20
630	20	40	30
800	20	50	35
1000	20	55	35
1200	25	60	40
1300	–	–	40
1450	25	62,5	50
1500	25	62,5	50
1800	–	–	60
2000	–	–	70

3.2.12 Filterpressen

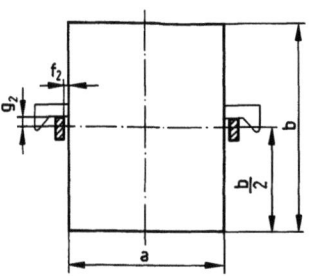

3.250 Rechteckige Kammerplatte, aufgehängt an Rechteckholmen nach DIN 7129

Tabelle 3.251 Maße für rechteckige Kammerplatten nach DIN 7129

Größe der Kammerplatte (Nenngröße) $a \times b$	Rechteckholm Lichter Abstand Holm zu Kammerplatte f_2 min.
1200 × 1600	60
1300 × 1900	70
1500 × 2000	70

Weitere Abschnitte von DIN 7129 enthalten Festlegungen für die Größe und Lage der Kanäle. Bild 3.252 und Tab. 3.253 zeigen Beispiele für Kammerplatten.

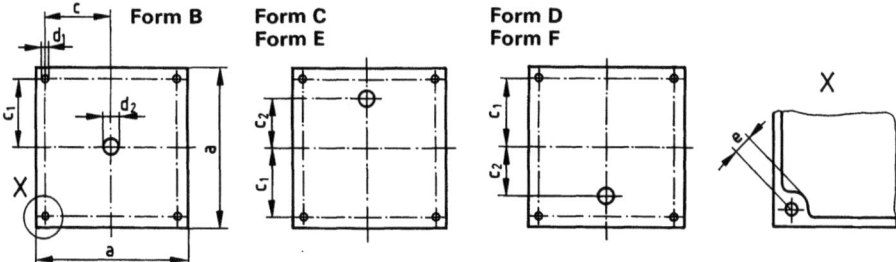

3.252 Quadratische Kammerplatten, Größe und Lage der Kanäle nach DIN 7129

Tabelle 3.253 Lage und Größe der Kanäle in quadratischen Kammerplatten nach DIN 7129

Größe der Kammerplatte (Nenngröße) a	c_1	c_2*)		d_1 max.	d_2 max.	e min.
		Form C und D	Form E und F			
300	118	–	–	25	50	30
500	200	–	–	40	65	45
630	255	–	–	50	65	55
800	335	230	–	50	80	60
1000	430	300	–	50	100	65
1200	520	365	400	65	125	75
1300	565	415	455	80	125	80
1450	640	485	–	80	150	80
1500	665	490	–	80	150	80
1800	800	610	–	100	180	95
2000	895	700	–	100	200	100

*) Die Maße c_2 sind geeignet für Verschraubungen und Durchstecken der Filtertücher sowohl für Kammerfilterplatten als auch Membrankammerfilterplatten und deren Kombination. Es wird empfohlen, weitere Erfahrungen mit diesem Maß zu sammeln und sie bei Neukonstruktionen zu berücksichtigen.

Es bereitete größte Schwierigkeiten, die Lage des Trübezulaufes bei Kammerplatten festzulegen. Die Wahl des Maßes c_2 ist nicht nur abhängig von der Sedimentationsneigung der zu filtrierenden Stoffgemische sondern auch von herstellerspezifischen konstruktiven Gegebenheiten. So waren die Maße c_2 für die Plattengrößen 1200 und 1300 mm bis zuletzt umstritten. Einigung konnte nur mit Hinweis auf die Fußnote in Tab. 3.253 und die Aufnahme von zwei Alternativen, die durch unterschiedliche Herstellungsgegebenheiten bedingt sind, erzielt werden.

Die älteste Ausführung einer Filterpresse ist die Rahmenfilterpresse. Das Filterplattenpaket wird begrenzt von einer Kopf- und einer Endplatte. Dazwischen sind abwechselnd Filterplatten und -rahmen angeordnet, s. Bild 3.254. Die Suspension tritt durch Bohrungen oder Schlitze in die durch den Rahmen gebildete Kammer ein. Durch Variation der Rahmendicke läßt sich die Kuchendicke – unter Beibehaltung der Platten – einfach einstellen. Die Ausführung und der Wechsel der Filtertücher ist vergleichsweise einfach. Sie sind als sogenannte Überhangtücher mit Öffnungen für Platten- und Rahmenbohrungen ausgeführt und werden lediglich über die Filterplatten gehängt.

Rahmenfilterpressen haben jedoch einen Nachteil. Da in der Regel ein kompakter Filterkuchen erwünscht ist und dieser nach Abschluß der Filtration mehr oder weniger fest mit dem Filterrahmen verbunden ist, muß er aus dem Rahmen herausgestoßen oder auch herausgeschnitten werden. Durch die Verwendung von Filterrahmen mit angeschrägten Innenseiten konnte dieses Problem bisher nur unbefriedigend gelöst werden.

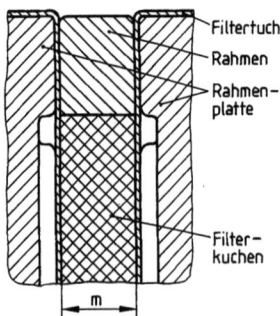

3.254 Rahmenplatte und Rahmen nach DIN 7129

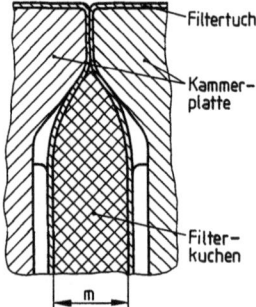

3.255 Kammerplatten nach DIN 7129

Zwei Forderungen haben zur Entwicklung der Kammerfilterpresse geführt. Einmal war dies die Forderung nach einem verbesserten Kuchenaustrag und zum anderen – speziell bei der Filtration von Klärschlamm – die Forderung nach höheren Filtrationsdrücken. Die geraden Außenbegrenzungen der Rahmen neigen bei höheren Filtrationsdrücken zum Ausbeulen, einer Erscheinung, der durch größere Querschnitte und höhere Schließdrücke der Filterpresse begegnet werden müßte. Durch Einbeziehung des Kuchenraumes in die Platte entstand die Kammerplatte, die konstruktiv besser zur Aufnahme höherer Filtrationsdrücke geeignet ist, s. Bild 3.255.

Für die Kuchendicken (Maß m in den Bildern 3.254 und 3.255) wird die Maßreihe nach Tab. 3.256 empfohlen.

Tabelle 3.256 Empfohlene Kuchendicken nach DIN 7129

Kuchendicke in m (Nennmaß)	15	20	25	32	40	50	63	80

DIN 7129 befaßt sich auch mit **Grenzabmaßen** für die Lieferung von Kammer-, Rahmenplatten und Rahmen.
Die Summe der Grenzabmaße aus Parallelität und Ebenheit der Dichtfläche an Kammerplatte bzw. Rahmenplatte bzw. Rahmen darf nicht mehr als 0,2 mm betragen.
Bis zur Größe $a = 1500$ mm von Kammerplatte bzw. Rahmenplatte bzw. Rahmen liegen gesicherte Erfahrungen mit diesen Grenzabmaßen vor. Für die darüberliegenden Größen sind gegebenenfalls gesonderte Vereinbarungen zu treffen.
Die Grenzabmaße für die Dicke h, die der Hersteller für Kammerplatte bzw. Rahmenplatte bzw. Rahmen wählt, beträgt $^{+1}_{0}$ mm.

Wesentlich für den Betrieb von Filterpressen sind die Filtertücher, deren Auswahl für den jeweiligen Zweck entsprechende Sachkenntnisse voraussetzt. Die für den Anwender zur Auswahl wichtigste Kenngröße ist neben der Angabe von Garnart, Bindungsart und Faserwerkstoff die Bestimmung der Luftdurchlässigkeit des Gewebes nach DIN 53887 (s. Norm). Die Angabe erfolgt in $l/dm^2 \cdot min$ bei einem Unterdruck von 2 mbar $\triangleq$ 196,1 Pa. Dieser relativ leicht zu bestimmende Wert ist neben den physikalischen Daten der Suspension (Korngröße, -verteilung usw.) ein Anhaltspunkt für die Vorauswahl eines Filtertuches.

Als weitere ergänzende Messungen sind zu nennen:
- Maßänderung nach Heißwäsche nach DIN 53920,
- Bestimmung der Fadendichte des Gewebes nach DIN 53853,
- Bestimmung der Feinheit von Garnen und Zwirnen nach DIN 53830,
- Bestimmung der Garndrehung nach DIN 53832,
- Bestimmung der Zugfestigkeit nach DIN 53834,
- Bestimmung des Gewebegewichtes nach DIN 53854,
- Bestimmung der Gewebedicke nach DIN 53855 (s. Normen).

3.2.13 Apparate aus Glas und Kunststoffen

DIN ISO 3585 Borosilikatglas 3.3; Eigenschaften (Jul 1976)

Diese als DIN-Norm übernommene Internationale Norm legt die Kennwerte einer als Borosilikatglas 3.3 bezeichneten Glasart fest, die für den Bau von Apparaten, Rohrleitungen und Fittings aus Glas verwendet wird.

Es handelt sich dabei um die **Kennwerte** zu folgenden Eigenschaften:

Wasserbeständigkeit bei 98 °C ≤ 31 µg Na_2O/g Glasgrieß (Säureverbrauch von 1 ml 0,01 N Salzsäure $\triangleq 310$ µg Na_2O)
Wasserbeständigkeit bei 121 °C ≤ 62 µg Na_2O/g Glasgrieß (Säureverbrauch von 1 ml 0,02 N Schwefelsäure $\triangleq 620$ µg Na_2O)
Beständigkeit gegen den Angriff einer **siedenden Mischung wäßriger alkalischer Lösungen** Massenverlust ≤ 175 mg dm^{-2}
Mittlerer Längenausdehnungskoeffizient $3,3 \times 10^{-6}$ K^{-1}
Dichte bei 20 °C 2,23 g cm^{-3}
Mittlere Wärmeleitfähigkeit 1,2 W m^{-1} K^{-1}
Mittlere spezifische Wärme 0,98 J g^{-1} K^{-1}
Untere Kühltemperatur, Viskosität $10^{14,5}$ dPa s, 510 °C
Obere Kühltemperatur, Viskosität 10^{13} dPa s, 560 °C
Erweichungstemperatur, Viskosität $10^{7,6}$ dPa s, 820 °C
Verarbeitungstemperatur, Viskosität 10^4 dPa s, 1260 °C

Mechanische Eigenschaften Zugfestigkeit 35 bis 100 N mm^{-2}

Der angegebene weite Bereich der Zugfestigkeit zeigt die Streubreite der Meßergebnisse, die man bei handelsüblichem Glas, auf welche sich diese Angaben beziehen, erhält, sobald glatte, gepreßte, gezogene oder feuerpolierte Proben als Prüfstücke verwendet werden. Beschädigungen der Oberfläche mindern die Bruchfestigkeit. Die genannten Zahlen sind nicht als Richtschnur für Berechnungsspannungen gedacht.

Elastizitätsmodul 64 kN mm^{-2}

Poissonsche Zahl 0,2

DIN ISO 3586 Apparate, Rohrleitungen und Fittings aus Glas; Allgemeine Grundsätze für Prüfung, Umgang und Gebrauch (Jul 1976)

Diese als DIN-Norm übernommene Internationale Norm stellt allgemeine Grundsätze über Prüfung, Umgang und Gebrauch von Apparaten, Rohrleitungen und Fittings aus Glas einschließlich der in ISO 3587 und DIN ISO 4704 behandelten Bauteile auf. Sie befaßt sich nicht mit der Konstruktion der Bauteile. Aufmerksamkeit verdient die Bedeutung der Einhaltung der Sicherheitsvorschriften.

Es werden folgende Einzelpunkte behandelt:
Werkstoff, Prüfungen, Eingang und Lagerung, Montage, Demontage, Betrieb, Sicherheit, Wartung, Wärmeeigenschaften, mechanische Eigenschaften, elektrostatische Aufladung, Angaben des Herstellers.

DIN ISO 3587 Apparate, Rohrleitungen und Fittings aus Glas; Rohrleitungen und Fittings DN 15 bis DN 150, Verbindbarkeit und Austauschbarkeit (Okt 1976)

Diese als DIN-Norm übernommene Internationale Norm legt die wesentlichen Anforderungen für die Verbindbarkeit und die Austauschbarkeit von Rohrleitungen und Fittings aus Borosilikatglas für die Nennweiten 15 bis 150 fest.

Die Norm berücksichtigt die Existenz zweier am Markt eingeführter Verbindungssysteme.

Bezeichnung der Teile von Verbindungssystemen s. Bild **3.257**.

Die Norm nennt Maße, die eingehalten werden müssen, wenn Glasteile mit **kugeligen Enden** oder **planen Enden** unterschiedlicher Ausprägung miteinander oder wenn plane Enden mit Enden aus beliebigen Werkstoffen verbunden werden sollen, s. Bilder **3.258** und **3.259**.

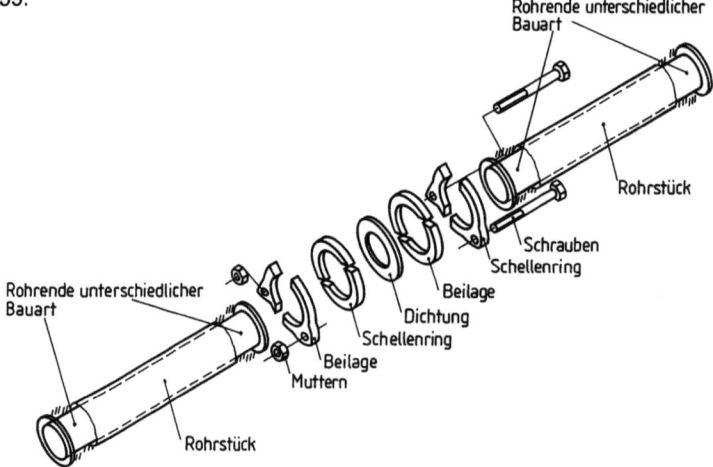

3.257 Bezeichnung von Teilen bei Glasrohrverbindungen nach DIN ISO 3587

3.2.13 Apparate aus Glas und Kunststoffen

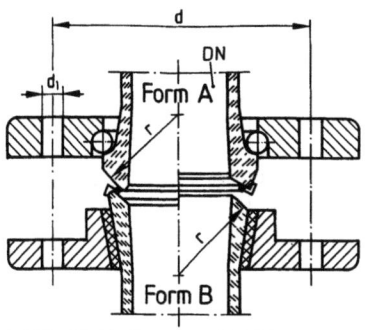

3.258 Verbindung von Glasleitungen nach DIN ISO 3587: Kugel-Kugel

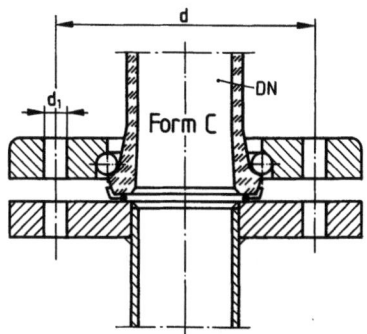

3.259 Verbindung von Glasleitungen nach DIN ISO 3587: Plan-Flansch aus beliebigem Werkstoff

DIN ISO 4704   Apparatebauteile aus Glas (Dez 1977)

Aufgezeigt werden die wesentlichen Anforderungen an die Verbindbarkeit und die Austauschbarkeit von Apparatebauteilen aus Glas. Die Norm führt nicht nur genormte Maße auf, sondern gibt, soweit angängig, auch zusätzliche Informationen, die von den Herstellern entweder in ihren Katalogen anzugeben oder dem Benutzer auf Verlangen mitzuteilen sind.

Die in dieser Norm behandelten Bauteile sollen aus Borosilikatglas 3.3 hergestellt sein, das sowohl gegen thermische als auch chemische Beanspruchung widerstandsfähig ist. Eigenschaften siehe DIN ISO 3585.

Um sicherzustellen, daß unterschiedliche Rohrendenformen und Rohrflansche aus anderen Werkstoffen als Glas zusammengeschraubt werden können, ist an den Endflächen der Anschlüsse eine ringförmige Zone erforderlich, die Erzeugnissen aus verschiedenen Fertigungen zur Aufnahme einer geeigneten Dichtung gemeinsam ist (s. Bild 3.260 und Tab. 3.261).

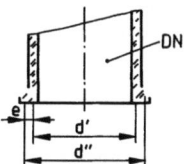

3.260 Glasapparateanschlüsse, ringförmige Zone zur Verbindbarkeit nach DIN ISO 4704

Tabelle 3.261   Glasapparateanschlüsse, ringförmige Zone zur Verbindbarkeit, Maße nach DIN ISO 4704

DN	80	100	150	200	225	300	400	450	600	800	1000
d' max.	87	111	163	216	235	312	420	479	628	840	1035
d'' min.	93	117	169	227	255	334	442	490	650	890	1065
e min.	3	3	3	5,5	10	11	11	5,5	11	25	15

Wegen der Verbreitung von Glasbauteilen mit unterschiedlich geformten Rohrenden weichen die von den Herstellern der Glasanlagen mitgelieferten Schellenringe in ihrer Gestalt, im Lochkreisdurchmesser sowie nach Anzahl und Durchmesser der Schraubenlöcher voneinander ab.

Um sicherzustellen, daß unterschiedliche Rohrendenformen zusammengeschraubt werden können, soll ein zu den Rohrenden passender Übergangsschellenring Verwendung finden.

Die Übergangsschellenringe sollen die in Tab. 3.262 angegebenen Lochkreisdurchmesser, Lochanzahlen und Lochdurchmesser haben.

Zum Dichten zwischen Rohrenden unterschiedlicher Form soll eine Dichtung mit einem Durchmesser benutzt werden, der zur ringförmigen Zone nach Bild 3.260 und Tab. 3.261 paßt.

DIN ISO 4704 beschreibt folgende Teile:

Rohre, Kolonnenschüsse, Thermometertaschen, ungleichschenklige T-Stücke, Kolonnen-Einleitrohre, Kolonnenhauben, Reduzierstücke, Rückflußteiler, Druckbegrenzungsventile.

Tabelle 3.262 Schellenringe, Anschlußmaße nach DIN ISO 4704

DN	80	100	150	200	225	300	400	450	600	800	1000	1200	1400
Lockkreisdurchmesser d	160	180	240	295	325	400	515	565	725	950	1160	1380	1590
Anzahl der Löcher n	8	8	8	8	8	12	16	20	20	24	28	32	36
Lochdurchmesser d_1	9,5	9,5	10,5	11	11	11	11	14	14	14	14	18	18

Für jedes Teil sind in der Norm eine Beschreibung, genormte Maße und vom Hersteller zu gebende Informationen angeführt.

Beispiel Kolonnenhauben

Beschreibung. Eine Kolonnenhaube ist ein Bauteil zum Ansetzen am Kopf oder am Boden einer Kolonne. Sie hat einen seitlichen Anschlußstutzen rechtwinklig zur Achse und einen in der Nennweite reduzierten axialen Anschlußstutzen.

Genormte Maße (s. Tab. 3.264)

DN Nennweite des Bauteils
DN_1 Nennweite des seitlichen Anschlußstutzens
DN_2 Nennweite des axialen Anschlußstutzens

Vom Hersteller zu gebende Informationen

L Gesamtlänge der Kolonnenhaube
L_1 Abstand von Mittelachse des Bauteils zur Stirnfläche am Rohrende des seitlichen Anschlußstutzens
L_2 Abstand von Mittelachse des seitlichen Anschlußstutzens bis Stirnfläche am Rohrende des größeren axialen Anschlusses

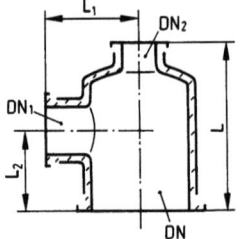

3.263 Kolonnenhauben nach DIN ISO 4704

Tabelle 3.264 Kolonnenhauben, Anschlüsse nach DIN ISO 4704

DN	DN_1	DN_2
80	25	25
	40	25
	50	25
100	50	25
150	50	25
	80	25
200	80	40
	80	50
	100	40
	100	50
225	80	40
	100	40
300	100	40
	100	50
	150	40
	150	50
400	150	50
	200	50
450	150	50
	200	50
	225	50
600	200	50
	225	50
	300	50
	300	100
800	300	150

DIN 28043 T1 Apparate und Behälter aus glasfaserverstärkten Duroplasten; Konstruktionsbeispiele; Vorschlag für eine europäische Norm (Entw. Aug 1991)

Diese Norm ist aus einer gemeinsamen Werknorm von Unternehmen der chemischen Industrie unter Mitwirkung von Kunststoffverarbeitern entstanden.

Sie enthält bewährte Konstruktionsbeispiele: Übergänge Zylinder – Boden, Apparateflansche und Mannlochverschlüsse, Verbindung Behälter – Stutzen, Blockflansche, Tragelemente, Geländer-, Bühnen- und Leiterbefestigungen usw. Hierzu werden jeweils Laminataufbau und maßliche Zusammenhänge erläutert.

3.2.14 Chemieöfen

DIN 28070 Chemieöfen mit Auskleidung; Grundsätze für die Konstruktion der Öfen (Nov 1986)

Auskleidungen sind die thermisch beanspruchten Teile eines Ofens aus feuerfesten, chemisch beständigen und/oder wärmedämmenden Baustoffen.
Für mit innerem Überdruck betriebene, ummantelte Chemieöfen sind zusätzlich die Druckbehälterverordnung und die Technischen Regeln Druckbehälter anzuwenden (s. auch Abschn. 2.1.2).

Bauart. Nach der Bauart unterscheidet die Norm folgende Öfen
a) Chemieöfen, die nicht bewegt werden, deren Gehäuse nicht gasdicht zu sein braucht, und die in der Hauptsache aus Mauerwerk bestehen.
b) Chemieöfen, die nicht bewegt werden und von deren Gehäuse Gasdichtheit verlangt wird. Sie müssen außen mit gasdichter gegebenenfalls tragender Verkleidung versehen werden.
c) Bewegliche Chemieöfen, (z. B. Drehöfen, Kippöfen) und Öfen, die mit Überdruck betrieben werden. Diese müssen einen tragenden metallischen Mantel haben.

In der Norm behandelte Einzelheiten:
– Formgebung
– Bemessung, Einflußgrößen
– Konstruktion und Werkstattausführung
– Aufstellung, Montage
– Prüfungen

Für die Auskleidung von Chemieöfen sind in der nachfolgend genannten Norm besondere Anweisungen festgelegt.

DIN 28071 Chemieöfen mit Auskleidung; Grundsätze für die Auskleidung (Nov 1986)

Die Grundsätze sind anzuwenden auf die Auskleidung von Chemieöfen nach DIN 28070.
Zur Auskleidung gehören alle aufgetragenen Schichten und keramischen Einbauten.
Einzelheiten s. Norm.

3.2.15 Kesselwagen

DIN 26010 Kesselwagen mit 20 t Radsatzlast für Regelspur; Typen, Übersicht (Jan 1986)

In der vorliegenden Norm sind Auswahlreihen für die wichtigsten Maße der Kesselwagen festgelegt. Die Fassungsvermögen der Tanks berücksichtigen die bedeutendsten Gruppen von Ladegütern. Für die Fahrzeugbegrenzung sind die Anlagen 8 und 11 der Eisenbahn-Bau- und -Betriebsordnung (EBO) maßgebend. Weitere Grundlagen zur Bestimmung der Hauptmaße, Bauausführung der Tanks und Lastmerkmale der Kesselwagen ist das UIC[1]-Merkblatt 573 sowie Anhang XI der Anlage zur GGVE[2]) und Technische Vorschriften für den Bau von Güterwagen (TVG) – TVG 1 (DS 950/1).

---

[1]) Internationaler Eisenbahnverband
[2]) Gefahrgutverordnung Eisenbahn

Tabelle 3.265 Kesselwagen mit 4 Radsätzen nach DIN 26010, Auswahlreihen

Untergestell		Tank		
Länge über Puffer LüP	Drehzapfen- abstand a	Durchmesser außen d	Länge über Böden l	Nennvolumen in m³
13 700	8 660	2000 2200	10 960 bis 11 860	33 bis 36 40 bis 43
14 400	9 360	2300 2400 2500 2600 2700 2800 2900	11 660 bis 12 560	47 bis 50 51 bis 55 55 bis 59 59 bis 64 64 bis 69 69 bis 74 74 bis 80
14 900	9 860	2600	12 160 bis 13 060	62 bis 67
15 700	10 200	2600 2700 2800 2900	12 960 bis 13 860	66 bis 71 71 bis 76 76 bis 82 82 bis 88
16 100	11 060	2700 2900 3000	14 300 13 360 bis 14 260 14 260	80 85 bis 91 95
18 000	12 100	3000	16 160	110

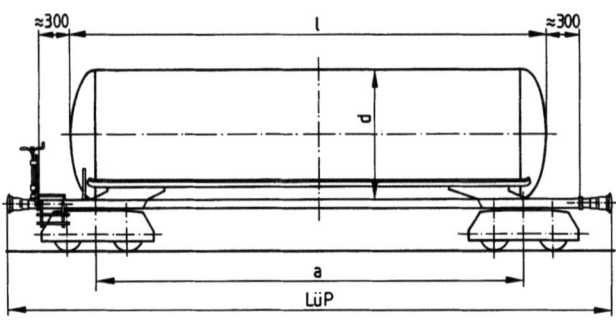

3.266
Kesselwagen mit 4 Radsätzen nach DIN 26010

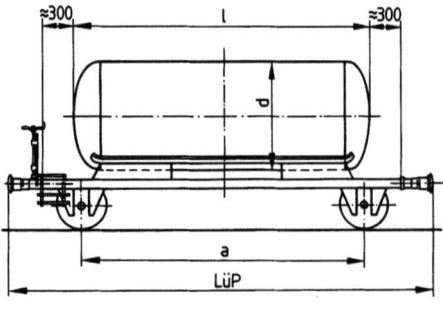

3.267
Kesselwagen mit 2 Radsätzen nach DIN 26010

3.2.15 Kesselwagen

Tabelle 3.268 Kesselwagen mit 4 Radsätzen nach DIN 26010; Tankwerkstoff, Ausrüstung, Befüllung

Nennvolumen in m³	Tankdurchmesser außen d	Tankwerkstoff	Ausrüstung	Ladegut (Beispiele)	Füllmenge
34	2000	Baustahl, mit oder ohne Auskleidung, nichtrostender Stahl, Aluminium	Ausrüstung s. DIN 26013, DIN 26021, DIN 26024, DIN 26025, DIN 26030; mit oder ohne Wärmedämmung; mit oder ohne Heizung; Tank möglichst mit Restmengenentleerung (z. B. Tankneigung 1°)	Produkte der chemischen Industrie (Säuren, Laugen usw.)	Entsprechend dem Ladegut und Füllfaktor (Anhang XI der Anlage zur GGVE)
40	2200				
53	2400				
60	2600				
70	2600				
80	2700				
65	2600	Baustahl	Ausrüstung s. DIN 26012, DIN 26020, DIN 26024, DIN 26025, DIN 26027, DIN 26030; mit oder ohne Wärmedämmung; mit oder ohne Heizung; Tank möglichst mit Restmengenentleerung (z. B. Tankneigung 1°)	Schweres Heizöl, Teer, Bitumen	Entsprechend dem Ladegut und Füllfaktor (Anhang XI der Anlage zur GGVE)
77	2900			sonstige Mineralölprodukte (brennbare Flüssigkeiten u. a.)	
88	2900				
47	2300	Feinkornbaustahl	Ausrüstung s.: DIN 26026, DIN 26028, DIN 26029 T1 und T2, DIN 26030; mit oder ohne Sonnenschutz; Kesselwagen müssen mit Hochleistungspuffern mit einer Arbeitsaufnahme von mindestens 50000 J ausgerüstet sein.	Chlor	Höchstgewicht der Füllung in kg je Liter Fassungsraum nach Anhang XI, Ziffer 2.5.2.2 der Anlage z. Verordnung über die Beförderung gefährlicher Güter mit der Eisenbahn (GGVE)
70	2800			Vinylchlorid, Methylchlorid	
95	3000			Propan, Propan- bzw. Butangemische, Ammoniak	
110	3000				

Tabelle 3.269 Kesselwagen mit 2 Radsätzen nach DIN 26010, Auswahlreihen

Untergestell		Tank		
Länge über Puffer LüP	Radstand a	Durchmesser außen d	Länge über Böden l	Nennvolumen in m³
9300	6000	1800	6500 bis 7460	16 bis 18
		2000		19 bis 22
		2200		23 bis 27
		2300		26 bis 30
		2400		28 bis 32
		2500		30 bis 35
		2600		32 bis 37
		2700		35 bis 40

Tabelle 3.270 Kesselwagen mit 2 Radsätzen nach DIN 26010; Tankwerkstoff, Ausrüstung, Befüllung

Nennvolumen in m³	Tankdurchmesser außen d	Tankwerkstoff	Ausrüstung	Ladegut (Beispiele)	Füllmenge
18	1800	Baustahl, mit oder ohne Auskleidung, nichtrostender Stahl, Aluminium	Ausrüstung s.: DIN 26013, DIN 26021, DIN 26024, DIN 26025, DIN 26030; mit oder ohne Wärmedämmung; mit oder ohne Heizung	Produkte der chemischen Industrie (Säuren, Laugen usw.)	Entsprechend dem Ladegut und Füllfaktor (Anhang XI der Anlage zur GGVE)
20	2000				
24	2200				
30	2400				
36	2600				
40	2700				

3.2.16 Pumpen

S. hierzu auch Abschn. 4.2.2 Anforderungen, Abnahmeregeln, Prüfungen für Pumpen.

DIN 24250 Kreiselpumpen; Benennung und Benummerung von Einzelteilen (Jan 1984)

Für jede Benennung ist eine die Teile klassifizierende Nummer (nachfolgend kurz Teile-Nummer genannt) festgelegt. Sie stellt die Verbindung zwischen Darstellung und Benennung her und soll in Zeichnungen, Prospekten, Ersatzteillisten und Einzelteilverzeichnissen sowie in der Lagerhaltung und Datenverarbeitung Verwendung finden.

Tabelle 3.271 Hauptgruppenübersicht (1. Stelle der dreistelligen Benummerung)

Hauptgruppen-Nr	Benennung	Gruppennummernbereich
1	Gehäuse und Gehäuseteile	10 bis 19
2	Läufer und Läuferteile	20 bis 29
3	Lager und Lagerteile	30 bis 39
4	Dichtungen	40 bis 49
5	Allgemeine Konstruktionselemente	50 bis 59
6	Hilfseinrichtungen	60 bis 69
7	Rohrleitungen und Armaturen	70 bis 79
8	Antriebe und Übertragungselemente	80 bis 89
9	Norm- und Katalogteile	90 bis 99
0	Sonstiges	00 bis 09

Werden in einer Hauptzeichnung oder in einer ähnlichen Unterlage gleiche Teile-Arten, jedoch unterschiedlicher Form, Größe oder aus unterschiedlichen Werkstoffen, dargestellt, so sind die betreffenden Teile mit derselben Teile-Nummer zu kennzeichnen, der zur Unterscheidung – getrennt durch ein Gliederungszeichen, z. B. einen Punkt – eine Zählnummer angefügt wird (z. B. 411.1, 411.2 oder 411.01, 411.02 usw. bzw. 41.11, 41.12 usw.).

DIN 24250 enthält ferner Schnittbilder und Teilebenennungen für die folgenden Pumpen bzw. Baugruppen:

3.2.16 Pumpen

Einstufige Spiralgehäusepumpe mit Lagerträger
Einstufige Spiralgehäusepumpe mit Lagerbock
Einstufige Spiralgehäusepumpe; Einzelheit: Lagerung
Einstufige Spiralgehäusepumpe mit gekühlter Stopfbuchse und mit Lagerbock
Zweistufige Spiralgehäusepumpe mit Schleißwänden
Einstufige Spiralgehäusepumpe mit Gehäusepanzer
Längsgeteilte Spiralgehäusepumpe, beidseitig gelagert, doppelströmig, einstufig
Längsgeteilte Spiralgehäusepumpe, beidseitig gelagert, zweiströmig, zweistufig
Mehrstufige Kreiselpumpe mit Gliedergehäusebauart
Mehrstufige Kreiselpumpe in Mantelgehäusebauart
Vertikale Halbaxialkreiselpumpe für Trockenaufstellung
Bohrlochwellenpumpe
Vertikale Axialkreiselpumpe; Einzelheit: Schaufelverstellung durch Elektromotor
Vertikale Mantelgehäusepumpe
Vertikale Axialkreiselpumpe mit herausziehbarem Laufzeug
Vertikale Radialkreiselpumpe, längsgeteilt, zweistufig, mit Ansaugestufe
Mehrstufige Kreiselpumpe mit Selbstansaugestufe
Seitenkanalpumpe, zweistufig
Seitenkanalpumpe; Einzelheit: Lagerung
Seitenkanalpumpe; Einzelheit: Wellendichtung
Tragbare Kleinpumpe, selbstansaugend
Einstufige Spiralgehäusepumpe in Blockbauweise
Umwälzpumpe
Tauchmotorpumpe
Tauchmotorpumpe mit Stufengehäuse
Tauchmotorpumpe mit Leitrad und Leitschaufelgehäuse
Stopfbuchslose Umwälzpumpe
Spaltrohrmotorpumpe
Gleitringdichtung

Bild 3.272 und Tab. 3.273 zeigen am Beispiel der einstufigen Spiralgehäusepumpe mit Lagerträger die Darstellungsweise in der Norm.

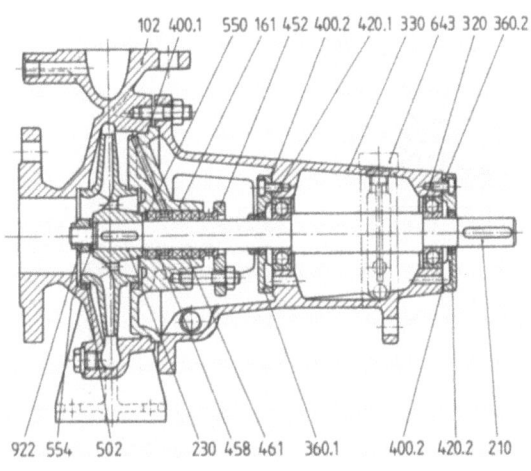

3.272 Einstufige Spiralgehäusepumpe mit Lagerträger nach DIN 24250

Tabelle 3.273 Teile zu Bild 3.272

Teile-Nr	Benennung
102	Spiralgehäuse
161	Gehäusedeckel
210	Welle
230	Laufrad
320	Wälzlager
330	Lagerträger
360.1	Lagerdeckel
360.2	Lagerdeckel
400.1	Flachdichtung
400.2	Flachdichtung
420.1	Wellendichtring
420.2	Wellendichtring
452	Stopfbuchsbrille
458	Sperring
461	Stopfbuchspackung
502	Spaltring
550	Scheibe
554	Unterlegscheibe
643	Ölstandmeßstab
922	Laufradmutter

DIN 24251 Wasserhaltungspumpen (Aug 1973)

Genormt sind die Maße nach Bild 3.274 für drei- bis fünfzehnstufige Pumpen, die einen Förderbereich von $H = 100$ m bis $H = 1000$ m bei $Q = 63$ m³/h bis $Q = 500$ m³/h abdecken. Der Saugstutzen der Pumpen entspricht PN 10, der Druckstutzen dem Nenndruck für den jeweils erreichbaren Pumpenenddruck.

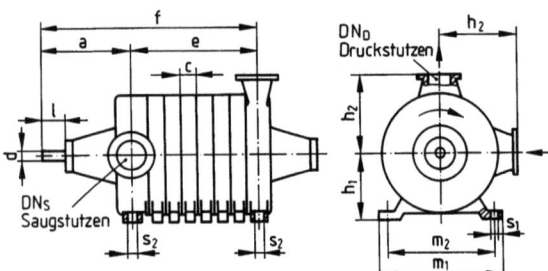

3.274
Mehrstufige Wasserhaltungspumpe nach DIN 24251

DIN 24252 Kreiselpumpen mit Schleißwänden PN 10 (Okt 1966)

Genormt sind die Maße nach Bild 3.275 für Kreiselpumpen mit Schleißwänden, die einen Förderbereich von $H = 20$ m bis $H = 50$ m bei $Q = 63$ m³/h bis $Q = 630$ m³/h haben.

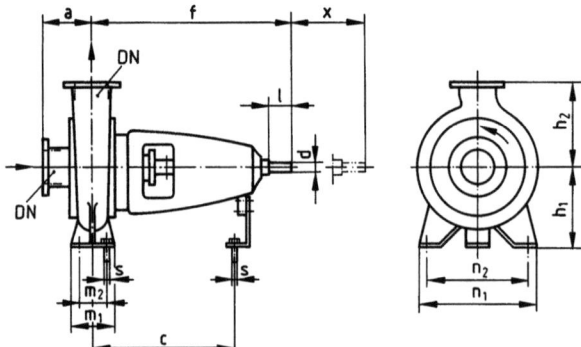

3.275
Kreiselpumpe mit Schleißwänden nach DIN 24252

DIN 24254 Seitenkanalpumpen PN 40 (Aug 1979)

Diese Norm gilt für Seitenkanalpumpen für schwere Anforderungen mit Nenndruck PN 40.

Seitenkanalpumpen sind Flüssigkeitspumpen, die ohne zusätzliche Hilfseinrichtungen die Eintrittsleitung evakuieren und dadurch die zu fördernde Flüssigkeit selbsttätig ansaugen. Sie müssen im stationären Betrieb ein Flüssigkeits-Gas-Gemisch mit einem Gasanteil von mindestens 30 Volumenprozent, bezogen auf den Eintrittszustand, fördern können. Bedingt durch besondere Gegebenheiten, z. B. Temperatur, Werkstoff, Wellendichtung, muß der zulässige Betriebsüberdruck nicht in jedem Fall den Nenndruck erreichen.

3.2.16 Pumpen

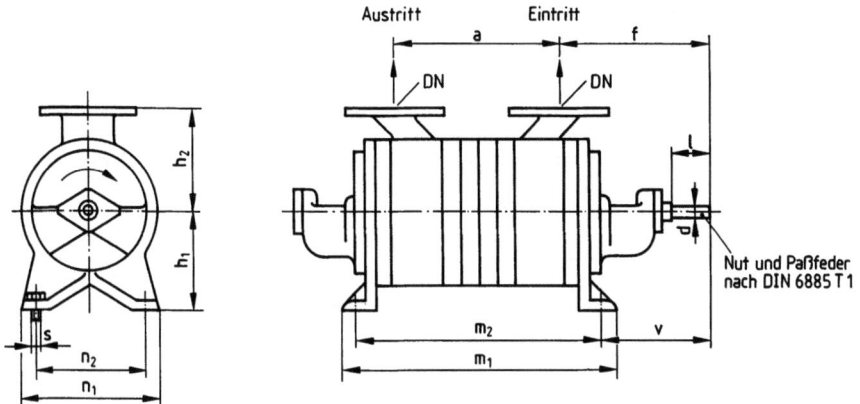

3.276 Seitenkanalpumpen, PN 40 nach DIN 24254

Tabelle 3.277 Seitenkanalpumpen PN 40, Förderbereich nach DIN 24254

Größe	Anzahl Stufen	Nennleistung bei 1450 min^{-1} ($= 24$ s^{-1})			DN[2])
		Nennförderstrom[1])		Nennförderhöhe[1])	
		in m³/h	in l/s	in m	
20	1			20	
	2	1,25	0,35	40	20
	[3])			20[4])	
31	1			20	
	2	2,5	0,7	40	32
	[3])			20[4])	
32	1			20	
	2	5	1,4	40	32
	[3])			20[4])	
40	1			20	
	2	10	2,8	40	40
	[3])			20[4])	
50	1			20	
	2	16	4,5	40	50
	[3])			20[4])	
65	1			20	
	2	25	7	40	65
	[3])			20[4])	

[1]) Nennförderströme sowie die dazu angegebenen Nennförderhöhen sind Richtwerte, die sich auf Flüssigkeitsförderung beziehen. Die genauen Werte sind den Unterlagen der Hersteller zu entnehmen.
[2]) Anschlußmaße der Flansche nach DIN 2501 T1.
[3]) Die verlangte Anzahl von Stufen ist in der Bezeichnung anzugeben. Die maximal mögliche Anzahl von Stufen ist den Unterlagen der Hersteller zu entnehmen.
[4]) Bei jeder weiteren Stufe erhöht sich die Nennförderhöhe um diesen Wert.

DIN 24255 Kreiselpumpen mit axialem Eintritt PN 10 mit Lagerträger (Nov 1978)

Diese Norm legt Bezeichnungen, Nennleistungen und Hauptmaße für Kreiselpumpen PN 10 mit axialem Eintritt fest. Bedingt durch besondere Gegebenheiten, z. B. Temperatur, Werkstoff, Wellendichtung darf der zulässige Betriebsüberdruck nicht in jedem Fall den Nenndruck erreichen. Für Pumpen nach dieser Norm hat sich umgangssprachlich der Begriff „**Wassernormpumpe**" eingeführt.

Tabelle 3.278   Kreiselpumpen nach DIN 24255, Förderbereiche

Größe	Laufrad-nenn-durch-messer	Leistung bei 1450 min^{-1} Nennförderstrom in m³/h	Leistung bei 1450 min^{-1} Nennförderhöhe[1]) in m $\approx$	Leistung bei 2900 min^{-1} Nennförderstrom in m³/h	Leistung bei 2900 min^{-1} Nennförderhöhe[1]) in m $\approx$	Flanschanschluß-maße n. DIN 2501 T1 für PN 10[2]) DN Eintritt	Flanschanschluß-maße n. DIN 2501 T1 für PN 10[2]) DN Austritt
32–125	125		5		20		
32–160	160	6,3	8	12,5	32	50	32
32–200	200		12,5		50		
40–125	125		5		20		
40–160	160	12,5	8	25	32	65	40
40–200	200		12,5		50		
40–250	250		20		80		
50–125	125		5		20		
50–160	160	25	8	50	32	65	50
50–200	200		12,5		50		
50–250	250		20		80		
65–125	125		5		20		
65–160	160	50	8	100	32	80	65
65–200	200		12,5		50		
65–250	250		20		80		
65–315	315		32	–	–		
80–160	160		8		32		
80–200	200	80	12,5	160	50	100	80
80–250	250		20		80		
80–315	315		32	–	–		
100–200	200		12,5		50		
100–250	250	125	20	250	80	125	100
100–315	315		32	–	–		
100–400	400		50				
125–250	250		20				
125–315	315	200	32	–	–	150	125
125–400	400		50				
150–315	315	315	32	–	–	200	150
150–400	400		50				

[1]) Die zu den Nennförderströmen angegebenen Nennförderhöhen sind Richtwerte. Die genauen Werte sind den Unterlagen der Hersteller zu entnehmen.
[2]) Der zulässige Temperaturbereich ist den Unterlagen der Hersteller zu entnehmen.

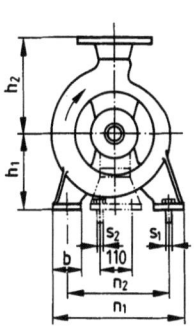 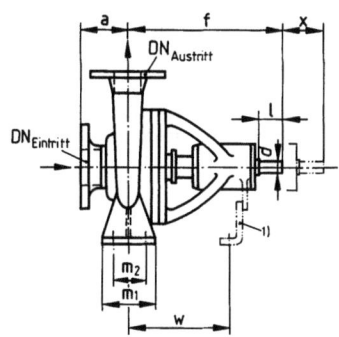

3.279 Kreiselpumpe PN 10 (Wassernormpumpe) nach DIN 24255
[1]) Unterstützung des Lagerträgers

DIN 24256 Kreiselpumpen mit axialem Eintritt PN 16 mit Lagerträger (Nov 1978)

Diese Norm legt Bezeichnungen, Nennleistungen und Hauptmaße für Kreiselpumpen PN 16 mit axialem Eintritt fest. Bedingt durch besondere Gegebenheiten, z. B. Temperatur, Werkstoff, Wellendichtung darf der zulässige Betriebsüberdruck nicht in jedem Fall den Nenndruck erreichen. Für Pumpen nach dieser Norm hat sich umgangssprachlich der Begriff **„Chemienormpumpe"** eingeführt.

Pumpen nach DIN 24254, DIN 24255 und DIN 24256 sind die am weitaus häufigsten in der chemischen Industrie eingesetzten genormten Pumpen.

Grundplatten für diese Pumpen und Hinweise zu deren Auswahl für die Kombination aus Pumpen- und Motorgröße s. DIN 24259 T 2. Packungsstopfbuchsen werden zur Abdichtung zwischen rotierenden und ruhenden Pumpenteilen in der chemischen Industrie kaum noch verwendet, häufig dagegen Einfach- und Doppel-Gleitringdichtungen nach DIN 24960 (s. Normen).

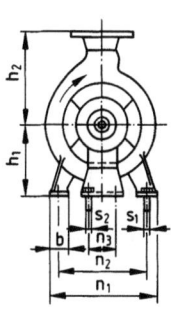 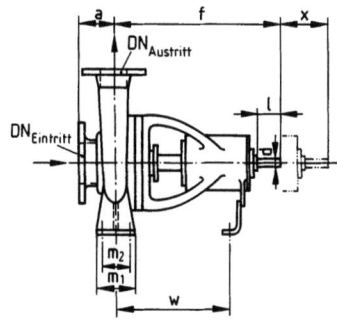

3.280 Kreiselpumpe PN 16 (Chemienormpumpe) nach DIN 24256

Tabelle 3.281 Kreiselpumpen nach DIN 24256, Förderbereiche

Größe	Laufrad-nenn-durch-messer	Nennleistung bei				Flanschanschluß-maße nach DIN 2501 T1 für PN 10 DN	
		1450 min^{-1}		2900 min^{-1}			
		Nenn-förderstrom in m^3/h	Nenn-förderhöhe[1]) in m ≈	Nenn-förderstrom in m^3/h	Nenn-förderhöhe[1]) in m ≈	Eintritt	Austritt
32–125	125	6,3	5	12,5	20	50	32
32–160	160		8		32		
32–200	200		12,5		50		
32–250	250		20		80		
40–125	125	12,5	5	25	20	65	40
40–160	160		8		32		
40–200	200		12,5		50		
40–250	250		20		80		
40–315	315		32		125		
50–125	125	25	5	50	20	80	50
50–160	160		8		32		
50–200	200		12,5		50		
50–250	250		20		80		
50–315	315		32		125		
65–125	125	50	5	100	20	100	65
65–160	160		8		32		
65–200	200		12,5		50		
65–250	250		20		80		
65–315	315		32		125		
80–160	160	80	8	160	32	125	80
80–200	200		12,5		50		
80–250	250		20		80		
80–315	315		32		125		
80–400	400		50	–	–		
100–200	200	125	12,5	250	50	125	100
100–250	250		20		80		
100–315	315		32		125		
100–400	400		50	–	–		
125–250	250	200	20	–	–	150	125
125–315	315		32				
125–400	400		50				
150–250	250	315	20	–	–	200	150
150–315	315		32				
150–400	400		50				

[1]) Die zu den Nennförderströmen angegebenen Nennförderhöhen sind Richtwerte.

Die genauen Werte sind den Unterlagen der Hersteller zu entnehmen.

DIN 24960 Gleitringdichtungen; Einbaumaße, Hauptmaße, Bezeichnung und Werkstoffschlüssel (Jun 1992)

Die Norm behandelt Gleitringdichtungen (GLRD) mit umlaufendem und solche mit stationärem Federteil.

Für erstere sind Festlegungen getroffen bis zu einem Durchmesser der abzudichtenden Wellen von 100 mm. Bis etwa 60 mm finden diese Dichtungen Verwendung z. B. für Kreiselpumpen nach DIN 24255 und DIN 24256.

Die hierzu genormten Dichtungsräume orientieren sich an den ursprünglich bei den Kreiselpumpen vorgesehenen Stopfbuchsdichtungen.

Diese relativ engen Dichtungsräume führten bei Einzel- und Doppel-GLRD in unentlasteter (U) und in entlasteter (B) Form zu preiswerten Dichtungen, die insbesondere gegen reine Flüssigkeiten gute Betriebsergebnisse brachten. Wegen gesteigerter Ansprüche hinsichtlich der beherrschbaren Wärmebelastungen an den Dichtflächen und für den Einsatz gegen feststoffbelastete Flüssigkeiten wurden GLRD mit stationärem Federteil entwickelt, die für Wellendurchmesser von 30 bis 60 mm genormt sind.

Beispiel Doppel-GLRD s. Bild 3.282

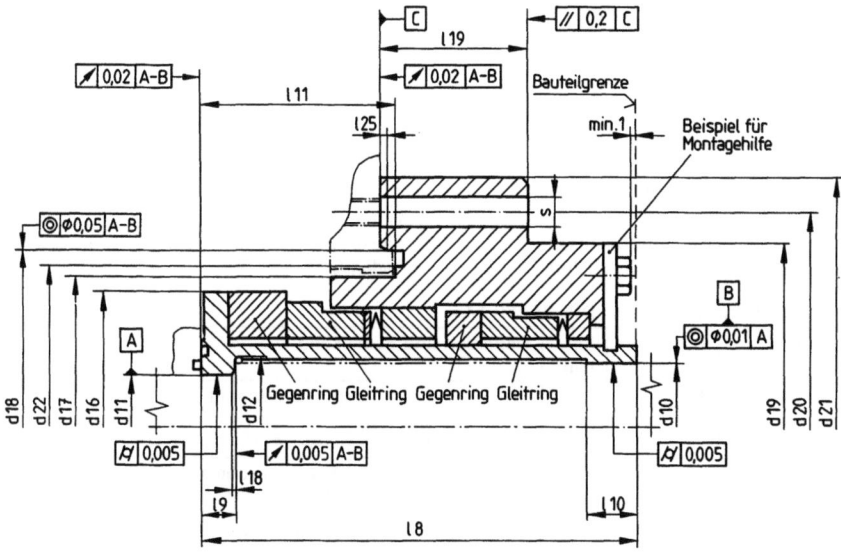

3.282 Doppel-GLRD mit stationären Federteilen nach DIN 24960

DIN 24260 T1 Kreiselpumpen und Kreisel-Pumpanlagen; Begriffe, Formelzeichen, Einheiten (Sep 1986)

Diese Norm behandelt die für Flüssigkeitsförderung durch Kreiselpumpen benötigten Begriffe, Formelzeichen und Einheiten.

Außer den in der Spalte „Einheit" aufgeführten Einheiten können auch alle anderen gesetzlichen Einheiten verwendet werden.

3.2 Apparate und Maschinen

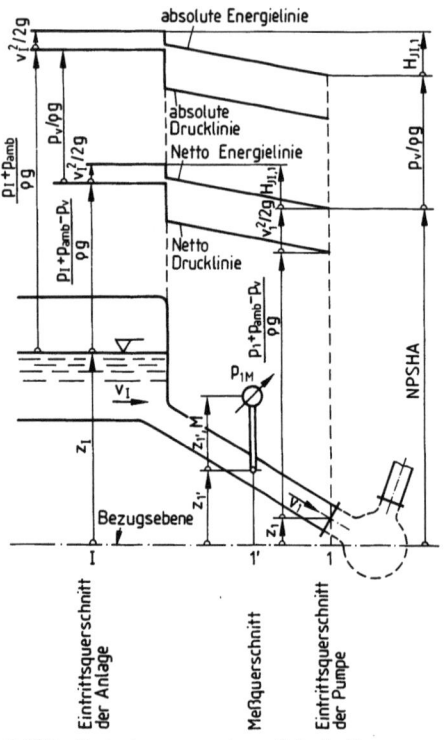

3.283 Kreiselpumpenanlage, Zulaufseite; Höhenbegriffe nach DIN 24260 T1

Auf Bauteile von Kreiselpumpen und Kreiselpumpanlagen bezogene Begriffe, Formelzeichen und Einheiten sind nicht Inhalt dieser Norm.

In dieser Norm wird für den Förderstrom Q und die Förderhöhe H nur der Bereich positiver Werte behandelt.

Behandelt werden Begriffe aus den Bereichen

Volumenstrom, Massestrom, Höhe, Spezifische Energie, Querschnitt, Geschwindigkeit, Druck, Leistung, Wirkungsgrad, Kennlinie, Drehzahl, Pumpendrehsinn, Kennzahl.

Beispielhaft sind hier Höhenbegriffe aus der Norm wiedergegeben (s. Bild **3.283** und Tab. **3.284**).

Bezüglich der Benennung von Kreiselpumpen nach Wirkungsweise und konstruktiven Merkmalen s. VDMA-Einheitsblatt 24261 T1.[1]

---

[1]) Verband Deutscher Maschinen- und Anlagenbau e.V.; Merkblätter zu beziehen durch: Beuth Verlag GmbH, Berlin

Tabelle **3.284** Höhenbegriffe aus DIN 24260 T1

Benennung	Formelzeichen	Einheit	Definition und Bemerkung
Austrittsseitige Verlusthöhe	$H_{J2,II}$	m	Verlusthöhe vom Austrittsquerschnitt der Pumpe bis zum Austrittsquerschnitt der Anlage (Rohrreibungsverluste, Verluste in Armaturen usw., Auslaßverluste)
Gesamtverlusthöhe der Anlage	H_{Jt}	m	Summe aus ein- und austrittsseitigen Verlusten. Die Verluste innerhalb der Pumpe gehören nicht dazu. $H_{Jt} = H_{J1,1} + H_{J2,II}$
NPSH (Net positive suction head)	(NPSH)	m	Netto Energiehöhe (= absolute Energiehöhe abzüglich der Verdampfungsdruckhöhe) im Eintrittsquerschnitt der Pumpe. Dabei ist die Verdampfungsdruckhöhe mit dem Verdampfungsdruck zu rechnen, der zu der im Eintrittsquerschnitt der Pumpe herrschenden Temperatur gehört.
Vorhandene *NPSH*	(NPSHA)	m	Von seiten der Anlage bei einem gegebenen Förderstrom und der jeweiligen Förderflüssigkeit gegebene *NPSH* $$NPSHA = z_1 + \frac{p_1 + p_{amb} - p_v}{\delta \cdot g} + \frac{v_1^2}{2g}$$ $$= z_{1'} + \frac{p_{1'} + p_{amb} - p_v}{\delta \cdot g} + \frac{v_{1'}^2}{2g} - H_{J1,1}$$
Erforderliche *NPSH*	(NPSHR)	m	Kleinster Wert der *NPSH*, bei dem ein bestimmtes Kavitationskriterium eingehalten wird, z.B. Förderhöhenabfall, Geräusch, Schwingung, Dampfblasenausbreitung, Kavitationsverschleiß.

DIN 24295 Pumpen und Pumpenaggregate für Flüssigkeiten; Sicherheitstechnische Anforderungen (Mrz 1981)

Diese Norm gilt für Pumpen und Pumpenaggregate als technische Erzeugnisse im Sinne von DIN 31 000/VDE 1000 (s. Abschn. 1.1.1). Sie schließt Herstellung, Aufstellung, Betrieb und Instandhaltung dieser Erzeugnisse ein.

Eine Pumpe wird in der Regel durch die Eintritts- und Austrittsstutzen sowie Wellenenden ohne Kupplung abgegrenzt.

Eventuell erforderliche Hilfsrohrleitungen sind inbegriffen, jedoch nicht die von der Anlage her notwendigen Rohrleitungen (z. B. Saug- und Druckleitungen). Pumpenaggregate umfassen Pumpen wie oben beschrieben und die Antriebsmaschine mit Übertragungselementen, Grundplatten und gegebenenfalls Hilfseinrichtungen.

Der Begriff Pumpen und Pumpenaggregate umfaßt in dieser Norm Flüssigkeitspumpen der Bauarten Kreiselpumpen, rotierende und oszillierende Verdrängerpumpen sowie Aggregate mit diesen Pumpenbauarten.

Sicherheitstechnische Anforderungen des jeweiligen Einsatzbereichs sind zusätzlich zu beachten, z. B. für Pumpen in Kraftwerken, Raffinerien.

Um die technische Weiterentwicklung von Pumpen und Pumpenaggregaten nicht zu behindern, darf jedoch von den in dieser Norm festgelegten sicherheitstechnischen Anforderungen „abgewichen werden, soweit die gleiche Sicherheit auf andere Weise gewährleistet ist" (s. Gerätesicherheitsgesetz § 3 (1), s. Abschn. 2.1.1).

Die Norm behandelt **sicherheitstechnische Gesichtspunkte** im Zusammenhang mit folgenden Einzelheiten:

Umgebungs- und Betriebsbedingungen, bestimmungsgemäße Verwendung, zulässiger Betriebsüberdruck, Werkstoffe, Oberflächen, Pumpengehäuse, Rohrkräfte und -momente, bewegte Pumpenteile, Rohrleitungen, Antrieb, Berührungsschutz, Zusammenbau, Geräuschemission, Transport, Aufstellung, Inbetriebnahme.

Weitere Einzelheiten zur Geräuschemission sind der VDI-Richtlinie 3743 T1 „Emissionswerte technischer Schallquellen; Pumpen; Kreiselpumpen" zu entnehmen.[1]

Benennung von oszillierenden Verdrängerpumpen nach Wirkungsweise und konstruktiven Merkmalen s. VDMA-Einheitsblatt 24 261 T 2. Dergleichen für rotierende Verdrängerpumpen s. VDMA-Einheitsblatt 24 261 T 3. Weitere Hinweise finden sich im VDMA-Einheitsblatt 24 280 mit dem Titel „Verdrängerpumpen; Begriffe, Zeichen, Einheiten".[2]

DIN 24289 T1 Oszillierende Verdrängerpumpen und -aggregate; Technische Festlegungen (Dez 1987)

Bei den technischen Festlegungen werden entsprechend den zu stellenden Anforderungen zwei Klassen unterschieden:

Klasse A   Pumpen, die überwiegend im Dauerbetrieb eingesetzt werden und/oder deren Ausfall produktions- oder sicherheitstechnisch kritische Auswirkungen hat (z. B. Pumpen für verfahrenstechnische Anlagen).

Klasse B   Pumpen, deren Ausfall keine kritischen Auswirkungen auf Produktionsprozesse oder die Arbeits- und Betriebssicherheit einer Anlage hat (z. B. Pumpen für die industrielle Reinigung).

---

[1] Verein Deutscher Ingenieure; Richtlinien sind zu beziehen durch: Beuth Verlag GmbH, Berlin
[2] Verband Deutscher Maschinen- und Anlagenbau e. V.; Einheitsblätter sind zu beziehen durch: Beuth Verlag GmbH, Berlin

Die Norm DIN 24289 T1 geht z. T. zurück auf die US-amerikanischen Richtlinien des American Petroleum Institute (API), API 674 „Positive Displacement Pumps-Reciprocating" und API 675 „Positive Displacement Pumps-Controlled Volume". Der Anwendungsbereich dieser Norm umfaßt nicht nur oszillierende Verdrängerpumpen und -aggregate für petro-chemische Anlagen, sondern darüber hinaus solche für allgemeine industrielle Anwendung.

DIN 24289 T1 enthält die technischen Anforderungen für Herstellung, Aufstellung, Inbetriebnahme, Betrieb von oszillierenden Verdrängerpumpen und -aggregaten. Ihre Anwendung bedarf der Vereinbarung zwischen Besteller und Hersteller/Lieferer (Einzelheiten s. Norm).

DIN 24290 Strahlpumpen; Begriffe, Einteilung (Aug 1981)

Tabelle 3.285 Strahlpumpen, Benennungen und Definitionen nach DIN 24290

Benennung	Definition
Strahlpumpen	Geräte oder Einrichtungen zum Fördern oder Verdichten von Gasen, Dämpfen, Flüssigkeiten oder Feststoffen durch Übertragung von Bewegungsenergie eines gasförmigen oder flüssigen Treibmediums, welches durch Entspannung auf hohe Geschwindigkeit gebracht und dem zu fördernden oder zu verdichtenden Medium beigemischt wird.
Strahlgaspumpe oder Strahldampfpumpe	Strahlpumpe zum Fördern und/oder Verdichten von Gasen oder von Dämpfen
Strahlventilator	Strahlgaspumpe zum Fördern von gasförmigen Medien bei geringer Drucksteigerung
Strahlkompressor	Strahlgaspumpe zum Fördern und Verdichten von gasförmigen Medien für beliebige Drucksteigerungen mit Ausnahme von Strahlventilatoren oder Strahlvakuumpumpen
Strahlvakuumpumpe	Strahlgaspumpe zum Entfernen von Gasen (einschließlich des den physikalischen Zustandsbedingungen entsprechenden Anteils an Dämpfen) aus einem Raum mit niedrigem, unterhalb des Atmosphärendruckes liegendem Druck
Strahlflüssigkeitspumpe	Strahlpumpe zum Fördern von Flüssigkeiten
Strahlfeststoffpumpe	Strahlpumpe zum Fördern von Feststoffen

Tabelle 3.286 Einteilung der Strahlpumpen nach Treib- und Saugseite entsprechend DIN 24290

Angewendetes Medium	Treibseite	Saugseite
Gase	Gasstrahlpumpe	Strahlgaspumpe oder Strahldampfpumpe als Strahlventilator
Dämpfe	Dampfstrahlpumpe	Strahlkompressor Strahlvakuumpumpe
Flüssigkeiten	Flüssigkeitsstrahlpumpe	Strahlflüssigkeitspumpe
Feststoffe	–	Strahlfeststoffpumpe

DIN 24291 Strahlpumpen; Benennung von Einzelteilen (Apr 1974)

In Form von Schnittbildern mit Positions-Nummern und zugehörigen Tabellen werden die Teile von Gasstrahl-/Dampfstrahlpumpen sowie von Flüssigkeitsstrahlpumpen benannt.

Einzelheiten s. Norm.

3.2.17 Verdichter

S. hierzu Abschn. 4.2.3 Anforderungen, Abnahmeregeln, Prüfungen für Vakuumpumpen, Verdichter und Ventilatoren.

Das VDMA-Einheitsblatt 4365 informiert über Größen, Formelzeichen und Einheiten für Kompressoren und Druckluftwerkzeuge.

3.2.18 Zentrifugen

S. hierzu auch Abschn. 4.2.4 Betriebsanleitungen für Zentrifugen.

DIN 24405 T1 Zentrifugen; Begriffe, Maschinenarten (Entw. Aug 1978)

Zentrifugen sind Maschinen mit einem Rotor, in denen Stoffgemische vornehmlich zum Zwecke der Phasentrennung der Wirkung der Zentrifugalkraft ausgesetzt werden.

Schleudermaschinen für Wäschereien und für Chemischreinigungsbetriebe werden in DIN 11906 behandelt (s. Norm).

Die Benennungen richten sich nach konstruktiven Merkmalen, nach bestimmten Verwendungszwecken (Verwendungsbezeichnung) oder nach gleichen Merkmalen (Sammelbezeichnung).

Tabelle 3.287 Zentrifugen, Auszug aus DIN 24405 T1

Benennung	Definition	Benennungstyp
Beschichtungszentrifuge	Verwendungsbezeichnung für Zentrifugen verschiedener Bauart für das Beschichten der Oberflächen von Massenteilen	B
Blutkonservenzentrifuge	Verwendungsbezeichnung für Becherzentrifugen nach DIN 58970 T4, die zur Trennung oder Anreicherung von Blutzellen und anderen Blutbestandteilen eingesetzt werden und deren Zentrifugenbecher zur Aufnahme von Transfusionsflaschen oder Blutbeuteln bestimmt sind.	B
Coombstestzentrifuge	Verwendungsbezeichnung für zweitourige Becherzentrifugen zur kontinuierlichen oder diskontinuierlichen Wäsche von kleinen Erythrozytenproben für Agglutinationsteste	B
Dekanter	Andere Bezeichnung für Vollmantelschneckenzentrifuge	B
Dekantierzentrifuge	Andere Sammelbezeichnung für Zentrifugen für die Sedimentation (s. auch Vollmantelzentrifuge)	C
Dismulgierzentrifuge	Sammelbezeichnung für Zentrifugen zur Trennung zweier ineinander nicht löslicher Flüssigkeiten	B
Doppelkegelzentrifuge	Die beiden symmetrischen kegeligen Hälften der Vollmanteltrommel werden zur Entleerung des eingedickten Feststoffes auseinandergefahren, so daß ein Spalt entsteht.	A
Dreisäulenzentrifuge	Das Gehäuse der Maschine ist an drei Säulen pendelnd gelagert	A
Dünnschichtzentrifuge	Andere Bezeichnung für Gleitzentrifuge	C
Durchlaufzentrifuge	Das Stoffgemisch wird dem Rotor bei Betriebsdrehzahl zugeführt. Das Feststoffgemisch verbleibt im Innern des Rotors, während die Flüssigkeit kontinuierlich abgeführt wird	A

Benennungstyp A: Benennung nach konstruktiven Merkmalen
B: Benennung nach bestimmtem Verwendungszweck
C: Synonym oder überholte Bezeichnung

Darüber hinaus werden Sonderbauarten, Synonyme und überholte Bezeichnungen, die nicht mehr verwendet werden sollen, erwähnt.

Einen Auszug aus der Benennungs- und Definitionstabelle zeigt Tab. **3.287**.

In einer Matrixdarstellung werden für alle Benennungen vom Typ A die kennzeichnenden konstruktiven Einzelheiten beschrieben:

Art der Rotorlagerung, Rotor, Füllvorgang kontinuierlich oder diskontinuierlich, Feststofftransport und -entleerung, Flüssigkeitsabführung, Trennung (in fest-flüssig, flüssig-flüssig usw.), Verfahren (Sedimentation, Waschen, Extrahieren usw.).

Tabelle **3.288** Einteilung von Zentrifugen nach konstruktiven Merkmalen

Benennung	Beispielhafte Darstellung in Bild
Analytische Zentrifuge	–
Becherzentrifuge	
Doppelkegelzentrifuge	3.289
Dreisäulenzentrifuge	3.290
Durchlaufzentrifuge	3.291
Filterbandzentrifuge	
Freischwingerzentrifuge	
Freistrahlzentrifuge	
Gaszentrifuge	
Gleitzentrifuge	
Hämatokritzentrifuge	
Hängependelzentrifuge	
Horizontalschälzentrifuge	
Hubbodenzentrifuge	
Hubmantelzentrifuge	
Kammerzentrifuge	
Leitkanalzentrifuge	
Prallringzentrifuge	
Prallsiebzentrifuge	
Ringspalttellerzentrifuge	
Röhrenzentrifuge	
Schubzentrifuge	
Schwingzentrifuge	
Siebschneckenzentrifuge	
Stülpfilterzentrifuge	
Taumelzentrifuge	
Tellerzentrifuge	
Vollmantelschneckenzentrifuge	
Zonenzentrifuge	

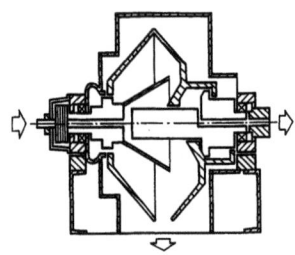

3.289 Doppelkegelzentrifuge, Begriff nach DIN 24405 T1

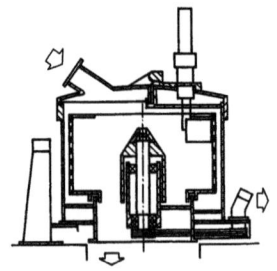

3.290 Dreisäulenzentrifuge, Begriff nach DIN 24405 T1

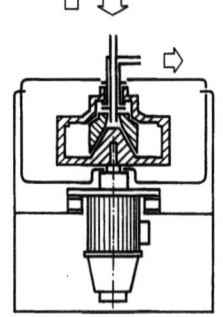

3.291 Durchlaufzentrifuge, Begriff nach DIN 24405 T1

3.2.18 Zentrifugen

DIN 24405 T2   Zentrifugen, Begriffe für Maschinenteile (Okt 1981)

Diese Norm enthält Begriffe für Teile von Zentrifugen bzw. von verschiedenen Zentrifugenarten, die in DIN 24405 T1 definiert sind. Es werden nur Begriffe von solchen Maschinenteilen behandelt, die zentrifugenspezifisch sind. Maschinenteile an Zentrifugen, die im Maschinenbau allgemein verwendet werden und deren Begriffe eindeutig oder eingeführt sind, werden nicht behandelt.

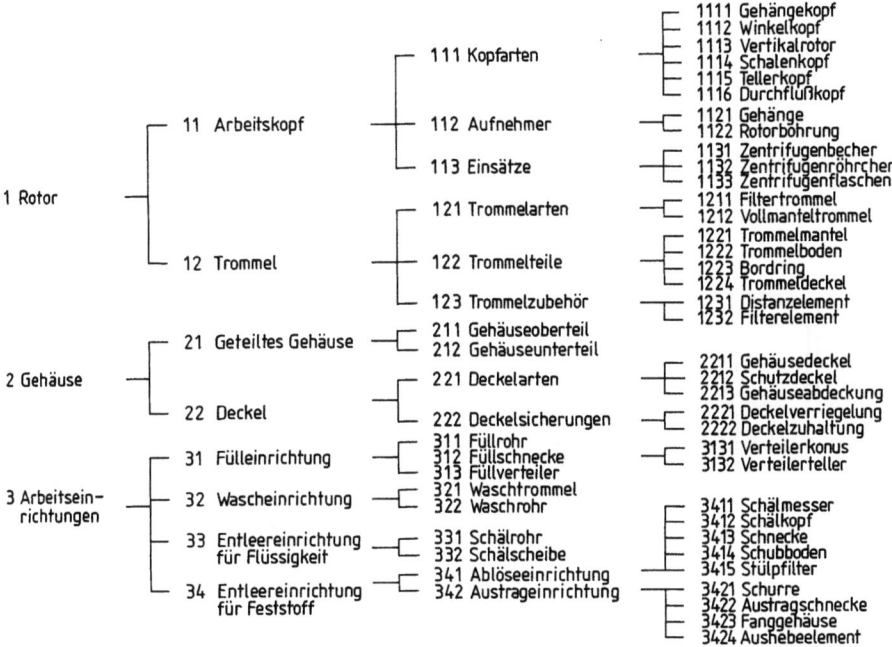

3.292 Zentrifugenteile, Übersicht nach DIN 24405 T2

DIN 24400 T1   Dreisäulenzentrifugen; Anschlußmaße zum Fundament (Okt 1971)

Diese Norm gilt für alle Dreisäulenzentrifugen (auch Sonderkonstruktionen) in Oben- und Untenentleerungsbauweise. Sie soll dazu beitragen, die Projektierung von Neuanlagen zu vereinfachen und den schnellen Austausch von Dreisäulenzentrifugen gleicher Nenngröße zu erleichtern.

Unter der Nenngröße einer Dreisäulenzentrifuge wird der Trommelinnendurchmesser verstanden. Genormt sind die Nenngrößen 630, 800, 1000, 1250, 1400 und 1600 mm

DIN 24400 T2   Dreisäulenzentrifugen; Trommeln, Gehäuse, Maße und Anforderungen (Dez 1979)

Diese Norm gilt für Dreisäulenzentrifugen mit gelochten Trommeln in Oben- und Untenentleerungsbauweise.

In der Norm werden folgende Einzelheiten behandelt:

Aufbau einer Dreisäulenzentrifuge. Trommeln, Trommel-Formen und -Ausführungen, Trommel-Kennwerte, Trommel-Drehrichtung, Anforderungen, Gehäuse, Gehäuseunterteil, Filtratablaufstutzen, Anbaufläche für Motorkonsole, Gehäuseoberteil, Verbindung zum Gehäuseunterteil, Freiraum zwischen Trommel und Gehäuse, Deckel, Deckelformen, Deckelflansche, Anzahl, Benennungen, Lochbilder, Lage, Maße, Anschlüsse, Deckeldichtung, Anforderungen.

DIN 24402 Dreisäulenzentrifugen; Benennungen von Einzelteilen (Feb 1977)

Diese Norm enthält Benennungen von Einzelteilen von Dreisäulenzentrifugen nach DIN 24400 T1 und T2.

Soweit möglich, sollen diese Benennungen auch bei anderen Zentrifugen angewendet werden.

Die verwendeten Ordnungsnummern können der Identnummer der Teile zugrunde gelegt werden.

In DIN 24402 werden die Einzelteile der Baugruppe nach Bild **3**.293 und Tab. **3**.294 beschrieben.

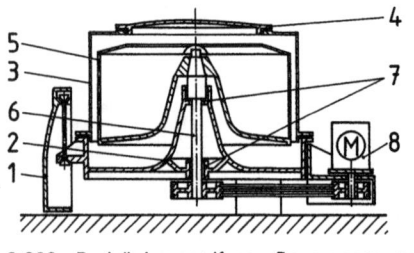

3.293 Dreisäulenzentrifuge, Baugruppen nach DIN 24402

Tabelle **3**.294 Baugruppen von Dreisäulenzentrifugen nach DIN 24402

Lfd. Nr	Baugruppen
1	Pendelsäule
2	Gehäuseunterteil
3	Gehäuseoberteil
4	Deckel
5	Trommel
6	Welle
7	Lager
8	Antrieb

Die **Bemessung von Zentrifugen-Trommeln** kann vorgenommen werden nach

VDMA 24401 T1 Zentrifugen; Festigkeitsnachweis von Zentrifugen-Trommeln; Berechnung der Tangentialspannung eines zylindrischen Zentrifugen-Trommelmantels

T2 –; – für Zentrifugen mit hohen Lastspielzahlen, z. B. Zuckerzentrifugen

4 Beschaffen, Herstellen, Prüfen und Betreiben

4.1 Rohrleitung

4.1.1 Beschaffungsunterlagen für den Bau von Rohrleitungen

Unterlagen für Anfrage, Bestellung, Lieferung und Nachprüfung zu liefernder Rohrleitungsteile sind die in Abschn. 3.1.1 zusammengestellten Maßnormen in Verbindung mit den in Abschn. 3.1.3 beschriebenen Technischen Lieferbedingungen.

In den Technischen Lieferbedingungen und auch in Werkstoffnormen, die in den Technischen Lieferbedingungen in Bezug genommen sind, sind teilweise Abschnitte mit dem Hinweis markiert, daß über die in dem Abschnitt beschriebene Anforderung bei der Bestellung Vereinbarungen zwischen dem Besteller und dem Lieferer zu treffen sind oder getroffen werden können. Für das Beschaffen bedeutet dies, daß hinsichtlich der einzelnen Anfragen und Bestellungen zu prüfen ist, ob und inwieweit die im Abschnitt der Norm beschriebene Anforderung erfüllt sein muß. Es ist daher bereits bei der Anfrage zu klären und zu vereinbaren, ob das Gelieferte den Anforderungen voll genügen muß, ob auf die Einhaltung einzelner Anforderungen verzichtet wird oder im Falle von Alternativen, welche Alternative bei Lieferung zum Tragen kommen soll. Hierbei ist auch stets zu vereinbaren, was zu prüfen ist und welcher Prüfumfang dieser Prüfung zugrunde zu legen ist. Ebenfalls ist zu vereinbaren, ob und ggf. was als Bestandteil der Lieferung dokumentiert werden soll (Prüfzeugnisse, Audits usw.). Diese Klärung ist bereits im Stadium der Anfrage herbeizuführen.

4.1.2 Herstellen von Rohrleitungen

Planungsgrundlagen s. Abschn. 1.3.1 und 1.3.3.

Für das Herstellen der eigentlichen Rohrleitung müssen die baulichen Voraussetzungen gegeben sein. Für erdverlegte Leitungen muß der Rohrgraben hergestellt und für die Verlegung vorbereitet sein. Für oberirdisch zu verlegende Rohrleitungen muß eine Rohrbrücke vorhanden sein, oder es sind die zur Verlegung der Rohrleitung notwendigen Aufhängungen oder Stützen anzufertigen.

Zu den Baumaßnahmen für die Rohrleitung gehören auch Festlegungen über Festpunkte, die Anordnung von Dehnungsausgleichern mit den notwendigen Baumaßnahmen und bei frei verlegten Rohrleitungen die Lager.

Das Herstellen der eigentlichen Rohrleitung umfaßt das Verbinden der nach Ordnungsmerkmalen (Nennweite, Nenndruckstufe, Rohr-Außendurchmesser) sortierten Komponenten. Die Komponenten können lösbar oder nicht lösbar miteinander verbunden werden.

4.1.2.1 Flanschverbindungen

Zu einer Flanschverbindung gehören das Flanschpaar, die Dichtung zwischen den beiden Flanschen und die Verbindungselemente, Schrauben und Muttern.

Die Anschlußmaße der Flansche, ob Formstück oder integraler Bestandteil des Rohrleitungsteiles, sind nach Nennweiten und Nenndruckstufen geordnet genormt. Die Ordnungsmerkmale Nennweite und Nenndruck sind in Abschn. 1.3.1 definiert. Tab. **4.1** gibt eine Übersicht über die international und national genormten Nenndruckstufen für Flanschverbindungen.

Genormte Flansche gleicher Nenndruckstufe haben bei gleicher Nennweite gleiche Anschlußmaße.

Tabelle 4.1 Genormte Flansche, Nenndruckstufen, Übersicht

	Nenndruckstufe nach DIN und ISO														
	1 und 2,5	6	10	16	20	25	40	50	63	100 110	150	160	250 260	320	400	420
ISO 7005 T1 bis T3	–	–	PN 10	PN 16	PN 20	PN 25	PN 40	PN 50	–	PN 100	–	–	–	–	–	–
DIN 2500	PN 1 PN 2,5	PN 6	PN 10	PN 16	–	PN 25	PN 40	–	PN 63	PN 100	–	PN 160	PN 250	PN 320	PN 400	–
ANSI*) B.16 5	–	–	–	–	Class 150 (125)	–	–	Class 300 (250)	–	Class 600	Class 900	–	Class 1500	–	–	Class 2500

*) American National Standards Institute

DIN 2501 T1 Flansche, Anschlußmaße (Feb 1972)

Als Anschlußmaße eines Flansches sind definiert und maßlich festgelegt
- der Außendurchmesser D
- der Lochkreisdurchmesser k
- der Dichtleistendurchmesser d_4
- die Anzahl und Durchmesser der Schrauben
- der Schraubenlochdurchmesser d_2 (s. Bild 4.2).

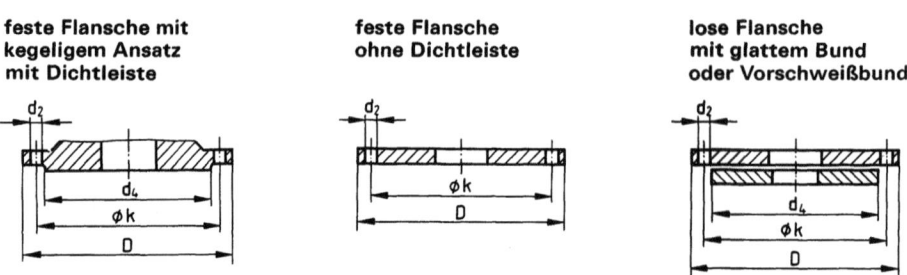

4.2 Anschlußmaße genormter Flansche nach DIN 2501 T1

Hinsichtlich der Anordnung der Schraubenlöcher ist festgelegt, daß jeder Flansch eine durch 4 teilbare Anzahl von Schraubenlöchern enthält. Die Schraubenlöcher sind bei Rohrleitungen und Armaturen dabei so anzuordnen, daß sie symmetrisch zu den beiden Hauptachsen liegen, jedoch ohne mit diesen zur Deckung zu kommen (s. Bild 4.3).

Die durch das Anschlußmaß d_4 definierte Kreisringfläche der Dichtleiste schließt die Dichtflächenausführungen mit ein, die in Tab 4.4 dargestellt sind.

Die glatte Dichtleiste C und D ist für Weichdichtungen in den Nenndruckstufen bis einschließlich PN 40 anwendbar, die glatte Dichtleiste E für metallische Dichtungen in den Nenndruckstufen ab PN 63. Der übliche Anwendungsbereich der Ausführung Feder und Nut sowie Vor- und Rücksprung ist für die Nenndruckstufen PN 10 bis PN 100 anwendbar. Die Ausführung mit Vorsprung und mit Eindrehung wird üblicherweise in den Nenndruckstufen PN 10 bis PN 40 eingesetzt. Die Flanschdichtflächen für die Membran-Schweißdichtung und für die Linsendichtung sind für die höheren Nenndruckstufen ab PN 63 anwendbar.

4.1.2 Herstellen von Rohrleitungen

Die in Tab. **4.4** bezeichneten Dichtungsnormen enthalten Außen- und Innendurchmesser der Dichtungen, die Dichtungsdicken sowie Werkstoffangaben. Dichtungen nach DIN 2690, DIN 2691, DIN 2692 und DIN 2693 sind Weichdichtungen. Dichtungen nach DIN 2695, DIN 2696, DIN 21697 und DIN 2698 sind metallische Dichtungen bzw. metallummantelte Weichstoffdichtungen (s. Normen).

Die für Flanschverbindungen einsetzbaren Schrauben, Dehnhülsen und Muttern sind in DIN 2507 zusammengestellt.

Tabelle 4.4 Dichtflächenausführungen nach DIN 2501 T1

Form	Kenn-buch-stabe	Maße für Bearbeitung der Dichtleiste s. DIN	Maße für Dichtung s. DIN
Glatte Dichtleiste	C D	2526	2690 2698
	E	2526	2697 2698
Feder und Nut	F N	2512	2691
Vor- und Rücksprung	V 13 R 13	2513	2692
Vorsprung mit Eindrehung	V 14 R 14	2514	2693
Abschrägung für Membran-Schweißdichtung	M	2695	2695
Eindrehung für Linsendichtung	L	2696	2696

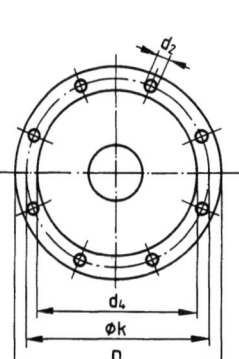

4.3 Anordnung der Schraubenlöcher genormter Flansche nach DIN 2501 T1

DIN 2507 Schrauben und Muttern für Rohrleitungen (Feb 1986)

Die Norm enthält eine Auswahl von Schrauben, Dehnhülsen und Muttern in Abhängigkeit vom Nenndruck und der zulässigen Betriebstemperatur. Eine Übersicht zeigt Tab **4.5**.

Das Herstellen von Flanschverbindungen setzt erfahrenes Fachpersonal voraus. Wesentlich für die Güte einer Flanschverbindung ist das gleichmäßige Aufbringen der Dichtkraft beim Anziehen der Schraube.

Tabelle 4.5 Auswahl von Schrauben, Dehnhülsen und Muttern für Flanschverbindungen nach DIN 2507

Nenn-druck PN	Zulässige Betriebstemperatur des Durchflußstoffes in °C	Werkstoff[1]) Festigkeitsklasse Schraube Dehnhülse	Mutter	Maßnorm Schraube Dehnhülse	Mutter
bis 40	− 10 bis 120	4.6	5	DIN 601[2])	DIN 555
	− 10 bis 300	4.6-2	5		DIN 972
		5.6	5	DIN 931	DIN 970
		8.8	8	T1 und T2 DIN 976	DIN 971 T1
	− 60 bis 400	A 4-70[3])	A 4-70[3])		DIN 934
	−253 bis 400	A 2-70[4])	A 2-70[4])		
bis 100	− 10 bis 400[5])	Ck 35	Ck 35	DIN 976	DIN 934
	− 10 bis 450[5])	24 CrMo 5	Ck 35	DIN 2510 T1, T3, T4 und T7	DIN 2510 T1, T5 und T6
	− 65 bis 300	26 CrMo 4	A 2-70[4])		
	−140 bis 300	12 Ni 19	A 2-70[4])		
	− 60 bis 400	A 4-70[3])	A 4[3])		
	−253 bis 400	A 2-70[4])	A 2-70[4])		
bis 420	− 10 bis 400	Ck 35	Ck 35	DIN 2510 T1, T3, T4 und T7	DIN 2510 T1, T5 und T6
	− 10 bis 450	24 CrMo 5	Ck 35		
	− 10 bis 520	21 CrMoV 57	24 CrMo 5		
	− 10 bis 540	21 CrMoV 57	21 CrMoV 57		
	− 20 bis 580	X 22 CrMoV 12 1	X 22 CrMoV 12 1		
	− 10 bis 650	X 8 CrNiMoBNb 16 16	X 8 CrNiMoBNb 16 16		
	− 65 bis 300	26 CrMo 4	A 2-70[4])		
	−140 bis 300	12 Ni 19	A 2-70[4])		

[1]) s. Tab. 2 der Norm
[2]) Nur bei Verwendung von Weichstoffdichtungen bzw. Weichstoffdichtungen mit Inneneinfassung sowie Spiral-Weichstoffdichtungen.
[3]) Bis M 39: aus 4-70 über M 39: aus X 6 CrNiMoTi 17 12 2.
[4]) Bis M 39: aus A 2-70 über M 39: aus X 6 CrNiTi 18 10 für Schrauben und Dehnhülsen, X 5 CrNi 18 9 für Muttern.
[5]) Für Schrauben nach DIN 976 nur 400 °C.

4.1.2.2 Schweißverbindungen

Stumpfschweißen von Rohren und Formstücken

DIN 2559 T 1 Schweißnahtvorbereitung, Richtlinien für Fugenformen, Schmelzschweißen von Stumpfstößen an Stahlrohren (Mai 1973)

Die Norm stellt die in Abhängigkeit von den Wanddicken der Rohre möglichen Fugenformen dar und legt bestimmte Einschränkungen für die einzelnen Formen fest. Die wesentlichen Formen zeigt Tab. **4.6**.

4.1.2 Herstellen von Rohrleitungen

Tabelle 4.6 Schweißfugenformen für Rohrleitungen aus St nach DIN 2559 T1

Kenn-zahl	Wand-dicke s	Benen-nung	Sinn-bild[1])	Fugenformen Schnitt	α Grad $\approx$	β	Maße Steg-abstand[2]) b	Steg-höhe c	Flanken-höhe h	Schweißverfahren Wurzel-lage	Schweißverfahren weitere Lagen
1	bis 3	I-Naht	‖		–	–	0 bis 3	–	–	SG, G[3])	–
21	bis 16	V-Naht	V		40 bis 60 für SG 60 für E und G	–	0 bis 3	–	–	E, SG, G[3])	E, SG, G[3]) bis $s = 10$
22	bis 16	V-Naht	V		40 bis 60 für SG 60 für E und G	–	0 bis 4	bis 2	–		
3	über 12	U-Naht	∪		–	8	0 bis 3	bis 2	–	E, SG	
4	über 12	U-Naht auf V-Wurzel	∪		60	8	0 bis 3	–	≈ 4		

[1]) Zusatzzeichen s. DIN 1912 T5
[2]) Die angegebenen Maße gelten für den gehefteten Zustand.
[3]) Bei austenitischen Stählen nur mit Einverständnis des Bestellers.

Ausführungsbeispiele von Schweißungen an Flanschverbindungen sind in DIN 8558 T1 beschrieben.

DIN 8558 T 1 Gestaltung und Ausführung von Schweißverbindungen; Dampfkessel, Behälter und Rohrleitungen (Entw. Dez 1987)

Die Norm gibt Beispiele für die Gestaltung von Schweißverbindungen aus unlegierten und schweißgeeigneten legierten Stählen, wie sie sich im Laufe der technischen Entwicklung herausgebildet haben. Die angegebenen Beispiele sind international übliche Ausführungsformen.

Ausführungsbeispiele für Flanschverbindungen zeigt Bild **4.7**.

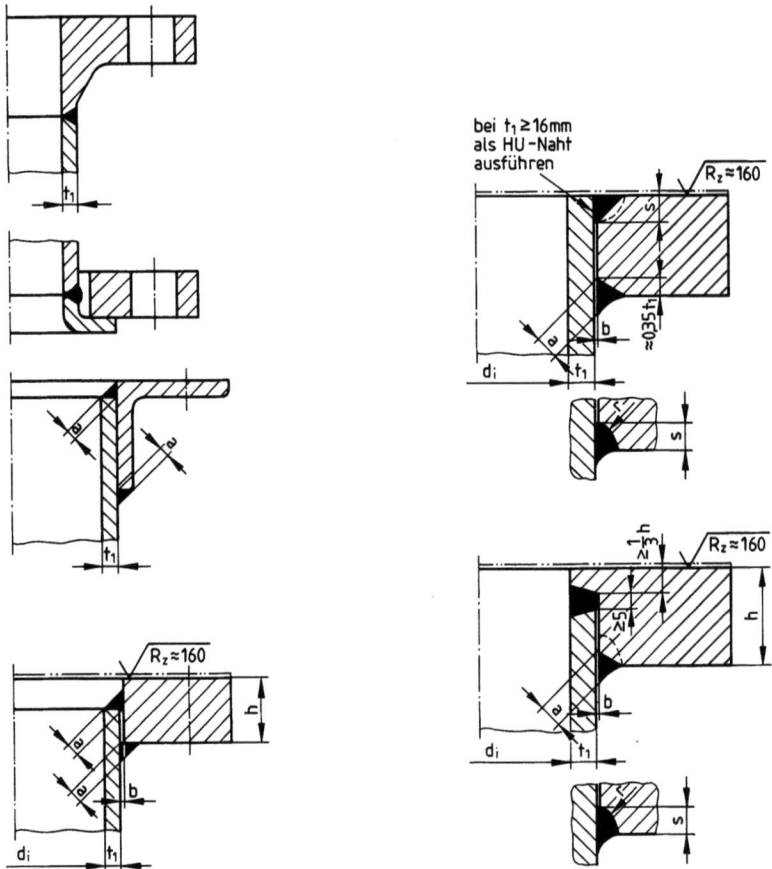

4.7 Ausführungsbeispiele für Flanschverbindungen nach DIN 8558 T 1

Muffenschweißung an Stahlrohren. Beispiele für die übliche Ausführung von Muffenschweißungen an Stahlrohren sind in DIN 2460 dargestellt (s. Abschn. 3.1.1.1).

Güte der Schweißarbeiten

Alle Schweißarbeiten an Rohrleitungen setzen qualifiziertes Fachpersonal voraus. Diese Forderung wird auch in den einschlägigen Verordnungen (s. Abschn. 2) erhoben. Zur

4.1.2 Herstellen von Rohrleitungen

Realisierung dieser Forderung, insbesondere zur Beurteilung der fachlichen Qualifikation der an Rohrleitungen eingesetzten Schweißer wurden die Normen der Reihe DIN 8524 entwickelt. Diese Normen klassifizieren, benennen und erklären Fehler an Schweißverbindungen aus metallischen Werkstoffen. Es wurden mögliche Fehler zusammengestellt und dafür einheitliche Benennungen festgelegt. Die Normen sagen nichts darüber aus, wie der Fehler im Einzelfall zu beurteilen ist, da dies von den jeweiligen Anforderungen an die Schweißverbindung abhängt. Hierfür bestehen die Normen der Reihe DIN 8563.

Beurteilung der Fehler

DIN EN 25817 Lichtbogenschweißverbindungen an Stahl; Richtlinie für die Bewertungsgruppen von Unregelmäßigkeiten (Sep 1992)

Die Europäische Norm ist identisch mit der Internationalen Norm ISO 5817.

Sie ist für Anforderungen im Rohrleitungsbau heranzuziehen. Sie gilt für Güteanforderungen von Lichtbogenschweißverbindungen an Stahl und legt Bewertungsgruppen für Unregelmäßigkeiten fest, auf die in den für den Bau und Betrieb anzuwendenden anderen technischen Regeln (s. Abschnitt 2) Bezug genommen wird.

Mit dieser Norm wird ein erster Schritt in Richtung einer einheitlichen Beurteilung und Bewertung von Unregelmäßigkeiten an Lichtbogenschweißverbindungen aus Stahl innerhalb Europas getan.

Die Weiterführung der Arbeiten im zuständigen CEN-Komitee für andere Schweißverfahren und Werkstoffe haben zu den folgenden weiteren Teilen einer Europäischen Norm geführt:

DIN EN 288 T1 Anforderungen und Anerkennung von Schweißverfahren für metallische Werkstoffe; Teil 1: Allgemeine Regeln für das Schmelzschweißen

T2 –; Teil 2: Schweißanweisung für das Lichtbogenschweißen

T3 –; Teil 3: Schweißverfahrensprüfungen für das Lichtbogenschweißen von Stählen

T4 –; Teil 4: Schweißverfahrensprüfungen für das Lichtbogenschweißen von Aluminium und seinen Legierungen

Prüfung der Schweißer

DIN EN 287 T1 Prüfung von Schweißern; Schmelzschweißen; Teil 1: Stähle (Apr 1992)

Die als DIN-Norm übernommene Europäische Norm legt die im CEN-Schweißkomitee verabschiedete Fassung für eine Europäische Norm über die Prüfung von Schmelzschweißern an Stahl zugrunde. Inhaltlich ist das Dokument eine Weiterentwicklung des Entwurfes einer Internationalen Norm, die nicht die erforderliche Zustimmung zur Veröffentlichung erhalten hatte.

Die Güte von Schweißarbeiten hängt von der Handfertigkeit des Schweißers ab. Die Fähigkeit des Schweißers, mündlichen oder schriftlichen Anweisungen zu folgen, und die Prüfung seiner Handfertigkeit sind wichtige Bedingungen zur Sicherstellung der Güte geschweißter Produkte. Die Prüfung der Handfertigkeit ist abhängig vom Schweißverfahren, dabei sind einheitliche Regeln und Prüfbedingungen einzuhalten sowie genormte Prüfstücke zu verwenden.

Die Norm soll die Grundlage sein für die gegenseitige Anerkennung von Befähigungsnachweisen der Schweißer in den verschiedenen Anwendungsgebieten durch die im Europäischen Binnenmarkt zuständigen Stellen. Die im Bereich Deutschlands in Frage kommenden Prüfstellen sind im nationalen Vorwort der Norm aufgeführt, es sind dies die Schweißtechnischen Lehr- und Versuchsanstalten, die Landesprüfausschüsse des deutschen Verbandes für Schweißtechnik, die technischen Überwachungs-Organisationen sowie die Prüfstellen der Deutschen Bahn AG, des Germanischen Lloyds, der Bundesanstalt für Materialforschung und -prüfung sowie von den zuständigen Bundes- oder Landesbehörden anerkannte Prüfstellen.

Diese Norm gilt für die Prüfung von Stahlschweißern. Sie erfaßt Schmelzschweißverfahren, soweit sie von Hand oder teilmechanisch ausgeführt werden. Sie gilt nicht für vollmechanische und automatische Verfahren. Sie bezieht sich auf Schweißerprüfungen an Halbzeugen und Fertigprodukten aus gewalzten, geschmiedeten oder gegossenen definierten Werkstoffen.

Um die Anzahl technisch gleichartiger Prüfungen möglichst klein zu halten, sind für die Schweißerprüfung Stähle mit ähnlichen metallurgischen und schweißtechnischen Eigenschaften in Gruppen zusammengefaßt:

- **Gruppe W 01**   Unlegierte, kohlenstoffarme Stähle und/oder niedrig legierte Stähle, auch Feinkornbaustähle mit einer Streckgrenze $R_{eH} \leq 355$ MPa
- **Gruppe W 02**   Chrom-Molybdän-Stähle sowie kriechfeste Chrom-Molybdän-Vanadium-Stähle
- **Gruppe W 03**   Normalisierte vergütete Feinkornbaustähle und thermo-mechanisch behandelte Stähle mit einer Streckgrenze R_{eH} oberhalb 355 MPa sowie ähnlich schweißgeeignete Nickelstähle mit 2% bis 5% Nickel
- **Gruppe W 04**   Nichtrostende ferritische oder martensitische Stähle mit 12% bis 20% Chrom
- **Gruppe W 11**   Rostfreie ferritisch-austenitische oder rein austenitische Chrom-Nickel-Stähle.

Für den Geltungsbereich der Schweißerprüfung gilt als allgemeiner Grundsatz, daß die Prüfungsnaht nicht nur das Können des Schweißers für die Bedingungen, unter denen die Prüfung durchgeführt wurde, bestätigt; sie schließt auch alle Arten von Schweißungen ein, die als einfacher zu schweißen anzusehen sind. Der Geltungsbereich für jede Prüfungsart ist im einzelnen beschrieben und tabellarisch zusammengestellt (s. Tab. **4.8**).

Normalerweise gilt jede Prüfung für ein Schweißverfahren. Eine Änderung des Verfahrens erfordert eine neue Prüfung.

Tabelle **4.8**   Geltungsbereich für Grundwerkstoffe

Werkstoffgruppe für die Schweißerprüfung	Geltungsbereich, der durch die Schweißerprüfung eingeschlossen ist				
	W01	W02	W03	W04	W11
W01	*	–	–	–	–
W02	x	*	–	–	–
W03	x	x	*	–	–
W04	x	x	–	*	–
W11	x¹)	x¹)	x¹)	x¹)	*

Zeichenerklärung:
* gibt die Werkstoffgruppe an, in der die Prüfung durchgeführt wurde
x gibt die Werkstoffgruppe an, die durch die Prüfung eingeschlossen ist
– gibt die Werkstoffgruppe an, für die die Prüfung nicht gilt
¹) Bei Verwendung von Zusatzwerkstoffen aus Gruppe W 11.

Jede fertiggestellte Schweißnaht ist einer Sichtprüfung zu unterziehen. Falls erforderlich kann die Sichtprüfung durch Magnetpulverprüfung, Farbeindringprüfung oder andere Verfahren sowie Makroschliffe an Stumpfnähten ergänzt werden.

4.1.2 Herstellen von Rohrleitungen

Nach erfolgreicher Sichtprüfung sind zusätzlich Durchstrahlungs-, Bruchprüfungen und/ oder Makroschliffe erforderlich (s. Tab. **4**.9). Die Makroschliffproben sind auf einer Seite so vorzubereiten und zu ätzen, daß die Schweißnähte einwandfrei zu bewerten sind. Bei Durchstrahlungsprüfungen von Stumpfnähten, die durch MIG/MAG-Schweißen oder Gasschweißen hergestellt werden, sind zusätzliche Biegeprüfungen erforderlich.

Die Prüfstücke können durch thermische oder mechanische Trennverfahren in Proben aufgeteilt werden.

Tabelle **4**.9 Prüfverfahren

Prüfverfahren	Stumpfnaht Blech	Stumpfnaht Rohr	Kehlnaht
Sichtprüfung	x	x	x
Durchstrahlungsprüfung	$x^1)$ $^5)$	$x^1)$ $^5)$	–
Biegeprüfung	$x^2)$	$x^2)$	–
Bruchprüfung	$x^1)$	$x^1)$	$–^3)$ $^4)$
Makroschliff	–	–	$x^4)$
Magnetpulver-Farbeindringprüfung	–	–	–

$^1)$ Es sind Durchstrahlungs- oder Bruchprüfungen, aber nicht beide, durchzuführen.
$^2)$ Wenn Durchstrahlungsprüfungen durchgeführt werden, sind zusätzliche Biegeprüfungen nur für die Verfahren 131, 135 und 311 erforderlich.
$^3)$ Die Bruchprüfungen sollten durch Magnetpulver-/Farbeindringverfahren ergänzt werden, wenn sie vom Prüfer/Prüfstelle gefordert werden.
$^4)$ Die Bruchprüfung darf durch mindestens 4 Makroschliffe ersetzt werden.
$^5)$ Nur bei ferritischen Stählen mit einer Prüfstückdicke $\geq$ 12 mm darf die Durchstrahlungsprüfung durch eine Ultraschallprüfung ersetzt werden.

Zeichenerklärung:
x gibt an, daß das Prüfverfahren unbedingt erforderlich ist,
– gibt an, daß das Prüfverfahren eingesetzt werden kann, nicht aber verbindlich gefordert wird.

Die Gültigkeitsdauer einer europäischen Schweißerprüfung beginnt mit dem Tag der Ausgabe der Prüfbescheinigung. Die Schweißerprüfung bleibt 2 Jahre gültig, vorausgesetzt, daß der Schweißer möglichst ununterbrochen mit Schweißarbeiten im gültigen Prüfbereich tätig ist – 6 Monate Unterbrechung sind zulässig – und die Arbeit des Schweißers mit den technischen Bedingungen übereinstimmt. Die Schweißerprüfung kann durch die Prüfstelle für weitere 2 Jahre verlängert werden, vorausgesetzt, daß die während der Gültigkeitsdauer von dem Schweißer hergestellten Fertigungsschweißungen der geforderten Güte entsprechen.
Die für die Schweißerprüfung anzuwendenden Schweißpositionen sind für Bleche und Rohre eindeutig dargestellt. Im Anhang der Norm sind Formblätter für die Schweißer-Prüfbescheinigung und für eine Hersteller-Schweißanweisung gegeben.

DIN EN 287 T 2   Prüfung von Schweißern; Schmelzschweißen; Teil 2: Aluminium und Aluminiumlegierungen (Apr 1992)

Als Pendant zur Norm über die Prüfung von Stahlschweißern – DIN EN 287 T 1 – hat das CEN-Schweißkomitee die vorgenannte Norm veröffentlicht. Sie ist vorgesehen als teilweiser Ersatz für die Norm DIN 8561, beschränkt auf Aluminium und Aluminiumlegierungen. In Aufbau und Inhalt ist DIN EN 287 T 2 vergleichbar mit DIN EN 287 T 1.

DIN 8561   Prüfung von NE-Metallschweißern (Entw. Jun 1992)

Die Norm ist im Ansatz und im Aufbau an DIN EN 287 T1 und T2 angelehnt. Sie enthält gleiche Festlegungen, ausgerichtet auf die Prüfung der Handfertigkeit und Fachkenntnisse solcher Schweißer, die Schweißungen mit von Hand geführten Schweißgeräten an Bauteilen aus anderen Nichteisenmetallen als Aluminium und Aluminiumlegierungen, darunter auch Rohrleitungen, ausführen sollen.

4.1.2.3 Gewindeverbindungen

DIN 2999 T1 Whitworth-Rohrgewinde für Gewinderohre und Fittings; zylindrisches Innengewinde und kegeliges Außengewinde, Gewindemaße (Jul 1983)

Die Norm enthält Maße und Abmaße für ein kegeliges Außengewinde und ein zylindrisches Innengewinde. Das Innengewinde ist in seinen Abmaßen so gestaltet, daß es das kegelige Außengewinde aufnehmen kann, auch bei der Paarung „größtes Innengewinde *mit* kleinstem Außengewinde". Diese Gewindepaarung ist eine unabdingbare Voraussetzung für einen metallisch dichten Anschluß eines Formstückes mit Innengewinde oder einer Armatur mit Innengewinde an ein Gewinderohr, ohne daß das Rohrende auf einen Anschlag oder in Innenteile von Formstücken oder Armaturen auflaufen kann.

DIN 2999 T1 ist in seinen Festlegungen identisch mit der Internationalen Norm ISO 7-1. Die Internationale Norm enthält zusätzlich eine Gewindegröße R 1/16 sowie ein kegeliges Innengewinde in den Gewindegrößen Rc 1/16 bis Rc 6. Beide Ausführungen sind in den DIN-Normen über Rohrleitungsteile nicht berücksichtigt.

4.1.2.4 Lötverbindungen

DIN 2856 Kapillarlötfittings; Anschlußmaße, Prüfungen (Feb 1986)

Die Norm enthält Maße und die für die Güte einer Lötverbindung entscheidenden Grenzabmaße für Außen- und Innendurchmesser sowie für die Lötlängen. Die aufgeführten Maße stimmen voll mit den Festlegungen der Internationalen Norm ISO 2016 überein.

4.1.2.5 Innenauskleidungen von Rohren und Formstücken

DIN 2614 Zementmörtelauskleidungen für Gußrohre, Stahlrohre und Formstücke; Verfahren, Anforderungen, Prüfungen (Feb 1990)

In dieser Norm werden die Auskleidungsverfahren sowie die Anforderungen und Prüfungen für Zementmörtelauskleidungen von Rohren und Formstücken aus duktilem Gußeisen und aus Stahl behandelt. Solche Rohre und Formstücke werden beim Bau von Rohrleitungen zum Transport von Wässern, z. B. Trinkwasser, Rohwasser, Abwasser, Meerwasser, Salzwasser und Solen eingesetzt.

Die Zementmörtelauskleidung hat den Zweck

- die hydraulischen Eigenschaften gegenüber dem nichtausgekleideten Rohr zu verbessern,
- Korrosionsschäden zu vermeiden,
- die Funktion der Rohrleitungen aufgrund von Korrosionsprodukten an der Rohrinnenwandung (z. B. Inkrustationen) zu vermeiden.

Die Norm beschreibt die Auskleidungsverfahren und Nachbehandlungen. Sie beschreibt die zur Anwendung kommenden Zementmörtelarten, auch für Reparaturmörtel. Die Anforderungen an die Zementmörtelauskleidungen und deren Prüfung sind beschrieben. Die Festlegungen über die Prüfungen schließen den Prüfumfang ein.

In einem besonderen Abschnitt wird die Endenausführung beschrieben, getrennt für Rohre und Formstücke mit Muffen, Flansch- oder Gewindeverbindung und für Stahlrohre und Formstücke mit Schweißverbindungen (s. Bild 4.10).

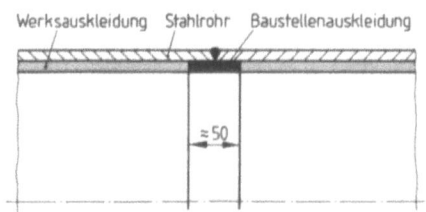

4.10 Stumpfschweißverbindung an befahrbaren Rohren nach DIN 2614

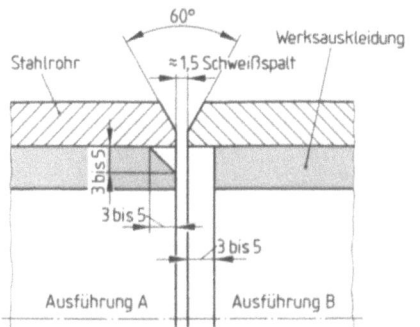
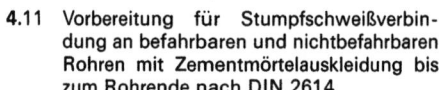
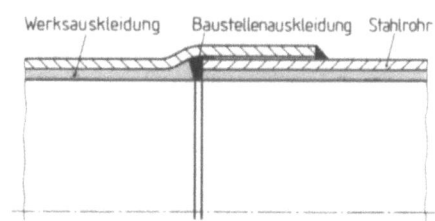

4.11 Vorbereitung für Stumpfschweißverbindung an befahrbaren und nichtbefahrbaren Rohren mit Zementmörtelauskleidung bis zum Rohrende nach DIN 2614

4.12 Einsteck-Schweißverbindung nach DIN 2614

DIN 3475 Armaturen und Formstücke aus Gußeisen mit Kugelgraphit für Roh- und Trinkwasser; Korrosionsschutz durch Innenemaillierung; Güteanforderungen, Prüfungen (Sep 1993)

Diese Norm enthält Anforderungen und Prüfungen für die Innenemaillierung von Armaturen und Formstücken aus Gußeisen mit Kugelgraphit für die Trinkwasserversorgung, die bei Dauerbetriebstemperaturen bis zu $+40\,°C$ eingesetzt werden. Die Emaillierung dient der

- Verhütung von Korrosionsschäden am Trägerwerkstoff,
- Vermeidung der Beeinträchtigung der Funktion, insbesondere bei Absperrarmaturen, durch Korrosionsprodukte (z. B. Inkrustation im Bereich des Abflußkörpers),
- Vermeidung der Beeinträchtigung der hydraulischen Eigenschaften,
- Vermeidung der Beeinträchtigung der Trinkwassergüte durch Korrosionsprodukte.

Die Anforderungen und Prüfungen dienen der Gütesicherung der Emaillierung von Armaturen und Formstücken.

Neben Begriffen und allgemeinen Anforderungen an Konstruktion, Trägerwerkstoff und Oberfläche des Trägerwerkstoffes sind tabellarisch die wesentlichen Anforderungen und deren Prüfung gegenübergestellt. Die aufgeführten Prüfungen stützen sich weitgehend auf Internationale Normen.

Für die Gütesicherung ist festgelegt, daß die Prüfungen durch den Hersteller oder eine akkreditierte Prüfstelle durchzuführen sind. Die Einhaltung der Anforderungen ist vom Hersteller sicherzustellen. Auf Vereinbarung werden Bescheinigungen nach DIN 50049 (s. Norm) ausgestellt.

4.1.3 Prüfen von Rohrleitungen

4.1.3.1 Prüfungen an Rohrleitungsteilen im Herstellerwerk

Rohrleitungsteile sind im Herstellerwerk zu prüfen, wenn dies
- in den nach Abschn. 2 zu beachtenden Vorschriften und in den diesen Vorschriften zugeordneten technischen Regeln verlangt wird,
- im Rahmen einer Konformitätsbescheinigung dem Hersteller auferlegt ist,
- nach den Technischen Lieferbedingungen vorgesehen ist,
- der Auftraggeber dies von sich heraus vorschreibt.

Wenn das Herstellerwerk Prüfungen durchführen muß, ist bereits bei der Anfrage zu vereinbaren, welche Eigenschaften zu prüfen sind, nach welchen DIN-Normen die Prüfungen durchzuführen sind, welcher Prüfumfang anzuwenden ist und welche Bescheinigungen und Prüfnachweise der Hersteller beizubringen hat. Diese Angaben sind auch im Auftrag zu wiederholen. Wer die Prüfungen durchzuführen hat, richtet sich nach der Art des vereinbarten Prüfzeugnisses. Grundlage hierfür ist die Norm DIN 50 049 (s. Norm). Die Art des Prüfzeugnisses und damit auch die Qualifikation des Prüfenden richtet sich nach den vorgenannten Vorschriften.

4.1.3.2 Zertifizierung von Rohrleitungsteilen

Mit Hilfe der Zertifizierung kann die Übereinstimmung eines genormten Erzeugnisses, Verfahrens oder einer Dienstleistung mit den Festlegungen (Anforderungen) der entsprechenden Norm (die Normkonformität) belegt werden. Grundelemente der Zertifizierung sind die
- Norm als technische Grundlage einer
- Prüfung durch eine anerkannte (akkreditierte)
- Prüfstelle, die über das Ergebnis ihrer Prüfungen ein Zeugnis ausstellt, aufgrund dessen der
- Zertifizierer ein Dokument, das
- Zertifikat ausstellt, das die Normkonformität bescheinigt und den Inhaber berechtigt, ein
- Zertifizierungszeichen (auch Normkonformitätszeichen genannt) auf dem Erzeugnis anzubringen.

Zertifizierungssysteme sind Rationalisierungsinstrumente, die auch der Sicherheit dienen. Sie erleichtern, vereinfachen und beschleunigen den Nachweis darüber, daß ein Erzeugnis für den vorgesehenen Einsatzzweck geeignet ist, da die Eignung einmalig nachgewiesen und durch Zeugnis belegt ist. Das Zeichen ersetzt die sonst erforderlichen Papiere bzw. die vorzunehmenden, zu dokumentierenden und zu bezahlenden Prüfungen.

Für genormte Rohrleitungsteile für verfahrenstechnische Anlagen stehen in Deutschland folgende Zeichen zur Verfügung, für deren Erlangung eingeführte Verfahrensregeln bestehen:
DIN-Prüf- und Überwachungszeichen
Zertifizierer: Deutsche Gesellschaft für Warenkennzeichnung GmbH, Burggrafenstr. 6, 10787 Berlin
DIN/DVGW-Prüf- und Überwachungszeichen
Zertifizierer: DVGW Deutscher Verein des Gas- und Wasserfaches e.V., Hauptstr. 72, 65760 Eschborn (Auskünfte erteilen die Zertifizierer)
TÜ-Bauteilzeichen
Zertifizierer: zuständige, zum Teil in Rechtsverordnungen bezeichnete technische Überwachungsorganisation
Auskünfte hierzu: Vereinigung der technischen Überwachungs-Vereine e.V., Kurfürstenstraße 56, 45138 Essen.

Für den Europäischen Binnenmarkt bereitet die Kommission der Europäischen Gemeinschaften eine Verordnung[1]) vor, nach der künftig die Konformität aller Industrieerzeugnisse mit den wesentlichen Anforderungen aller einschlägigen EG-Richtlinien bekundet werden muß. Die Vorstellungen der Kommission sind in einem Globalkonzept für das Prüfen und Zertifizieren im Europäischen Binnenmarkt dargestellt. Der Vorschlag für die Verordnung läßt sich wie folgt zusammenfassen:

1. Ein Konformitätszeichen, das CE-Zeichen, soll die Übereinstimmung des Produktes mit allen einschlägigen zwingenden Gemeinschaftsvorschriften, z.B. den wesentlichen Anforderungen der einschlägigen EG-Richtlinie bekunden. Dieses Zeichen kann auch als Normkonformitätszeichen im gewohnten Sinn verstanden werden, da die wesentlichen Anforderungen der Richtlinie in Europäischen Normen konkretisiert werden (s. auch Abschn. 2); das Zeichen deckt aber einen breiteren Rahmen ab.

---
[1]) Vorschlag für eine Verordnung (EWG) des Rates über die Anbringung und Verwendung des CE-Zeichens auf Industrieerzeugnissen.

4.1.3 Prüfen von Rohrleitungen

Entwurf

A. (Interne Fertigungskontrolle)
Hersteller
- hält technische Unterlagen zur Verfügung der einzelstaatlichen Behörden

A.a.
Einschaltung der gemeldeten Stelle

B. EG-Baumusterprüfung
Hersteller unterbreitet der gemeldeten Stelle
- technische Unterlagen
- Baumuster

Gemeldete Stelle
- prüft Konformität mit grundlegenden Anforderungen
- führt gegebenenfalls Prüfungen durch
- stellt Baumusterprüfbescheinigungen aus

C. (EG-Einzelprüfung)
Hersteller
- legt technische Unterlagen vor

H. (umfass. QS) (EN 29001)
Hersteller
- unterhält zugelassenes QS-System für Produktentwürfe

Gemeldete Stelle
- kontrolliert QS-System
- prüft Konformität der Entwürfe[1]
- stellt Entwurfsprüfbescheinigungen aus[1]

Produktion

A.
Hersteller
- erklärt Konformität mit grundlegenden Anforderungen
- bringt CE-Zeichen an

A.a.
Gemeldete Stelle
- prüft bestimmte Aspekte des Produkts[1]
- führt Stichproben durch[1]

C. Konformität mit Bauart
Hersteller
- erklärt Konformität mit zugelassener Bauart
- bringt CE-Zeichen an

Gemeldete Stelle
- prüft bestimmte Aspekte des Produkts[1]
- führt Stichproben durch[1]

D. (QS-Produktion) (EN 29002)
Hersteller
- unterhält zugelassenes QS-System für Produktion und Prüfung
- erklärt Konformität mit zugelassener Bauart
- bringt CE-Zeichen an

Gemeldete Stelle
- erkennt
- überwacht QS-System an

E. (QS-Produkt) (EN 29003)
Hersteller
- unterhält zugelassenes QS-System für Überwachung und Prüfung
- erklärt Konformität mit zugelassener Bauart bzw. grundlegenden Anforderungen
- bringt CE-Zeichen an

F. (Prüfung der Produkte)
Hersteller
- gewährleistet Konformität mit zugelassener Bauart bzw. grundlegenden Anforderungen

Gemeldete Stelle
- prüft Konformität
- stellt Konformitätsbescheinigung aus
- bringt CE-Zeichen an

C. (EG-Einzelprüfung) (Produktion)
Hersteller
- führt Produkt vor

Gemeldete Stelle
- prüft Konformität mit grundlegenden Anforderungen
- stellt Konformitätsbescheinigung aus
- bringt CE-Zeichen an

H. (umfass. QS) (EN 29001) (Produktion)
Hersteller
- unterhält zugelassenes QS-System für Produktion und Prüfung
- erklärt Konformität
- bringt CE-Zeichen an

Gemeldete Stelle
- überwacht QS-System

4.13 Konformitätsbewertungsverfahren im Rahmen des Gemeinschaftsrechts
[1]) Weitere Bestimmungen können in Einzelrichtlinien festgelegt werden.

2. In den EG-Richtlinien wird festgelegt, welcher Prüfumfang bzw. welche Prüfschärfe dem Konformitätsbewertungsverfahren zugrundezulegen ist. Hierüber hat die Kommission acht Module spezifiziert, die in Abhängigkeit vom anzunehmenden Gefährdungspotential des Produktes gewählt und in den nachgeordneten Vorschriften zu bezeichnen sind. Die Module (s. Bild 4.13) sind abgestuft zwischen der nicht zertifizierten einfachen Herstellererklärung (A) über die Normkonformität bzw. Übereinstimmung mit den wesentlichen Anforderungen und der Einzelprüfung eines Erzeugnisses bei Fremdüberwachung des Qualitätssicherungssystems beim Hersteller (H).
3. Die für das Prüfen, Akkreditieren und Zertifizieren notwendigen Regelungen wurden einer Europäischen Organisation für Prüfen und Zertifizieren, EOTC, zugewiesen. Die von der EOTC aufzustellenden Regelungen stützen sich auf die Europäischen Normen der Reihe DIN EN 45000 (s. Normen) ab.

4.1.3.3 Prüfungen vor Inbetriebnahme

Rohrleitungen dürfen erst in Betrieb genommen werden, wenn sie zuvor von Sachkundigen oder Sachverständigen begutachtet wurden.

Die einschlägigen Rechtsverordnungen (Dampfkesselverordnungen, Druckbehälterverordnung, Druckgasverordnung) regeln, wer als **Sachverständiger** und wer als **Sachkundiger** zu gelten hat. Sachkundige müssen aufgrund ihrer Ausbildung, ihrer Kenntnisse und ihrer durch praktische Tätigkeit gewonnenen Erfahrungen die Gewähr dafür bieten, daß sie die ihnen übertragenen Prüfungen ordnungsgemäß durchführen. Sie müssen die erforderliche persönliche Zuverlässigkeit besitzen und dürfen insbesondere hinsichtlich der Prüftätigkeit keinen Weisungen unterliegen. Sachverständige müssen von der nach Landesrecht zuständigen Behörde anerkannt sein. Die Aufträge an den Sachkundigen und an den Sachverständigen hat der Betreiber der Rohrleitung zu erteilen.

Bescheinigungen und Prüfungen

Herstellerbescheinigung über Druckprüfung und ordnungsgemäße Errichtung. Voraussetzung für das Ausstellen einer Herstellerbescheinigung ist das Vorhandensein geeigneter Werkstatteinrichtungen und fachlich qualifizierten Personals. Art und Umfang richten sich nach den jeweiligen Fertigungsgegebenheiten. Schweißer für das Schmelzschweißen müssen so ausgebildet sein, daß sie den Ausbildungsstand erreichen, der in DIN 8560 bzw. DIN 8561 respektive DIN EN 287 T1 und T2 (s. Abschn. 4.1.2) festgelegt ist.

Gestaltung und Bemessung der Rohrleitungsteile sowie die Wahl der Werkstoffe ist Angelegenheit des Herstellers. Er hat die anerkannten Regeln der Technik zu beachten. Er hat sich außerdem während und nach der Verarbeitung davon zu überzeugen, daß das fertige Bauteil die für die Eignung erforderlichen Eigenschaften aufweist.

Der Ersteller hat zu bescheinigen, daß eine Druckprüfung durchgeführt wurde; das Ergebnis dieser ist zu bestätigen. Für die Durchführung der Druckprüfung kann auf vereinbarte Regeln zurückgegriffen werden, z. B. über den Zeitpunkt der Prüfung, die Durchführung, Prüfmedium, Höhe des Prüfdruckes, Druckaufschreibung und Kontrolle sowie vorzunehmender Besichtigungen. In der Regel ist die Druckprüfung als Flüssigkeitsprüfung mit Wasser durchzuführen. Andere Prüfflüssigkeiten oder Gase können verwendet werden, wenn dies zweckmäßig erscheint und die erforderlichen Sicherungsmaßnahmen getroffen werden.

Abnahmeprüfung durch den Sachkundigen. Ziel der Abnahmeprüfung ist eine Aussage darüber, inwieweit sich die Leitung in einem ordnungsgemäßen Zustand befindet, die gestellten Anforderungen erfüllt sind und die Leitung für die vorgesehene Betriebsweise geeignet erscheint. Hierbei wird davon ausgegangen, daß der Sachkundige diese Aussage machen kann, ohne daß er die Einhaltung aller festgelegten sicherheitstechnischen Anforderungen im einzelnen nachgeprüft hat. Der Sachkundige kann sich auf die Herstellerbescheinigung, die Bescheinigung der durchgeführten Druckprüfung und auf Angaben des Betreibers über die Betriebsweise stützen.

4.1.3 Prüfen von Rohrleitungen

Erstmalige Prüfung durch den Sachverständigen. Die erstmalige Prüfung durch den Sachverständigen schließt eine Vorprüfung, eine Bauprüfung und eine Druckprüfung ein.

Ziel der Vorprüfung ist eine Aussage darüber, inwieweit die beschriebene Ausführung den Anforderungen der entsprechenden Rechtsverordnung entspricht. Geprüft werden diejenigen Unterlagen, die für die sicherheitstechnische Beurteilung erforderlich sind und nach denen die Leitung errichtet werden soll. Beurteilt wird die Konstruktion, insbesondere
- die Eignung der Werkstoffe für die drucktragenden Teile einschließlich der vorzulegenden Bescheinigungen über Werkstoffprüfungen,
- die Eignung der Zusätze für Fügeverbindungen,
- das Einhalten der Gestaltungsregeln.

Nachgeprüft wird die Bemessung der drucktragenden Teile anhand der vorzulegenden Berechnungen.

Für die Vorprüfung müssen alle Unterlagen vorgelegt werden, die für die Beurteilung notwendig sind. Dies schließt neben Zeichnungen die Werkstoffbescheinigungen und die Bescheinigungen über durchgeführte Werkstoffprüfungen, Schweißerprüfungen usw. ein.

Ziel der Bauprüfung ist eine Aussage über den ordnungsgemäßen Zustand und über die Übereinstimmung der hergestellten Bauteile mit den zugehörigen vorgeprüften Unterlagen. Die Bauprüfung wird in der Regel vor der Druckprüfung durchgeführt.

Der Sachverständige prüft die vorgeprüften Unterlagen sowie alle Unterlagen über die realisierte Ausführung. Der Ersteller hat diese Unterlagen vorzulegen. Dies schließt Nachweise über die Güteeigenschaften der Werkstoffe, Berichte und Aufschreibungen über zerstörungsfreie Prüfungen und Arbeitsprüfungen sowie Bescheinigungen über vorgenommene Wärmebehandlungen ein. Außerdem sind dem Sachverständigen Bestätigungen über die vom Ersteller durchgeführten Maßprüfungen und Aufzeichnungen über Meßergebnisse vorzulegen. Ferner sind alle Nachweise beizubringen, die im Rahmen der Vorprüfung vereinbart worden sind. Der Sachverständige führt die Prüfung auf der Grundlage der ihm vorzulegenden Unterlagen durch. Es steht in seinem Ermessen, sich durch eigene Anschauung von der sachgemäßen Realisierung zu überzeugen. Deshalb sind Bauprüfungen zeitlich so zu legen, daß der Sachverständige alle drucktragenden Teile ausreichend besichtigen kann. Teilbauprüfungen sind zulässig.

Die Druckprüfung wird vor dem Anbringen von Farbanstrichen, Isolierungen oder Beschichtungen und nach der letzten Wärmebehandlung vorgenommen. Es wird geprüft, ob die Teile unter Prüfdruck gegen das Prüfmittel dicht sind und daß keine sicherheitstechnisch bedenklichen Verformungen auftreten. Zur Durchführung der Druckprüfung kann AD-Merkblatt HP 30 herangezogen werden.

Nach Durchführung der erstmaligen Prüfung, die die Vorprüfung, Bauprüfung und Druckprüfung umfaßt, hat der Sachverständige eine Aussage darüber zu machen, inwieweit gegen die Inbetriebnahme keine sicherheitstechnischen Bedenken bestehen. Voraussetzung für das Ausstellen dieser Bescheinigung, der Abnahmeprüfung durch den Sachverständigen, ist das Vorlegen aller erforderlichen Bescheinigungen über die erstmalige Prüfung.

4.1.3.4 Wiederkehrende Prüfungen, Prüfungen in besonderen Fällen

Rohrleitungen für sehr giftige Gase, Dämpfe oder Flüssigkeiten sind wiederkehrenden Prüfungen durch Sachkundige oder Sachverständige zu unterziehen. Die Grenzen und Fristen regeln die genannten Rechtsverordnungen. Zweck dieser wiederkehrenden Prüfungen ist es, jeweils erneut nachzuweisen, daß sich während des Betriebes keine sicherheitstechnisch bedenklichen Veränderungen eingestellt haben. Die wiederkehrenden Prüfungen sind zu bescheinigen. Hat der Sachkundige oder der Sachverständige festgestellt, daß sich eine Rohrleitung nicht in ordnungsgemäßem Zustand befindet, hat die zuständige Erlaubnisbehörde über den Weiterbetrieb zu entscheiden.

Ist eine Rohrleitung hinsichtlich ihrer Beschaffenheit, Anordnung oder Betriebsweise wesentlich verändert worden, ist erneut eine Abnahmeprüfung durch den Sachkundigen bzw. durch den Sachverständigen vorzunehmen. Als wesentlich ist jede Änderung anzusehen, die die Sicherheit der Rohrleitung beeinträchtigen kann.

Ist eine Rohrleitung instand gesetzt oder sind wesentliche Teile der Rohrleitung ausgewechselt worden, so darf die Rohrleitung erst wieder in Betrieb genommen werden, nachdem sie in dem durch die Instandsetzung oder das Auswechseln bestimmten Umfang auf ihren ordnungsgemäßen Zustand geprüft wurde. Hierüber ist ebenfalls eine Prüfbescheinigung auszustellen.

Die Aufsichtsbehörde kann im Einzelfall eine außerordentliche Prüfung anordnen, wenn hierfür ein besonderer Anlaß besteht. Als besonderer Anlaß ist ein Schadensfall anzusehen. Die angeordnete Prüfung hat der Betreiber der Rohrleitung zu veranlassen.

4.1.4 Betreiben von Rohrleitungen

4.1.4.1 Voraussetzungen für den Betrieb

Der Betrieb einer Rohrleitung setzt die Erlaubnis der zuständigen Behörde voraus. Dies ergibt sich gleichlautend aus der Genehmigungspflicht nach §4 des Bundesemissionsschutzgesetzes und §11 des Gerätesicherheitsgesetzes. Grundlage für die Erlaubnis der Behörde ist das Vorliegen einer Bescheinigung über eine Abnahmeprüfung durch einen Sachkundigen bzw. das Vorliegen einer Bescheinigung über die durchgeführte erstmalige Prüfung und einer Abnahmeprüfung durch den Sachverständigen. Sachkundiger und Sachverständiger handeln auf Auftrag des Betreibers. Die Erlaubnis erteilt die Behörde.

Auch die Wiederinbetriebnahme von Rohrleitungen nach wesentlichen Änderungen ihrer Beschaffenheit, Anordnung oder Betriebsweise oder die Wiederinbetriebnahme nach wesentlicher Instandsetzung oder Auswechslung bedarf der erneuten Erlaubnis durch die Behörde (hierzu erforderliche Bescheinigungen s.Abschn. 4.1.3.3).

§ 5 des Bundesemissionsschutzgesetzes erlegt dem Betreiber genehmigungsbedürftiger Anlagen auf, die Anlage so zu betreiben, daß

– schädliche Umwelteinwirkungen und sonstige Gefahren, erhebliche Nachteile und erhebliche Belästigungen für die Allgemeinheit und die Nachbarschaft nicht hervorgerufen werden können,
– Vorsorge gegen schädliche Umwelteinwirkungen getroffen wird,
– dem Schutze der Beschäftigten vor Gefahren Rechnung getragen wird (nach der Gewerbeordnung).

4.1.4.2 Meldepflichten

Nach der Störfall-Verordnung (12. Verordnung zur Durchführung des Bundesemissionsschutzgesetzes):

Nach der Verordnung ist ein Störfall eine Störung im Betrieb, bei dem durch einen Stoff, definiert in einem Anhang der Verordnung, außerhalb des gestörten Anlageteils Menschen in ihrem Leben oder in ihrer Gesundheit gefährdet werden oder für das Gemeinwohl benötigte Sachen von hohem Wert beeinträchtigt werden.

Zu melden ist jeder eingetretene oder möglicherweise bevorstehende Störfall. Die Meldung ist unverzüglich an die nach Landesrecht zuständige Behörde zu richten. Der Behörde ist spätestens nach einer Woche ein schriftlicher Bericht vorzulegen, der eine sicherheitstechnische Beurteilung ermöglicht. Die Meldepflicht besteht auch gegenüber einem Betriebsrat.

Nach den Verordnungen nach §11 des Gerätesicherheitsgesetzes:
Der Betreiber hat der Aufsichtsbehörde unverzüglich anzuzeigen
1. jeden Unfall infolge Versagens druckführender Teile, bei dem ein Mensch getötet oder die Gesundheit eines Menschen verletzt worden ist,
2. eine Explosion oder einen Brand im Zusammenhang mit dem Betrieb.

Die Aufsichtsbehörde kann von dem Anzeigepflichtigen eine sicherheitstechnische Beurteilung durch einen Sachverständigen verlangen.

4.2 Apparate und Maschinen

4.2.1 Lieferbedingungen und Grenzabmaße (Toleranzen) für Apparate, Apparateteile und -auskleidungen/-beschichtungen

DIN 28005 T1   Allgemeintoleranzen für Behälter; Behälter allgemein (Nov 1988)

Diese DIN-Norm ist anzuwenden für Allgemeintoleranzen an Behältern, die nicht emailliert sind. Sie gilt nur, wenn auf diese Norm in Zeichnungen oder zugehörigen Unterlagen, z.B. technischen Lieferbedingungen verwiesen wird. Die festgelegten Allgemeintoleranzen können mit werkstattüblichen Mitteln eingehalten werden.

Die Maße dieser Norm beziehen sich auf Mantellinien, die Winkelabweichungen auf die Mittellinien des Behälters im Aufriß und Grundriß. Die Maße der Stutzen beziehen sich auf die Dichtleisten.

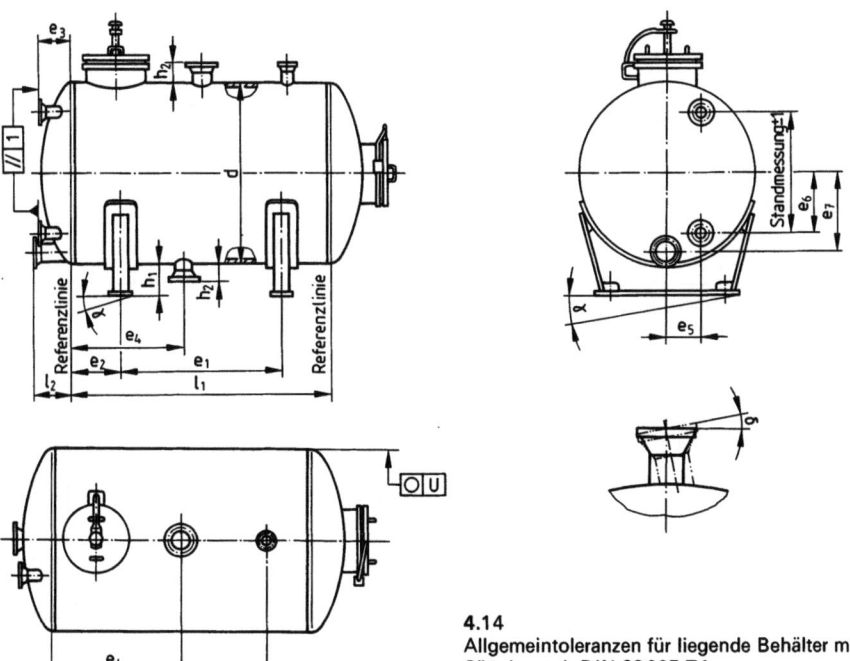

4.14
Allgemeintoleranzen für liegende Behälter mit Sätteln nach DIN 28005 T1
Grenzabmaße s. Tab. **4.15**

Für die in dieser Norm nicht im einzelnen tolerierten Maße gilt als Allgemeintoleranz DIN 8570-D (s. Norm).

Die Referenzlinie, die als Bezug für Maßfestlegungen in Behälterlängsrichtung dient (sie wird durch mehrere Körnerschläge am Bodenumfang kenntlich gemacht) wird wie folgt festgelegt.

Der fertige Boden wird mit der für das Schweißen vorbereiteten Bordkante auf eine ebene Platte gelegt. Dann wird von der ebenen Platte ausgehend senkrecht nach oben an der zylindrischen Bordkante des Bodens das Maß h_1 nach DIN 28011 bzw. DIN 28013 angerissen. Die so bestimmte Umfangslinie ist die Referenzlinie (nach DIN 28020 und DIN 28021: Anriß), und zwar unabhängig von den auftretenden Toleranzen bei s und h_2 nach DIN 28011 bzw. 28013.

Sollen die Allgemeintoleranzen nach dieser Norm für Behälter (S) angewendet werden, so ist in Zeichnungen und bei Bestellungen anzugeben:

Allgemeintoleranzen DIN 28005-S

(Der Buchstabe S steht zur Unterscheidung von emaillierten Behältern, für die DIN 28005 T2 gilt.)

Tabelle 4.15 Grenzabmaße für liegende Behälter mit Sätteln nach Bild 4.14

Maß	Benennung	Grenzabmaße für Nennmaßbereich									
		über 30 bis 120	über 120 bis 400	über 400 bis 1000	über 1000 bis 2000	über 2000 bis 4000	über 4000 bis 8000	über 8000 bis 12000	über 12000 bis 16000	über 16000 bis 20000	über 20000
d_1	Behälter-außendurchmesser	nach DIN 28011 und DIN 28013*)			–	–	–	–	–	–	–
e_1	Sattelabstand (Fußlöcher)	±2	±2	±3	±4	±6	±8	±10	±12	–	–
e_2	Abstand Sattel (Fußloch) bis Referenzlinie	±2	±2	±3	±4	–	–	–	–	–	–
e_3	Abstand Standmessungen bis Referenzlinie	±3	±4	±6	–	–	–	–	–	–	–
e_4	Abstand Stutzen bis Referenzlinie	±2	±2	±3	±4	±6	±8	±10	±12	±14	±16
e_5	Abstand Standmessung von Achse (horizontal)	±3	±4	±6	–	–	–	–	–	–	–
e_6	Abstand Standmessung von Achse (vertikal)										
e_7	Abstand Auslaufstutzen von Achse (vertikal)										
h_1	Sattelhöhe	–	±4	±6	±8	–	–	–	–	–	–
h_2	Dichtfläche Mantelstutzen bis Mantelzarge	±3	±4	±6	–	–	–	–	–	–	–
l_1	Behälterlänge zwischen den Referenzlinien	±3	±4	±6	±8	±11	±14	±18	±21	±24	±27
l_2	Dichtfläche Auslaufstutzen bis Referenzlinie	±3	±4	±6	–	–	–	–	–	–	–

*) Bei Verwendung von Rohren gelten die Grenzabmaße der entsprechenden DIN-Normen für Rohre

4.2.1 Lieferbedingungen und Grenzabmaße (Toleranzen) für Apparate und Apparateteile

Tabelle 4.16 Grenzabmaße für stehende Behälter mit Füßen oder Standzargen nach Bild 4.17

Maß	Benennung	Grenzabmaße für Nennmaßbereich									
		über 30 bis 120	über 120 bis 400	über 400 bis 1000	über 1000 bis 2000	über 2000 bis 4000	über 4000 bis 8000	über 8000 bis 12000	über 12000 bis 16000	über 16000 bis 20000	über 20000
d_1	Behälteraußendurchmesser	nach DIN 28011 und DIN 28013*)					–	–	–	–	–
d_2	Außendurchmesser des Behälterflansches	nach DIN 28030 T2					–	–	–	–	–
e_1	Abstand der Rohrfüße	±2	±2	±3	±4	±6	±8	–	–	–	–
e_8	Abstand Mantelstutzen bis Referenzlinie	±2	±2	±3	±4	±6	±8	±10	±12	±14	–
e_9	Abstand Deckelstutzen von Achse (horizontal)										
e_{10}	Abstand Deckelstutzen von Achse (vertikal)	±3	±4	±6	–	–	–	–	–	–	–
e_{11}	Abstand Stutzen bis Mantelzarge										
e_{12}	Lochabstand für Bohrungen in der Standzarge bzw. in den Fußplatten	±2	±2	±3	±4	–	–	–	–	–	–
h_3	Behälterlänge zwischen den Referenzlinien bzw. Referenzlinie und Oberkante Behälterflansch	±2	±2	±3	±4	±6	±8	±10	±12	±14	±18
h_4	Höhe Oberkante Deckelstutzen bis obere Referenzlinie bzw. Unterkante Deckelflansch	±3	±4	±6	–	–	–	–	–	–	–
h_5	Fuß- bzw. Standzargenhöhe bis untere Referenzlinie	±2	±2	±3	±4	–	–	–	–	–	–
h_6	Dichtfläche Auslaufstutzen bis untere Referenzlinie	±2	±2	±3	–	–	–	–	–	–	–
k	Lochkreisdurchmesser für Bohrungen in der Standzarge bzw. in den Fußplatten	±2	±2	±3	±4	±6	±8	–	–	–	–

*) Bei Verwendung von Rohren gelten die Grenzabmaße der entsprechenden DIN-Normen für Rohre

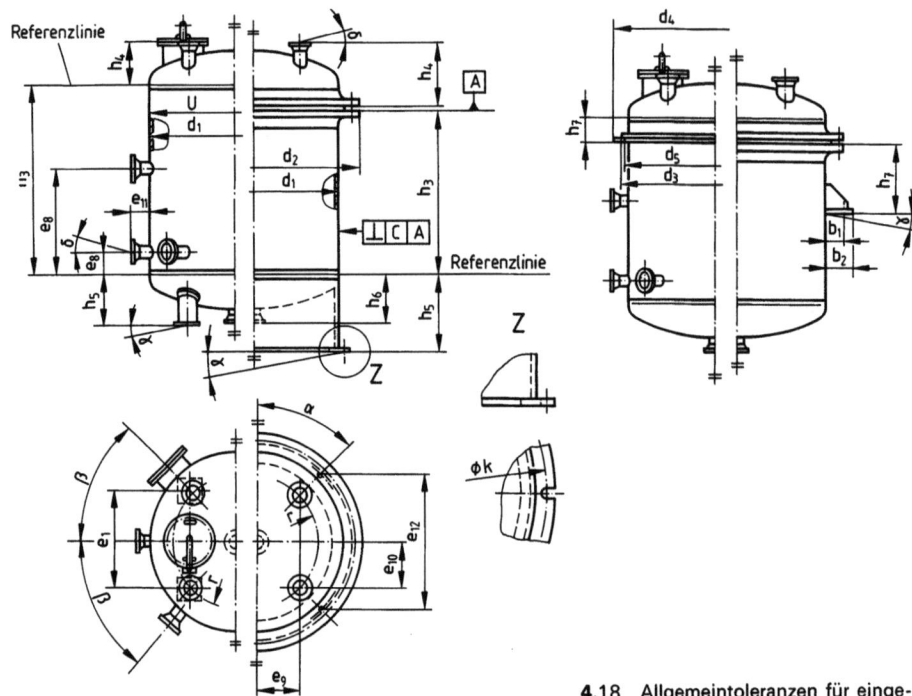

4.17 Allgemeintoleranzen für stehende Behälter mit Füßen oder Standzarge nach DIN 28005 T1
Grenzabmaße s. Tab. **4.16**

4.18 Allgemeintoleranzen für eingehängte Behälter mit Tragpratzen oder Tragring nach DIN 28005 T1
Grenzabmaße s. Tab. **4.19**

Tabelle **4.19** Grenzabmaße für eingehängte Behälter mit Tragpratzen oder Tragring nach Bild **4.18**

Maß	Benennung	Grenzabmaße für Nennmaßbereich								
		über 30 bis 120	über 120 bis 400	über 400 bis 1000	über 1000 bis 2000	über 2000 bis 4000	über 4000 bis 8000	über 8000 bis 12000	über 12000 bis 16000	über 16000 bis 20000	über 20000
d_3	Außendurchmesser des festen Tragringes	±2	±2	±3	±4	±6	±8	–	–	–	–
d_4	Außendurchmesser des losen Tragringes										
d_5	Innendurchmesser des losen Tragringes										
b_1	Lochmitte der Pratze bis Mantelaußenkante	±3	±4	±6	–	–	–	–	–	–	–
b_2	Pratzenblech bis Zarge										
h_7	Höhe Apparateflansch bzw. obere Referenzlinie bis Unterkante Pratze bzw. Tragring	±2	±2	±3	±4	–	–	–	–	–	–

Übrige Maße und Grenzabmaße wie stehende Behälter mit Füßen oder Standzarge nach Bild **4.17** und Tab. **4.16**

4.2.1 Lieferbedingungen und Grenzabmaße (Toleranzen) für Apparate und Apparateteile

In der gleichen Form, wie DIN 28005 T1 Festlegungen für die Genauigkeit von Behältermaßen trifft, für die in Zeichnungen keine einzelnen Angaben gemacht sind, enthalten die nachfolgenden DIN-Normen entsprechende Festlegungen für weitere Apparate. Einzelheiten s. Normen.

DIN 28006 T1 Allgemeintoleranzen für Rührbehälter; Rührbehälter allgemein

T2 –; Rührbehälter, Stahl emailliert

DIN 28007 T1 Allgemeintoleranzen für Kolonnen; Kolonnen allgemein (Jul 1986)

Die Norm unterscheidet bei den Grenzabmaßen, die Einfluß auf die Lage von Kolonneneinbauten haben, zwischen den Stufen „grob" und „fein". „Grob" wird bevorzugt Füllkörperkolonnen und „fein" bevorzugt Bodenkolonnen zugeordnet.

DIN 28007 T2 –; Kolonnen, Stahl emailliert

DIN 28008 Abmaße und Toleranzen für Rohrbündel-Wärmeaustauscher (Aug 1983)

In der Norm wird bei Rohrbündel-Wärmeaustauschern unterschieden zwischen Maßen, für die
- jeweils ein festes Grenzabmaß festgelegt ist,
- Positionen der Rohre (drei Genauigkeitsgrade),
- Grenzabmaße nach Genauigkeitskriterien festgelegt sind.

Die zuletzt genannten Genauigkeitskriterien richten sich danach, welche Anforderungen zu stellen sind an
- die Austauschbarkeit des gesamten Wärmeaustauschers,
- die Austauschbarkeit von Wärmeaustauschereinzelteilen,
- die Einhaltung der für die verfahrenstechnischen Funktionen wesentlichen Wärmeaustauschergeometrie.

Bei der Vorgabe, Rohrbündel-Wärmeaustauscher unter Berücksichtigung von DIN 28008 zu bauen, hat der Besteller Entscheidungen hinsichtlich der erforderlichen Genauigkeit für die Rohrpositionen zu treffen und zu den vorstehend beschriebenen Genauigkeitskriterien.

Entscheidungen dieser Art sollten bereits im Ausschreibungsstadium gefällt werden, da die Grenzabmaße nicht für alle Genauigkeitskriterien mit werkstattüblichen Mitteln eingehalten werden können.

DIN 28030 T2 Flanschverbindungen für Behälter und Apparate; Flansche, Grenzabmaße (Feb 1989)

Diese Norm gilt für gebrauchsfertige Flansche; sie gilt nicht für Rohteile zur Flanschfertigung. Bei der Einhaltung der Grenzabmaße ist die Austauschbarkeit der Flansche sichergestellt. Die Norm bezieht sich auf Flansche nach DIN 28031, DIN 28032, DIN 28034, DIN 28036 und DIN 28038, s. Abschn. 3.2.2 Grundelemente.

Festgelegt sind zulässige Maßabweichungen (Grenzabmaße) für folgende Einzelmaße

Flansch-Außendurchmesser d_2, Mittellochdurchmesser d_{10} bzw. Zargenanschluß d_1, Blattdicke h_1, Flanschhöhe h_2, Ansatzdicke s_1, Dichtleistendurchmesser d_9, Lochkreisdurchmesser d_3, Abstand zwischen zwei benachbarten Schraubenlöchern s_2, Summe nacheinander gemessener Lochabstände, Schraubenlochdurchmesser d_4, Durchmesser für Feder und Vorsprung, Nut und Rücksprung.

Weitere Einzelheiten s. Norm.

DIN 28152 T2 Klammerschrauben für emaillierte Apparate; Technische Lieferbedingungen (Entw. Apr 1992)

Die Technischen Lieferbedingungen nach dieser Norm gelten für Klammerschrauben nach DIN 28152 T1, die vorwiegend aus kaltzähen oder warmfesten Werkstoffen hergestellt werden, zur Verbindung von Vorschweißbunden nach DIN 28139 T1 und T2 (s. Normen) untereinander und mit Verschlußdeckeln nach DIN 28153 T1 und T2 an emaillierten Apparaten.
Erfaßt werden Klammerschrauben aus Werkstoffen nach Tab. 4.20.

DIN 28152 T2 enthält Anforderungen an Oberflächen, Gewinde, Maß-, Form- und Lagetoleranzen, Werkstoffe, Kennzeichnung, Bauteilprüfung, Prüfung der laufenden Fertigung, Dokumentation, Bauteilkennblatt, Nachweis der Güteeigenschaften.

Tabelle 4.20 Werkstoffe für Klammerschrauben nach DIN 28152 T2

Kurzname	Werkstoffnummer	nach	Kennzeichen
26 CrMo 4	1.7219	DIN 17280	KA
12 Ni 19	1.5680		KB
X 5 CrNi 18 10	1.4301		A2A
X 5 CrNi 18 12	1.4303		A2B
X 6 CrNiTi 18 10	1.4541	DIN 17440	A2C
X 5 CrNiMo 17 12 2	1.4401		A4A
X 6 CrNiMoTi 17 12 2	1.4571		A4B
Ck 35	1.1181		YK
24 CrMo 5	1.7258	DIN 17240	G
21 CrMoV 57	1.7709		GA

DIN 28050 Apparate und Behälter; Zulässiger Betriebsüberdruck −0,2 bar bis 0,1 bar, Technische Lieferbedingungen (Aug 1986)

Diese Norm ist anzuwenden für die in verfahrenstechnischen Anlagen verwendeten Apparate und Behälter aus metallischen Werkstoffen, in denen durch die Betriebsweise ein Überdruck herrscht oder entstehen kann, der gleich oder weniger als 0,1 bar bzw. gleich oder mehr als −0,2 bar beträgt.

Statische Drücke durch die Flüssigkeitssäule des Beschickungsgutes sind ausgenommen, sofern kein zusätzlicher Druck >0,1 bar, z.B. durch Flüssigkeitssäulen in Vorlagen oder Standrohren, aufgebaut werden kann.

Es sind Festlegungen getroffen für Anforderungen an
- Werkstoffe
- Bemessung
- Zeichnungen
- Schweißen
- Oberflächenschutz
- Toleranzen, Grenzabmaße
- Gestaltung (Flansche, Stutzen, Verschlüsse, Tragelemente, Schweißnähte, Oberflächenschutz)
- Prüfung
- Kennzeichnung
- Transport und Montage.

DIN 28161 Anforderungen an Rührantriebe (Apr 1987)

Diese Norm ist anzuwenden für Rührantriebe nach DIN 28130 T3.
Folgende Einzelheiten sind in der Norm festgelegt:
Grenzdrehzahlen bei Verwendung von Gleitringdichtungen (GLRD) (s. Tab. 4.21), Drehrichtung des Rührers, Lagerung, Toleranzen für die Laufgenauigkeit des Rührers, Ausbauraum für Gleitringdichtungen.

4.2.1 Lieferbedingungen und Grenzabmaße (Toleranzen) für Apparate und Apparateteile

Tabelle 4.21 Grenzdrehzahlen nach DIN 28161 für Rührantriebe nach DIN 28130 T3

d_3[1])		40	50	60	80	100	125	140	160	180	200	220
Grenz-drehzahlen in min^{-1} bei	Einzel-GLRD[2]) und Doppel-GLRD[2]) mit axial angeordneten Gleitringpaaren	570	500	410	330	270	230	200	180	160	140	120
	Doppel-GLRD[2]) mit radial angeordneten Gleitringpaaren	270	250	230	210	180	160	140	130	120	110	100

[1]) d_3 = Wellendurchmesser nach DIN 28144, DIN 28154 und DIN 28159, s. Normen
[2]) GLRD = Gleitringdichtung

Die in Tab. 4.21 angegebenen Grenzdrehzahlen gelten bei Verwendung von Gleitringdichtungen und sind unter der Annahme einer zulässigen Gleitgeschwindigkeit von 2 m/s am mittleren Durchmesser der Gleitringe ermittelt. Diese 2 m/s sollen bei der in dieser Norm berücksichtigten Konstruktion von Rührantrieben nicht überschritten werden, da Fertigungs- und Montageungenauigkeiten Rührerbewegungen zur Folge haben, denen die Gleitringe bei größeren Gleitgeschwindigkeiten nicht mehr in der zur Erzielung der Dichtwirkung erforderlichen Weise folgen können. Weitere Randbedingungen, z. B. Eigenfrequenz und Unwucht des Rührers, Form des Rührorgans, Arbeitsdruck, Arbeitstemperatur können geringere Drehzahlen erforderlich machen.

Drehrichtung. Die Drehrichtung entspricht – beim Blick von oben auf das Rührorgan – dem Uhrzeigersinn.

Lagerung. Das Getriebe der Antriebseinheit ist mit einer Lagerung ausgestattet, die in der Lage ist, vom Rührer übertragene Radial- und Axialkräfte aufzunehmen (Festlager), wobei unter Axialkräften die Kräfte verstanden werden, die in Längsrichtung des Rührers aus dem Rührergewicht, dem Rührerauftrieb, dem Sperrdruck der Gleitringdichtung und dem Schub von Rührern entstehen, deren Rührwirkung hauptsächlich auf der Ausbildung von radialen bzw. tangentialen Strömungen beruht (z. B. Impeller-, Kreuzbalken-, Ankerrührer).

Zu vereinbaren ist die Aufnahme von Axialkräften, die aus dem Schub von Rührern entstehen, deren Rührwirkung vorwiegend auf der Ausbildung axialer Strömungen beruht (z. B. Propeller-, Schrägblatt-, Wendelrührer).

Für die Beurteilung der Laufgenauigkeit von Rührern sind Meßverfahren und zulässige Grenzwerte für Rundlaufgenauigkeit und Axialspiel festgelegt. Beispielhaft ist hier die Messung D mit feststehender und axial den Rührwellenflansch abtastender Meßuhr wiedergegeben.

Meßverfahren für die Laufgenauigkeit. Bei Rührern aus unlegiertem und nichtrostendem Stahl wird mittels fest mit dem Montageflansch verbundener Meßuhr axial gegen den unteren Flansch der Kupplungshälfte des langsam drehenden Rüh-

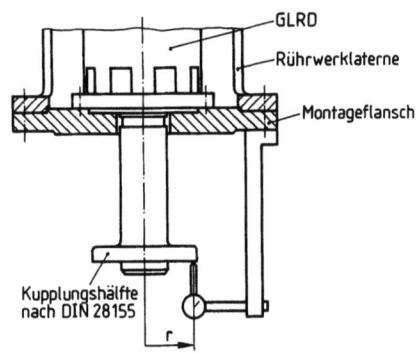

4.22 Rührantriebe, Laufgenauigkeit, Messung D nach DIN 28161

Tabelle 4.23 Grenzwerte für Messung D nach Bild 4.22

d_3[1])	40	50	60	80	100	125	140	160	180	200	220
Zulässige Änderung der Anzeige bei Messung D	0,05					0,08				0,12	

[1]) s. Tab. 4.21

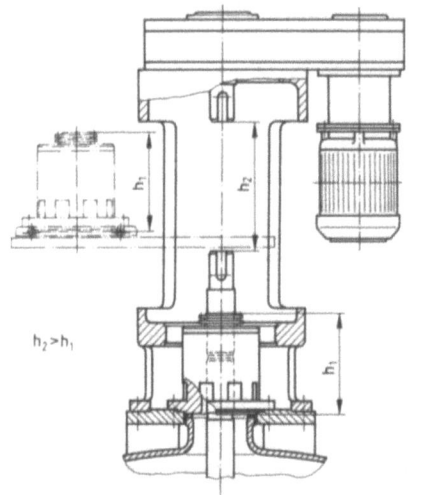

4.24 Seitlicher Gleitringdichtungsausbau nach DIN 28161

rers gemessen (s. Bild **4.22**). Dabei wird die Änderung der Anzeige abgelesen. Die Änderung der Anzeige darf bei einer Rührerumdrehung nicht größer sein als in Tab. **4.23** angegeben.

Für einteilige Rührer aus unlegiertem und nichtrostendem Stahl und für Rührer aus Stahl, emailliert, darf die Messung D mit einer Rührwellen- bzw. an einer Rührwellen- und Rührwerkflanschattrappe vereinbart werden.

Bei Messung D an einem Rührer mit einer Gleitringdichtung ohne eingebautes Lager darf bei eingebautem Zwischenlager in der Rührwerklaterne gegen den Laternenfuß gemessen werden.

Seitlicher Gleitringdichtungsausbau. Zum seitlichen Ausbau der Gleitringdichtungen (s. Bild **4.24**) ist bei den Rührwerkantrieben zwischen der Stirnfläche des Rührwellenendes und der Stirnfläche des Abtriebszapfens am Getriebe ein Abstand mindestens von der Größe h_2 nach Tab. **4.25** vorzusehen. Sind zum Ausbau der Gleitringdichtungen Ausbauhilfen an den Stirnflächen von Rührwellenende oder Abtriebszapfen erforderlich, so ist

Tabelle **4.25** Seitlicher Gleitringdichtungsausbau, Maße nach DIN 28161

d_3[1])		40	50	60	80	100	125	140	160	180	200	220
h_1	max.	entspricht $h + 8{,}5$ mm nach DIN 28138 T1 oder $h + 15$ mm bzw. $h + 20$ mm nach DIN 28138 T2											
h_2	min.	270	280	290	310	350	405	405	440	450	470	480

[1]) s. Tab. **4.19**

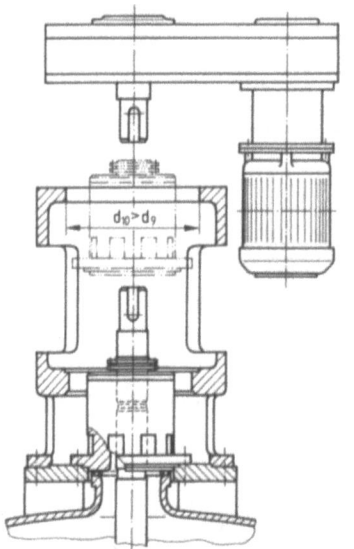

4.26 Gleitringdichtungsausbau nach oben
Links: GLRD mit eingebautem Lager, rechts: GLRD ohne eingebautes Lager

4.2.1 Lieferbedingungen und Grenzabmaße (Toleranzen) für Apparate und Apparateteile

der Abstand entsprechend zu vergrößern. Sofern bei Gleitringdichtungen aus Stahl, emailliert, die Bauhöhe durch mit der Gleitringdichtung verbundene Flanschdichtungen größer wird als in DIN 28138 T 2 (s. Norm) festgelegt, kann ein größerer Abstand erforderlich werden.

Gleitringdichtungsausbau nach oben. Zum Ausbau der Gleitringdichtung nach oben (s. Bild **4.26**) sind über die einzuhaltenden Maße Vereinbarungen zwischen Besteller und Hersteller zu treffen, wobei die einzuhaltenden Einbaumaße und Anschlüsse für Gleitringdichtungen nach DIN 28138 T1 bis T3 und die entsprechenden Bedingungen nach DIN 28162 T1 zu berücksichtigen sind (s. Normen).

DIN 28063 Emaillierte Apparate für verfahrenstechnische Anlagen; Technische Lieferbedingungen (Jul 1993)

Die Norm beschreibt unzulässige (nicht ausbesserbare) Emailfehler, limitiert (z. T. abhängig von der Apparategröße) auszubessernde Emailfehler, legt zulässige Emailschichtdicken fest und verweist auf Normen über Allgemeintoleranzen. Ferner behandelt sie die Themen Prüfen und Ausbessern von Emailfehlern. Nicht behandelt werden die chemischen und physikalischen Eigenschaften von Emailüberzügen. Emailliertechnisch richtige Konstruktion und deren Ausführung werden als zum Verantwortungsbereich des Herstellers gehörend definiert. Die Festlegungen sollen für neue und für reemaillierte Teile Anwendung finden. Sie können auch bei der Formulierung von Lieferverträgen für Pumpen, Pumpenteile und Armaturen in Bezug genommen werden. Ein Beiblatt zur Norm enthält Formblätter für den Prüfbericht.

DIN 28064 Emaillierte Apparate und Rohrleitungsteile; Güteanforderungen für Chemie-Emails (Aug 1993)

Festgelegt werden die an Chemie-Emails für Apparate und Rohrleitungsteile hinsichtlich Chemikalien- und Temperaturschockbeständigkeit zu stellenden Güteanforderungen sowie die zur Beurteilung erforderlichen Prüfungen.

DIN 28179 U-Rohre aus Stahl für Rohrbündel-Wärmeaustauscher; Technische Lieferbedingungen (Nov 1989)

Für U-Rohre aus unlegiertem oder legiertem Stahl, hergestellt aus nahtlosen oder geschweißten Rohren, vorgesehen für die Verwendung in Wärmeaustauschern, sind in der Norm Anforderungen festgelegt, die sich beziehen auf Herstellung, Lieferzustand, Maße, Grenzabmaße (Toleranzen), Wärmebehandlung und Oberflächenzustand. Weiterhin finden sich Angaben zu Prüfungen, Kennzeichnung und zu Verpackungen. Im Anhang zur Norm sind Formeln genannt für die Berechnung der Biegeradien: $r_m = f(g, t, n,$ Rohranordnung)
mit g = Rohrabstand Mittelgasse
t = Rohrteilung
n = Nr der jeweiligen Rohrreihe, gezählt von der Apparatemitte
In Tabellen sind Zahlenwerte angegeben für Quadrat- und Dreieckteilung bei unterschiedlichen Anströmwinkeln.

DIN 28187 Rohrbündel-Wärmeaustauscher; Rohr/Rohrboden-Befestigungen (Jun 1991)

Behandelt werden die Befestigungsarten Einschweißen, Einwalzen, hydraulisches und Explosiv-Aufweiten sowie Kombinationen von Einschweißen mit den übrigen Befestigungsarten. Für den Regelfall wird das alleinige Einschweißen als zu bevorzugende Befestigungsart empfohlen, es sei denn, besondere Gründe erfordern zusätzliche Maßnahmen oder eine andere Befestigungsart, wie z. B. das zusätzliche Einwalzen zur Vermeidung von Schwingungsbrüchen bzw. das ausschließliche Einwalzen bei der Verbindung nicht miteinander verschweißbarer Werkstoffe (Rohre aus Kupfer, Rohrböden aus Stahl).

Beim Einwalzen, beim hydraulischen und beim Explosiv-Aufweiten erfahren die Rohre in der Befestigungszone eine plastische Verformung, für deren Größe die Haftaufweitung ein Maß darstellt. Im Anhang zur Norm wird die Haftaufweitung definiert als Verhältnis der Verringerung des Rohrwandquerschnittes beim Aufweitvorgang zum ursprünglichen Rohrwandquerschnitt. Ein hergeleitetes Berechnungsverfahren gestattet, aus den geometrischen Daten die Haftaufweitung zu ermitteln oder für die gewünschte Haftaufweitung den erforderlichen Rohrinnendurchmesser zu berechnen. Vergleichswerte für die erforderliche Haftaufweitung werden nicht mitgeteilt.

DIN 28043 T2 Apparate und Behälter aus glasfaserverstärkten Duroplasten; Fertigungstechnische Fehler; Vorschlag für eine Europäische Norm (Entw. Aug 1991)

Es werden mögliche fertigungstechnische Fehler beschrieben, die bei der Herstellung entsprechender Apparate auftreten können. Damit wird der Zweck verfolgt, eine Prüfung und Bewertung der Bauteile unter Berücksichtigung abgestufter, durch Anforderungsklassen beschriebener Qualitätsanforderungen zu ermöglichen.

Die Angaben beziehen sich auf Apparate aus glasfaserverstärkten Duroplasten, die
a) mit einer harzreichen Innenschicht (Chemieschutzschicht) versehen oder
b) mit thermoplastischen Kunststoffen ausgekleidet sind.

Die zur Feststellung der beschriebenen Fehler aufgeführten Prüfungen behandeln
– Maßkontrollen und Kontrollen der Arbeitsausführung
– Anforderungen an:
  – Laminat (Sichtprüfung) und thermoplastische Auskleidung
  – Warmgas- und Heizelement-Stumpfschweißnähte
  – Laminataufbau, -eigenschaften und -aushärtung
  – Dichtigkeit, Endzustand und Vollständigkeit

In einem umfangreichen Tabellenwerk sind die Fehler benannt und beschrieben, Fehlerursachen aufgezeigt sowie abhängig von Fehlerlage und Anforderungsklasse Fehlergrenzen festgelegt. Eine Bildsammlung verdeutlicht die aufgeführten Fehler.

Wesentlich für den sicheren Einsatz von Apparaten aus glasfaserverstärkten Duroplasten sind auch die folgenden Normen:
DIN 28043 T3 –; ohne Auskleidung; Technische Lieferbedingungen; Vorschlag ...
       T4 –; mit Auskleidung; Vorschlag ...
       T5 –; Qualitätsgesicherte Herstellung; Vorschlag ...

DIN V 28090 Dichtungen, Dichtungskennwerte und Prüfverfahren (Jan 1989)

Im Zusammenhang mit der noch nicht abgeschlossenen Diskussion über die weitere werkstoffbezogene Dichtungsnormung und der ebenfalls noch diskutierten Überarbeitung von DIN 2505 stellte sich heraus, daß es notwendig war, zunächst neue und für eine Vielzahl von Dichtungswerkstoffen anwendbare Dichtungskennwerte sowie die dazu notwendigen Prüfverfahren festzulegen. Das hierbei erzielte Ergebnis ist in dieser Vornorm festgeschrieben.

Es kann insbesondere durch die im CEN gerade begonnene europäische Normung von Druckbehälterregeln noch Änderungen erfahren. Die in dieser Vornorm behandelten Dichtungskennwerte stimmen daher auch nicht überein mit denen der Vornorm DIN V 2505, sondern mit denen der im Abschnitt 3.1.4.2 behandelten Entwürfe zu DIN 2505 T1 und T2.

DIN V 28090 definiert die Dichtungskennwerte:

σ_{VU} Mindestflächenpressung, die mit Einbauschraubenkraft auf die Dichtfläche wirken muß, damit gilt „Mindestflächenpressung = f (Betriebsdruck)", N/mm²

4.2.1 Lieferbedingungen und Grenzabmaße (Toleranzen) für Apparate und Apparateteile

σ_{VO} maximale Flächenpressung, die mit Einbauschraubenkraft auf die Dichtfläche wirken darf ohne unzulässiges Fließen oder Kriechen der Dichtung, N/mm²

σ_{BU} Mindestflächenpressung, die im Betriebszustand auf die Dichtfläche wirken muß ohne unzulässige Leckrate bei gegebenem Medium und Innendruck, N/mm²

σ_{BO} maximale Flächenpressung, die bei Betriebstemperatur auf die Dichtfläche wirken darf ohne unzulässiges Kriechen der Dichtung, N/mm²

λ auf mittleren Dichtungsumfang bezogene Leckrate bei gegebenen Werten für Flächenpressung, Betriebsdruck und -temperatur sowie bei gegebenem Medium, mg/(s · m)

δ_V gesamte elastische Zusammendrückbarkeit der Dichtung im Einbauzustand, mm

E_D Elastizitätsmodul der Dichtung, N/mm²

Zur Bestimmung der vorstehenden Dichtungskennwerte werden beschrieben:

- Innendruckversuch .... σ_{VU} und σ_{BU}
- Leckageversuch .... σ_{BU} und λ
- Stauchversuch .... σ_{VU}, δ_V und E_D
- Druckstandversuch .... σ_{BO}

Die Festlegungen in DIN V 28090 finden Anwendung in den nachfolgend aufgeführten Normen über technische Lieferbedingungen von Dichtungsplatten aus asbestfreien Werkstoffen, die notwendig geworden sind durch die Einstufung von Asbest als krebserregender Stoff nach GefStoffV.

DIN 28091 T1 Technische Lieferbedingungen für Dichtungsplatten aus asbestfreien Werkstoffen; allgemeine Festlegungen (Entw. Nov 1993)

Dichtungswerkstoffe werden nach deren wesentlichen Bestandteilen unterschieden in solche auf Basis von

- Fasern, bestehend aus anorganischen und/oder organischen Fasern, Elastomeren als Bindemittel und organischen Füllstoffen mit und ohne metallische Verstärkungen (DIN 28091 T2)
- PTFE, bestehend aus gesintertem PTFE mit und ohne Füllstoffe (DIN 28091 T3)
- Graphit, bestehend aus expandiertem Graphit mit und ohne Füllstoffe (DIN 28091 T4).

Die Norm legt die Grenzabmaße fest für Plattendicke und Plattenmaße sowie für die zulässigen Dickenunterschiede an einer Platte einschließlich der entsprechenden Prüfbedingungen und der jeweiligen Meßunsicherheit.

Ohne Grenzwerte für die jeweiligen Meßwerte sind Prüfgeräte und -verfahren beschrieben zur Bestimmung von Dichte, Kalt- und Warmstauchverhalten, Leckstrom, maximal ertragbarer Flächenpressung σ_{VU}, Zusammendrückbarkeit δ_V, Elastizitätsmodul E_D, Chlorgehalt und Medienbeständigkeit.

Die Grenzwerte fehlen, da zur Beurteilung der Dichtungswerkstoffe nach DIN 28091 T2 bis T4 noch zu wenig Prüfergebnisse vorliegen (s. Normen). Bis zur endgültigen Verabschiedung der Norm sollen die Eignung der Prüfparameter und die Beurteilungskriterien für die Beständigkeit festgelegt werden. Die Einzelnormen verweisen z.T. auf Angaben der Hersteller.

DIN 28054 Beschichtungen mit organischen Werkstoffen für Bauteile aus metallischem Werkstoff; Anforderung und Prüfung (Apr 1990)

Die Norm ist gedacht als Grundlage für Vereinbarungen zur Güteüberwachung zwischen Vertragspartnern (z.B. Hersteller des Beschichtungsstoffes, des metallischen Bauteiles, der Beschichtung oder Besteller des beschichteten Bauteiles). Dementsprechend enthält die Norm eine Auflistung der Punkte, zu denen jeweils Anforderungen zu stellen sind.

Beschichtungsstoffe sind aushärtbare oder pulverförmige Stoffe, die auf die Oberfläche eines metallischen Bauteiles aufgebracht, dort einen geschlossenen Film (die Beschichtung) bilden, wobei die Aufbringung ein- oder mehrlagig erfolgen kann.

Es ist zweckmäßig, folgende Gruppen von Beschichtungsdicken zu unterscheiden:
a) 100 bis 200 µm, b) über 200 bis 1000 µm, c) über 1000 µm.

Die Liste der **zu stellenden Anforderungen** enthält Angaben zu:
- Beschichtungsstoffen (Stoffdaten, Verarbeitungsbedingungen, Gebindekennung)
- Beschichtung (Aufbau, Verfahren, Schichtdicke, Dichtheit, mechanische, physikalische, chemische und sonstige Eigenschaften)
- Beschichtetes Bauteil (Außenanstrich, Transport, Montage, Reparatur, Betrieb)
- Prüfungen.

DIN 28055 T1   Auskleidung aus organischen Werkstoffen für Bauteile aus metallischem Werkstoff; Anforderungen (Sep 1990)

Auch diese Norm ist gedacht als Grundlage für Vereinbarungen zur Güteüberwachung. Unter Auskleidung versteht man den Korrosionsschutz von in der Regel innenliegenden, medienberührten Bauteilflächen mittels auf sie aufgebrachter flächiger Halbzeuge aus organischen Werkstoffen:
- Gummierung (Bahnen aus Natur- und Synthesekautschuk, Ausführung in der Werkstatt und auf der Baustelle)
- Doroplastauskleidung (Bahnen aus Phenolformaldehyd- oder Epoxidharz, Ausführung nur in der Werkstatt)
- Thermoplastauskleidung (Folien, Bahnen, Platten und Rohre aus Thermoplasten, Ausführung in der Werkstatt und auf der Baustelle).

Weitere Angaben beziehen sich auf die Auskleidungswerkstoffe, die konstruktive Gestaltung der auszukleidenden Bauteile, die Herstellung und Auskleidung, die Eigenschaften des ausgekleideten Bauteiles, Art und Umfang von Abnahmeprüfungen, das Nachbessern schadhafter Stellen, den Transport, die Montage und den Außenanstrich.

Einzelheiten zu Prüfungen, die am Objekt oder an fertigungsbegleitend erstellten Prüfmustern während oder nach der Aufbringung der Auskleidung, zur Abnahme oder wiederkehrend zur Feststellung betriebsbedingter Veränderungen durchgeführt werden können, DIN 28055 T2 (s. Norm).

DIN 6607   Korrosionsschutzbeschichtungen unterirdischer Lagerbehälter (Tanks); Anforderungen, Prüfungen (Jan 1991)

Die Norm trifft im Zusammenhang mit Behältern für wassergefährdende, brennbare und nicht brennbare Stoffe Festlegungen für den äußeren Korrosionsschutz, aufgebracht als Bitumen-, Epoxidharz- oder GFK-Beschichtung. Dabei sind Anforderungen festgelegt, die zu stellen sind an den Beschichtungsstoff, an die zu beschichtenden Behälteroberflächen, an die Beschichtung selbst und an deren Aufbringung sowie hinsichtlich der jeweils durchzuführenden Prüfungen. Andere Beschichtungsarten als in dieser Norm festgelegt sind dann zulässig, wenn sie durch einen nach der Verordnung über die Errichtung und den Betrieb von Anlagen zur Lagerung, Abfüllung und Beförderung brennbarer Flüssigkeiten (VbF) bzw. der Verordnungen der Länder über das Lagern, Abfüllen und Umschlagen wassergefährdender Stoffe (VAwS) zuständigen Sachverständigen einer Eignungsprüfung unterzogen worden sind.

4.2.2   Anforderungen, Abnahmeregeln und Prüfungen für Pumpen

DIN ISO 5199   Kreiselpumpen; Technische Anforderungen, Klasse II (Feb 1987)

Diese Norm gilt für die Anforderungen der Klasse II an Kreiselpumpen in Prozeßbauweise. Pumpen nach DIN 24256 (s. Abschn. 3.2.16) können als typisch für die vorliegenden Anforderungen betrachtet werden.

4.2.2 Anforderungen, Abnahmeregeln und Prüfungen für Pumpen

Diese Norm schließt Ausführungsmerkmale ein, soweit sie sich auf Aufstellung, Wartung und Betriebssicherheit der Pumpen, einschließlich Grundplatte, Kupplung und Hilfsrohrleitungen (jedoch ohne Antriebsmaschine) auswirken.

Die Norm behandelt folgende Einzelheiten:

Konstruktive Ausführung, Werkstoffe, Prüfungen, Vorbereitungen für den Versand, Datenblatt, Wegamplitude, Stutzenbelastungen (Kräfte und Momente), Wellendichtungsanordnungen, Hilfsrohrleitungen für Wellendichtungen, Anfragen, Angebot, Bestellung, Dokumentation nach erfolgter Bestellung, Checkliste.

DIN 1944 Abnahmeversuche an Kreiselpumpen (VDI-Kreiselpumpenregeln) (Okt 1968)

Die festgelegten Grundlagen für **die Abnahmeversuche enthalten**

a) eindeutige Definitionen aller Größen, die für die Beschreibung der Funktion einer Kreiselpumpe und für die Festlegung der Garantien für ihre Förderwerte (die hydraulische Größe der Pumpe) und für ihren Wirkungsgrad (die hydraulische Güte der Pumpe) benötigt werden;

b) Festlegungen über die technischen Garantien und deren Erfüllung;

c) Empfehlungen für das Vorbereiten und Durchführen von Abnahmeversuchen zwecks Prüfung der Einhaltung von Garantien;

d) Festlegungen für den Vergleich der Meßergebnisse mit den garantierten Werten und für die zu treffenden Schlußfolgerungen;

e) Empfehlungen für das Abfassen des Versuchsberichtes;

f) Beschreibungen der wichtigsten bei Abnahmeversuchen an Pumpen heute gebräuchlichen Meßverfahren sowie Beschreibung der Durchführung und der Auswertung von Versuchen unter Berücksichtigung der unvermeidlichen Meßunsicherheiten.

Die Regeln gelten für alle Bauarten von Kreiselpumpen, wobei eine Pumpe durch genau definierte Endquerschnitte, nämlich durch den Eintrittsquerschnitt und durch den Austrittsquerschnitt abgegrenzt wird.

Für Speicherpumpen gilt die Norm DIN 4325 (s. Norm). Sie ist eine Übersetzung der IEC-Publikation 198, Internationale Regeln für Abnahmeversuche an Speicherpumpen in Kraftwerken.

Abnahmeversuche an Modellpumpen werden in dieser Norm nicht behandelt.

Ebenfalls nicht behandelt werden:

a) Empfehlungen für das Abfassen kaufmännischer Vorschriften, einschließlich der Garantieklausel des Liefervertrages;

b) Richtlinien für das Beurteilen der Konstruktion der Pumpe oder ihrer Einzelteile;

c) Empfehlungen für die Wahl und die Prüfung der Werkstoffe.

Alle technischen Garantien und die Art ihrer Prüfung müssen bereits bei der Bestellung der Pumpe vereinbart und im Liefervertrag festgelegt sein.

Jedes genaue Einhalten und jedes genaue Nachprüfen einer Garantie ist mit mehr oder weniger hohen zusätzlichen Kosten verbunden. Garantien sollten deshalb auf diejenigen Größen beschränkt bleiben, von deren Einhaltung die einwandfreie Durchführung des Betriebes in der beabsichtigten Form abhängt. Die Festlegung der zu garantierenden Werte und der Genauigkeit der Abnahmeversuche, in denen sie nachgeprüft werden, sollte sich deshalb nach der Ausführung und dem Verwendungszweck der Pumpe richten; die Kosten der Abnahmeversuche sollten immer in einem wirtschaftlich vertretbaren Verhältnis zum Anschaffungspreis der Pumpe stehen.

In einem **Liefervertrag** können die Förderwerte der Pumpe (Förderstrom und Förderhöhe bzw. spezifische Förderarbeit) und der Wirkungsgrad der Pumpe garantiert werden.

Falls es für die beabsichtigte Betriebsweise für erforderlich gehalten wird, können zusätzlich weitere Betriebseigenschaften der Pumpe garantiert werden, wie:
stabile Form der Drosselkurve, Nullförderhöhe (spezifische Nullförderarbeit), Nulleistungsbedarf, untere Grenzförderhöhe (untere spezifische Grenzförderarbeit) oder größter Förderstrom, Rücklaufdrehzahl, Ausmaß des Kavitationsverschleißes, zugelassene Haltedruckhöhe (zugelassene spezifische Halteenergie), Leckverlust der Wellenabdichtungen, Maschinenschallpegel der Pumpe.

Um das Aufstellen von Ausschreibungsunterlagen und das Ausarbeiten von technischen Angeboten zu vereinheitlichen und damit zu erleichtern, werden die Hauptgarantien und die Abnahmeversuche in drei Genauigkeitsstufen I, II und III festgelegt, die sich durch den Umfang der Garantien, durch die Größe der aus den Bautoleranzen resultierenden Abweichungen der Förderwerte bei nichtregelbaren Pumpen sowie durch den Umfang und die erforderliche Genauigkeit der Abnahmeversuche unterscheiden. Bei Pumpen mit einem niedrigen Leistungsbedarf ist z. B. weder das genaue Einhalten der Förderwerte noch das Erreichen des angegebenen Wirkungsgrades erforderlich.

Weitere technische Regeln für die Formulierung von Anforderungen an Pumpen:

VDMA 24 275   Anschlußmaße für Kreiselpumpen; Zulässige Abweichungen, Toleranzfelder
VDMA 24 284   Prüfung von Verdrängerpumpen; Allgemeine Prüfregeln.

4.2.3 Anforderungen, Abnahmeregeln, Prüfungen für Vakuumpumpen, Verdichter und Ventilatoren

DIN 28431   Abnahmeregeln für Flüssigkeitsringvakuumpumpen (Jan 1987)

Diese Norm legt Verfahren über Abnahmeprüfungen und technische Bedingungen für Flüssigkeitsringvakuumpumpen fest. Der absolute Ansaugdruck für diese Flüssigkeitsringvakuumpumpen soll mehr als 1 mbar betragen.

Die Norm enthält ferner spezifische Angaben über die Messung des Volumenstromes (bezogen auf den Ansaugzustand) und des Leistungsbedarfs sowie Hinweise zur Umrechnung der Meßwerte auf vereinbarte Bedingungen.

Die Flüssigkeitsring-Vakuumpumpen gehören zur Gruppe der Verdrängerpumpen und eignen sich zur Verdichtung von trockenen und feuchten Gasen sowie Luft-Dampfgemischen für Ansaugdrücke über 33 mbar bei Wasser als Betriebsflüssigkeit. Der niedrigste Ansaugdruck wird im wesentlichen durch den Dampfdruck der verwendeten Betriebsflüssigkeit bestimmt. Beim Absaugen von feuchten Gasen vergrößert sich durch den Kondensationseffekt das Saugvermögen der Vakuumpumpe gegenüber Absaugen von Trockengas. Der Gewinn an Saugvermögen entspricht dem im Saugraum kondensierenden Dampfanteil.

Die Flüssigkeitsringvakuumpumpe ist unempfindlich gegenüber Mitförderung von Flüssigkeiten.

Die Hauptanwendungen sind in der chemischen Industrie und der Verfahrenstechnik die Absaugung von Prozeßdämpfen, in Kraftwerken die Turbinenkondensatorenentlüftung und bei Papiermaschinen sowie Filteranlagen die Entwässerung.

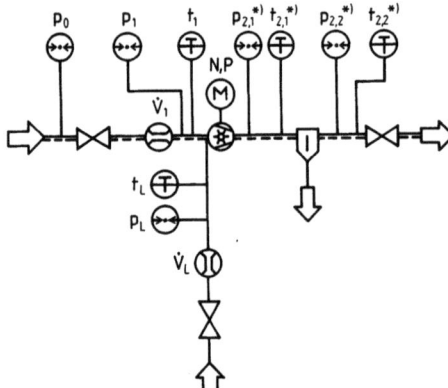

4.27   Abnahmeprüfanordnung nach DIN 28 431 für Flüssigkeitsringvakuumpumpen zur Messung des Volumenstromes bei Ansaugbedingungen

*) Falls vereinbart

Bei der **Abnahmeprüfung** werden Ansaugvolumenstrom und Leistungsbedarf

4.2.3 Anforderungen, Abnahmeregeln, Prüfungen für Vakuumpumpen, Verdichter, Ventilatoren

über den gesamten Arbeitsbereich der Flüssigkeitsringvakuumpumpe gemessen. Sie können auf vereinbarte Bedingungen umgerechnet werden.

Die Abnahmeprüfung wird durchgeführt mit Umgebungsluft oder mit wasserdampfgesättigter Luft als Ansaugmedium und mit Wasser als Betriebsflüssigkeit.

Die Abnahmeprüfanordnung soll einer der Standardprüfanordnungen, die im Anhang A der Norm dargestellt sind, entsprechen (Beispiel s. Bild 4.27).

Alle in Tab. 4.28 aufgeführten Werte sind bei der Abnahmeprüfung zu messen und aufzuzeichnen.

Tabelle 4.28 Bei der Abnahmeprüfung von Flüssigkeitsringvakuumpumpen nach DIN 28431 zu ermittelnde Werte

Gegenstand	Formelzeichen	Einheit
Datum	–	–
Atmosphärischer Druck	p_0	bar, mbar
Ansaugdruck des Gases	p_1	bar, mbar
Austrittsdruck des Gases	p_2	bar, mbar
Temperatur am Aufstellungsort	t_0	°C
Eintrittstemperatur des Gases	t_1	°C
Austrittstemperatur des Gases	t_2	°C
Eintrittstemperatur der Betriebsflüssigkeit	t_L	°C
Eintrittsdruck der Betriebsflüssigkeit	p_L	bar, mbar
Volumenstrom der Betriebsflüssigkeit	$\dot{V}_L$	m³/h
Leistungsbedarf	P	kW
Drehzahl	n	1/min
Ansaugvolumenstrom (Meßwert)	$\dot{V}_3$	m³/h
Ansaugvolumenstrom (Rechenwert oder Meßwert)	$\dot{V}_1, \dot{V}_4$	m³/h
Relative Feuchte der Atmosphäre	Φ_0	–
Relative Feuchte vor der Flüssigkeitsringvakuumpumpe	Φ_1	–
Temperatur des Gases vor der Drossel	t_4	°C

Weitere Normen mit Prüfregeln für andere Vakuumpumpen:

DIN 28426 T1	Vakuumtechnik; Abnahmeregeln für Rotationsverdrängervakuumpumpen, Sperr- und Drehschieber- sowie Kreiskolbenvakuumpumpen im Grob- und Feinvakuumbereich
T2	–; Abnahmeregeln für Drehkolbenvakuumpumpen, Wälzkolbenvakuumpumpen im Feinvakuumbereich
DIN 28427	–; Abnahmeregeln für Diffusionspumpen und Dampfstrahlvakuumpumpen für Treibmitteldampfdrücke kleiner 1 mbar
DIN 28428	–; Abnahmeregeln für Turbomolekularpumpen
DIN 28429	–; Abnahmeregeln für Ionengetterpumpen
DIN 28430	–; Meßregeln für Dampfstrahlvakuumpumpen und Dampfstrahlkompressoren; Treibmittel; Wasserdampf

DIN 1945 T1 Verdrängerkompressoren; Thermodynamische Abnahme- und Leistungsversuche (Nov 1980)

In dieser Norm werden Verfahren für Abnahmeversuche und technische Bedingungen für die Lieferung von Verdrängerkompressoren festgelegt.

Als **Verdrängerkompressor** wird eine Maschine bezeichnet, bei der eine Erhöhung des statischen Drucks dadurch erzielt wird, daß aufeinanderfolgend Gas in einen geschlossenen Raum angesaugt und aus diesem durch ein sich bewegendes Bauteil verdrängt wird. Komponenten und Zubehör unterschiedlichen Umfangs bis hin zur Kompaktanlage können eingeschlossen sein. Der absolute Ansaugdruck sollte mehr als 1 mbar betragen.

Die Norm enthält ausführliche Angaben für die Messung des Volumenstroms und des Leistungsbedarfs sowie Wege zur Umrechnung der Meßwerte auf Garantiebedingungen.

Die in der Norm verwendeten Begriffe „Garantie" und „Abnahme" sind in technischem und nicht in rechtlichem Sinn zu verstehen. Die **Garantie** bezeichnet demnach die Zusage von technischen Eigenschaften der Lieferung. Der **Abnahmeversuch** hat die Aufgabe, die gemessenen technischen Eigenschaften mit den zugesagten technischen Eigenschaften (Garantiewerte) zu vergleichen und mögliche Abweichungen festzustellen. Aussagen über den Vergleich der gemessenen und der zugesagten technischen Eigenschaften im Bericht über den Abnahmeversuch werden lediglich im technischen Sinn festgestellt. Die juristischen Folgerungen einer Erfüllung oder Nichterfüllung der zugesagten Eigenschaften sind nicht Gegenstand des Abnahmeversuchs. Folgende Einzelheiten werden in der Norm behandelt:

Begriffe, Formelzeichen, Einheiten, Temperaturmessung, Druckmessung, Ermittlung des nutzbaren Volumenstroms aus dem gelieferten Volumenstrom, Ermittlung des nutzbaren Volumenstroms aus dem angesaugten Volumenstrom, Messung der Leistung, Messung der Drehzahl, Vorbereitung der Maschine und der Versuchseinrichtung, Durchführung des Versuchs, Auswertung der Meßwerte, Berechnung der Versuchsergebnisse, Umrechnung der Versuchsergebnisse, Meßgenauigkeit, Versuchsbericht und Vergleich mit den Garantiewerten. Die folgenden Punkte sind Gegenstand des Anhanges von DIN 1945 T1: Weitere Verfahren für die Bestimmung des Volumenstroms, weitere Messungen, verschiedene Arten von Versuchen an Kompressoren, Beispiele für Versuchsberichte, Ableitung der verwendeten Formeln, Leistungsangaben bei Kompaktanlagen mit Verdrängerkompressoren für Luft, Umrechnungsfaktoren.

Weitere technische Regeln

VDI 2045 T1 Abnahme- und Leistungsversuche an Verdichtern (VDI-Verdichterregeln); Versuchsdurchführung und Garantievergleich

T2 Abnahme- und Leistungsversuche an Verdichtern; Grundlagen und Beispiele (VDI-Verdichterregeln)

VDI 3731 T1 Emissionskennwerte technischer Schallquellen; Kompressoren

DIN 24166 Ventilatoren; Technische Lieferbedingungen (Jan 1989)

Festgelegt sind technische Lieferbedingungen für Ventilatoren mit einer Druckerhöhung bis zu 30 kPa, die als Strömungsmaschinen zur Förderung von Luft oder anderen Gasen eingesetzt werden sollen.

Da für Ventilatoren eine überaus große Anwendungsbreite besteht, müssen für den konkreten Anwendungsfall die Anwendungsbedingungen durch den Besteller genau definiert werden, um dem Lieferer eine sorgfältige Auswahl und Auslegung zu ermöglichen. Die hierzu erforderlichen Details sind aufgelistet.

Für die Grenzabweichungen der zu vereinbarenden Betriebswerte sind vier Genauigkeitsklassen angelegt, die nach den Kriteriengruppen Einsatzgebiet/Anwendung, Fertigungsverfahren für aerodynamisch wichtige Teile und ungefähr Leistungsbereich in kW ausgewählt werden können.

Die vereinbarten Betriebswerte sind vom Lieferer auf Verlangen des Bestellers nachzuweisen. Art und Umfang der Prüfung und des Nachweises sind im Einklang mit der angewendeten Genauigkeitsklasse zu vereinbaren.

Messungen für den Nachweis der Betriebswerte sind nach drei Arten möglich:

a) Leistungsnachweis am Ventilator im eingebauten Zustand am Bestimmungsort
b) Leistungsnachweis auf einem Prüfstand
c) Leistungsnachweis am Modell

Entsprechend den Genauigkeitsklassen sind Grenzabweichungen festgelegt für Volumenstrom, Druckerhöhung, Antriebsleistung, Wirkungsgrad und den A-bewerteten Schallleistungspegel. Der Nachweis erfolgt im (vom Lieferer angegebenen) Bereich optimalen Wirkungsgrades. Nachweise im Teil- und Überlastbereich sind zu vereinbaren.

4.2.4 Betriebsanleitungen für Zentrifugen

DIN 24403 Betriebsanleitungen für Zentrifugen; Hinweise für die Erstellung (Mrz 1979)

Diese Norm enthält Richtlinien für die Erstellung von Betriebsanleitungen für Zentrifugen. Sie ist in Anlehnung an DIN 8418 (s. Norm) aufgestellt worden und berücksichtigt alle dort zusammengestellten Angaben und Hinweise. Die in der Norm enthaltenen Darstellungen und Muster beziehen sich auf Dreisäulenzentrifugen, die in DIN 24400 T2 genormt sind.

Bei der Erstellung von Betriebsanleitungen ist die in der Norm vorgegebene Reihenfolge der Angaben, Beschreibungen und Hinweise – soweit möglich – einzuhalten.

Die nachfolgend angeführten Angaben und Kenndaten, die die Zuordnung der Betriebsanleitung zu der jeweiligen Maschine erkennen lassen, sind einzutragen. Vor Inbetriebnahme der Maschine ist zu überprüfen, ob diese Angaben mit den Angaben des Fabrikschildes auf der Maschine übereinstimmen. (Fabrikschild für Zentrifugen DIN 24404, s. Norm.)

1. Hersteller, Ort
2. Typbezeichnung
3. Hersteller   4. Baujahr
5. Zulässige Drehzahl n 1/min
6. Zulässige Füllmenge oder G kg
   zulässige Dichte ϱ kg/dm^3
7. Trommel-Innendurchmesser d_1 mm

x. Leerfeld

Das Leerfeld ist für weitere Angaben nach der UVV[1]) Zentrifugen vorgesehen, z. B.:
- Leistung P in Watt bei Becherzentrifugen
- Zulässige Dichte des Schleudergutes ϱ in kg/dm^3, wenn diese zusätzlich zur Füllmenge angegeben ist, oder zulässige kinetische Energie des Schleudergutes W in Nm bei Trommelzentrifugen für Textilien und Rauchwaren.

Vom Anwender einzutragen:

Inventar-Nr

Überwachungs-Nr

Ort der Aufstellung

Es ist ein Inhaltsverzeichnis über alle in der Betriebsanleitung enthaltenen Abschnitte aufzunehmen. Die **Betriebsanleitung soll mindestens enthalten:**

---

[1]) Unfallverhütungsvorschrift

- Allgemeine Angaben über die Zentrifuge
- Inhaltsverzeichnis
- Beschreibung der Zentrifuge
  Benennung
  Anwendung
  Darstellung
- Technische Angaben über die Zentrifuge
- Beschreibung der Einzelteile der Zentrifuge
- Arbeitseinrichtungen
  Benennung
  Darstellung und Beschreibung
- Zusatzeinrichtungen
- Aufstellung der Zentrifuge
- Fundament
- Platzbedarf und Anschluß
- Bedienung
- Anschlüsse
- Sicherheitstechnische Hinweise
- Hinweise für Transport und Abbauen
- Transport und Lagerung
- Auspacken, Reinigen, Zusammenbauen
- Abbauen und Verladen
- Anleitung für Inbetriebnahme und Bedienung
- Schalt- und Betätigungseinrichtungen
- Inbetriebnahme
- Maßnahmen vor der Inbetriebnahme
- Anleitung für das Bedienen
- Änderung der Betriebsdaten
- Nicht zulässige Betriebszustände und Arbeitsweisen
- Anleitung für das Instandhalten
  Wartung
  Inspektion
  Instandsetzung
  Spezial-Werkzeuge
  Ersatzteile
- Verzeichnis der Anlagen
- Berechnungsunterlagen
- Zeichnungen
- Sonstiges
- Vertretungen, Niederlassungen, Kundendienst

Die Norm gibt über alle aufgelisteten Abschnitte weitere Hinweise und Ausführungsanregungen.

4.2.5 Instandhaltung, Ersatzteillisten

DIN 31051 Instandhaltung; Begriffe und Maßnahmen (Jan 1985)

Bei Anwendung dieser Norm ist zu beachten, daß die Benennungen in bestehenden technischen Regeln – beispielsweise in den Verordnungen nach § 11 des Gerätesicherheitsgesetzes – und in anderen Vereinbarungen und Verträgen mit abweichender Bedeutung verwendet werden und häufig nur Teilaspekte der Grundbegriffe betreffen.

Tabelle 4.29 Instandhaltungsbegriffe (Auszug) nach DIN 31051

Nr	Benennung	Definition
1	**Instandhaltung**	Maßnahmen zur Bewahrung und Wiederherstellung des Sollzustandes sowie zur Feststellung und Beurteilung des Istzustandes von technischen Mitteln eines Systems. Die Maßnahmen beinhalten: Die Maßnahmen der – Wartung (Nr 1.1), – Inspektion (Nr 1.2) und – Instandsetzung (Nr 1.3). Sie schließen ein – Abstimmung der Instandhaltungsziele mit den Unternehmenszielen – Festlegung entsprechender Instandhaltungsstrategien

Fortsetzung s. nächste Seite

4.2.5 Instandhaltung, Ersatzteile

Tabelle 4.29, Fortsetzung

Nr	Benennung	Definition
1.1	**Wartung**	Maßnahmen zur Bewahrung des Sollzustandes von technischen Mitteln eines Systems.
		Diese Maßnahmen beinhalten:
		– Erstellen eines Wartungsplanes, der auf die spezifischen Belange des jeweiligen Betriebes oder der betrieblichen Anlage abgestellt ist und hierfür verbindlich gilt (Wartungsanleitung s. DIN 31 052)
		– Vorbereitung der Durchführung
		– Durchführung
		– Rückmeldung
1.2	**Inspektion**	Maßnahmen zur Feststellung und Beurteilung des Istzustandes von technischen Mitteln eines Systems.
		Diese Maßnahmen beinhalten:
		– Erstellen eines Planes zur Feststellung des Istzustandes, der auf die spezifischen Belange des jeweiligen Betriebes oder der betrieblichen Anlage abgestellt ist und hierfür verbindlich gilt (Inspektionsanleitung s. DIN 31 052).
		Dieser Plan soll u.a. Angaben über Ort, Termin, Methode, Gerät und Maßnahmen enthalten.
		– Vorbereitung der Durchführung
		– Durchführung, vorw. die quantitative Ermittlung bestimmter Größen
		– Vorlage des Ergebnisses der Istzustandsfeststellung
		– Auswertung der Ergebnisse zur Beurteilung des Istzustandes
		– Ableitung der notwendigen Konsequenzen aufgrund der Beurteilung
1.3	**Instandsetzung**	Maßnahmen zur Wiederherstellung des Sollzustandes von technischen Mitteln eines Systems.
		Diese Maßnahmen beinhalten:
		– Auftrag, Auftragsdokumentation und Analyse des Auftragsinhaltes
		– Planung im Sinne des Aufzeigens und Bewertens alternativer Lösungen unter Berücksichtigung betrieblicher Forderungen
		– Entscheidung für eine Lösung
		– Vorbereitung der Durchführung, beinhaltend Kalkulation, Terminplanung, Abstimmung, Bereitstellung von Personal, Mitteln und Material, Erstellung von Arbeitsplänen
		– Vorwegmaßnahmen wie Arbeitsplatzausrüstung, Schutz- und Sicherheitseinrichtungen usw.
		– Überprüfung der Vorbereitung und der Vorwegmaßnahmen einschließlich der Freigabe zur Durchführung
		– Durchführung
		– Funktionsprüfung und Abnahme
		– Fertigmeldung
		– Auswertung einschließlich Dokumentation, Kostenaufschreibung, Aufzeigen und gegebenenfalls Einführen von Verbesserungen
4	**Abnutzung**	Im Sinne der Instandhaltung Abbau des Abnutzungsvorrates infolge physikalischer und/oder chemischer Einwirkungen.
		Anmerkung Abnutzung im Sinne der Instandhaltung sind z.B. Verschleiß, Alterung, Korrosion und auch plötzlich auftretende Istzustandsveränderungen wie z.B. ein Bruch (Abnutzung in kaufmännischer Bewertung ist die Abschreibung).

Fortsetzung s. nächste Seite

Tabelle 4.29, Fortsetzung

Nr	Benennung	Definition
6	Funktion	Im Sinne der Instandhaltung eine durch den Verwendungszweck bedingte Aufgabe. Anmerkung Im allgemeinen Sprachgebrauch wird „Funktion" sowohl im Sinne einer „Aufgabe" als auch im Sinne der „Erfüllung einer Aufgabe" verwendet. Im Bereich der Instandhaltung ist jedoch eine klare Unterscheidung dieser beiden Begriffsinhalte notwendig.
9	Abweichung	Nichtübereinstimmung von Zuständen, Werten und Größen (s. auch DIN 55350 T12, s. Norm). Unterschied kann ggf. quantifiziert werden.
10	Schaden	Im Sinne der Instandhaltung Zustand einer Betrachtungseinheit nach Unterschreiten eines bestimmten (festzulegenden) Grenzwertes des Abnutzungsvorrats, der eine im Hinblick auf die Verwendung unzulässige Beeinträchtigung der Funktionsfähigkeit bedingt.
11	Fehler	Nichterfüllung vorgegebener Forderungen durch einen Merkmalswert (aus DIN 55350 T11).
12	Schwachstelle	Durch die Nutzung bedingte Schadenstelle oder schadensverdächtige Stelle, die mit technisch möglichen und wirtschaftlich vertretbaren Mitteln so verändert werden kann, daß Schadenshäufigkeit und/oder Schadensumfang sich verringern. Anmerkung Sicherheitsforderungen können den wirtschaftlich vertretbaren Aufwand beeinflussen.
13.1.1	Verschleißteil	Betrachtungseinheit, die an Stellen, an denen betriebsbedingt unvermeidbar Verschleiß auftritt, eingesetzt wird, um dadurch andere Betrachtungseinheiten vor Verschleiß zu schützen, und die vom Konzept her für den Austausch vorgesehen ist (Verschleiß DIN 50320, s. Norm).
13.2	Sollbruchteil	Betrachtungseinheit, die bei betriebsbedingter Überbeanspruchung andere Betrachtungseinheiten durch Eigenverzehr (z. B. Bruch) vor Schaden schützt und die vom Konzept her für den Austausch vorgesehen ist.
13.3	Reserveteil	Ersatzteil (s. DIN 24420 T1), das einer oder mehreren Anlagen eindeutig zugeordnet ist, in diesem Sinne nicht selbständig genutzt, zum Zwecke der Instandhaltung disponiert und bereitgehalten wird und in der Regel wirtschaftlich instand gesetzt werden kann. Anmerkung Entsprechend der Möglichkeit, Reserveteile einer oder mehreren Anlagen zuzuordnen, können Einort- oder Mehrort-Reserveteile unterschieden werden.
13.4	Verbrauchsteil	Ersatzteil, das einer oder mehreren Anlagen eindeutig zugeordnet ist, in diesem Sinne nicht selbständig genutzt, zum Zwecke der Instandhaltung disponiert und bereitgehalten wird und dessen Instandsetzung in der Regel nicht wirtschaftlich ist.
13.5	Kleinteil	Ersatzteil, das allgemein verwendbar, vorwiegend genormt und von geringem Wert ist.

Zur weiteren Erläuterung des Begriffes **Abnutzung** dient Bild **4.30**.

Der Kurvenzug gibt eine mögliche Form des Verlaufes der Abnutzung, beispielsweise den Verschleiß eines Zahnrades in einem Zahntrieb, während der Zeit der Nutzung an. Er wird durch Inspektion ermittelt und hängt einerseits von der Anlage selbst ab, z. B. von der Materialauswahl, der Vergütung, der Bearbeitungsstufe, andererseits von den äußeren Einflüssen oder Randbedingungen, wie Wartungszustand, korrosive Umluft, Staub und zum dritten von der Art des Betreibens, ob mit Teillast oder zeitweise mit Überlast, stoßbelastet oder gleichmäßig gefahren wird.

Eine Erhöhung des Abnutzungsvorrates auf über 100% bezogen auf den Ausgangszustand ist durch Instandsetzung möglich, wenn diese Maßnahmen eine Verbesserung (z. B. bessere Materialpaarung, Änderung der Schmiernuten usw.) beinhalten und diese Erhöhung als neuer Sollzustand für die Instandsetzung abgestimmt und festgelegt wurde.

4.2.5 Instandhaltung, Ersatzteile

Abnutzung ist der Preis, der für die Nutzung der Anlagen entrichtet werden muß. Aufgabe der Instandhaltung ist es, die Abnutzung zu erkennen, zu beeinflussen und durch Instandsetzung neue Abnutzungsvorräte zu schaffen. Diese Prozesse können in sehr kurzen Intervallen ablaufen, ohne daß deswegen von Schwachstellen gesprochen werden kann, wenn der augenblickliche Stand der Technik keine besseren Lösungen erlaubt. Vielmehr sind solche Teile in Anlagen, deren Abnutzungsvorrat sich im Verhältnis zu dem der Gesamtanlage schneller abbaut, zeitbegrenzte Teile. Als Beispiel können Kranseile genannt werden, deren nutzbare Lebensdauer bei hochbelasteten Kranen nie die Standzeit des Kranes erreicht. Da eine technische Lösung zur Verlängerung der Lebensdauer nicht vorhanden ist, sind Kranseile aber keine Schwachstellen, sondern zeitbegrenzte Teile, deren Austausch Instandsetzung ist.

Bild **4.31** gibt ein Schema zur Beurteilung einer **Schadenstelle** unter dem Gesichtspunkt „Schwachstelle, ja oder nein" an.

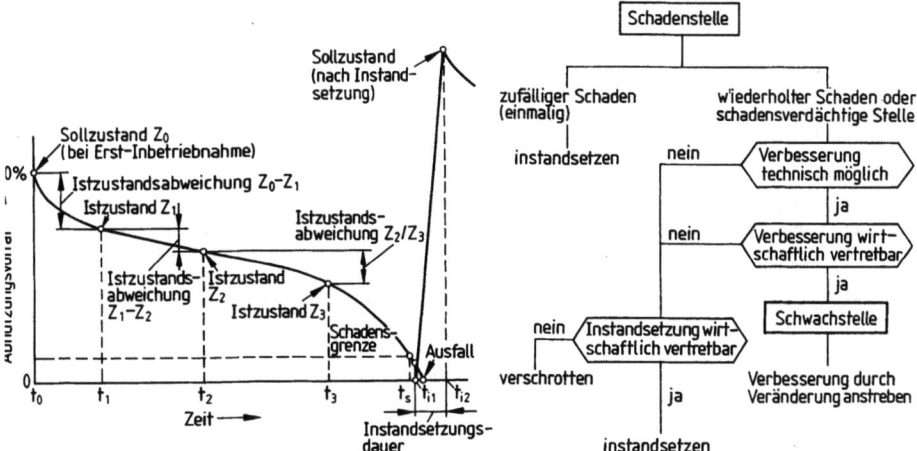

4.30 Der Abnutzungsvorrat und die jeweiligen Istzustände nach DIN 31 051, durch Inspektion festgestellt

4.31 Schema zur Beurteilung einer Schadenstelle nach DIN 31 051

DIN 31 052 Instandhaltung; Inhalt und Aufbau von Instandhaltungsanleitungen (Jun 1981)

Diese Norm gilt für Instandhaltungsanleitungen von technischen Erzeugnissen, die aufgrund von Vereinbarungen zwischen Hersteller oder Lieferer und Betreiber dem Erzeugnis beigegeben werden. Sie gilt auch für Instandhaltungsanleitungen, die vom Hersteller oder Lieferer für handelsübliche Serienerzeugnisse mitgeliefert werden, sofern diese für eine Instandhaltung durch den Betreiber geeignet sind.

Die Instandhaltungsanleitung kann auch Teil der Betriebsanleitung sein.

Instandhaltungsanleitung. Eine Instandhaltungsanleitung enthält Angaben zur Durchführung der Instandhaltung (Wartung, Inspektion, Instandsetzung) eines technischen Erzeugnisses sowie Angaben zum Erzeugnis und zum technischen Kundendienst.

Wartungsanleitung. Eine Wartungsanleitung enthält Angaben zur Durchführung der Wartung eines technischen Erzeugnisses sowie Angaben zum Erzeugnis und zum technischen Kundendienst.

Inspektionsanleitung. Eine Inspektionsanleitung enthält Angaben zur Durchführung der Inspektion eines technischen Erzeugnisses sowie Angaben zum Erzeugnis und zum technischen Kundendienst.

Instandsetzungsanleitung. Eine Instandsetzungsanleitung enthält Angaben zur Durchführung der Instandsetzung eines technischen Erzeugnisses sowie Angaben zum Erzeugnis und zum technischen Kundendienst.

Weitere Normen zu diesem Thema sind:

DIN 31054 Grundsätze zur Festlegung von Zeiten und zum Aufbau von Zeitsystemen (Sep 1987)

Diese Norm legt die Grundsätze fest, nach denen Zeiten in der Instandhaltung festgelegt werden. Sie legt die Regeln für den Aufbau und die Gliederung von Zeitsystemen fest und definiert einige für die Instandhaltung wichtige Zeitpunkte.

DIN 11042 T1 Instandhaltungsbücher; Bildzeichen, Benennungen (Nov 1978)

Diese Norm enthält graphische Symbole, mit denen die gebräuchlichsten Tätigkeiten bei der Instandhaltung von Maschinen und Anlagen in Instandhaltungs-Handbüchern – wie Werkstatt- oder Reparaturhandbücher – sprachungebunden angegeben werden können.

Die graphischen Symbole stehen also in solchen Handbüchern anstelle von Texten und ermöglichen damit eine universelle Anwendbarkeit dieser Handbücher.

Die Norm enthält außerdem Benennungen dieser Tätigkeiten und Arbeitsanweisungen mit erläuternden Hinweisen bezüglich ihrer Anwendung und gegenseitigen Abgrenzung.

DIN 24420 T1 Ersatzteillisten; Allgemeines (Sep 1976)

Diese Norm gilt für Ersatzteillisten verwendungsfertiger technischer Gegenstände und Einrichtungen. Ersatzteillisten nach dieser Norm sind für Investitionsgüter und instandsetzungswürdige Konsumgüter bestimmt, soweit sie zur Anwendung durch Instandhaltungsbetriebe und deren Zulieferer vorgesehen sind.

Diese Norm dient dazu, Richtlinien für das Identifizieren von Ersatzteilen an Hand von Ersatzteillisten zu geben und damit das einheitliche Erstellen von Ersatzteillisten zu ermöglichen.

Ersatzteillisten dienen der Verständigung zwischen Anwender und Hersteller oder Lieferer bei einem Ersatzteilbedarf. Sie stellen eine Arbeitshilfe bei der Durchführung von Instandsetzungen dar.

Außerdem sind Ersatzteillisten Organisationsmittel für das Ersatzteilwesen beim Hersteller oder Lieferer und beim Anwender.

Ersatzteillisten werden aufgrund einer Vereinbarung zwischen Hersteller oder Lieferer und Anwender geliefert.

Form und Aufbau des Textteiles sind, soweit möglich, nach DIN 24420 T2 auszuführen.

Die Ersatzteilliste muß die nachgenannten Angaben des Herstellers oder Lieferers enthalten:

– Nummer der Ersatzteilliste, die sie von anderen des gleichen Herstellers unterscheidet
– Herausgeber
– Herausgabedatum
– Seitennummer
– Benennung, Typ, Größenbezeichnung sowie Identnummer von Gesamterzeugnis bzw. Baugruppe

Für die Ersatzteile:

– Positionsnummer zum Bildteil, Menge und Einheit, Benennung, gegebenenfalls Normbezeichnung, Identnummer
– Bildteil mit bildlicher Darstellung aller Ersatzteile sowie ihrer Positionsnummern.

DIN 24420 T2 Ersatzteillisten; Form und Aufbau des Textteiles (Sep 1976)

Diese Norm enthält Richtlinien für Form und Aufbau des Textteiles von Ersatzteillisten nach DIN 24420 T1 an Hand eines dargestellten Musters.

Für die Anfertigung von Montage-, Betriebs- und Wartungsanleitungen von Wärmeaustauschern finden sich Hinweise in der in englischer Sprache veröffentlichten Fassung der Europäischen Vornorm DIN V ENV 307, s. Norm.

4.2.6 Prüfungen an Wärmeaustauschern

Im Zusammenhang mit der Thematik effektive Energienutzung hat sich das europäische Normungsgremium CEN/TC 110 auch mit der Frage der thermodynamischen Prüfung von Wärmeaustauschern befaßt. Da zu den Beratungsergebnissen Vorbehalte bestehen, sind sie zunächst als Vornormen (in englischer Sprache) veröffentlicht worden, um Erfahrungen mit den Vornormen zu sammeln.

DIN V ENV 305 behandelt Leistungsbegriffe von Wärmeaustauschern und allgemeine Prüfbedingungen für die Leistungskriterien aller Wärmeaustauscher.

DIN V ENV 306 geht auf Methoden zur Messung von Parametern ein, die für die Leistungsermittlung an Wärmeaustauschern erforderlich sind.

DIN V ENV 327 befaßt sich speziell mit den Prüfbedingungen für Leistungskriterien von ventilatorbelüfteten Verflüssigern.

Zu dem Thema ventilatorbelüftete Verflüssiger gilt gegenwärtig die Norm DIN 8970, nach der auch Zertifizierungen entsprechender Geräte durchgeführt werden. DIN 8970 definiert ventilatorbelüftete Verflüssiger als fabrikfertige, mit einem oder mehreren Ventilatoren ausgestattete Kühlsysteme zur Wärmeübertragung von einem zu verflüssigenden Kältemittel an Umgebungsluft. Da DIN V ENV 327
a) keine Angaben zu Trockenkühltürmen enthält,
b) ein neues Meßverfahren „Kalorimeterraum" einführt,
c) keine Angaben zur Schalleistung fordert,

ergeben sich Probleme hinsichtlich der Geltung beider Normen. DIN V ENV 327 kann DIN 8970 nicht voll ersetzen.

Einzelheiten s. Vornormen.

Nummernverzeichnis der behandelten DIN-Normen

DIN	Seite	DIN	Seite	DIN	Seite
1310	19	6601 +	227	28007 T1	287
1345	12	6607 +	294	28008	287
1746 T1	135	7079 +	197	28011 *	156
T2	135	7080	197	28013 *	161
1944	295	7081	198	28015	240
1945 T1	297	7129	242	28016	238
2401 T1 *	33	8062	101	28018 +	225
2402	35	8558 T1	272	28019 +	225
2406	47	T2	168	28020 *	220
2408 T1	48	8561 *	275	28021 *	223
T2 Bbl 1	52	11042 T1	304	28022 +	225
T2	50	13345	14	28025 T1	161
2413 T1 *	142	16868 T1	104	T2	163
T2 +	144	17671 T1	135	28030 T1 *	163
2440	93	T2	135	T2 *	287
2448	93	19221 *	55	28043 T1 +	248
2458	93	19222	74	T2 +	292
2460 *	95	19226 T1 *	68	28050	288
2501 T1	268	19227 T1 *	59	28051 +	173
2505 T1 *	145	T2 *	66	28053	173
T2 +	145	19256 V	56	28054 +	293
2507	269	19522 T1	98	T2 +	174
2519	138	24166 +	298	28055 T1 +	294
2528 *	126	24250	252	28058 T1	176
2559 T1	270	24251	253	T2 *	177
2609 *	136	24252	254	28060	178
2614 *	276	24254	254	28063 +	291
2856	276	24255	256	28064 +	291
2999 T1	276	24256	257	28070	249
3202 T1	118	24260 T1	259	28071	249
T2	118	24289 T1	261	28080	180
T3	118	24290	262	28081 T1	182
T4	118	24291	262	T2	184
T5	118	24295	261	T3	186
3230 T1 *	140	24400 T1	265	28090 V +	292
T3	141	T2	265	28091 T1	293
3337	124	24402	266	28100	155
3338	124	24403	299	28105	155
3339	122, 129	24405 T1	263	28115	163
3352 T2	123	T2	265	28117 *	165
3358	124	24420 T1	304	28120	199
3441 T1	133, 142	T2	304	28121	199
3442 T1	133, 142	24960 +	259	28122	190
3475 *	277	25419	77	28124 T1 *	191
3840	149	25424 T1	78	T2 *	191
4032	105	25448 *	76	T3 *	192
4035 *	107	26010	249	T4 *	193
4119 T1	228	28001	154	28125 T1 *	193
T2	228	28004 T1	36	T2 *	194
4810 T1 *	226	T2	36	T3 *	195
4896	18	T3	41	28126	195
5491	11	T4	45	28127	167
6600 *	226	28005 T1	283	28128	166

* Folgeausgabe,   + neu aufgenommen,   V Vornorm

DIN	Seite	DIN	Seite	DIN	Seite
28130 T 1	206	28600	134	EN 306 V +	305
T 2	210	28610 T 1	98	EN 327 V +	305
T 3 Bbl. 1	218	31000/VDE 1000	9	EN 764 +	155
T 3	215	31051	300	EN 25817 *	273
28131 *	200	31052	303		
28152 T 2 *	287	31054	304	ISO 3585	245
28153 T 1	196	32625 *	16	ISO 3586	246
T 2	197	32629	15	ISO 3587	246
28157 *	205	40041 *	82	ISO 4200 *	91
28158	206	40150	46	ISO 4704	247
28161	288	40719 T 6 *	70	ISO 5199	294
28179 +	291	55350 T 11	28	ISO 5210 *	124
28180	232	69900 T 1	21	ISO 5211 *	124
28181	233	T 2	24	ISO 9000 *	31
28182	234	69901	21	ISO 9001 *	31
28183	231	69902	27	ISO 9002 *	31
28184 T 1	234	69903	28	ISO 9003 *	31
T 2	234	69910	26	ISO 9004 *	31
28185	237				
28187 +	291	EN 19	122	VDE 31000 T 2	10
28190	237	EN 268 T 1 +	228		
28191	237	EN 287 T 1 *	273		
28431	296	T 2 *	275		
28500	134	EN 305 V +	305		

* Folgeausgabe,   + neu aufgenommen,   V Vornorm

Sachverzeichnis

Abflußrohre, Faserzement 105
–, Gußeisen 98
Ablenkleisten, Wärmeaustauscher 237
Abnahmeprüfung, durch Sachkundigen 280
Abnahmeregeln, Dampfstrahlkompressoren 297
–, Dampfstrahlvakuumpumpen 297
–, Diffusionspumpen 297
–, Drehschieberpumpen 297
–, Flüssigkeitsringverdichter 296
–, Flüssigkeitsvakuumpumpen 296
–, Ionengetterpumpen 297
–, Kreiskolbenpumpen 297
–, Sperrschieberpumpen 297
–, Turbomolekularpumpen 297
–, Verdichter 298
Abnahmeversuche, Kreiselpumpen 295
Abnutzung, Begriffe 301, 303
Abwasserrohre, Gußeisen 99
Abweichung, Begriffe 302
Abzweige, Rohrleitungsteil 113
Acetylenanlagen, technische Regeln (TRAC) 88
AD 88
AD-Merkblätter 88
Allgemeintoleranzen, Behälter 283
–, Kolonnen 287
–, Rohrbündel-Wärmeaustauscher 287
–, Rührbehälter 287
Aluminium, Rohre 101
–, Schweißerprüfung 275
– -Knetlegierungen, Rohre 101
Anforderungen, Auskleidungen, organische Werkstoffe 294
–, Flüssigkeitsringvakuumpumpen 296
–, Flüssigkeitsringverdichter 296
–, Kreiselpumpen 295
–, Rührantriebe 288
Ankerrührer 203, 206
Anlageteil, Begriff 36
Anschlußmaße, Flansche 165, 268
Anteil, Begriff 19
Antriebe, Armaturen, Anschlüsse 124

Antriebseinheit, Rührbehälter 215
Antriebsmaschine, graphische Symbole 44
Antriebsmotor, Rührantrieb, Anordnung 219
Anzeiger, graphisches Symbol 68
Apparate, Ausmauerung 178
–, Bügelverschluß 195
–, Elemente 156
–, emailliert, technische Lieferbedingungen 291
–, Flansche 163
–, –, Grenzabmaße 287
–, Füße 182, 184
–, –, max. Gewichtskräfte 186
–, Glas 245, 247
–, Hauptmaße 155
–, Klappverschlüsse 193
–, Kunststoff, fertigungstechnische Fehler 292
–, Kurzzeichen 45
–, Mannlochverschlüsse 191
–, Nenndurchmesser 154
–, Sättel 180
–, Schweißkonstruktionen 168, 172
–, Stutzen 161, 163
–, technische Lieferbedingungen 283, 288
–, Teile, Glas 247
–, Verbleiung 176
–, Wand-, Momente, Berechnung 190
–, zulässiger Betriebsüberdruck 288
Äquivalentteilchen 16
Arbeitsdruck 34
Arbeitsstättenverordnung 90
Arbeitstemperatur 34
Armaturen 116
–, allgemeine Anforderungen 141
–, Antriebe, Anschlüsse 124
–, Baulängen 118
–, Dichtflächenformen 118
–, Durchgangsform 118, 119
–, Eckform 118, 120
–, Gehäuse, Berechnung 149
–, Gehäuseformen 121
–, Gehäuseteile, Werkstoffe 122
–, –, Werkstoffe, Gußeisen 132
–, –, –, Kunststoffe 132
–, –, –, Kupferlegierungen 132

–, –, –, metallische, Übersicht 129
–, –, –, Temperguß 132
–, graphische Symbole 44
–, Grundbauarten 117
–, Gußeisen, Korrosionsschutz, Innenemaillierung 277
–, Kennzeichnung 122
–, Kurzzeichen 45
–, Polypropylen (PP), Prüfungen 142
–, Polyvinylchlorid (PVC-U), Prüfungen 142
–, Raumbedarfsmaße 120
–, technische Lieferbedingungen 139
–, –, Prüfungen 141
Armaturenbeschreibung, Begriff 49
asbestfreie Dichtungen 293
Aufnehmer, graphisches Symbol 67, 68
Aufstellungsplan, Begriff 49
Aufzüge, technische Regeln (TRA) 88
Ausfall, Fehlerbaumanalyse 79
Ausfalleffektanalyse 76, 77
Ausführungsplanung 91
Ausführungsqualität, Begriff 29
Ausgabeort, EMSR-Technik, Darstellung 59, 62
Ausgangsgröße, Begriff 69
Aushärtung, Kunststoffe, für Apparate u. Behälter 292
Auskleidungen, Chemieöfen 249
–, konstruktive Gestaltung 173
–, organische Werkstoffe, Anforderungen 294
Ausmauerung 178
Ausschnittsverstärkungen 170
Außendurchmesser, chemische Apparate 154
–, Klöpperböden 156
–, Rohre, Kupfer 100
–, –, Stahl 92

Balkenrührer 204
Baueinheit, Begriff 46
Bauprüfung 281
Becken, graphische Symbole 41
Bedienungsort, EMSR-Technik, Darstellung 59, 62

Befestigungen, Rohr-Rohrboden 291
Behälter, Allgemeintoleranzen 283
–, Aufstellung 179
–, Ausmauerung 178
–, Bügelverschluß 195
–, Flansche 163
–, graphische Symbole 41
–, Grenzabmaße 284
–, Klappverschlüsse 193
–, Kunststoff 248
–, –, fertigungstechnische Fehler 292
–, liegend, Hauptmaße 155
–, Mannlochverschlüsse 191
–, Maße 155
–, Modell, Beispiel 53
–, Nenndurchmesser 154
–, Nennvolumen 155
–, oberirdisch 226
–, Schweißkonstruktionen 168, 172
–, stehend, Hauptmaße 155
–, Stromtrichter für Halbrohrschlangen 167
–, Stutzen 161, 163
–, technische Lieferbedingungen 288
–, unterirdisch 226
–, Verbleiung 176
–, Werkstoffe, Beständigkeit gegen Flüssigkeiten 227
–, zulässiger Betriebsüberdruck 288
Beheizung, Halbrohrschlange 167
Berechnung, Armaturengehäuse 149
–, Flanschverbindungen 145
–, Stahlrohre 142
Berechnungsdruck 34
Berechnungstemperatur 34
Beschaffen 267
Beschaffungsunterlagen, Rohrleitungen 267
Beschichtungen, Epoxidharz 174
–, Furanharz 174
–, Harz, synthetisches 174
–, Harzversiegelung 174
–, konstruktive Gestaltung 173
–, organische Werkstoffe, Prüfungen 293
–, Phenolformaldehydharz 174
–, Venylesterharz 174
Beständigkeit, gegen Flüssigkeiten 227
Beständigkeitstabelle 227
Betonrohre 105

–, Muffenverbindung 107
Betonteile, Beschichtungen 174
Betrachtungseinheit, Begriff 46
Betreiben, Rohrleitungen 282
Betriebsgewicht, Begriff 156
Betriebstemperatur 34
Betriebsüberdruck 34
Bezugssystem Gesetz – Verordnung – Norm 85
Bildzeichen, Ereignisablaufanalyse 77
–, Fehlerbaumanalyse 80
–, Fließbild 41
–, Funktionsplan 71
–, Leittechnik 59, 66
Blattrührer 204
Blei, als Oberflächenschutz 176, 177
Bleihalbfabrikate, für Schutzüberzüge 177
Bleiverkleidung 177
Blindflansche 190
–, Rohrleitungsteil 116
Blockflansche 165
Böden, gewölbte 155, 156, 161
–, –, Maße 156
–, Klöpperform 156
–, Korbbogenform 161
–, Verbleiung 176
Bodenkolonnen 239
Bogen, Rohrleitungsteil 109
Bohrungen, Potentialausgleich 184, 185, 188
Bordhöhe 157
Bordkante 157
Bordkantenform 158
Borosilikatglas 197, 198
–, Eigenschaften 245
Brecher, graphische Symbole 43
brennbare Flüssigkeiten 226
–, technische Regeln (TRbF) 88
Bügelverschluß 195
Bundes-Immissionsschutzgesetz 86

Calciumcarbidlager, technische Regeln (TRAC) 88
CE-Zeichen 278
CEN 85, 89
CENELEC 85
Chemienormpumpe 257
Chemieöfen 249
chemische Apparate, Halbrohrschlangen 166
–, Nenndurchmesser 154
chemische Reaktion 14

chemischer Anlagenbau, Schweißkonstruktionen 168, 172
chemischer Apparatebau, PVC-Rohre 101

Dämmkragen, Rührbehälter 213, 214
Dampferzeuger, Modell, Beispiel 53
Dampfkessel, technische Regeln (TRD) 88
Dampfstrahlkompressoren, Abnahmeregeln 297
Dampfstrahlvakuumpumpen, Abnahmeregeln 297
Deckel 190
Dehnhülsen, Flanschverbindungen 270
Deutsche Elektrotechnische Kommission im DIN und VDE (DKE) 88
Deutscher Verein des Gas- und Wasserfaches e.V. (DVGW) 88
Deutsches Informationszentrum für technische Regeln (DITR) 84
Dichtflächen, Ausführungen, Flansche 269
Dichtflächenformen, Armaturen 118
Dichtleistendurchmesser, Flansche 268
Dichtungen, Apparateflansche 165
–, asbestfreie Werkstoffe 293
–, Flansche 269
–, Prüfungen 292
Dichtungskennwerte 292
Diffusion 11
Diffusionspumpen, Abnahmeregeln 297
DIN/DVGW-Zeichen 278
DIN-EN-Normen 85, 87, 89
DIN-Prüf- und Überwachungszeichen 278
DIN-VDE-Normen 88
Dispergierscheibe 204
DITR 84
Diversität, Begriff 57
DKE 88
DN, s. Nennweite 35
Doppelmantel 171, 208, 212
Drehrichtung, Rührer 200
Drehschieberpumpen, Abnahmeregeln 297
Dreieckteilung 234
Dreisäulenzentrifugen 265
–, Fundament 265

Sachverzeichnis

–, Zentrifugentrommel 266
Druck, Begriffe 34, 155
Druckbehälter, einfache 228
–, Flüssiggas 225
–, liegende, Behälter zur Lagerung 220, 225
–, Mannlochverschlüsse 191
–, Schweißflansche 164
–, stehende, Behälter zur Lagerung 223, 225
–, technische Regeln (TRB, AD) 88
–, Trinkwasser 226
–, Wasserversorgung 226
Druckgase, technische Regeln (TRG) 88
Druckgeräte, Begriffe 155
Druckluftbehälter 228
Druckluftsystem, Fehlerbaumanalyse 81
Druckmessung, Darstellungsbeispiel 64
Druckprüfung 281
Druckregelung, Darstellungsbeispiel 64
Druckrohre, Gußeisen 98, 134
–, –, technische Lieferbedingungen 134
–, Stahlbeton 107
Durchflußmessung, Darstellungsbeispiel 64, 65
Durchmesser-Reihe, chemische Apparate 154
Durchschweißlöcher 170
Duroplaste, glasfaserverstärkt, Apparatebau 248
DVGW 88
DVGW-Arbeitsblätter 88

Eckverbindungen, Verbleiung 176
EG-Richtlinie, einfache Druckbehälter 228
EG-Richtlinien 85
einfache Druckbehälter 228
Eingangsgröße, Begriff 69
eingehängte Behälter, Grenzabmaße 286
Einheit, Begriff 46
Einrichtung, Begriff 46
Einschweißbogen, Rohrleitungsteil 114
Einschweißen, Wärmeaustauscherrohre 291
Einsteck-Schweißmuffenverbindung 96
Einstückbehälter 207, 208, 211
Einwalzen, Wärmeaustauscherrohre 291

Elektro-, Meß-, Steuerungs- und Regelungstechnik, s. EMSR- 59
Elektrolysezelle, graphische Symbole 44
Elektrolytlösungen, Formelzeichen 18
Element, Begriff 46
EMSR-Kennbuchstaben 60, 61
– -Symbole, aufgabenbezogen 59
– -Symbole, lösungsbezogen 66
– -Technik 59
EN, s. Europäische Normen 85
Energie, Einheiten 14
Entlüftungsbohrungen, Blockflansche 166
–, Schweißkonstruktionen 170
Entwurfsplanung 9
–, Druck- und Temperatur-Grundbegriffe 33
–, Fließbilder 36
–, –, zeichnerische Ausführung 36
–, Netzplantechnik 21
–, Ordnung von Funktions- und Baueinheiten 46
–, Projektwirtschaft 21
–, Prozeßleittechnik 55
–, Rohrleitungsplanung 47
–, –, Begriffe 48
–, Sicherheitsanalysen 75
–, sicherheitsgerechtes Gestalten 9
–, sicherheitstechnische Leitsätze 10
–, Wertanalyse 26
EOTC 280
Erdung 184, 185, 188
Ereignisablaufanalyse 77
Ersatzteillisten 304
Erzeugnis, technisches 9
ETSI 85
Europäischen Normen (EN) 85
Europäisches Komitee für Elektrotechnische Normung (CENELEC) 85
Europäisches Komitee für Normung (CEN) 85
European Telecommunications Standards Institute (ETSI) 85
Explosiv-Aufweiten, Wärmeaustauscherrohre 291

Fachmann 9
Fail-Safe-Technik 56
Faserzement, Abflußrohre 105
–, Druckrohre 105
Fassungsvolumen, Begriff 155

Fehler, Begriffe 29, 56, 302
–, Beurteilung, Schweißen 273
Fehlerbaumanalyse 78
Fertigungsfehler, GFK-Apparate 292
Festsattel 182
Filterapparat, graphische Symbole 42
Filterpressen, Kammerplatte, Rahmenplatte 242
Fingerrüher 204
Fingerstromstörer 205
Fittings, Glas 246
Fittingsgeometrie, zulässige Abweichungen 138
Flachboden, Tankbauwerke 228
Flansche 107, 108, 138
–, Anschlußmaße 165, 268
–, Apparate 163
–, Behälter 163
–, Berechnung 163
–, Blind- 116, 190
–, Block- 165
–, Dichtflächen, Ausführungen 269
–, genormte 268
–, Grenzabmaße 287
–, Nenndruckstufen 268
–, Schweiß- 164
–, Schweißverfahren 165
–, Stahl 107, 108, 138
–, –, technische Lieferbedingungen 138
–, –, Werkstoffübersicht 126
–, Übersicht 108
–, Verbindungen 267
–, –, Berechnung 145
–, –, Dehnhülsen 270
–, –, Dichtungen 269
–, –, Kraftwirkungen 146
–, –, Schrauben und Muttern 269, 270
–, –, Verspannungsschaubild 148
–, Verbleiung 176
Flanschfassung, Schauglasplatten 199
Flanschwiderstand 147
Fließbild, Arten 36
–, Begriff 36
–, Fließlinien, graphische Symbole 44, 45
–, graphische Symbole 41
–, Kurzzeichen 45
–, zeichnerische Ausführung 36
Fließlinien, graphische Symbole 44, 45
Flüssiggas, Lagerbehälter 225
Flüssigkeit, brennbar 226

Flüssigkeitsringvakuumpumpen, Abnahmeregeln 296
Flüssigkeitsringverdichter, Abnahmeregeln 296
Förderer, graphische Symbole 43
Formelzeichen, Kreiselpumpen 259
Formgebungsmaschine, graphische Symbole 43
Formstücke 107
–, Beton 105
–, Gußeisen, technische Lieferbedingungen 134
–, Kunststoff, technische Lieferbedingungen 135
–, mit Flanschanschluß 109
–, mit Schweißanschluß 109
–, Polyethylen, hohe Dichte (PE-HD) 105
–, Stahl, zum Einschweißen, Technische Lieferbedingungen 136
–, Stahlbeton 107
–, technische Lieferbedingungen 133
–, zum Querschnittsändern, Übersicht 115
–, zum Richtungsändern, Übersicht 109
–, zum Verschließen, Übersicht 116
–, zum Verzweigen, Übersicht 112
Freischnitte, bei Schweißnähten 170
Führungsinformation 21
Führungsorganisation 21
Füllkörperkolonnen 239
Füllungsgewicht, Begriff 156
Füllungsvolumen, Begriff 155
Funktionseinheit, Begriff 46
Funktionsplan, MSR-Technik 70
Fußanordnung 182, 183, 185
Füße, Behälter, emailliert 190
–, Profilstahl 184
–, Rohr- 182

Gasgemische, Begriffe 19
Gashochdruckleitungen, technische Regeln (TRGL) 88
Gasleitungen, Rohrleitungsteile, Technische Lieferbedingungen 134
Gebläse, Modell, Beispiel 53
Gebrauchstauglichkeit, Begriff 29
Gefahr 9, 11
Gefahrenanalyse 77

Gehalt, Mischphase 20
Genehmigungsplanung 85
Geräte, Druck-, Begriffe 155
–, Kurzzeichen 45
Gerätesicherheitsgesetz (GSG) 86
geschweißte Stahlrohre 91, 125, 133
Gesetz über technische Arbeitsmittel, s. Gerätesicherheitsgesetz 86
Gewinde, Verbindungen, Rohre 276
Gewindeflansche 108
Gewinderohre, Kennzeichnung 95
–, Stahl 93
gewölbte Böden 155, 156, 161
GFK, Apparatebau 248
Gitterrührer 203
Glas, Borosilikatglas 197, 198, 245
–, Fittings 246
–, Prüfung 246
–, Rohrleitungen 246
–, Umgang mit 246
Glasapparate 245, 247
–, Anschlüsse 247
–, Teile 247
Glasleitungen, Kugelverbindung 247
–, Verbindungen 247
Glasrohre, Verbindungen 247
Gleitringdichtungen, Ausbau 290
–, Pumpen 259
–, Rührantrieb 215
Gleitsattel 182
GLRD, Pumpen 259
graphische Symbole, Ereignisablaufanalyse 77
–, Fehlerbaumanalyse 80
–, Fließbild 41
–, Funktionsplan 71
–, Leittechnik 59, 66
–, Prozeßleittechnik 66
Grenzabmaße, Apparate, Flansche 287
–, Behälter 284
Grenzdrehzahlen, Rührantrieb 289
Grundfließbild 36, 37
Grundmodell, Anlagen, Begriff 50
Grundoperation, Begriff 36
Gruppe, Begriff 46
GSG, s. Gerätesicherheitsgesetz 86
Gußeisen, Abflußrohre 98
–, Formstücke 98

–, Rohre 97, 98
Gußrohre, Korrosionsschutz, Innenemaillierung 277
–, Zementmörtelauskleidungen 276
Güteanforderungen, Apparate, emailliert 291
–, Rohre, emailliert 291
Güteüberwachung, Lagerbehälter 226

Hahn, Rohrleitungsteil, Begriff 117
Halbrohrschlangen 166, 208
Halterungen, Klappdeckel 214
–, Schwenkdeckel 214
–, Stromstörer 214
Handelshemmnisse, nichttarifär 85
Handlochverschluß 195
Harmonisierung 87
Hauptmaße, Behälter 155
Heiztechnik 83
Herstellerbescheinigung 280
hinweisende Sicherheitstechnik 10
Hohlräume, Schweißkonstruktionen 170
homogene Verbleiung 176

Impellerrührer 202, 205
Informationen, technische Regeln 84
Innenauskleidungen, Rohre 276
–, –, Zementmörtelauskleidungen 276
Innendruck, Armaturengehäuse, Festigkeitsberechnung 149
–, Rohrwanddicke, Berechnung 142
Innenemaillierung, Korrosionsschutz 277
Innenrohre, Wärmeaustauscher, Anzahl, Anordnung 234
Inspektion, Begriffe u. Maßnahmen 301
Inspektionsanleitung 303
Installationsrohre, Kupfer 99
Instandhaltung, Begriffe u. Maßnahmen 57, 300, 304
Instandhaltungsanleitung 303
Instandhaltungsbücher 304
Instandsetzung, Begriffe u. Maßnahmen 301
Instandsetzungsanleitung 304
Ionengitterpumpen, Abnahmeregeln 297

Isometrie, Rohrleitungszeichnung, Begriff 49
IUPAC 16

Kältetechnik 83
Kammerplatte, Filterpressen 242
Kanalisation, Steinzeugrohre 105
Kappen, Rohrleitungsteil 116
Kaskadenregelung, Darstellungsbeispiel 64, 65
KEG, s. Kommission der Europäischen Gemeinschaften 85
Kehlnaht, Verbleiung 176
Kennbuchstaben, EMSR-Technik 60, 61
–, Prozeßleittechnik 59, 66
Kennzeichnung, Industriearmaturen 122
Kesselwagen 249
Kinetik, chemischer Reaktionen 14
Klammerschrauben, technische Lieferbedingungen 287
Klappdeckel, Halterung 214
Klappe, Rohrleitungsteil, Begriff 117
Klappverschlüsse, oval 194
–, rund 193, 195
Kleinteil, Begriffe 302
Klöpperböden, Bordhöhen 156
–, Maße 156
–, Nenngewichte 156
Kneter, graphische Symbole 43
Kolbenverdichter, Pflegeanleitung 298
Kolonnen, Allgemeintoleranzen 287
–, Benennungen 238
–, graphische Symbole 41
–, Konstruktionsmaße 240
–, Modell, Beispiel 53
–, Nenndurchmesser 154
Kommission der Europäischen Gemeinschaften (KEG) 85
Komponenten, Rohrleitungsteile 91
Kompressoren, Schallemission 298
–, Verdränger-, Abnahmeversuche 297
Konformitätsbewertungsverfahren 279
Konformitätszeichen 278
Konstruktionen, Auskleidungen 173
–, Beschichtungen 173
–, Kunststoffapparate 248

Konstruktive Gestaltung, Korrosionsschutz 173
Kontrollanschluß, Gleitringdichtung 216
Konzentration, Begriff 19
Korbbogenböden 161
Korrosionsschutz, Beschichtungen, Prüfungen 294
–, Gestaltung 173
–, Innenemaillierung 277
–, mit organischen Werkstoffen 173
–, Oberflächenanforderung 174, 175
Kreiselpumpen, Abnahmeversuche 295
–, Anforderungen 294
–, Begriffe 259
–, Benennungen 252
–, Einheiten 259
–, Formelzeichen 259
–, mit axialem Eintritt, mit Lagerträger 256, 257
–, mit Schleißwänden 254
–, Modell, Beispiel 53
Kreiselpumpenregeln 295
Kreiskolbenpumpen, Abnahmeregeln 297
Kreuzbalkenrührer 203
Kreuzstücke, Rohrleitungsteil 113
Kugelverbindungen, Glasleitungen 247
Kühlanschluß, Gleitringdichtung 216
Kühlturm, graphische Symbole 42
Kühlung, Halbrohrschlange 167
Kunststoff, Rohre 101
Kunststoffapparate, Konstruktion 248
Kupfer, Rohre 99
–, –, Installationsrohre 99
–, –, Maße 100
– -Knetlegierungen, Rohre 99
Kupplung, Rührantrieb 215
Kurzzeichen, Fließbild 45
–, Rohrleitung 47

Lageplan, Begriff 49
Lagerbehälter, brennbare Flüssigkeiten 226
–, emailliert 225
–, Flüssiggas 225
–, Güteüberwachung 226
–, liegend 220, 225
–, Nenndurchmesser 154
–, stehend 223, 225

Lagerung, wassergefährdende Flüssigkeit 226
Laie, Begriff 9
Laminatbeschichtungen 174
Laminatfehler 292
Laterne, Rührwerk- 217
Laufgenauigkeit, Rührantrieb 289
Leergewicht, Begriff 156
Leistung, Wärmeaustauscher 305
Leistungsbegriffe, Wärmeaustauscher 305
Leistungsermittlung, Wärmeaustauscher 305
Leistungskriterien, Wärmeaustauscher 305
Leistungsversuche, Verdichter 297
Leiteinrichtung, Funktionen 75
Leiten, Begriff 75
Leittechnik 55
–, Begriffe 68
–, graphische Symbole 59, 66, 68
Lieferbedingungen, Apparate 288
–, –, emailliert 291
–, –, Maschinen 283
–, Behälter 288
–, Dichtungen 293
–, Formstücke 133
–, Klammerschrauben 287
–, Rohre 133
–, U-Rohre 291
–, Ventilatoren 298
liegende Behälter, Grenzabmaße 284
–, Hauptmaße 155
liegende Lagerbehälter 220, 225
Lochkreisdurchmesser, Flansche 268
lose Flansche 108
Lösungen, Begriffe 19
–, Elektrolyt- 18
Lötflansche 108
Lötverbindungen, Rohre 276
Luftkühler, Modell, Beispiel 53
Lüftungsleitungen, PVC-Rohre 101

Mannlochdeckel, Stahl, emailliert 196
Mannlochverschlüsse 191
–, Schwenkvorrichtung 193
Maschinen, Kurzzeichen 45
–, Lieferbedingungen 283
–, Nenndurchmesser 154

Maßabweichungen, Apparate, Flansche 287
Masse, molare 16
Mehrfachabzweige, Rohrleitungsteil 113
Mehrprojekttechnik 21
Mehrstufen-Impuls-Gegenstrom-Rührer 204
Membrankammerfilterplatte 244
Messen, Steuern, Regeln, s. MSR
Meßgröße, Darstellung 60
Meßort, Darstellung 60
Meßumformer, graphisches Symbol 68
MIG-Rührer 204
Mindestabstand, Schweißnähte 169
mineralische Werkstoffe, Rohre 105
Mischer, graphische Symbole 43
Mischkristalle, Begriffe 19
Mischphasen, Begriffe 19
mittelbare Sicherheitstechnik 10
Modelle, Anlage 50
–, Rohrleitungen 50
Mol 15
Molalität 17, 20
Molare Masse 16
Montageflansche 216
Montagegewicht, Begriff 156
Montageöffnung, Rührbehälter 210
MSR, Leittechnik, Begriffe 75
– -Funktionen, Schaltungsunterlagen 70
– -System 56
– -System, Anforderungen 57
– -System, Aufgaben 57
– -System, Konzept 58
– -System, Zuverlässigkeit 58
Muffen, Übersicht 108
Muffenrohre, Beton 105
–, Gußeisen 98
–, Produktnormen 95
–, Stahl 95
–, –, Verbindungen 96
Muffenverbindung, Betonrohre 107
Mühle, graphische Symbole 43
Muttern, für Rohrleitungen 269, 270

nahtlose Stahlrohre 91, 125, 133
Natron-Kalk-Glas 198

NE-Metalle, Schweißerprüfung 275
Nenndruck 34
Nenndruckstufen 34, 35
–, Flansche 268
Nenndurchmesser, chemische Apparate 154
Nennvolumen, Begriff 155
–, Behälter 155
Nennweiten 35
–, Stufung 35
Netzplanarten 22
Netzplantechnik 21
Nichteisenmetalle, Rohre 99
nichttarifäre Handelshemmnisse 85
Norm-Reinheitsgrad, Oberflächen 177
Normen 85, 87
Normenausschuß Überwachungsbedürftige Anlagen (NÜA) im DIN 89
Normkonformität 278
Normpumpe, Chemie- 257
–, Wasser- 256

Oberflächen, Norm-Reinheitsgrad 177
Oberflächenanforderungen, Beschichtungen, Mulden 175
–, Beschichtungen, Rillen 175
–, Beschichtungen, Rostgrade 175
oberirdische Behälter 226
Ofen, graphische Symbole 42
Organisation 21
oszillierende Verdrängerpumpen 261

Paddelstromstörer 205
Paragraph § 24 GewO – Ausschüsse (jetzt § 11 GSG –) 87, 89
Partialstoffmenge 17
PERINORM 84
PI-Regler, graphisches Symbol 68
Plan-Flansch, Glasleitungen 247
Planung, Anlage, Fließbilder 36
–, Rohrleitung 48
Planungsunterlagen, Rohrleitungen, Begriffe 49, 50
PLT, s. Prozeßleittechnik 55
PN, s. Nenndruck 34
Polyesterharz, Rohre 104
Positiv-Flüssigkeitsliste 227
Potentialausgleich, Bohrungen für 184, 185, 188
Pratzen 190

Profilfüße 184
Projekt 21
Projektgliederung 21
Projektmanagement, Begriffe 21
Projektwirtschaft, Begriffe 21
–, Einsatzmittel 27
–, Finanzen 28
–, Netzplantechnik 21
–, Netzplantechnik, Darstellungen 24
–, Wertanalyse 26
Propellerrührer 201
Prozeß, Leittechnik, Begriff 69
Prozeßleittechnik (PLT) 55
–, aufgabenbezogene Darstellung 59
–, graphische Symbole 66
–, lösungsbezogene Darstellung 66
Prüfbohrungen, Blockflansche 166
Prüfdruck 34
Prüfgewicht, Begriff 156
Prüfungen, Armaturen 141
–, Beschichtungen, organische Werkstoffe 293
–, Dichtungen 292
–, erstmalige, durch Sachverständigen 281
–, Flüssigkeitsringvakuumpumpen 296
–, Flüssigkeitsringverdichter 296
–, Kreiselpumpen 295
–, Leistungskriterien, Wärmeaustauscher 305
–, Rohrleitungen 277
–, –, Abnahmeprüfung 280
–, –, vor Inbetriebnahme 280
–, Schweißer, Aluminium 275
–, –, NE-Metalle 275
–, –, Stahl 273
–, Tanks, Korrosionsschutzbeschichtungen 294
–, wiederkehrende 281
Prüfzeichenverordnung 220
Pumpen 252
–, Chemienormpumpe 257
–, graphische Symbole 43
–, Kreisel- 254, 256, 257, 259
–, Seitenkanal- 254
–, selbstansaugend 254
–, Sicherheitsanforderungen 261
–, Strahl- 262
–, Verdränger- 261
–, Wasserhaltungs- 253
–, Wassernormpumpe 256
PVC-U, Rohre 101

quadratische Teilung 234
Qualität, Begriff 28
Qualitätsmanagement 28, 31
Qualitätssicherung 28, 29, 31
Qualitätssicherungssystem, Aufbau 31
Qualitätsziele 31

Rahmenplatte, Filterpressen 244
Ratingdruck 34
Ratingtemperatur 34
Raumlufttechnik 83
Reaktion, chemische 14
Rechen, graphische Symbole 42
Redundanz, Begriff 57
Reduziermuffen, Rohrleitungsteil 115
Reduzierstücke, Rohrleitungsteil 115
Referenzlinie, Klöpperböden 157, 283
Regeln, Begriff 70
Regeln, s. auch MSR
Regelungstechnik, Formelzeichen 55
Reserveteil, Begriffe 302
RI-Fließbild 36, 38
Richtlinien, einfache Druckbehälter 228
Risiko 11
Rohrbrücke, Modell, Beispiel 52
Rohrbündel-Wärmeaustauscher 231
–, Rohrteilungen 234
Rohre, Acrylnitril-Styrol (ABS) 105
–, Aluminium, technische Lieferbedingungen 135
–, – -Knetlegierungen, Technische Lieferbedingungen 135
–, Beton 105
–, Epoxidharz (EP-GE), glasfaserverstärkt 104
–, Gewindeverbindungen 276
–, Glas 246
–, graphische Symbole 44
–, Gußeisen 97, 98
–, –, Abflußrohre 98
–, –, Druckrohre 98
–, Innenauskleidungen 276
–, Kunststoff 101
–, –, technische Lieferbedingungen 135
–, –, Zeitstandverhalten 136
–, Kupfer 99
–, –, Installationsrohre 99

–, –, technische Lieferbedingungen 135
–, – -Knetlegierungen 99
–, –, technische Lieferbedingungen 135
–, Lötverbindungen 276
–, mineralische Werkstoffe 105
–, Nichteisenmetalle 99
–, PE weich 104
–, Polybuten (PB) 105
–, Polyesterharz, glasfaserverstärkt 104
–, Polyethylen (PE-X), vernetzt 105
–, Polyethylen, hohe Dichte (PE-HD) 104, 105
–, Polypropylen (PP) 104
–, Polyvinylchlorid (PVC-U), weichmacherfrei 101
–, Stahl 91, 125, 133
–, –, Außendurchmesser 92
–, –, Berechnung 142
–, –, für Wasserleitungen 95
–, –, geschweißt 91, 125, 133
–, –, Gewinderohre 93
–, –, nahtlos 91, 125, 133
–, –, Wanddicken 92
–, –, Wärmeaustauscher 232
–, Stahlbeton 107
–, Steinzeug 105
–, Stumpfschweißen 270
–, technische Lieferbedingungen 133
–, Verbleiung 176
Rohrfüße 182
Rohrklasse 47
Rohrleitungen, Ausführungsplanung 91
–, Begriffe 48, 49, 50
–, Beschaffungsunterlagen 267
–, Betreiben 282
–, Betrieb, Meldepflichten 282
–, Glas 246
–, graphische Symbole 44
–, Herstellen 267
–, Konstruktionsunterlagen, Begriffe 49, 50
–, Kurzzeichen 47
–, Modelle 50, 52
–, Nennweitenstufung 35
–, Planung 48
–, Prüfung 277
–, Schrauben und Muttern 269, 270
–, Schweißverbindungen 270
–, –, Gestaltung 272
–, Stahl, Muffenschweißung 272
–, –, Schweißfugenformen 271

Rohrleitungs- und Instrumentenfließbild 36, 38
Rohrleitungsberechnung, Begriff 49
Rohrleitungshalterungsbeschreibung, Begriff 49
Rohrleitungshalterungsberechnung, Begriff 49
Rohrleitungsliste, Begriff 49
Rohrleitungsmaterial, Beschaffungsunterlagen, Begriffe 50
Rohrleitungsplan, Begriffe 50
Rohrleitungsstückliste, Begriffe 50
Rohrleitungsstudie, Begriff 49
Rohrleitungsteile 91
–, Zertifizierung 278
Rohrleitungsteilebeschreibung, Begriff 49
Rohrleitungszeichnung, Begriff 49, 50
Rohrstutzen 162, 163
Rohrteilungen, Wärmeaustauscher 234
Rotationsverdrängervakuumpumpen, Abnahmeregeln 297
Rührantrieb 215
–, Anforderungen 288
–, Anordnung, Antriebsmotor 219
–, Aufbau 216
–, Drehrichtung 289
–, Gleitringdichtung, Ausbau 290
–, Grenzdrehzahlen 289
–, Lagerung 289
–, Laufgenauigkeit 289
Rührbehälter, Allgemeintoleranzen 287
–, Behälterbauteile 206
–, Dämmkragen 213, 214
–, Einstückbehälter 207
–, EMSR, Darstellungsbeispiel 66
–, Mantelstutzen 216
–, mit Außenmantel 208, 212
–, mit Deckel 207
–, mit Montageöffnung 210
–, Montagehilfen 210, 214
–, Nenndurchmesser 154
–, Pratzen 209
–, Profilfüße, Rohrfüße 209, 213
–, Rührantrieb 215
–, Rührer 200
–, Rührwerk 215
–, Stahl, emailliert 210
–, –, unlegiert und nichtrostend 206

–, Tragelemente 209, 213
–, Tragpratzen 209
–, Tragring 209, 213
–, Transporthilfen 210, 214
–, Verschlußdeckel 196
–, Zubehör 210, 216
Rührer, einteilig 216
–, für Rührbehälter 200
–, geteilt 216
–, graphische Symbole 43
–, Stahl, emailliert 216
–, –, nichtrostend 216
–, –, unlegiert 216
Rührerdrehrichtung 200
Rührerformen 201
Rührvorgang 216
Rührwellenende 216
Rührwerk 215
–, Modell, Beispiel 53
Rührwerkflansch 216
Rührwerklaterne 217
Rundrohre, Aluminium 101
–, – -Knetlegierungen 101

Sättel, liegende Apparate 180
Sattelstutzen, Rohrleitungsteil 114
Sauerstoffzumischung, Funktionsplan, Beispiel 74
Schaden 11
–, Begriffe 302
Schadenstelle, Beurteilungsschema 303
Schäkel 214
Schallemission, Kompressoren 298
Schaltungsunterlagen, Funktionspläne, MSR-Funktionen 70
Schauglasarmatur, Berechnung 200
Schauglasdeckel, Stahl, emailliert 197
Schaugläser 197
Schauglasfassungen 199
Schauglasplatten, Flanschfassung 199
–, lang 198
–, metallverschmolzen 197
–, rund 197
Scheibenrührer 202
Schema s. Fließbild 36
Schieber, Rohrleitungsteil, Begriff 117
–, –, Gußeisen 123
Schilderbrücke 214
Schleißwände, Kreiselpumpen 254
Schmelzschweißen, Schweißerprüfung 273

Schornstein, graphische Symbole 44
Schrägblattrührer 201
Schrauben, Berechnung 163
–, für Rohrleitungen 269, 270
–, Flansche 164
Schreiber, graphisches Symbol 68
Schutz 11
–, Begriff 57
Schutzmaßnahmen, Leitsätze 10
Schwachstelle, Begriffe u. Maßnahmen 302
Schweißarbeiten, Güte 272
–, Schweißerprüfung 273
Schweißen, Halbrohrschlangen 167
–, Rohre 270
–, Schweißerprüfung 273
Schweißer, Prüfung 273
–, –, Aluminium 275
–, –, NE-Metalle 275
–, –, Stahl 273
Schweißflansche 108, 164
Schweißformstücke 136
Schweißkonstruktionen, für Behälter und Apparate, Stahl 168
Schweißnaht, Gestaltung, für Behälter und Apparate, Stahl 168
–, Mindestabstände 169
–, tragende 171
–, Vorbereitung 270
–, –, Bordkanten 158
–, –, Fugenformen 270, 271
Schweißverbindungen, chemischer Anlagenbau 168
–, Gestaltung 272
–, Rohre, Formstücke 270
Schweißverfahren, Apparatflansche 165
Schwenkdeckel, Halterung 214
Schwenkvorrichtung, Mannlochverschlüsse 193
Schwimmdachtank 230
Schwimmkopf, Wärmeaustauscher 237
Seitenkanalpumpen 254
selbstansaugende Pumpen 254
Sicherheit 11
Sicherheitsanalysen 76
–, Ausfalleffektanalyse 76
–, Ereignisablaufanalyse 77
–, Fehlerbaumanalyse 78
–, Gefahrenanalyse 77
–, Zuverlässigkeit 82

Sicherheitsanforderungen, Pumpen 261
sicherheitsgerechtes Gestalten, Begriffe 9
–, Drei-Stufen-Methode 9, 10
Sicherheitstechnik, hinweisende 10
–, mittelbare 10
–, unmittelbare 10
–, Ziele 10
sicherheitstechnische Festlegung 11
– Leitsätze 9
– Maßnahmen 9
– Mittel 9
Sichter, graphische Symbole 42
Siebapparat, graphische Symbole 42
Signaleinsteller, graphisches Symbol 68
Signalspeicher, graphisches Symbol 68
Sollbruchteil, Begriffe 302
Sortierapparat, graphische Symbole 42
Sperrflüssigkeitsaggregat 215
Sperrflüssigkeitsanschluß 216
Sperrschieberpumpen, Abnahmeregeln 297
Stahl, Flansche, Werkstoffübersicht 126
–, Lichtbogenschweißverbindungen, Bewertungsgruppen 273
–, nichtrostend, Stutzen 161, 163
–, Schweißerprüfung 273
–, unlegiert, Stutzen 163
Stahlbetonrohre, Druckrohre 107
Stahlflansche 107, 108, 138
–, technische Lieferbedingungen 138
Stahlrohre, Außendurchmesser 92
–, Berechnung, Wanddicke 142
–, für Wasserleitungen 95
–, geschweißt 91, 125, 133
–, mittelschwere Gewinderohre 93
–, Muffenschweißung 272
–, nahtlos 91, 125, 133
–, Stumpfschweißen 270
–, Wanddicken 92
–, Wärmeaustauscher 232
–, Zementmörtelauskleidungen 276

Standmessung, Darstellungsbeispiel 64
Steckmuffen-Verbindung 96
stehende Apparate, Füße 183, 184
stehende Behälter, Grenzabmaße 285
–, Hauptmaße 155
stehende Lagerbehälter 223, 225
Steinzeugrohre 105
Stellantrieb, graphisches Symbol 68
Stellgerät, EMSR-Technik, Darstellung 62, 63
Stellort, EMSR-Technik, Darstellung 62, 63
Steuergerät, graphisches Symbol 68
Steuerkette 55
Steuern, Begriff 70
–, s. auch MSR
Steuerungstechnik, Formelzeichen 55
Stichprobenprüfung, Armaturen 141
Stickstoffbehälter 228
Stoffmenge 16
Stoffmengenkonzentration 17
Stoffportion 15
Stoffübergang 11
Stoffübertragung 11
–, Formelzeichen 12
–, Größen 12
–, Kenngrößen 12
Stopfbuchsdichtung 216
Stopfen, Rohrleitungsteil 116
Störfall-Verordnung, Betreiben von Rohrleitungen 282
Störungsgewicht, Begriff 156
Strahlpumpen, Begriffe 262
Strombrecher 205, 214
Stromstörer 205, 214
–, Halterung 214
Stromtrichter, Behälter mit Halbrohrschlangen 167
Strömungsdüsen 216
strömungslenkende Einbauten 201, 205
Strukturplanung 22
Stutzen 161, 163
–, Verbleiung 176
Stützplatten, Wärmeaustauscher 234, 237
Symbole, Ereignisablaufanalyse 77
–, Fehlerbaumanalyse 80
–, Fließbild 41
–, Funktionsplan 71
–, Leittechnik 59, 66

System, Begriff 46
–, Leittechnik, Begriff 68
Systemanalysen, Fehlerbaumanalyse 79

T-Stücke, Rohrleitungsteil 112
Tankbauwerke, Ausführung 228
–, Berechnung 228
–, Festdach 229
–, Festigkeitsnachweis 230
–, Flachboden 228
–, Herstellung 230
–, metallische Werkstoffe 228
–, Mindestwanddicken 231
–, Prüfungen 228
–, Schweißung 230
–, Schwimmdach 230
–, Stabilitätsnachweis 230
–, Standsicherheitsnachweis 230
–, Wasserprobefüllung 230
–, zulässige Maßabweichung 230
Tanks 226
–, Korrosionsschutzbeschichtungen, Prüfungen 294
–, technische Richtlinien (TRT) 88
technische Lieferbedingungen, s. auch Lieferbedingungen
technische Regeln 87
Technische Ausschüsse 87, 89
technisches Erzeugnis, Begriff 9
–, sicherheitstechnische Anforderungen 9, 10
Teilanlage, Begriff 36
Temperatur, Begriffe 34, 155
–, Einheiten 34
Temperaturmessung, Darstellungsbeispiel 64, 65
Thermodynamik 12
–, chemischer Reaktionen 14
–, Einheiten 12, 14
–, Formelzeichen 12, 14
Titer 17
Toleranzen, Apparate, Flansche 287
TRA 88
TRAC 88
Tragelemente 180
tragende Schweißnaht 171
Traglaschen 190, 210
Tragösen 190, 210
Tragringe 190
Tragzapfen 190
Transportgewicht, Begriff 156
TRB 88
TRbF 88

TRD 88
TRG 88
TRGL 88
Trinkwasser, Druckbehälter 226
Trinkwasserleitungen, Korrosionsschutz, Innenemaillierung 277
Trockner, graphische Symbole 43
TRT 88
TÜ-Bauteilzeichen 278
Turbomolekularpumpen, Abnahmeregeln 297

Überwachung, Stellgerät, Darstellungsbeispiel 64
Umfangsbestimmung, Klöpperböden 160
Umlenksegmente, Wärmeaustauscher 234, 237
Unfallverhütungsvorschriften (UVV) 90
unmittelbare Sicherheitstechnik 10
unterirdische Behälter 226
–, Beschichtungen, Prüfungen 294
UVV, s. Unfallverhütungsvorschriften 90

Vakuumtechnik 84
VBG 90
VDE 88
Ventil, Rohrleitungsteil, Begriff 117
Ventilatoren, graphische Symbole 43
–, technische Lieferbedingungen 298
Venturirohr, graphisches Symbol 67
Verband Deutscher Elektrotechniker (VDE) 88
Verbindungen, Glasrohre 247
Verbleiung, Oberflächenschutz 176
Verbrauchsteil, Begriffe 302
Verdichter, Abnahmeversuche 297, 298
–, graphische Symbole 43
Verdichterregeln 298
Verdränger, Wärmeaustauscher 237
Verdrängerkompressoren, Abnahmeversuche 297
Verdrängerpumpen, oszillierend 261
Verfahren, Begriff 36
Verfahrensabschnitt, Begriff 36

Verfahrensfließbild 36, 40
Verfahrenstechnik, Anlage, Begriff 36
–, –, Funktionsplanbeispiel 74
Verflüssiger, ventilatorbelüftet, Leistungskriterien 305
Verhältnis, Begriff 20
verlegefertige Gewinderohre, Stahl 93
Verschleißteil, Begriffe 302
Verschlußdeckel 190
–, Stahl, emailliert 196
Verschlüsse 190
Verstärker, graphisches Symbol 68
Verzinnen, zu verbleiender Oberflächen 177
Volumen, Begriffe 155
–, Behälter 155
–, Klöpperböden 156
Vorschweißflansche 108

Waage, graphische Symbole 43
Wahrscheinlichkeitsbewertung 78
Wanddicken, Betonrohre 106
–, Klöpperböden 156
–, Kupferrohre 100
–, Polyesterharzrohre 104
–, Rohre, Stahl 92
–, Stahlrohre, Berechnung 142
Wärmeaustauscher, Ablenkleisten 237
–, Allgemeintoleranzen 287
–, Benennungen 231
–, feste Böden 231
–, graphische Symbole 42
–, Innenrohre, Anzahl, Anordnung 234
–, Leistungskriterien 305
–, Modell, Beispiel 53

–, Nenndurchmesser 154
–, Prüfungen 305
–, Rohrböden 234
–, Rohre, Befestigungen 291
–, –, Stahl, längsnahtgeschweißt 233
–, –, –, nahtlos 232
–, Rohrleitungen 234
–, Schwimmkopf 237
–, Stützplatten 234, 237
–, Umlenksegmente 234, 237
–, Verdränger 237
Wärmeübertragung 12
Wartung, Begriffe u. Maßnahmen 301
Wartungsanleitung 303
wassergefährdende Flüssigkeiten, Lagerung 226
Wasserhaltungspumpen 253
Wasserleitungen, PVC-Rohre 101
–, Rohrleitungsteile, Technische Lieferbedingungen 134
–, Stahlrohre 95
Wassernormpumpe 256
Wasserversorgungsanlagen, Druckbehälter 226
Wendelrührer 204
Werk, Begriff 36
Werkstoffe, Beständigkeit gegen Flüssigkeiten 227
–, Flansche 126
–, Formstücke 126
–, Halbrohrschlangen 167
–, Klöpperböden 158
–, metallische, Armaturengehäuseteile 129
–, organische, für Beschichtungen 174
–, Rohre 125
–, Stahl, Übersicht, Flansche 127

–, Stromrichter 167
–, Stutzen 162, 163
–, Verbleiung 176
Wertanalyse 26
Widerstandsthermometer, graphisches Symbol 67
Winkel, Rohrleitungsteil 110
Wirkungsplan 55
–, Leittechnik 69
Wirkungsweg, EMSR-Technik 63

Zahnscheibe, Rührer 204
Zeitplanung 22
Zeitstandverhalten, Rohre, Kunststoff 136
Zeitsystem 304
Zementmörtelauskleidungen, Rohre, Formstücke 276
Zentrifugen, Bauteile 265
–, Begriffe 263
–, Betriebsanleitung 299
–, Fabrikschild 299
–, graphische Symbole 43
–, Maschinenarten 263
Zentrifugentrommel, Bemessung 266
Zerteiler, graphische Symbole 44
Zertifizierung, Qualitätssicherungssystem 32
–, Rohrleitungsteile 278
zulässige Betriebstemperatur 34
zulässiger Betriebsüberdruck 34
–, Apparate u. Behälter 288
Zustandsgrößen, Begriff 69
Zuteiler, graphische Symbole 44
Zuverlässigkeit, Begriffe 29, 82

MIX
Papier aus verantwortungsvollen Quellen
Paper from responsible sources
FSC® C105338

If you have any concerns about our products,
you can contact us on
ProductSafety@springernature.com

In case Publisher is established outside the EU,
the EU authorized representative is:
**Springer Nature Customer Service Center GmbH
Europaplatz 3, 69115 Heidelberg, Germany**

Printed by Libri Plureos GmbH
in Hamburg, Germany